A geologia é o estudo da terra e parte do entendimento dos três tipos de rochas — as bases da Terra, responsáveis por suas características. A teoria unificadora da geologia é a das ***placas tectônicas***, segundo a qual a superfície da Terra se divide em peças móveis e similares às de um quebra-cabeça. É claro que a Terra nem sempre teve a aparência que tem hoje, e os geólogos contam a história de sua evolução interpretando as camadas das rochas. Ao fazer isso, mapearam a *escala de tempo geológico*, que divide os intervalos da história da Terra com base nas principais mudanças biológicas que ocorreram nos últimos 4,5 bilhões de anos.

AS TRÊS CATEGORIAS DE ROCHAS E SEU CICLO

Os geólogos classificam as rochas da crosta terrestre em três categorias — ígneas, metamórficas ou sedimentares —, conforme sua formação. Cada tipo de rocha tem características particulares:

- **Ígneas:** Rochas ígneas se formam a partir do resfriamento de rocha derretida (lava ou magma), antes sólida. Se o resfriamento ocorrer no subsolo, gera uma rocha ígnea intrusiva, ou plutônica. Se ele ocorrer na superfície da Terra, gera uma rocha extrusiva, ou vulcânica. Os geólogos descrevem diferentes rochas ígneas, de acordo com sua textura e composição.

- **Metamórficas:** Elas se formam quando as rochas são submetidas a um intenso calor e pressão, geralmente bem abaixo da superfície da terra. Essas condições transformam os minerais originais da rocha.

  Os geólogos classificam as rochas metamórficas de acordo com o quanto foram alteradas em relação à original, a rocha-mãe. As rochas metamórficas de baixo grau ainda são muito semelhantes à rocha-mãe, enquanto as de alto grau sofreram tanta alteração que ficaram muito diferentes dela.

- **Sedimentares:** As rochas sedimentares são detríticas ou químicas. As *rochas sedimentares detríticas* são formadas pela compactação de partículas separadas, ou sedimentos, em uma rocha. Essas partículas são pedaços de uma rocha preexistente diferente, que foi intemperizada e transportada por vento, água, gelo ou gravidade. As *rochas sedimentares químicas* são formadas a partir de minerais que foram dissolvidos na água e se precipitaram, formando uma rocha sólida.

  Os geólogos descrevem as rochas sedimentares de acordo com o tamanho e a forma das partículas que há nelas ou sua composição mineral (no caso das químicas).

As rochas da crosta terrestre são constantemente recicladas e transformadas em novos materiais por meio de processos geológicos. A transformação contínua de um tipo de rocha em outro é chamada de *ciclo das rochas*. Por meio de processos como intemperismo, aquecimento, fusão, resfriamento e compactação, qualquer tipo de rocha pode ser transformado em outro, conforme sua composição química e suas características físicas são alteradas.

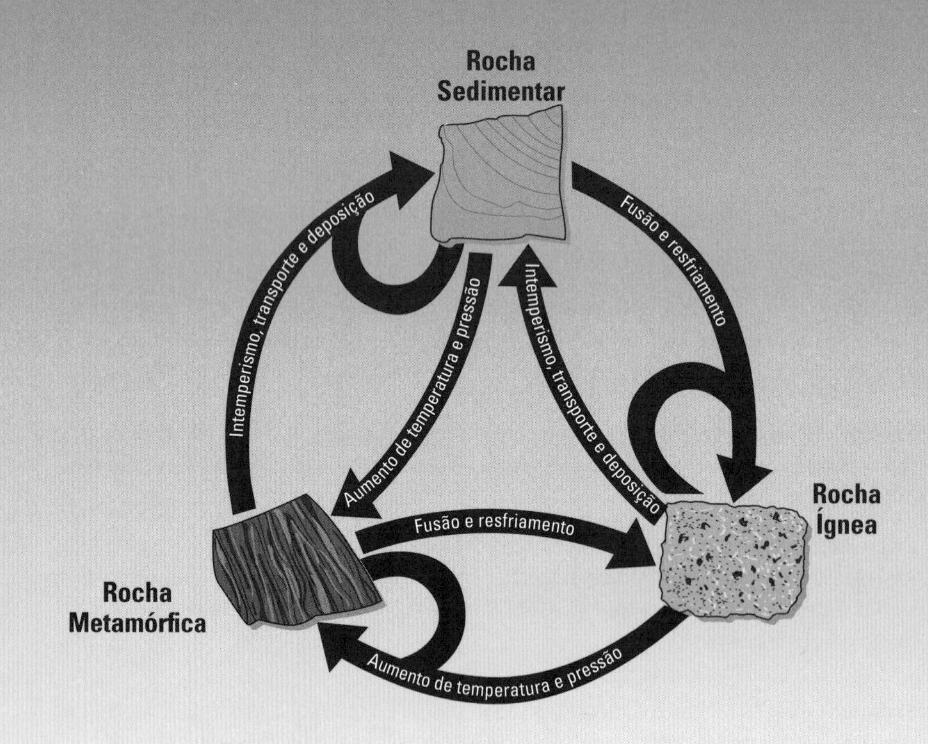

Geologia

Para leigos

Geologia

Para leigos

Tradução da 2ª Edição

Alecia M. Spooner

ALTA BOOKS
EDITORA
Rio de Janeiro, 2022

Geologia Para Leigos® — Tradução da 2ª Edição

ISBN: 978-65-5520-564-0

Impresso no Brasil — 1ª Edição, 2022 — Edição revisada conforme o Acordo Ortográfico da Língua Portuguesa de 2009.

Dados Internacionais de Catalogação na Publicação (CIP) de acordo com ISBD

S764g Spooner, Alecia M.

Geologia Para Leigos / Alecia M. Spooner ; traduzido por Carolina Palha. - Rio de Janeiro : Alta Books, 2022.
408 p. : il. ; 17cm x 24cm.

Inclui índice.
Tradução de: Geology For Dummies
ISBN: 978-65-5520-564-0

1. Geologia. I. Palha, Carolina. II. Título.

2021-4616 CDD 551
CDU 550

Elaborado por Odilio Hilario Moreira Junior - CRB-8/9949

Produção Editorial
Editora Alta Books

Diretor Editorial
Anderson Vieira
anderson.vieira@altabooks.com.br

Editor
José Rugeri
j.ruger@altabooks.com.br

Gerência Comercial
Claudio Lima
comercial@altabooks.com.br

Gerência Marketing
Andrea Guatiello
marketing@altabooks.com.br

Coordenação Comercial
Thiago Biaggi

Coordenação de Eventos
Viviane Paiva
eventos@altabooks.com.br

Coordenação ADM/Finc.
Solange Souza

Direitos Autorais
Raquel Porto
rights@altabooks.com.br

Produtor da Obra
Thiê Alves

Produtores Editoriais
Illysabelle Trajano
Larissa Lima
Maria de Lourdes Borges
Paulo Gomes
Thales Silva

Equipe Comercial
Adriana Baricelli
Daiana Costa
Fillipe Amorim
Kaique Luiz
Maira Conceição
Victor Hugo Morais

Equipe Editorial
Beatriz de Assis
Brenda Rodrigues
Caroline David
Gabriela Paiva
Henrique Waldez
Mariana Portugal
Marcelli Ferreira

Marketing Editorial
Jessica Nogueira
Livia Carvalho
Marcelo Santos
Thiago Brito

Atuaram na edição desta obra:

Tradução
Carolina Palha

Copidesque
Maira Meyer

Revisão Gramatical
Rafael Fontes
Thaís Pol

Diagramação
Joyce Matos

Editora **afiliada à:**

Rua Viúva Cláudio, 291 — Bairro Industrial do Jacaré
CEP: 20.970-031 — Rio de Janeiro (RJ)
Tels.: (21) 3278-8069 / 3278-8419
www.altabooks.com.br — altabooks@altabooks.com.br
Ouvidoria: ouvidoria@altabooks.com.br

Sobre a Autora

Alecia M. Spooner leciona na Seattle Central College, na qual é professora de ciências da terra e ambientais. É formada em antropologia (B.A., Universidade do Mississippi), arqueologia (M.A., Universidade do Estado de Washington) e geologia (M.S., Universidade de Washington). Sua pesquisa pautou-se em estudos interdisciplinares de paleoecologia e de arqueologia, usando pólen fóssil. Hoje em dia, ela dá cursos de ciências da terra acessíveis e cativantes, e valoriza a proficiência científica e o pensamento crítico.

Agradecimentos

Homenageio e agradeço às seguintes pessoas: meu amigo, parceiro e amor Chris, que sabe quando fincar meus pés no chão e quando me encorajar a voar alto; meus três filhos, nos quais vejo o milagre da vida todos os dias; meus colegas, mentores e alunos, que me tornaram a docente que sou; e meu agente, que, com a equipe da Wiley, reconhece uma boa ideia quando a ouve.

Dedicatória

Para meus alunos, que constantemente me ensinam novas maneiras de fazer perguntas e criam soluções para problemas que eu sequer sabia que existiam.

"Nada na vida deve ser temido, somente compreendido. Agora é hora de compreender mais para temer menos."

— MARIE CURIE

Sumário Resumido

Sumário

Introdução

A geologia é o estudo da Terra. Por padrão, isso significa que é um tópico vasto, complexo e intrincado. Mas "vasto, complexo e intrincado" não significa necessariamente difícil. Muitas pessoas interessadas em geologia simplesmente não sabem por onde começar. Minerais? Rochas? Geleiras? Vulcões? Fósseis? Terremotos? O grande número de tópicos cobertos pelo título "geologia" é aterrador.

Entra em cena Geologia Para Leigos! O objetivo deste livro é segmentar a vasta gama de informações geológicas e ser uma referência rápida para conceitos-chave do estudo da Terra.

Espero que ache este livro interessante e útil, independentemente de o ter comprado para aprofundar uma matéria na escola ou ajudá-lo a encontrar respostas para as perguntas que o incomodam sobre o planeta em que vive.

Sobre Este Livro

Em Geologia Para Leigos, todo lugar é um ponto de partida. Este livro foi escrito como uma introdução aos tópicos mais comuns da geologia. Siga seu interesse de um tópico para o próximo ou comece do início e leia os capítulos em ordem. Escrevi o livro de forma que ensine algo, sem importar a página em que foi aberto. Mas, se quiser começar do início, será apresentado aos conceitos em uma ordem lógica e estruturada que (espero!) responderá rapidamente às suas perguntas.

Ao longo deste livro, há referências cruzadas para outros capítulos. Eu as uso porque é impossível explorar um tópico da geologia sem tocar em muitos outros. As múltiplas referências cruzadas entrelaçam as diferentes partes do estudo geológico em um todo complexo.

Sempre que possível, incluo ilustrações para acompanhar minhas explicações. A geologia está ao seu redor, então, enquanto se ocupa lendo este livro e examinando as ilustrações, eu o encorajo a também olhar ao redor e encontrar exemplos do mundo real dos processos e aspectos que descrevo. Para tal, também incluí um caderno colorido no meio do livro com imagens fulgurantes, que darão vida ao assunto.

Penso que...

Enquanto escrevia este livro, tive que fazer algumas suposições sobre você, leitor. Presumo que viva na Terra e que esteja familiarizado com rochas, riachos e clima (chuva, vento e sol). Também presumo que esteja familiarizado com uma geografia muito básica da Terra, incluindo os continentes, os oceanos e as principais cadeias de montanhas.

Não presumo que tenha qualquer conhecimento científico em química, o que é útil se quiser se aprofundar nos detalhes sobre a formação e a transformação das rochas. Da mesma forma, quando discuto a evolução, não presumo que tenha qualquer formação em biologia ou em anatomia (e não é necessário para compreender os conceitos que apresento). Se a evolução lhe interessa, há outros livros de referência que cobrem o assunto em maiores detalhes.

Se este livro ampliar seu interesse sobre a geologia, recomendo que compre um dicionário de ciências da Terra ou mesmo de geologia. Eles englobam diversos termos com significados precisos e instrutivos. Ter em mãos um dicionário desse tipo auxilia a interpretar facilmente até as explicações mais confusas.

Ícones Usados Neste Livro

Ao longo deste livro, uso ícones para chamar sua atenção para certas informações:

DICA

O ícone Dica destaca informações úteis, em particular se for fazer uma prova ou tarefa de geologia, e também para quem começou a estudá-la e a desbravá-la por conta própria.

CUIDADO

Este ícone, que aparece raramente no livro, alerta para situações potencialmente perigosas.

LEMBRE-SE

As informações destacadas com este ícone são fundamentais para a compreensão do conceito explicado. Às vezes, este ícone indica uma definição ou explicação concisa. Em outras, indica informações que o ajudarão a unir vários conceitos.

PAPO DE ESPECIALISTA

Este ícone indica que a informação vai um pouco além da superfície e explora alguns de seus detalhes técnicos. Esses detalhes não são necessários para a compreensão geral do tópico ou dos conceitos, mas você pode achá-los interessantes e instrutivos.

Além Deste Livro

Além deste livro que está em suas mãos, há uma **Folha de Cola** grátis sobre placas tectônicas e a escala de tempo geológico. Acesse `www.altabooks.com.br` e busque na caixa de pesquisa pelo título ou ISBN do livro.

Daqui para Lá, de Lá para Cá

Você provavelmente comprou este livro com uma pergunta sobre geologia já em mente. Nesse caso, encorajo-o a seguir seu interesse. Use o sumário ou o índice para descobrir onde respondo à sua pergunta, vá a essa página e comece nela!

Se não tem uma pergunta específica em mente, aqui estão alguns dos meus tópicos favoritos, que o ajudarão a começar seu estudo da Terra:

- **Capítulo 8, Reforçando as Evidências:** Nesse capítulo, conto a história de como um dos primeiros geólogos, Alfred Wegener, começou a pensar sobre os movimentos das placas tectônicas. Ele coletou evidências para apoiar suas ideias, mas levou muitos anos para que elas fossem aceitas pela comunidade científica. Esse capítulo é uma ótima introdução à forma como a ciência realmente acontece, bem como uma visão geral da teoria fundadora da geologia moderna.
- **Capítulo 12, Água: Acima e Abaixo do Solo:** Se quiser começar lendo sobre algo com o qual se identificará, comece com a água corrente. Riachos e rios são os processos geológicos mais comuns na Terra. Independentemente de onde more, é provável que já tenha testemunhado a ação de água corrente movendo sedimentos ou rochas. Esse capítulo fornece detalhes de como a água coleta e carrega partículas até como os rios esculpem desfiladeiros e cavernas. Também aborda o tema das águas subterrâneas, de onde vem a maior parte da água que bebemos.
- **Capítulo 18, Antes do Tempo: O Pré-cambriano:** Há muito tempo, em um passado profundo, obscuro e tenebroso da Terra, surgiu a vida. Esse capítulo descreve os primeiros bilhões de anos de existência da Terra, desde sua formação a partir de uma nuvem gasosa até as primeiras evidências de vida — na forma de vestígios de fósseis chamados *estromatólitos.*

1 Abraçando a Terra

NESTA PARTE...

Descubra que você já é um cientista, por fazer perguntas e buscar respostas todos os dias!

Aprenda a história e o desenvolvimento do estudo geológico.

Faça uma excursão guiada pelos sistemas da Terra, desde a atmosfera até o núcleo interno e tudo mais.

NESTE CAPÍTULO

» **Descobrindo o estudo científico da Terra**

» **Aprendendo como as rochas se transformam, no ciclo das rochas**

» **Montando a teoria das placas tectônicas**

» **Reconhecendo os processos de superfície**

» **Explorando a história da Terra**

Capítulo 1

Rochas sem Precisar Levantar Tochas

A geologia e as ciências da Terra têm a reputação de serem disciplinas fáceis, ou menos complexas do que as outras ciências ofertadas no Ensino Médio e nas graduações correlatas. Talvez porque os itens observados e estudados na área — rochas — sejam palpáveis e visíveis sem microscópios ou telescópios, e encontrados ao seu redor, em qualquer lugar em que estiver.*

No entanto, a exploração da geologia não se destina apenas a pessoas que querem evitar os cálculos pesados da física ou os intensos laboratórios de química. A geologia é para todos. É a ciência do planeta que você habita — o mundo em que vive —, e isso é razão suficiente para querer saber mais sobre ela. A *geologia* é o estudo da Terra, do que ela é feita e de como se tornou o que é hoje. Estudar geologia significa estudar todas as outras ciências, pelo menos um pouco. Alguns aspectos de química, da física e da biologia (apenas para citar alguns) são a base para a compreensão do sistema geológico da Terra, tanto dos processos quanto dos resultados.

* No título original, *Rocks for Jocks,* um bordão comum na geologia e em seus cursos introdutórios que significa ensinar suas bases sem demandar alto domínio técnico. Literal: "pedras para atletas" [N. da T.]

Despertando o Cientista em Você

Você já é um cientista. Talvez ainda não tenha percebido isso, mas só de olhar em volta e fazer perguntas já se comporta como tal. Claro, os cientistas nomeiam essa abordagem de fazer e responder a perguntas de *método científico*, mas isso é o mesmo que você faz todos os dias, só que sem o nome chique. No Capítulo 2, detalho o método científico. Aqui, mostro uma visão geral rápida do que isso engloba.

Observando todos os dias

Observações são simplesmente informações coletadas por meio de seus cinco sentidos. Você não poderia se mover pelo mundo sem coletar informações por meio deles e tomar decisões com base nelas.

Considere um exemplo simples: parado na faixa de pedestres, você olha para os dois lados a fim de saber se há um carro vindo e, se sim, se essa aproximação é lenta o suficiente para dar tempo de você atravessar a rua com segurança antes que ele chegue. Você faz uma observação, coleta informações e baseia uma decisão nelas — exatamente como um cientista!

Antecipando conclusões

Você constantemente usa as observações coletadas para tirar conclusões sobre tudo. Quanto mais informações coleta (quanto mais observações faz), mais sólida é a conclusão. O mesmo processo ocorre na exploração científica. Os cientistas coletam informações por meio de observações, desenvolvem um palpite (a *hipótese*) sobre como algo funciona e, em seguida, eles o testam por meio de uma série de experimentos.

Nenhum cientista quer tirar conclusões precipitadas! A boa ciência é baseada em muitas observações e é bem testada por meio de experimentos repetidos. As grandes descobertas científicas são baseadas em suposições, experimentos e questionamentos contínuos de um grande número de cientistas.

Formando e Transformando Rochas

Conforme detalho na Parte 2 deste livro, a base da geologia é o exame e o estudo das rochas. As rochas são, literalmente, os alicerces da Terra e de suas características (como montanhas, vales e vulcões). Os materiais que as constituem, tanto no interior como na superfície da Terra, estão constantemente mudando de forma ao longo de extensos intervalos de tempo. Esse ciclo e os processos de formação e mudança de rochas são rastreados por meio das características observáveis nas rochas encontradas hoje na superfície da Terra.

Como as rochas se formam

As características das rochas, como forma, cor e localização, contam uma história de como e onde se deu sua formação. Uma grande parte do conhecimento geológico é construída sobre a compreensão dos processos e das condições de formação das rochas. Por exemplo, algumas rochas se formam sob intenso calor e pressão, nas profundezas da Terra. Outras, no fundo do oceano, após anos de compactação e cimentação. Os três tipos básicos de rocha, que detalho no Capítulo 7, são:

- **Ígnea:** Rochas ígneas se formam a partir de material rochoso líquido, o *magma,* ou *lava,* resfriado. Comumente, são associadas a vulcões.
- **Sedimentar:** A maioria das rochas sedimentares se forma pela cimentação de partículas de sedimento que se fixaram no fundo de um corpo d'água, como um oceano ou um lago. (Algumas não são formadas assim, eu as descrevo no Capítulo 7 também.)
- **Metamórfica:** Rochas metamórficas são o resultado de uma rocha sedimentar, ígnea ou de outra rocha metamórfica ter sido comprimida sob intensa pressão ou submetida a grandes quantidades de calor (mas não o suficiente para derretê-las), o que alterou sua composição mineral.

Cada rocha exibe características que resultam do processo específico e das condições ambientais (como temperatura ou profundidade da água) de sua formação. Dessa forma, cada rocha fornece pistas para eventos que aconteceram no passado da Terra. Compreender o passado nos ajuda a compreender o presente e, talvez, o futuro.

Caindo no ciclo das rochas

A sequência de eventos que transformam uma rocha de um tipo em outro se organiza no ciclo das rochas. É um ciclo porque não há começo nem fim determinados. Todos os diferentes tipos de rochas e os vários processos terrestres que ocorrem estão incluídos nele. Esse ciclo explica como os materiais são movidos e reciclados de várias maneiras na superfície da Terra (e abaixo dela). Compreender bem o ciclo das rochas é um grande passo para entender que cada rocha da superfície da Terra está apenas em uma fase diferente de transformação, e os mesmos materiais podem um dia se tornar uma rocha muito diferente!

Mapeando Movimentos Continentais

A maioria dos processos de formação de rochas depende do movimento, do calor ou do soterramento tectônico. Por exemplo, a formação de montanhas requer força exercida em duas direções, empurrando-as para cima ou por meio do dobramento. Isso resulta dos movimentos das placas continentais. A ideia de que a superfície da Terra é separada em diferentes peças (parecidas com as de um quebra-cabeça) que se movem é um conceito relativamente novo nas ciências da Terra, a *teoria das placas tectônicas* (o tema da Parte 3).

Unificando a geologia e o tectonismo

Por muitas décadas, os cientistas da Terra estudaram diferentes partes do planeta sem saber como todas as características e os processos que examinaram estavam interligados. A epifania sobre os movimentos das placas surgiu no início do estudo da geologia, mas demorou um pouco para que todas as evidências incontestáveis fossem coletadas, como descrevo no Capítulo 8.

Em meados do século XX, os cientistas descobriram a crista mesoatlântica e reuniram informações sobre a idade das rochas do fundo do mar ao longo dela. Com essas evidências, propuseram a teoria das placas tectônicas, sugerindo que a crosta terrestre é dividida em pedaços, ou placas. O ponto em que duas placas se tocam e interagem é o *limite de placa*.

A forma exata como as placas da crosta terrestre interagem é determinada pelo tipo de movimento e de material dela. Essas interações, descritas como tipos de limite de placa, incluem:

» **Limites convergentes:** Aqui, duas placas crustais se movem em direção uma à outra e se juntam. Dependendo da densidade das placas crustais, essa colisão cria montanhas, ou causa *subducção* de placas (o que significa que uma placa fica embaixo da outra), produzindo vulcões.

- **Limites divergentes:** Aqui, duas placas crustais se separam ou se afastam uma da outra. Esses limites são mais comuns ao longo do fundo do mar, onde a ressurgência do magma cria uma dorsal meso-oceânica, mas também ocorrem em continentes, como no Vale da Grande Fenda, na África.
- **Limites transformantes:** Aqui, as duas placas não colidem nem se separam; simplesmente deslizam lado a lado.

No Capítulo 9, detalho as diferentes características das placas continentais e como interagem à medida que se movem na superfície da Terra, incluindo as características geológicas particulares associadas a cada um dos limites.

Debatendo o mecanismo de movimento

Embora a teoria unificadora das placas tectônicas tenha sido bem-aceita pela comunidade científica, os geólogos ainda não chegaram a um consenso sobre o que, exatamente, impulsiona o movimento das placas continentais.

Acredita-se que três forças dominantes trabalhem juntas para conduzir o movimento das placas tectônicas:

- **Convecção mantélica:** Acredita-se que o movimento de materiais rochosos aquecidos sob a crosta terrestre seja o condutor dominante do movimento das placas. A rocha do manto se move para fora em direção à crosta quando é aquecida e, em seguida, esfria e afunda de volta para o centro (como a cera em uma lâmpada de lava). À medida que se movem, as placas crustais apoiadas no manto externo são carregadas.
- **Empurrão por expansão [ridge-push]:** A força de empurrão da crista é o resultado da formação de uma nova rocha crustal em uma dorsal meso-oceânica. A adição da nova crosta na borda da placa a empurra para longe da crista, em direção ao limite, ao longo de sua borda externa, ou oposta.
- **Tração por peso [slab-pull]:** À medida que a crista empurra a placa para longe, sua borda externa afunda no manto e, à medida que a placa afunda, ela puxa a placa para trás — criando a força de tração da placa.

As forças de convecção mantélica, de empurrão por expansão e de tração por peso trabalham juntas para impulsionar o movimento tectônico das placas. No Capítulo 10, há mais detalhes sobre como essas três forças remodelam constantemente a superfície da Terra.

Movendo as Rochas na Superfície

Em uma escala menor do que a global, as rochas estão constantemente sendo movidas na superfície da Terra. Os processos de superfície em geologia incluem mudanças devido à gravidade, à água, ao gelo, ao vento e às ondas. Essas forças esculpem a superfície da Terra, criando relevos e paisagens de maneiras muito mais fáceis de observar do que os processos mais expansivos de formação rochosa e movimento tectônico. Os processos de superfície também são os processos geológicos que os seres humanos têm mais probabilidade de encontrar no cotidiano.

» **Gravidade:** Por viver na Terra, você pode achar que a gravidade é impecável, mas ela é uma força poderosa para mover rochas e sedimentos. Deslizamentos de terra, por exemplo, ocorrem quando a gravidade vence o atrito e puxa os materiais para baixo. O resultado da atração da gravidade é o *movimento de massa,* que explico no Capítulo 11.

» **Água:** Os processos de superfície mais comuns incluem o movimento de rochas e sedimentos pelo fluxo de água em canais de rios e riachos. A água percorre a superfície da Terra, removendo e depositando sedimentos, remodelando a paisagem. As diferentes maneiras como a água corrente molda a terra são descritas no Capítulo 12.

» **Gelo:** Semelhante à água corrente, mas muito mais poderoso, o gelo move rochas e pode moldar a paisagem de um continente inteiro por meio da erosão e da deposição das geleiras. O movimento de fluxo lento do gelo e seus efeitos na paisagem são descritos no Capítulo 13.

» **Vento:** A força do vento é mais comum em regiões secas, e você provavelmente está familiarizado com os relevos que ele cria, as *dunas.* Só talvez não entenda bem que a velocidade e a direção do vento criam muitos tipos diferentes de dunas, o que descrevo no Capítulo 14.

» **Ondas:** Ao longo da costa, a água em forma de ondas é responsável por moldar as linhas costeiras e criar (ou destruir) praias. No Capítulo 15, descrevo em detalhes os vários relevos costeiros que são criados à medida que as ondas removem ou deixam sedimentos.

Era uma Vez... a Vida

Uma das vantagens de estudar geologia é descobrir quais mistérios do passado estão escondidos nas rochas. Rochas sedimentares, formadas camada por camada durante longos intervalos de tempo, contam a história da vida na Terra: mudanças climáticas e ambientes, bem como a evolução da vida de uma única célula para a complexidade atual.

Datação relativa versus datação absoluta

Os cientistas usam duas abordagens para determinar a idade das rochas e das camadas rochosas: a datação relativa e a datação absoluta.

A *datação relativa* revela as idades das camadas das rochas em relação umas às outras — por exemplo, informando que uma camada é mais velha ou mais jovem que a outra. O estudo das camadas rochosas, ou *estratos*, é a *estratigrafia*. Nos métodos de datação relativa, os geólogos aplicam *princípios da estratigrafia* como estes:

» As camadas mais internas de rocha costumam ser mais antigas do que as mais superficiais.

» Todas as camadas de rochas sedimentares são originalmente formadas na posição horizontal.

» Quando uma rocha é atravessada por camadas de outra rocha, esta é mais jovem do que as camadas que a cortam.

Esses princípios e alguns outros que descrevo no Capítulo 16 orientam os *estratígrafos*, geólogos especializados na área, na interpretação da ordem das camadas de rocha para formarem uma ordem relativa de eventos na história da Terra.

No entanto, às vezes, simplesmente saber que algo é mais velho — ou mais jovem — não responde à pergunta que se fez. Os métodos da *datação absoluta* usam átomos radioativos, os *isótopos*, para determinar a idade em anos numéricos de algumas rochas e camadas rochosas. Esses métodos determinam, por exemplo, que certas rochas têm 2,6 milhões de anos. Eles se baseiam no conhecimento, aprendido em experimentos de laboratório, de que alguns átomos se transformam a uma determinada taxa ao longo do tempo. Ao medir essas taxas de mudança em um laboratório, os cientistas medem a quantidade de diferentes átomos em uma rocha e estimam uma idade bastante precisa para sua formação.

Se o processo de obtenção de datas absolutas de isótopos parece muito complexo, não se preocupe: no Capítulo 16, explico com muito mais detalhes como as datas absolutas são calculadas e como são combinadas com datas relativas para construir a *escala de tempo geológico:* uma sequência da história geológica da Terra separada em diferentes intervalos de tempo (eras, períodos e épocas).

Testemunha da evolução: Registro fóssil

A história mais fascinante contada nas camadas de rocha é a da evolução da Terra. *Evoluir* simplesmente significa mudar com o tempo. E, de fato, a Terra evoluiu nos 4,5 bilhões de anos desde que se formou.

Tanto a própria Terra quanto os organismos que vivem nela mudaram com o tempo. No Capítulo 17, explico brevemente a compreensão biológica da evolução. Muito do conhecimento moderno sobre como as espécies mudaram ao longo do tempo é baseado em evidências *fossilizadas* ou em formas de vida preservadas nas camadas de rocha. A fossilização ocorre por meio de diferentes processos geológicos e químicos, mas todos os fósseis são de uma de duas formas:

- **Fósseis corporais:** Restos do próprio organismo, ou uma impressão, molde ou marca do corpo do organismo.
- **Vestígios fósseis:** Restos da atividade de um organismo, como movimento (uma pegada) ou estilo de vida (uma escavação), mas sem qualquer indicação do corpo real do organismo.

A Terra já foi inóspita à vida. No Capítulo 18, descrevo a Terra primitiva como um planeta sem vida, quente e sem atmosfera, nos primeiros anos da formação do Sistema Solar. Levou bilhões de anos até que surgissem organismos simples e unicelulares, e suas origens ainda são um mistério científico.

A vida simples e unicelular governou a Terra por muitos milhões de anos antes que organismos mais complexos evoluíssem. Mesmo assim, milhões de anos se passaram com formas de vida de corpo mole, difíceis de encontrar no registro fóssil. Só 520 milhões de anos atrás ocorreu a *Explosão Cambriana*. O Capítulo 19 descreve esse aparecimento repentino de organismos complexos, construtores de conchas, bem como os milhões de anos que se seguiram, quando a vida era vivida quase inteiramente nos oceanos, até que os anfíbios surgissem na Terra.

O Capítulo 20 investiga a Era dos Répteis, quando os dinossauros governavam a Terra e os répteis enchiam os céus e os mares. Durante esse intervalo, todos os continentes da Terra eram conectados na Pangeia, o supercontinente mais recente da Terra. Mas, antes que a Era dos Répteis acabasse, a Pangeia se dividiu nos continentes que você reconhece hoje. A evidência da Pangeia ainda é visível nos contornos costeiros da América do Sul e da África — indicando os pontos em que se uniam como parte do supercontinente.

Em um tempo relativamente recente, geologicamente falando, os mamíferos substituíram os répteis para governar a Terra. A Era Cenozoica (começando 65,5 milhões de anos atrás), que ainda vivemos, é o intervalo mais recente e, portanto, mais detalhado da história da Terra que pode ser estudada no registro geológico (as rochas). Muitas das características geológicas mais drásticas da Terra moderna, como o Grand Canyon e as montanhas do Himalaia, foram formadas nesta era mais recente. No Capítulo 21, descrevo a evolução das espécies de mamíferos (incluindo humanos) e as mudanças geológicas que ocorreram para nos trazer até hoje.

Em vários momentos da história da Terra, muitas espécies diferentes desapareceram, no que os cientistas chamam de *eventos de extinção em massa*. No Capítulo 22, descrevo os cinco eventos de extinção mais drásticos da história da Terra. Também explico algumas das hipóteses comuns para extinções em massa, incluindo mudanças climáticas e impactos de asteroides. Por fim, explico como a Terra pode experimentar uma extinção em massa nos dias modernos devido à atividade humana.

NESTE CAPÍTULO

» **Despertando o cientista em você**

» **Aplicando o método científico**

» **Distinguindo leis de teorias científicas**

» **Falando a língua da geologia**

Capítulo **2**

Vendo por Lentes Nada Cor-de-Rosa

A geologia é uma das muitas ciências que estudam o mundo natural. Antes de passar para os detalhes da ciência geológica, quero dedicar um tempo a definir o que exatamente ela é e faz. Neste capítulo, descrevo os elementos da ciência e o método científico, e explico como você já faz ciência todos os dias, talvez sem nem mesmo perceber!

Ciência Não É Apenas para Cientistas

A ciência não é uma sociedade secreta para pessoas que gostam de usar jalecos e passar horas olhando através de microscópios. Ela é simplesmente fazer e responder a perguntas. Sempre que você toma uma decisão considerando o que sabe, coletando novas informações, formando uma suposição fundamentada e descobrindo se a suposição está certa, age cientificamente.

Veja um exemplo muito simples: escolher um xampu. Você provavelmente já experimentou diferentes tipos ou marcas, observou como cada um deixa seu cabelo em termos de aparência e textura, e decidiu qual xampu quer comprar da próxima vez. Esse processo de observação, teste e tomada de decisão faz parte da abordagem científica para a solução de problemas. Você o segue todos os dias em várias situações, enquanto toma decisões sobre o que comprar, qual rota tomar no trânsito, o que comer no jantar e assim por diante.

LEMBRE-SE

Não subestime o papel da ciência em seu cotidiano. Cada interação da qual participa — com o mundo físico e com outras pessoas — é governada pelas leis naturais descobertas e descritas por cientistas de vários campos de especialização. Novos produtos e tecnologias são o resultado da busca contínua por respostas nas ciências. E as explicações sobre como os seres humanos afetam e são afetados pelo mundo natural estão constantemente sendo atualizadas por novos cientistas e descobertas. Continue lendo para descobrir como a ciência é feita usando uma abordagem passo a passo, o *método científico*.

Um Lugar para Cada Coisa: O Método Científico

Os cientistas procuram responder às perguntas usando uma sequência de etapas, o *método científico*. Ele se resume a um procedimento para organizar observações, fazer suposições fundamentadas e coletar novas informações. O método científico engloba as seguintes etapas:

1. **Fazer uma pergunta.** Os cientistas começam perguntando: "Por que isso acontece? Como funciona?" Qualquer dúvida já inicia a jornada científica. Por exemplo: "Por que minhas meias, que eram brancas, agora estão rosa?"

2. **Formular uma hipótese que responda à pergunta.** A *hipótese* é uma proposta de resposta à pergunta: um palpite com base no que você já sabe. Na ciência, uma hipótese deve ser testável, o que significa que você (ou outra pessoa) deve ser capaz de determinar se ela é verdadeira ou falsa por meio de um experimento. Por exemplo: "Acho que minhas meias ficaram rosa porque as lavei com um sabão rosa."

3. **Fazer uma previsão verificável com base na hipótese.** Usando a explicação proposta na hipótese, forme uma previsão verificável. Por exemplo: "Prevejo que, se eu lavar uma camiseta branca com sabão rosa, ela mudará de branco para rosa."

4. **Criar um experimento para testar a previsão.** Um bom experimento é feito pensando em responder melhor à pergunta (veja a próxima seção, "Testando a hipótese: Experimentos"), controlando o máximo possível de fatores. Por exemplo, para testar a previsão anterior, lavarei uma camiseta

branca com sabão em pó branco e uma com sabão em pó rosa, na mesma máquina de lavar, com o mesmo tipo de água, para que tudo (exceto o sabão) seja igual.

5. **Executar o experimento.** É hora de lavar a roupa! Se minha previsão estiver correta, a camiseta lavada com sabonete rosa ficará rosa.

6. **Observar o resultado.** Ambas as camisetas brancas continuaram brancas após serem lavadas com os diferentes tipos de sabão.

7. **Interpretar e tirar conclusões do resultado do experimento.** Os cientistas podem realizar um único experimento várias vezes para obter o máximo possível de informações e certificar-se de que não cometeram nenhum erro que afetasse o resultado. Depois de terem todas essas novas informações, eles tiram uma conclusão. Por exemplo, em meu experimento, parece que a cor do sabão em pó não é o que torna as camisetas brancas rosa na máquina de lavar. Neste ponto, posso propor uma nova hipótese sobre por que minhas camisetas ficaram rosa e conduzir um novo experimento.

LEMBRE-SE

8. **Compartilhar as descobertas com outros cientistas.** Essa é possivelmente a etapa mais importante no processo científico. Compartilhar seus resultados com outros cientistas viabiliza novas ideias para suas perguntas e conclusões. No meu exemplo, não confirmei minha hipótese, muito pelo contrário: confirmei que a cor do sabão em pó *não* é responsável pela mudança de cor das camisetas. Essa ainda é uma informação muito importante para a comunidade de cientistas, que tentaria definir o que, exatamente, deixa rosa as meias brancas na máquina de lavar. Conhecer meus resultados levará outros cientistas a desenvolverem e a testarem novas hipóteses e previsões.

A seguir, descrevo com mais detalhes cada etapa da abordagem do método científico para responder a perguntas.

Detectando o novo

O primeiro passo do método científico é simplesmente usar seus sentidos. O que você vê, sente, prova, cheira e ouve? Cada um de seus sentidos o ajuda a coletar informações, ou *observações*, do mundo ao redor. As observações científicas são informações coletadas sobre o mundo físico sem manipulá-lo. (As manipulações vêm depois, com experimentos; continue lendo para saber os detalhes!)

Após coletar várias observações, talvez se descubra um padrão — todo cachorro que você afaga é macio — ou que algumas observações são diferentes das outras — a maioria dos cães tem pelo marrom, mas alguns têm pelo branco com manchas pretas. Resumir as observações dessa forma o prepara para dar o próximo passo no método científico, desenvolver uma hipótese.

Tenho uma hipótese!

Após resumir as observações, é hora de propor uma suposição fundamentada sobre os processos por trás dos padrões observados. Esse palpite é a *hipótese*. Na linguagem cotidiana, as pessoas costumam dizer: "Tenho uma teoria", quando na verdade querem dizer "Tenho uma hipótese". (Abordo as teorias daqui a algumas páginas.)

LEMBRE-SE

Uma hipótese é uma inferência sobre os padrões observados, com base em suas observações e em qualquer conhecimento anterior que se tenha sobre o assunto. É possível ter muitas hipóteses diferentes sobre os padrões observados. Como saber qual é a correta? Testando-as com experimentos, o que descrevo a seguir.

Testando a hipótese: Experimentos

Agora a verdadeira diversão começa: experimentar para determinar se alguma das hipóteses está correta. Os cientistas usam hipóteses para desenvolver previsões verificáveis. Com base nas observações sobre a cor do pelo do cachorro, uma possível previsão é: "Todos os cães têm pelo marrom ou branco com manchas pretas." A previsão é uma reafirmação da hipótese, baseada nas observações.

Para determinar se a previsão está correta, é preciso coletar mais informações. Farei novas observações, mas, desta vez, manipularei a situação e observarei o resultado. Em outras palavras, agora minhas observações serão o resultado de um *experimento*.

LEMBRE-SE

Na ciência, o *design de experimentos*, ou a maneira de coletar as novas informações, é muito importante. O design de experimentos descreve os parâmetros do experimento: quantas amostras coletar (quantas observações fazer) e como escolhê-las. Essas decisões são determinadas em parte pela pergunta feita e em parte pela natureza das observações coletadas.

Na maioria dos casos, é impossível observar cada instância do mundo físico explorado. Portanto, pegue uma amostra que represente o restante. Por exemplo, não posso avaliar todos os cães do mundo para ver a cor de seu pelo, então defino que observar cem cães será suficiente para determinar se minha previsão está correta. Esses cem são uma amostra da população mundial de cães. Se eu os escolher com sabedoria, eles serão uma representação muito precisa da população canina de todo o mundo. O tamanho ideal da amostra varia para cada experimento; tudo depende da pergunta feita.

LEMBRE-SE

Nas ciências da Terra, geralmente os experimentos são *naturais*, ou *observacionais*. Isso significa que os cientistas vão a campo e observam eventos que já aconteceram, como a formação de rochas, as camadas rochosas ou as características da paisagem. Os cientistas fazem essas observações sem alterar nenhum aspecto do evento nem de seu resultado.

Os geólogos também usam outro tipo de experimento, o *manipulativo*. O experimento manipulativo é feito em laboratório, onde o cientista pode manipular ou alterar certos fatores para testar quais são os mais importantes para gerar o resultado observado. Nesse caso, vários experimentos podem ser feitos, cada um testando a importância de um fator (ou variável) diferente, com o objetivo de zerar aquele (ou aqueles) que explica o resultado observado.

LEMBRE-SE

Mais importante ainda, um experimento científico, natural ou manipulado, deve ser repetido. Isso significa que os cientistas devem descrever claramente as etapas seguidas para que outros cientistas consigam repetir o mesmo experimento e ver se também obtêm o mesmo resultado.

Fragmentando os números

Após fazer observações e experimentos, o cientista fica com uma grande coleção de informações, ou *dados*, que usa para chegar a uma conclusão. Buscar padrões página a página de observações descritivas ou listas de números é quase impossível. Assim, para encontrar padrões nos dados, um cientista usa estatísticas.

LEMBRE-SE

Estatísticas são uma ferramenta matemática para descrever e comparar informações (observações) *quantitativamente*, o que significa simplesmente usar números. Usando números para descrever os dados, como o número de vezes que uma certa característica é observada em diferentes amostras de rochas, os cientistas organizam e comparam os padrões nos dados com aritmética simples.

Algumas pessoas acham as estatísticas intimidantes porque parecem fórmulas matemáticas complexas. Mas, na verdade, os métodos estatísticos são matemática simples combinados em uma sequência passo a passo para descobrir padrões nos dados. Algumas estatísticas determinam se dois conjuntos de dados têm semelhanças ou diferenças gerais. Outras, quais variáveis são mais importantes na criação dos resultados observados.

Outra razão para os cientistas organizarem e descreverem seus dados quantitativamente é exibi-los em gráficos. Muitos tipos de gráficos são usados, e um cientista deve determinar qual tipo exibe melhor os dados, de forma compreensível. O gráfico mais adequado depende do tipo de dado exibido. A Figura 2-1 ilustra alguns tipos de gráficos comuns usados nas ciências da Terra:

- **Gráfico de pizza:** Esse tipo de gráfico funciona bem para ilustrar diferentes partes de um todo. O total de um gráfico de pizza sempre deve somar 100%.
- **Gráfico de barras:** Também chamado de *histogramas*, gráficos de barras são usados para exibir informações classificadas em diferentes categorias.

» **Gráfico de dispersão:** Os gráficos de dispersão ilustram como dois tipos de dados se relacionam. Às vezes, um cientista usará um gráfico de dispersão para procurar padrões nas relações entre os tipos de dados — encontrando agrupamentos de pontos de dados.

» **Gráfico de linha:** Esse tipo de gráfico é mais comumente usado para exibir mudanças em um tipo de dados em função de tempo, distância ou outra variável.

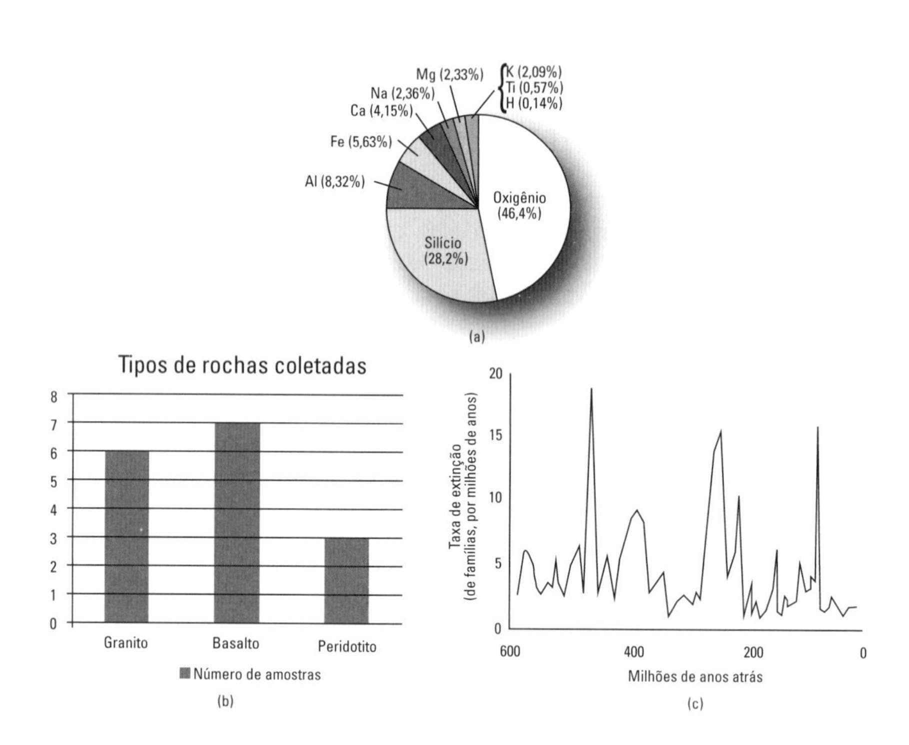

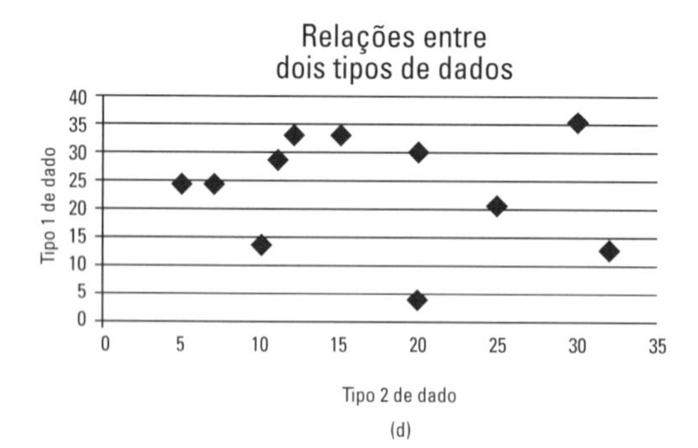

FIGURA 2-1: a) Gráfico de pizza; b) Gráfico de barras; c) Gráfico linear; d) Gráfico de dispersão.

Interpretando os resultados

Depois que os dados foram descritos, comparados e representados em gráfico, a próxima etapa é interpretá-los para tirar novas conclusões e talvez propor uma nova hipótese para testes adicionais. Com frequência, os cientistas descobrem que os padrões em seus dados acarretam novas questões para exploração.

LEMBRE-SE

Se um experimento for bem planejado, o resultado (e os dados coletados) devem provar ou refutar claramente a hipótese inicial. É muito mais fácil e mais comum para um cientista provar que uma hipótese está errada do que provar que está certa. Descobrir que a hipótese está incorreta ajuda a descartar ideias erradas e é um passo muito importante para encontrar uma resposta para perguntas maiores que estão sendo feitas — e para determinar qual hipótese testar em seguida.

Nesse estágio, o desafio é aplicar o conhecimento prévio (talvez proveniente de experimentos anteriores) para entender o que os padrões nos dados — ou as relações entre as variáveis — significam. Em vez de encontrar respostas para todas as perguntas, os cientistas muitas vezes se veem fazendo novas perguntas e voltando ao estágio da hipótese, preparando-se para testar outra.

Compartilhando as descobertas

Quando um cientista conclui experimentos, analisa dados e interpreta os resultados, deve compartilhar suas descobertas e ideias com outros cientistas. Normalmente, essa etapa é feita por meio de revistas científicas *revisadas por pares*, o que significa que outros cientistas qualificados e respeitados examinaram o design de experimentos e os procedimentos, talvez os testaram eles próprios e determinaram que os resultados e a interpretação são razoáveis.

A etapa de revisão por pares é muito importante. O processo de fazer com que outros cientistas bem informados — outros especialistas em um determinado tópico — verifiquem o trabalho novamente ajuda a encontrar quaisquer erros. Erros levam a resultados falsos ou a interpretações incorretas. Ter mais de um olho procurando erros reduz o potencial de avançar com base em suposições falsas.

Construindo Novos Conhecimentos: A Teoria Científica

O objetivo do estudo científico é compreender melhor o mundo. Passo a passo, as informações são coletadas até que um entendimento mais amplo ou mais profundo seja obtido. Em algum momento, esse entendimento será expresso como uma *teoria científica*. Conforme os cientistas criam e compartilham teorias, expandem o que sabemos sobre o mundo ao nosso redor.

Nunca é "só uma teoria"

A maioria das pessoas usa a palavra *teoria* para se referir a uma suposição fundamentada — uma hipótese. Mas, do ponto de vista científico, uma teoria explica como alguns processos complexos funcionam no mundo natural. Por exemplo, a teoria das placas tectônicas, que detalho no Capítulo 10, explica como as placas da crosta terrestre se movem, formando montanhas e vulcões e causando terremotos. A teoria explica como todos esses processos geológicos e características resultantes estão relacionados uns com os outros por meio do movimento das placas da crosta terrestre.

LEMBRE-SE

Uma teoria não explica, no entanto, *por que* algo ocorre. A teoria das placas tectônicas não responde à questão de por que a superfície da Terra se divide em placas que se movem. Apenas descreve *o quanto* essas placas se movem e interagem umas com as outras até resultar nas características que observamos.

Quando um cientista descreve algo como uma teoria, chega ao fim de uma longa série de experimentos e testes de hipóteses. Ele é capaz de explicar algo tão bem, respaldado por evidências (e aceito por outros cientistas como verdade), que isso pode ser chamado de teoria.

LEMBRE-SE

Em outras palavras, uma teoria é uma hipótese que foi exaustivamente testada por meio de vários experimentos e é aceita como verdadeira pela comunidade científica. Mas o trabalho não termina aí! Os cientistas continuarão testando hipóteses sobre os detalhes de uma teoria, preenchendo lacunas no entendimento e procurando suposições incorretas que serão corrigidas para fortalecer a teoria.

Teoria científica versus lei científica

As teorias científicas não ficam esperando para um dia se metamorfosearem em leis científicas. Leis e teorias na ciência são duas coisas muito diferentes.

- **Uma lei científica descreve uma ação observada, que, quando repetida muitas vezes, é sempre a mesma.** Por exemplo, a *lei da gravidade* afirma que dois objetos se moverão em direção um ao outro. Esse movimento é observado toda vez que algo cai. O objeto que caiu é atraído para a terra. A lei da gravidade simplesmente descreve essa ação, que se mostra a mesma em todos os testes.
- **Uma teoria científica explica como um conjunto de observações se relaciona.** Por exemplo, a *teoria da gravidade* procura explicar como a relação entre dois objetos (seu tamanho relativo, peso e distância um do outro) resulta na interação observada descrita pela lei da gravidade.

  Tanto uma lei quanto uma teoria científica são descritas com precisão como "fato". Ambas são desenvolvidas a partir de hipóteses que foram testadas e provadas como verdadeiras. Uma teoria bem testada e aceita de forma geral é considerada verdadeira, embora ainda possa ser testada pela proposição de novas hipóteses e experimentos. Em alguns casos, pode ser que parte de uma teoria não seja verdadeira, situação em que será ajustada para acomodar a nova verdade, sem que toda ela seja posta em questão.

O caminho para os paradigmas

Uma teoria realmente completa, bem testada e amplamente aceita pode se tornar o paradigma científico vigente. *Paradigmas científicos* são padrões que servem de modelo para pesquisas futuras. No momento, a teoria das placas tectônicas é o paradigma dentro do qual todas as novas pesquisas geológicas acontecem. A explicação dada pela teoria das placas tectônicas é aceita como comprovada, e a maioria dos pesquisadores busca responder a perguntas que refinam sua compreensão desse processo, em vez de buscar refutar a teoria como um todo.

Paradigmas, como teorias, mudam com a chegada de novas informações; ou seja, nesses casos, há uma *mudança de paradigma*. Uma mudança de paradigma traz uma nova perspectiva — uma forma totalmente nova de ver as coisas. Por exemplo, a aceitação da idade antiga da Terra foi uma mudança de paradigma para os primeiros geólogos. Aqueles cientistas se esforçaram para explicar como as características geológicas foram estabelecidas no curto espaço de alguns milhares de anos (anteriormente aceito como a idade da Terra). O novo paradigma, que diz que a Terra tem bilhões de anos, conferiu uma estrutura dentro da qual os processos geológicos tiveram muito tempo para ocorrer, desenvolvendo as características observadas. (Veja, no Capítulo 3, uma discussão sobre essa mudança de paradigma, em particular.)

Torre de Babel: Por que Parece que os Geólogos Falam Outra Língua

Como acontece com muitas ciências, quando você começa a estudar geologia, pode se sentir oprimido por todas as novas palavras que precisa aprender. Na verdade, os geólogos têm sua própria linguagem para descrever rochas, processos terrestres e características geológicas. Mas, depois que você pega o jeito e passa a entender os jargões principais, ler sobre geologia fica muito menos intimidante.

Laminação vs. foliação: Resultados semelhantes de processos diferentes

Os geólogos descrevem características de rochas com a intenção de compreender os processos que as formaram. Por esse motivo, uma característica observada, como "camadas", terá termos diferentes indicando que tipo de processo resultou nessas camadas. Aqui está um exemplo do que quero dizer:

» Uma rocha com camadas pode ser descrita como *laminada*. Laminações são camadas finas formadas pelo acúmulo de partículas minúsculas que se assentam na água parada (como no fundo de um lago ou de uma lagoa). Essa rocha em camadas (laminada) é uma rocha sedimentar.

» Uma rocha com camadas também pode ser descrita como *foliada*. Foliações são camadas finas ou folhas de minerais criadas por intensas quantidades de pressão e de calor nas profundezas da crosta terrestre. Essa rocha em camadas (foliada) é uma rocha metamórfica.

LEMBRE-SE

Essa característica, de ser em camadas, dessas rochas parece semelhante à primeira vista, mas na verdade é o resultado de processos muito diferentes que ocorrem em condições muito distintas na Terra. Uma inspeção mais detalhada das rochas (talvez com um microscópio) revela que as camadas feitas de partículas são diferentes daquelas feitas de folhas minerais.

Gabro vs. basalto: Resultados diferentes de processos semelhantes

Outra característica que define as rochas é a sua *composição*, ou saber de que minerais elas são feitas. No entanto, rochas com a mesma composição mineral podem ter nomes diferentes. Por quê? Porque os geólogos categorizam as rochas de acordo com a sua composição *e* com o seu processo de formação. Um exemplo é a distinção entre as rochas *gabro* e *basalto*.

Gabro e basalto são rochas de cor escura com a mesma composição mineral. Ambas são formadas pelo resfriamento de rocha fundida (magma, ou lava) em um sólido. O gabro é formado quando a rocha fundida esfria no subsolo, lentamente, por um longo tempo. O basalto é formado quando a rocha fundida esfria muito rapidamente, na superfície da Terra ou próximo a ela, onde é exposta ao ar ou à água.

Os diferentes processos de formação criam diferenças observáveis nas rochas — o gabro tem grandes cristais minerais visíveis, enquanto o basalto, não —, mas sua composição ainda é a mesma. Ao dar-lhes nomes diferentes, os geólogos categorizam uma rocha com um termo que inclui informações sobre as características de sua composição e de sua formação.

DICA

Ao estudar geologia, é muito útil ter à mão um dicionário de termos geológicos, ou de ciências da Terra, para ajudá-lo a lidar com a imensa quantidade de novo vocabulário que encontrará!

NESTE CAPÍTULO

» Usando as catástrofes para explicar os fenômenos geológicos

» Propondo origens para as rochas

» Chegando às ideias atuais sobre a Terra

» Entendendo o passado vendo o hoje

» Unificando a teoria

» Fazendo perguntas para sempre

Capítulo 3

Daqui até a Eternidade

Para muitas ciências, as bases do pensamento moderno foram lançadas durante a Revolução Científica da Europa, nos séculos XVI e XVII. Naquele momento, grandes pensadores redefiniram a forma como examinavam e entendiam o mundo ao seu redor. Embora avanços importantes tenham sido feitos na astronomia, na matemática, na anatomia e em outras ciências, o avanço da ciência geológica foi restringido pela crença, amplamente difundida, descrita na Bíblia de que a idade exata da Terra é de apenas alguns milhares de anos.

Como resultado, o caminho para as teorias geológicas modernas só começou a ser pavimentado no final dos séculos XVIII e XIX. Na verdade, ainda hoje circulam percepções significativas sobre os sistemas da Terra. Neste capítulo, descrevo as teorias importantes que foram apresentadas até nosso entendimento atual da Terra e de seus sistemas. Também descrevo a sequência de hipóteses importantes que levaram a uma teoria unificadora (a teoria das *placas tectônicas*), bem como algumas áreas interessantes da pesquisa geológica atual.

Catástrofes à Espreita

Quando os primeiros geólogos observaram as montanhas, os vales e os mares ao seu redor, perceberam que algo drástico havia ocorrido para criar o que viam. Como as pessoas acreditavam que a Terra tinha apenas alguns milhares de anos, a única maneira de explicar o que viam era responsabilizar a ocorrência de eventos catastróficos ocasionais, como inundações massivas, erupções vulcânicas e terremotos.

LEMBRE-SE

Essa crença prematura de que as características da Terra foram criadas por uma série de eventos catastróficos é o *catastrofismo.*

Explicações geológicas envolvendo eventos drásticos, catástrofes em todo o mundo, estavam alinhadas com as histórias da Bíblia, como o grande dilúvio. Assim, o catastrofismo conciliou fortes crenças bíblicas com explicações de processos geológicos que os cientistas agora sabem que ocorreram ao longo de muitas centenas de milhares (ou mesmo milhões) de anos.

Primeiras Ideias sobre a Origem das Rochas

Enquanto o catastrofismo buscava explicar a criação das características da Terra, questões sobre a origem das rochas permaneceram. De onde vieram as rochas da crosta terrestre antes de serem submetidas às catástrofes que as moldaram e transformaram?

LEMBRE-SE

Duas teorias dominaram as primeiras ideias sobre a origem das rochas: o netunismo e o plutonismo.

- **Os netunistas propuseram origens oceânicas.** A teoria netunista das origens das rochas propôs que todas elas foram criadas a partir da água do mar, tendo se cristalizado nos primeiros oceanos. (A teoria leva o nome do deus romano do mar, Netuno.)
- **Os plutonistas propuseram origens vulcânicas.** Os plutonistas acreditavam que todas as rochas da Terra se originavam de vulcões e eram então transformadas por pressão e calor em outras rochas. (A teoria leva o nome do deus romano do submundo, Plutão.)

DICA

Embora nenhuma dessas teorias explique com precisão como todas as rochas são formadas, ambas contêm verdades parciais. Algumas rochas precipitam-se das águas do oceano, algumas se formam de vulcões e muitas são transformadas em outras rochas por meio do calor e da pressão, como o Capítulo 7 fala.

A Compreensão Geológica Moderna

Nesta seção, apresento três dos mais proeminentes geólogos dos séculos XVII e XVIII e descrevo as teorias que propuseram: teorias que resistem ao escrutínio científico atual e ainda formam a base para o entendimento geológico moderno.

Lendo as camadas das rochas: A estratigrafia, de Steno

Em meados do século XVII, Nicholas Steno, um médico dinamarquês, fez grandes contribuições para a geologia e em particular para a *paleontologia:* o estudo da vida fóssil. Quando Steno começou suas observações, poucos outros cientistas haviam proposto, testado e buscado provar que os fósseis encontrados nas rochas eram restos de organismos que viveram em outros tempos. Steno desenvolveu essas ideias por meio de observações e do estudo das rochas. Seu trabalho o levou a outras questões, como, por exemplo, poderia qualquer objeto sólido (uma rocha, um mineral ou um fóssil) ficar preso dentro de outro, como uma rocha?

Steno é considerado o pai da *estratigrafia* moderna, que é o estudo das camadas de rocha. Ele descreveu quatro princípios de estratigrafia que ainda são válidos:

- **Princípio da sobreposição:** Afirma que, em uma sequência ininterrupta de *rochas sedimentares* (aquelas compostas de pedaços de outras rochas; veja o Capítulo 7), as camadas de baixo são mais velhas do que as superiores (desde que não tenham sido *deformadas*, o que descrevo no Capítulo 9). Na Figura 3-1, o princípio de sobreposição indica que a camada A é mais velha do que a camada B, C ou E.
- **Princípio da horizontalidade original:** Afirma que os sedimentos que formam rochas sedimentares são geralmente depositados na posição horizontal (devido à gravidade). Portanto, as camadas de rocha que parecem verticais foram movidas de sua posição horizontal original por alguma força natural (como um terremoto).
- **Princípio da continuidade lateral:** Afirma que, quando os sedimentos são depositados, formando rochas sedimentares, eles se espalham até chegarem a algum outro objeto que os confina. Esse princípio é ilustrado quando você enche com água sua banheira. A água se espalha para preencher todo o espaço, que fica confinada apenas pelas bordas da banheira. Despeje a mesma quantidade de água no chão do banheiro e ela se espalhará até atingir as paredes. Rochas sedimentares, como a água, expandem-se lateralmente até serem interrompidas por algum outro objeto.

» **Princípio das relações de corte:** Afirma que, no ponto em que um tipo de rocha atravessa ou corta outra, essa outra é mais velha que a rocha que faz o corte. Afinal, uma rocha já deve existir para ser cortada por outra. Esse princípio é ilustrado na Figura 3-1, na qual a rocha D é mais jovem do que as rochas A, B e C, cortadas por ela.

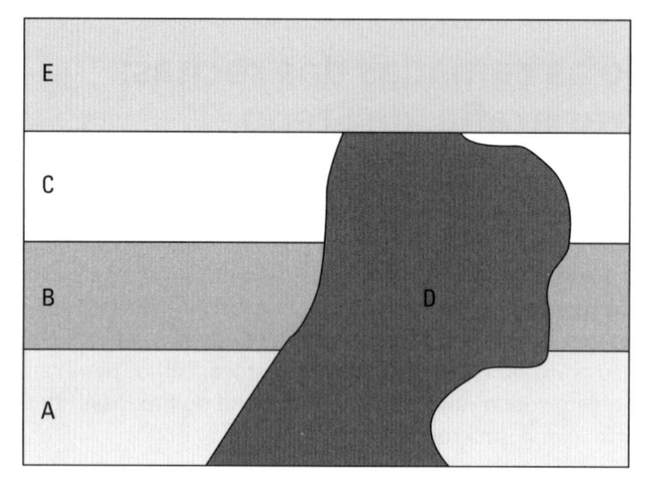

FIGURA 3-1: Neste esboço de camadas de rocha, a mais antiga é a A, e a mais nova, a E.

Essas coisas levam tempo: A hipótese de Hutton

Enquanto plutonistas e netunistas discutiam sobre a origem das rochas da Terra, o médico escocês James Hutton observava as rochas em sua Escócia natal e pensava sobre os diferentes tipos e camadas. Ele propôs teorias sobre a relação entre elas e como as formações rochosas atuais surgiram.

ENCONTRANDO DENTES DE TUBARÃO NO TOPO DE MONTANHAS

Nicholas Steno estudou a cabeça de um tubarão e relatou que seus dentes eram muito semelhantes às pedras encontradas nas montanhas. Aquelas pedras foram chamadas de *glossopetrae,* ou "pedras da língua", e, na época, acreditava-se que eram o resultado de relâmpagos. Na verdade, o que Steno descobriu foi que aqueles dentes estavam enterrados nas rochas do topo da montanha!

LEMBRE-SE

Por meio de suas observações de locais como Siccar Point — uma área rochosa ao longo da costa leste da Escócia —, Hutton começou a descrever processos geológicos que exigiam longos intervalos de tempo para criarem as formações rochosas visíveis hoje. Ele foi o primeiro geólogo a propor a ideia do tempo geológico, também chamado de *tempo profundo*, que estendeu a idade da Terra muito mais longe no passado do que antes era aceito.

De acordo com Hutton, com um intervalo longo o suficiente, até mesmo os processos pequenos e comuns que hoje moldam a superfície da Terra podem ter se originado das formações drásticas que se supunha resultarem de catástrofes.

O que foi, será: Os princípios de Lyell

Seguindo o trabalho de Hutton, Charles Lyell, professor escocês de geologia do início do século XIX, publicou o livro *Princípios de Geologia*. Nele, Lyell definiu e expandiu as ideias de Hutton sobre o tempo profundo, os processos geológicos e a formação de rochas na superfície da Terra.

Ao publicar seu livro, Lyell difundiu as ideias de Hutton e as popularizou. O conceito de que "o presente é a chave do passado" foi pioneiro na época e inspirou o pensamento científico em áreas além da geologia, como as ideias de Darwin sobre a evolução.

LEMBRE-SE

O princípio básico que Hutton propôs, o *uniformitarismo*, ainda é a base da ciência geológica. Simplificando, ele afirma que os fenômenos geológicos do passado são explicados com base nos processos observáveis que ocorrem hoje.

Uniformi-o quê? Compreendendo a Terra a partir do Uniformitarismo

A ideia de que os processos geológicos que observamos hoje sempre ocorreram e explicam as características da Terra resistiu ao teste do tempo. Na verdade, agora mais do que nunca, os geólogos reconhecem que os processos físicos, químicos e biológicos que ocorrem hoje devem ter ocorrido no passado também. Até mesmo uma formação tão espetacular como o Grand Canyon foi criada pelo mesmo processo simples de erosão pela água (veja o Capítulo 12) que cria riachos e escoadouros em seu quintal.

No entanto, quando Hutton e Lyell propuseram o conceito do uniformitarismo, presumiram que a taxa e a intensidade dos processos passados eram as mesmas observadas hoje. O entendimento atual do uniformitarismo em geologia não faz mais essa suposição. O uniformitarismo moderno difere da ideia original de duas maneiras muito importantes:

- **As taxas e a intensidade dos processos variam:** Embora os processos que os cientistas observam hoje tenham ocorrido no passado, podem ter ocorrido mais rápida ou mais intensamente. As camadas maciças de rochas vulcânicas na Sibéria (os *trapps siberianos*) sugerem um momento intenso de derramamento de lava, diferente de tudo o que os seres humanos já viram.
- **As catástrofes têm sua função:** Quando o uniformitarismo foi proposto, ia contra as ideias do catastrofismo. Mas os geólogos modernos reconhecem que eventos catastróficos ocasionais (como erupções vulcânicas e tsunamis) desempenham um papel importante na formação da superfície da Terra.

Juntando Tudo: A Teoria das Placas Tectônicas

Durante a Primeira Guerra Mundial, o cientista alemão Alfred Wegener sugeriu que os continentes já haviam sido conectados e então se distanciaram. Sua ideia sobre *deriva continental* — o movimento dos continentes — baseou-se em evidências fósseis, rochosas e estratigráficas (que detalho no Capítulo 8). No entanto, ele não havia elaborado todos os detalhes — como qual força, ou *mecanismo*, impulsionara os continentes. Na época, a compreensão científica da crosta terrestre como uma camada contínua, sólida e rígida não permitia o movimento dos continentes e, sem uma explicação clara de como se moviam, a hipótese de Wegener foi fortemente rejeitada pelos outros geólogos.

Um avanço drástico ocorreu nas décadas após a Primeira Guerra Mundial, quando o uso de submarinos levou ao mapeamento do fundo do mar com sonar. A década de 1960 em particular foi um momento de novas descobertas e percepções. A geóloga Marie Tharp descobriu uma longa crista rochosa, uma *fenda*, no meio do Oceano Atlântico enquanto desenhava um mapa do fundo do oceano a partir de dados de sonar. (Criado com Bruce Heezen, ele ainda é o mapa padrão do fundo do oceano usado por todos os cientistas.)

A ideia de *expansão dos fundos oceânicos* — o afastamento da crosta oceânica ao longo de cristas no fundo do oceano — estava sendo explorado por cientistas, liderados pelas ideias de Harry Hess. Mas ainda havia muitos que "sabiam" que a crosta terrestre e o manto abaixo eram de rocha sólida e não podiam se mover. Um cético, o geólogo canadense J. Tuzo Wilson, acabou publicando suas ideias sobre placas movendo-se em pontos críticos (veja o Capítulo 10 para obter detalhes), o que foi a base sobre a qual a teoria unificadora da geologia foi construída. A *teoria das placas tectônicas* combina ideias sobre o movimento das placas com evidências para a expansão do fundo do mar, bem como incorpora explicações para vulcões, terremotos e outras características e fenômenos geológicos. Como essa teoria é crucial, dedico a ela a Parte 3 deste livro.

Os cientistas nunca param de explorar, é claro; então, mesmo com uma explicação bem-aceita e testada sobre como a superfície da Terra se transforma constantemente, eles não param de fazer perguntas.

Avançando sobre Novas Fronteiras

Depois que os geólogos estabeleceram a teoria das placas tectônicas, obtiveram uma estrutura dentro da qual propor e testar hipóteses específicas para preencher os detalhes. Esse trabalho continua hoje, agora, enquanto você lê estas palavras! As fronteiras das ciências da Terra estão sendo expandidas em muitas direções. Nesta seção, descrevo apenas algumas áreas de pesquisas e descobertas atuais e interessantes.

Como, onde e por quê: Montanhas e limites de placas

A teoria das placas tectônicas explica que o movimento das placas cria montanhas ao empurrar as rochas da crosta terrestre em direção umas às outras e para cima (veja os Capítulos 9 e 10). Mas os cientistas não reuniram evidências suficientes para concordar sobre quais forças impulsionam a elevação das montanhas. Alguns sugerem que uma força de empuxo, exercida pela placa vizinha, força as rochas para cima. Outros sugerem que a remoção de rochas por erosão (explicada na Parte 4) leva as rochas continentais a "flutuarem" para cima, como um iceberg derretendo no oceano.

No Capítulo 8, apresento alguns desenhos dos limites das placas. Parece simples a ideia de linhas separando nitidamente as placas continentais umas das outras. Mas algumas áreas desse mapa são desconhecidas, e as linhas foram traçadas com base em estimativas aproximadas. Em regiões como a placa do Pacífico Nordeste, perto de Kamchatka (uma península no leste da Rússia), pesquisadores de hoje mapeiam eventos de terremotos e vulcões em uma tentativa de localizar os limites das placas.

Mistérios do passado: Terra bola de neve, primeiras vidas e extinções em massa

Mais para a frente neste livro (no Capítulo 16), explico exatamente quão longa e complexa é a história da Terra. Muitos dos eventos na história da Terra são interpretados a partir de padrões em rochas que os cientistas observam hoje. A desvantagem de uma história contada em rochas é que muitos capítulos faltam. Essas lacunas no registro do passado da Terra abrem tópicos fascinantes para futuras explorações científicas.

Terra bola de neve

Uma hipótese que está sendo debatida propõe que em algum momento (entre aproximadamente 600 milhões e 1 bilhão de anos atrás) todo o planeta estava coberto de gelo. Essa ideia é a *hipótese da Terra bola de neve.*

Algumas das evidências que respaldam essa hipótese incluem formações rochosas, o resultado de enormes camadas de gelo (geleiras, que descrevo no Capítulo 13) cobrindo os continentes próximos ao equador (naquela época). Alguns cientistas argumentam que uma terra coberta de gelo não viabilizaria a vida, e há evidências de vida nas rochas de antes e depois desse intervalo. Outros querem saber o que causou o derretimento da neve e do gelo. Outra hipótese baseada nas mesmas evidências sugere que, em vez de uma bola de neve, a terra era apenas uma "bola de neve derretida", o que, em algumas áreas, viabilizaria a vida durante um intervalo prolongado e muito frio.

Será que a hipótese da bola de neve desaparecerá como uma ideia fantasiosa? Ou será revivida, talvez parcialmente, comprovada por estudos futuros e incorporada a uma teoria geológica aceita? Só o tempo (e mais pesquisas) dirá.

Primeiras vidas

Fósseis encontrados em rochas contam uma longa história de vida na Terra, remontando a quase 3,6 bilhões de anos. Essas primeiras formas de vida eram organismos minúsculos, unicelulares e simples, como as bactérias. Mas, mesmo nesse nível, a vida é muito complexa. Como a matéria não viva se tornou matéria viva? Os cientistas suspeitam que algum tipo de energia agiu sobre os elementos químicos, criando a combinação adequada para despertar a vida. Eles até mesmo recriaram esse cenário em um laboratório. Mas, até que sejam encontradas nas rochas evidências fósseis que deem pistas sobre a natureza das primeiras formas de vida, a questão ainda está em debate.

Extinções em massa

Muito depois da existência das primeiras formas de vida, a Terra experimentou intervalos em que muitas espécies diferentes prosperaram, enchendo os oceanos e, eventualmente, a terra. Pelo menos cinco vezes na longa história da Terra, milhares de espécies foram exterminadas em um intervalo muito curto. (Geologicamente, um "intervalo curto" pode abranger milhões de anos; explico o tempo geológico no Capítulo 16.) Esses eventos são as *extinções em massa*.

Mesmo que você não tenha ouvido falar sobre outras extinções, provavelmente conhece a dos dinossauros. Mas ela não foi o maior evento de extinção em massa da história da Terra. Milhões de anos antes, ocorreu uma extinção que matou 80% de todos os grupos de plantas e animais existentes.

No Capítulo 22, descrevo o que se sabe atualmente sobre as extinções em massa ocorridas na Terra. No entanto, geólogos e *paleontólogos* (pessoas que estudam fósseis) têm muitas perguntas sem resposta sobre como e por que ocorreram esses intervalos de grande extinção. Alguns responsabilizam as mudanças no clima, e outros, o impacto de meteoros ou da atividade vulcânica extrema. Outros ainda afirmam que apenas uma combinação de todos esses fatores poderia ter levado a tais extinções tão drásticas.

Predizendo o futuro: Terremotos e mudanças climáticas

Cientistas de muitas áreas esperam algum dia compreender o suficiente sobre os sistemas da Terra para prever quais mudanças podem ocorrer no futuro próximo. Dois exemplos que descrevo aqui são os esforços para prever terremotos e a ciência das mudanças climáticas futuras.

Alertas de terremoto

Pode ser que você conheça por experiência própria a sensação de um terremoto sacudindo a terra. Se não, certamente já viu notícias sobre a terrível devastação em algumas regiões do mundo decorrentes de fortes terremotos. A capacidade de prever um desses abalos pode salvar vidas, como permitir que se planeje uma evacuação. Muitas pesquisas se concentram em procurar alertas de terremotos iminentes, com a esperança de que possamos usar sistemas de alerta precoce para iniciar evacuações e reduzir os danos à vida humana.

Os pesquisadores tiveram pouca sorte em prever a maioria dos terremotos destrutivos. Volta e meia, um grande terremoto é precedido por outros menores, pequenos tremores, atividade vulcânica ou mudanças no nível da terra em relação ao do mar. Foi o caso em Haicheng, China, em 1975, quando os alertas um dia antes da ocorrência de um grande terremoto salvaram muitas vidas. No entanto, poucos dão aviso antes de chegar.

A pesquisa atual sobre o Oceano Pacífico se concentra em medir a quantidade de tensão aplicada em duas placas da crosta à medida que se pressionam uma contra a outra. (Quando a pressão aumenta até certo ponto e é liberada, ocorre um terremoto; veja detalhes no Capítulo 10.) Infelizmente, muitos fatores complexos levam a um terremoto, o que torna o esforço para prevê-los muito desafiador. Felizmente, os cientistas adoram um bom desafio!

Mudanças climáticas

Ao observar o passado da Terra, uma área de intenso estudo é a *paleoclimatologia*, o estudo de climas passados. Os *paleoclimatologistas* pegam longas amostras em forma de cilindro, os *núcleos* de mantos de gelo. Nesses núcleos de gelo, eles encontram gases presos e poeira da antiga atmosfera que fornecem pistas das temperaturas em que a Terra estava há muito tempo. Núcleos semelhantes de sedimentos no fundo de lagos ou no oceano podem conter restos fósseis de organismos microscópicos. Esses restos de plantas e animais ajudam os *paleoecologistas* a construírem uma imagem do ambiente antigo e dos climas passados.

Esses são apenas dois dos tipos de registros que os cientistas usam para entender as condições climáticas anteriores da Terra. Ao combinar vários registros e incluir diferentes tipos de dados, os paleoclimatologistas e os paleoecologistas constroem um quadro das mudanças climáticas ao longo da história da Terra.

Por meio desses estudos, os cientistas descobriram que o clima da Terra passou por mudanças drásticas de aquecimento e de resfriamento no passado. Acredita-se que fatores como as características orbitais da Terra e a posição dos continentes tenham afetado o clima.

Ao construir uma compreensão mais completa de quais mudanças ocorreram, os cientistas esperam ser capazes de prever quais mudanças ocorrerão, em particular à luz dos impactos mensuráveis da civilização industrial.

Fora deste mundo: A geologia planetária e a busca pela vida

A geologia não está mais confinada à Terra. Os avanços na compreensão científica do sistema planetário da Terra ajudaram os cientistas a aplicarem essa compreensão a outros planetas. Os campos da pesquisa atual incluem a busca por vida extraterrestre, ou alienígena.

Quando os *astrogeologistas* — geólogos planetários — observam a superfície de Marte, veem características que os lembram as da Terra, criadas pela água corrente. Embora não haja água na superfície de Marte agora, essas características sugerem que grandes quantidades de água já fluíram pela superfície, provavelmente originando-se de fontes subterrâneas no planeta.

O projeto exploratório do astromóvel marciano atualmente coleta amostras de sedimentos e outras evidências que sugerem que pode haver água não muito abaixo da superfície de Marte. Novos dados são examinados pelo astromóvel o tempo todo e contribuem para a compreensão dos cientistas sobre os processos planetários de Marte.

Por que é relevante haver água em Marte (ou em qualquer outro planeta)? Um dos motivos é que a vida na Terra requer água, o que significa que, se houver em outro planeta, pode haver vida nele. Outra razão é que a água será necessária para qualquer futuro assentamento humano em Marte. Parece enredo de filme, mas é ciência da vida real!

NESTE CAPÍTULO

» **Reconhecendo as esferas da Terra**

» **Compreendendo como os cientistas estudam o interior da Terra**

» **Descrevendo o núcleo, o manto e a crosta terrestres**

Capítulo **4**

Lar, Doce Lar: Planeta Terra

Você poderia descrever a Terra como uma bola de rocha girando no espaço, mas ela é feita de muito mais do que apenas rocha. O planeta Terra tem várias camadas. Se pudesse viajar da Lua ao núcleo da Terra, passaria por camadas que contêm gás, líquido, rocha e metal. Neste capítulo, descrevo brevemente as várias camadas da Terra, incluindo o que os cientistas sabem sobre suas camadas interiores (e como as conheceram).

As Esferas da Terra

Os materiais do sistema planetário da Terra se separam em *esferas*, ou partes. Estas cinco esferas principais do sistema da Terra são ilustradas na Figura 4-1:

» **Atmosfera:** A *atmosfera* é uma camada de gás que envolve todo o planeta. Ela tem o importante papel de proteger tudo na Terra de ser destruído pelo calor e pela radiação do Sol, e torna a vida possível. Na atmosfera, os gases interagem com a água, formando *sistemas climáticos*, que fazem o ar e as nuvens circularem ao redor do globo.

- **Hidrosfera:** A *hidrosfera* inclui toda a água da Terra. O *ciclo hidrológico* é a rotação da água através da hidrosfera: fluindo como líquido (riachos e rios), evaporando na atmosfera como gás (nuvens) e caindo na superfície como chuva ou neve.
- **Criosfera:** A *criosfera* é composta de toda a água sólida, ou gelo, encontrada na superfície da Terra. Embora intimamente ligada ao sistema hidrológico, a criosfera é examinada separadamente por causa da forma como as grandes quantidades de gelo da superfície afetam o clima e os sistemas climáticos.
- **Biosfera:** Todos os materiais orgânicos da Terra — organismos vivos e mortos — fazem parte da *biosfera.*
- **Geosfera:** As camadas sólidas e rochosas da Terra, desde a crosta mais externa até o centro, compõem sua *geosfera.* Dentro da geosfera, os cientistas dividiram ainda mais as camadas de material rochoso, como descrevo na próxima seção deste capítulo.

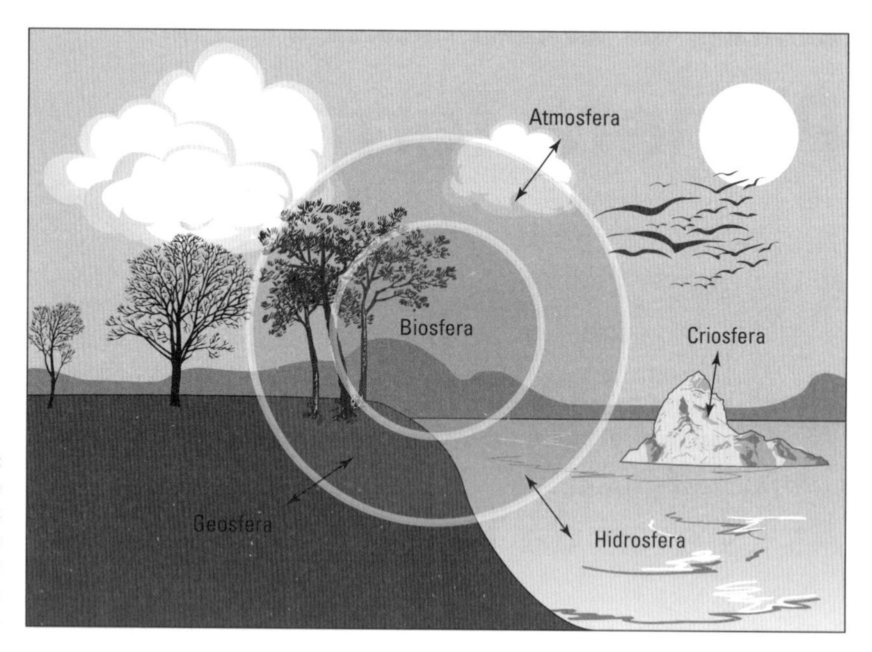

FIGURA 4-1: As cinco esferas principais do sistema planetário da Terra.

As esferas da Terra se conectam por meio de uma série de interações. Por exemplo, a chuva da hidrosfera causa o movimento dos materiais da superfície da geosfera (a *erosão*, que descrevo na Parte 4). A chuva também fornece água para as plantas crescerem na biosfera. As interações entre as esferas são estudadas como subsistemas da terra. Um exemplo de subsistema é o *sistema climático*, que é influenciado pela interação entre atmosfera, biosfera, hidrosfera e até mesmo geosfera.

Todo sistema precisa de energia para alimentar seus processos. Os sistemas da superfície da Terra são alimentados pela energia térmica do Sol, enquanto os outros (em particular, os da geosfera) são alimentados pela energia térmica que se origina nas profundezas da Terra.

Como a Terra é um sistema gigante, os geólogos estudam não apenas seus materiais rochosos, mas também a forma como as rochas da geosfera interagem com todas as outras esferas.

Examinando a Geosfera

Muitos geólogos estudam porções visíveis da Terra. No entanto, algumas das perguntas mais fascinantes e ainda sem resposta sobre ela têm a ver com o que acontece lá dentro — sob as rochas que vemos e tocamos na superfície.

Os seres humanos ainda não têm uma tecnologia avançada o suficiente para cavar mais do que cerca de 12km na crosta terrestre. Então, como os cientistas veem o interior da Terra? Eles combinam suas observações de rochas na superfície com o conhecimento obtido em experimentos de laboratório de temperatura e pressão em diferentes materiais. Isso lhes dá uma base bastante sólida para fazer inferências sobre o que ocorre em lugares não observáveis diretamente.

Definindo as camadas da Terra

Uma forma que os cientistas usam para separar as camadas da geosfera é por meio das *propriedades físicas*, ou se as camadas são líquidas ou sólidas.

Como os geólogos não veem o interior da Terra, fazem observações sobre suas propriedades internas por representação: interpretando informações de ondas de terremoto para fazerem inferências sobre as propriedades físicas do interior da Terra.

Quando ocorrem terremotos, eles enviam ondas. Dois tipos de ondas sísmicas, as *ondas S* e as *ondas P*, são usados por cientistas para conhecer o interior da Terra. Essas ondas sísmicas são registradas pelos *sismômetros*, instrumentos enterrados no subsolo de todo o planeta. Quando ocorre um terremoto, o sismômetro envia um sinal do subsolo para uma máquina em um laboratório (o *sismógrafo*), que registra os movimentos das ondas do terremoto no *sismograma*. Os cientistas observam os sismógrafos enquanto imprimem os sismogramas para ver quando as ondas P e S chegam. Os motivos:

- As ondas P viajam rapidamente através de materiais sólidos e se desaceleram, mudando ligeiramente de direção, conforme se movem pelos materiais líquidos. Ao registrar o ponto em que cada onda P começa e quanto tempo leva para chegar ao outro lado do planeta, os cientistas reconheceram que ela deve se mover através de regiões de materiais sólidos e líquidos dentro da Terra.
- As ondas S viajam através de materiais sólidos, mas são incapazes de fazê-lo através dos líquidos. Quando os cientistas registraram o caminho que as ondas S percorrem através da Terra, descobriram que algumas delas nunca alcançam o outro lado — elas simplesmente desaparecem, sugerindo que atingiram uma seção de material líquido.

A Figura 4-2 ilustra a forma como as ondas dos terremotos viajariam se o interior da Terra fosse feito de um tipo de material contínuo e sólido. E a Figura 4-3 ilustra como as ondas P e S realmente viajam pela Terra, e as diferentes propriedades físicas do seu interior.

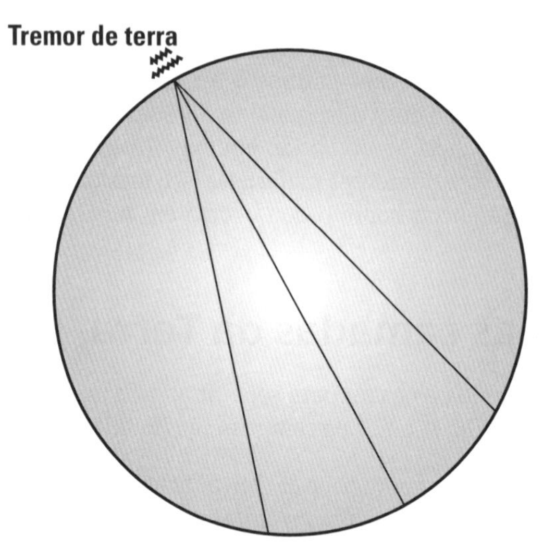

FIGURA 4-2: O trajeto das ondas se o interior da Terra fosse um sólido contínuo.

As áreas do outro lado do globo, nas quais as ondas P e S não aparecem porque sumiram ou porque sofreram *refração* (mudaram de direção) são as *zonas de sombra*. Para obter mais detalhes sobre as ondas P, as ondas S e as zonas de sombra e por que os geólogos as estudam, certifique-se de ler o Capítulo 10.

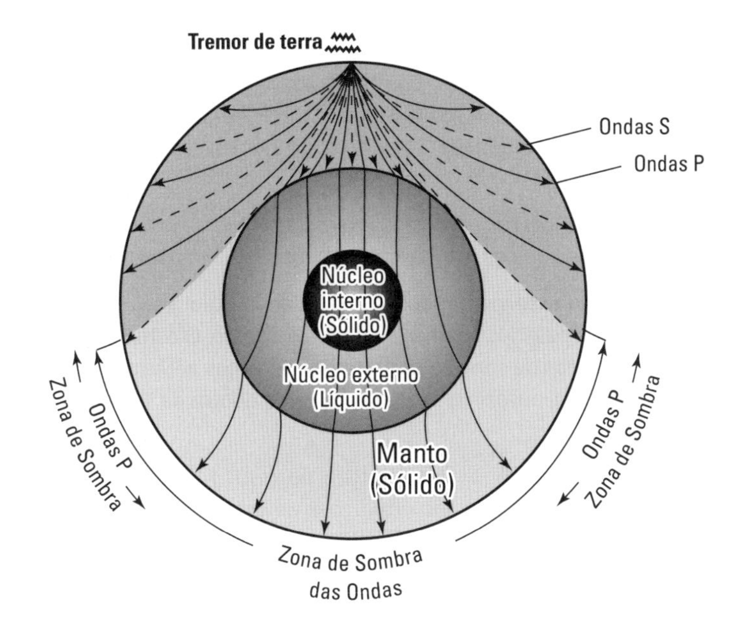

FIGURA 4-3: O caminho registrado das ondas P e das ondas S.

Examinando cada camada

Outra forma por meio da qual os cientistas categorizam as camadas da geosfera terrestre é por sua composição ou pelos tipos de elementos e minerais (explicados no Capítulo 5) encontrados em cada uma delas. As diferentes camadas da Terra, sua profundidade estimada e suas propriedades físicas são ilustradas na Figura 4-4.

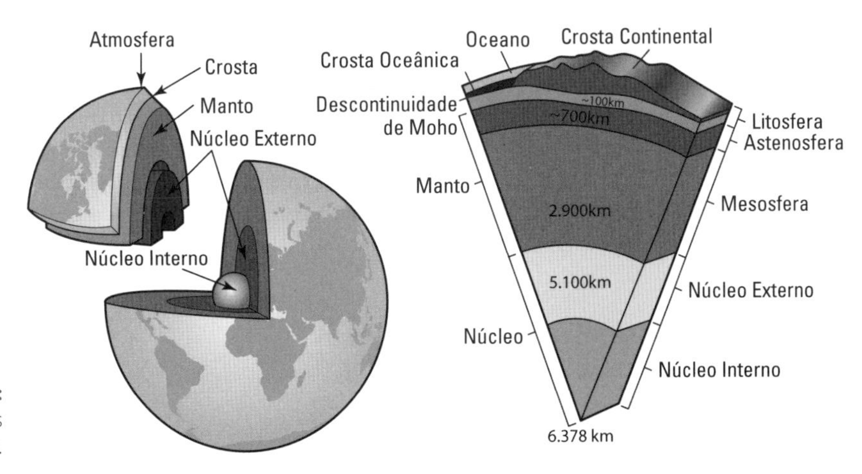

FIGURA 4-4: As camadas da Terra.

Heavy metal: Não o rock, mas o núcleo da Terra

No centro da terra está o seu *núcleo*. Os cientistas não conseguem fazer uma amostragem direta, mas, com base em seus experimentos e suas interpretações de laboratório, acreditam que o núcleo é composto de elementos de metal pesado, como níquel e ferro. O próprio núcleo tem duas camadas:

» **Núcleo interno:** O núcleo interno, bem no centro da Terra, é provavelmente sólido e começa a aproximadamente 5.150km da superfície da Terra.

» **Núcleo externo:** Em torno do núcleo interno está uma camada líquida de metais pesados chamada de *núcleo externo*. O estudo das ondas sísmicas e das zonas de sombra permite aos cientistas determinar que o núcleo externo começa a aproximadamente 2.890km dentro da Terra.

Não há como medir a temperatura do centro da Terra. Os *geofísicos* estudam o ferro em laboratório sob condições de extrema pressão para estimar o quão quente é em tais profundidades. Suas estimativas variam de 2.760oC a 8.315oC. Não há como fazer medições mais precisas porque as condições de temperatura e pressão no centro da Terra são intensas demais para serem recriadas em um ambiente de laboratório.

Fluido e sólido: O manto da terra

Fora do núcleo de metal da Terra, há uma camada de rocha que compõe o *manto*. Os materiais do manto são feitos de minerais que combinam elementos leves (como sílica e oxigênio) com elementos mais pesados (como ferro e magnésio).

Semelhante ao núcleo abaixo dele, o manto tem camadas que respondem de forma diferente ao movimento das ondas dos terremotos:

» **Mesosfera:** No manto inferior, ao redor do núcleo externo, as temperaturas são altas o suficiente para derreter rochas, mas as pressões intensas encontradas tão profundamente na Terra mantêm os materiais do manto sólidos. Essa parte profunda e sólida do manto é a *mesosfera*, uma camada que começa a cerca de 660km abaixo da superfície da Terra e continua até o núcleo externo. As temperaturas na mesosfera variam de 1.648oC a quase 4.426oC, perto do núcleo externo.

LEMBRE-SE

- **Astenosfera:** A parte superior do manto é a *astenosfera* e exibe uma propriedade física especial. As rochas do manto são sólidas, mas fluem de uma forma que se equipara a um líquido espesso. Quando os materiais sólidos fluem dessa forma, significa que estão em *fluxo plástico.* Detalho o fluxo plástico no Capítulo 13, no qual discuto as geleiras (que também se movem dessa maneira). Alguns geólogos descrevem a astenosfera como um *mingau de cristal*, como uma tigela fria de mingau de aveia — majoritariamente sólida, mas ainda maleável.

  A astenosfera é encontrada a partir de cerca de 200km da superfície da Terra e se estende até a mesosfera. O calor e a pressão nessa camada levam a algum nível de derretimento. Devido à sua capacidade de "fluir", essa zona do manto é considerada fraca; daí seu nome *asteno,* que significa "fraco", ou "suave".

COLETANDO ROCHAS LUNARES

Afinal, a Lua não é feita de queijo. Quando os astronautas da NASA visitaram a Lua, durante as missões Apollo, de 1969 a 1972, coletaram amostras de material rochoso lunar para os cientistas testarem. Acontece que as rochas da Lua têm uma composição semelhante à do manto da Terra. As rochas lunares — mesmo aquelas localizadas no seu interior — são semelhantes ao basalto (veja o Capítulo 7), quase sem metais pesados. (Os astronautas coletaram rochas superficiais e também perfuraram amostras do núcleo.)

Essa descoberta sugere que a Lua não se formou ao mesmo tempo que a Terra, nem da mesma nuvem de gás que a formou. (Discuto a formação da Terra no Capítulo 18.) Em vez disso, a composição das rochas lunares sugere que a Lua foi criada por materiais da *superfície* da Terra, muito depois que o núcleo de metal pesado foi coberto pelos materiais do manto e da crosta.

Enquanto essa ideia ainda é calorosamente debatida, os cientistas testam a hipótese de que os materiais que formaram a Lua foram removidos da Terra por um impacto gigante. Outro corpo do tipo planeta, possivelmente tão grande quanto Marte, pode ter colidido com a Terra, vaporizando alguns de seus materiais da crosta e do manto superior, deixando-os orbitar a Terra até que se unissem, formando a esfera agora conhecida como Lua.

Não haveria uma cratera gigante como evidência de tal impacto? Na época, sim, mas isso foi há 4,5 bilhões de anos, e, desde então, muitas coisas sobre a Terra e sobre sua superfície mudaram drasticamente. A melhor evidência que os cientistas têm é a composição das rochas lunares. Usando estudos de isótopos, os geólogos continuam a testar a hipótese do impacto gigante da formação da Lua.

- **Litosfera:** A porção superior do manto está ligada à parte inferior da crosta terrestre e, juntos, eles formam a *litosfera.* Essa porção do manto tem aproximadamente 100km de espessura, é muito rígida e *rúptil* — quebra-se e racha, em vez de entortar-se ou fluir. Quanto aos aspectos físicos, essa parte do manto é como as rochas da crosta a que se liga (um sólido quebradiço). Mas essa camada ainda é manto por causa da sua composição mineral. Em outras palavras, quando os cientistas classificam as camadas da Terra com base na sua composição, separam a parte superior do manto da crosta porque elas são compostas de diferentes minerais. Mas, quando os cientistas classificam as camadas da Terra com base nas suas propriedades físicas, tanto a parte superior do manto quanto a crosta terrestre integram a frágil litosfera e são diferentes do manto sólido que flui logo abaixo.

A pele que habito: A crosta terrestre

A fronteira entre a rocha do manto e a rocha crustal da litosfera é a descontinuidade de Moho, assim nomeada em homenagem ao cientista croata que a descobriu, Andrija Mohorovičić. Esse limite, ilustrado na Figura 4-4, é o ponto em que a composição das rochas muda das rochas do manto, mais densas, para as crustais, muito mais leves, compostas principalmente de sílica.

LEMBRE-SE

A camada de crosta que cobre a Terra é de dois tipos: *continental* e *oceânica*. Esses dois tipos de crosta variam em espessura e são compostos de materiais ligeiramente diferentes:

- **Crosta continental:** A crosta que compõe os continentes é bem espessa. Em suas seções mais finas, tem cerca de 19km de espessura; nas mais grossas (onde há montanhas), cerca de 72km. As rochas que compõem a crosta continental são principalmente granitos (veja o Capítulo 7).
- **Crosta oceânica:** Essa crosta, que fica sob os oceanos da Terra, é fina — apenas cerca de 8km de espessura. Esse tipo de crosta é composto de rochas silicáticas densas e escuras, como basalto e gabro (veja o Capítulo 7). A crosta oceânica é relativamente jovem, tendo sido criada a partir da erupção de rochas fundidas ao longo das cristas no fundo do mar (veja o Capítulo 10).

PERFURAÇÃO PARA O MOHO

Em 1909, Andrija Mohorovičić, um sismólogo croata, notou que as ondas do terremoto aumentavam sua velocidade à medida que se moviam pela parte inferior da litosfera rígida da Terra. Ele interpretou (corretamente) que isso significava que a parte inferior da litosfera da Terra é feita de um material diferente e ligeiramente mais denso do que a parte externa. A linha na qual o material na litosfera da Terra muda da rocha crustal para a rocha do manto é a *Moho* ou a *descontinuidade de Mohorovičić.*

Durante décadas, os cientistas tentaram perfurar profundamente a terra, buscando alcançar a Moho, entre as rochas do manto e as rochas crustais, dentro da litosfera. Em 2005, uma equipe de cientistas do Programa Integrado de Perfuração Oceânica (IODP) chegou perto. O núcleo que perfuraram perto da dorsal mesoatlântica, no Oceano Atlântico, atingiu uma profundidade de 1.416m na crosta oceânica. Mas as rochas que recuperaram parecem ser feitas de materiais rochosos da crosta terrestre, e não das rochas do manto, o que procuravam. Os pesquisadores concluíram que estavam perto de cruzar o limite da descontinuidade de Moho e planejam tentar perfurar um novo buraco.

Cada centímetro mais perto da Moho fornece aos cientistas novas informações sobre a composição e a formação da camada mais externa da Terra, e oferece pistas para entenderem a estrutura interna da litosfera da Terra.

2 Elementos, Minerais e Rochas

NESTA PARTE...

Descubra a química dos elementos e dos compostos.

Aprenda o básico sobre minerais.

Faça um curso intensivo sobre rochas.

NESTE CAPÍTULO

» **Explorando a estrutura atômica, os isótopos e os íons**

» **Ligando átomos em moléculas e compostos**

» **Compreendendo as fórmulas químicas nas ciências da terra**

Capítulo **5**

Elementar, Meu Caro Geologoson

Para entender os processos da Terra, como a formação de rochas, é útil entender alguns dos conceitos básicos da química. A química explora e descreve as propriedades das substâncias — gasosas, líquidas e sólidas — e explica como e por que elas interagem umas com as outras.

Neste capítulo, explico que todos os materiais terrestres são feitos de átomos e mostro como interagem para criar as características observáveis das rochas e os aspectos geológicos do mundo ao seu redor.

O Menor dos Menores: Átomos e Estrutura Atômica

LEMBRE-SE

Todas as matérias são feitas de *átomos*. Cada partícula de gás, líquido ou sólido ao seu redor é uma mistura de milhões de átomos. Um átomo é o menor pedaço de matéria que pode ser medido e identificado como um elemento específico.

Os próprios átomos são compostos de partes ainda menores, *partículas subatômicas* chamadas nêutrons, prótons e elétrons. A Figura 5-1 é um diagrama da estrutura atômica, incluindo a localização de cada tipo de partícula subatômica diferente. Prótons e nêutrons estão localizados no núcleo do átomo. Em cada átomo, os elétrons circundam o núcleo, organizados em camadas orbitais. A camada orbital mais interna de qualquer átomo não contém mais do que dois elétrons; a segunda, não mais do que oito; e cada uma das camadas externas, embora quimicamente estável com oito elétrons, pode conter mais.

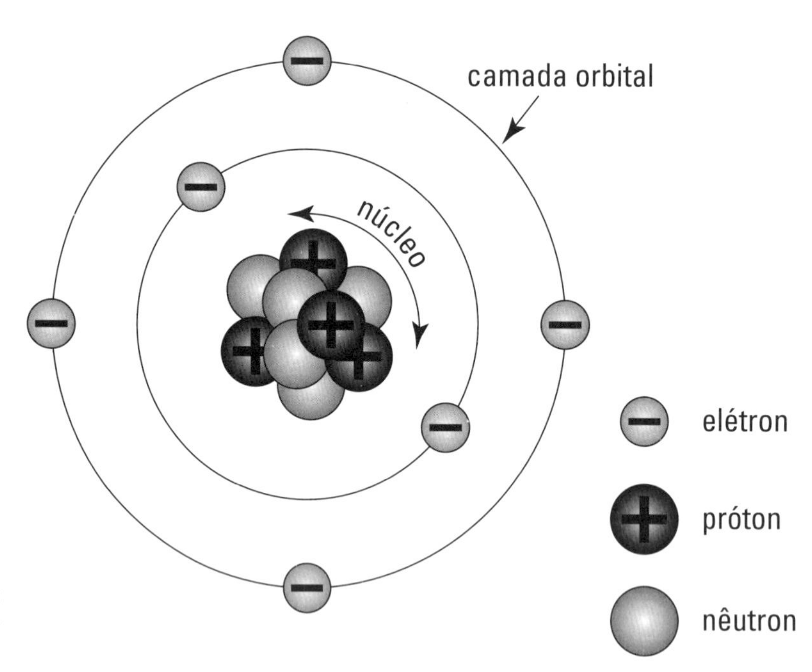

FIGURA 5-1: As partes de um átomo.

LEMBRE-SE

O número de prótons no núcleo de um átomo determina qual elemento o átomo é. Por exemplo, um átomo com seis prótons é do elemento carbono. Um átomo com sete prótons é do elemento nitrogênio.

Conhecendo a tabela periódica

A *tabela periódica dos elementos* lista os elementos conhecidos na ordem de seus *números atômicos*, que indica seu número de prótons. Cada quadrado da tabela periódica fornece todas as informações básicas sobre aquele elemento e sobre como ele interage com os outros. A Figura 5-2 ilustra o que os diferentes números para cada elemento da tabela periódica representam:

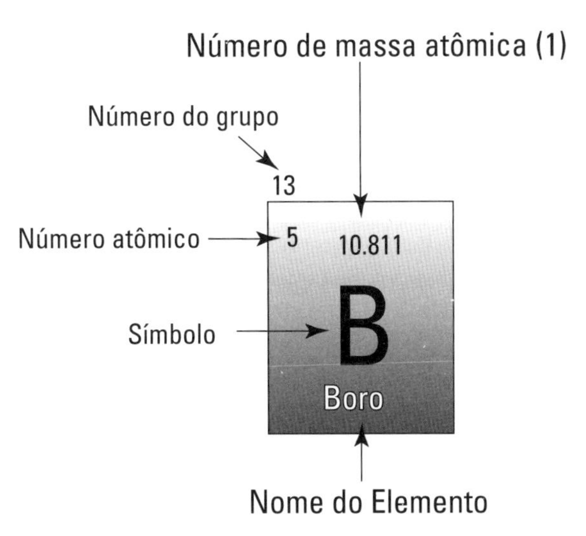

FIGURA 5-2: As partes de um quadrado da tabela periódica dos elementos.

- **Número de massa atômica:** O *número de massa atômica* de um elemento é o número total de prótons e nêutrons em seu núcleo.
- **Número atômico:** O *número atômico* de um elemento é o número de prótons em seu núcleo.
- **Número do grupo:** O *número do grupo* informa quantos elétrons no átomo estão localizados na camada orbital mais externa, e estão, portanto, disponíveis para ligá-lo a outros átomos. Por exemplo, os elementos do Grupo I têm um elétron na camada eletrônica externa e os do Grupo II, dois elétrons na camada eletrônica externa. O número do grupo para cada elemento o ajuda a entender por que alguns elementos, como o magnésio (Mg) e o cálcio (Ca), que estão no Grupo II, reagem de maneira semelhante durante a formação rochosa e outros processos geológicos.

» **Símbolo:** As letras da tabela periódica são os símbolos de cada elemento. Esses símbolos são uma forma abreviada para que, quando combinações de elementos ou reações químicas forem descritas, não seja preciso escrever o nome completo de cada elemento. Os símbolos da tabela periódica são os mesmos em todo o mundo para facilitar a comunicação entre os cientistas.

DICA

Em muitos casos, o símbolo é baseado no nome de um elemento em um idioma diferente e pode não fazer sentido em seu idioma nativo. Por exemplo, o símbolo do ouro é Au porque ouro em latim é *aurum,* que significa amarelo. E o símbolo do tungstênio é W com base em seu nome em alemão: *wolfram.*

» **Nome do elemento:** Algumas tabelas periódicas também listam o nome do elemento abaixo do símbolo (veja a Figura 5-3).

A Tabela 5-1 lista os elementos mais comuns da crosta terrestre e sua porcentagem aproximada. (Esta lista não representa a proporção dos elementos no manto, nem inclui o ferro e o níquel que são encontrados no núcleo da terra, como descrevo no Capítulo 4.) Esses elementos são os que compõem quase todas as rochas da superfície da Terra. Você os vê com frequência neste livro, então é uma boa ideia se familiarizar com seus símbolos atômicos.

TABELA 5-1 **Elementos Comuns na Crosta Terrestre**

Elemento	Símbolo Atômico	% de Material Crustal
Oxigênio	O	46,6
Silício	Si	28
Alumínio	Al	8,1
Ferro	Fe	5
Cálcio	Ca	3,6
Sódio	Na	2,8
Potássio	K	2,6
Magnésio	Mg	2,1

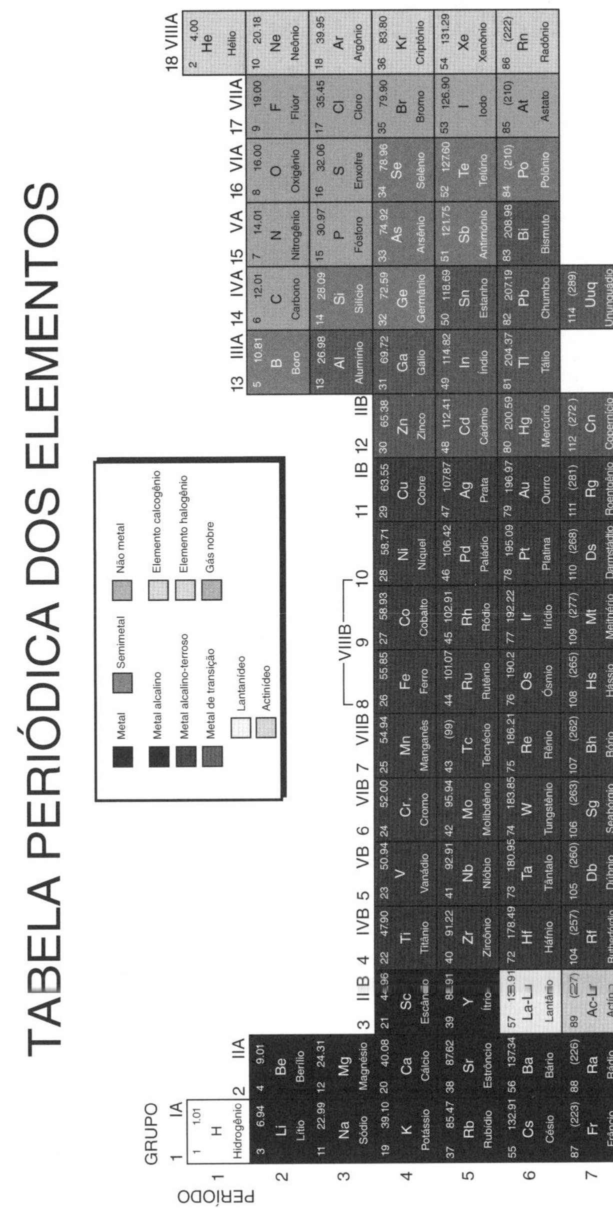

FIGURA 5-3: A tabela periódica dos elementos.

Interpretando isótopos

A maioria dos elementos existe como átomos de diferentes números de massa atômica, indicando diferentes números de nêutrons no núcleo. Enquanto o número de prótons permanecer o mesmo (o número atômico), você terá o mesmo elemento, mas sua massa atômica mudará com a adição ou a subtração de nêutrons. Esses vários átomos do mesmo elemento com diferentes números de massa atômica são os *isótopos*.

Veja o exemplo do carbono, que tem três isótopos comuns:

- » O carbono-12 tem 6 prótons e 6 nêutrons.
- » O carbono-13 tem 6 prótons e 7 nêutrons.
- » O carbono-14 tem 6 prótons e 8 nêutrons.

DICA

Os isótopos são muito úteis porque, embora o elemento seja o mesmo (como carbono-12, carbono-13 e carbono-14), o isótopo mais pesado reage de maneira diferente nas reações químicas. Isso significa que os isótopos são contados ou medidos para interpretar as condições de temperatura ou pressão quando uma reação química ocorreu. Além disso, alguns isótopos mudam ou decaem a uma taxa mensurável e constante, o que os torna úteis para medir o tempo. Há detalhes sobre a forma como os isótopos são usados para determinar a idade das rochas em capítulos posteriores.

Partículas carregadas: Íons

Cada partícula subatômica em um átomo tem uma *carga*, semelhante à das extremidades opostas de uma bateria ou de um ímã: positiva ou negativa. Em um átomo, os prótons são positivos, os nêutrons são neutros (sem carga) e os elétrons são negativos. A maioria dos átomos tem o mesmo número de prótons e elétrons, o que significa que o próprio átomo não tem carga; é neutro.

Quando um átomo com apenas um elétron em sua camada externa está perto de um com sete, o único elétron salta para se juntar e completar a camada quase cheia. Essa ação resulta no primeiro átomo tendo um próton a mais do que elétrons e, portanto, uma carga positiva (ou +1). Enquanto isso, o segundo átomo tem um elétron a mais do que prótons e, portanto, uma carga negativa (ou -1). (Posteriormente neste capítulo, a Figura 5-4 ilustra esse fato.)

LEMBRE-SE

Átomos, ou *moléculas* (mais de um átomo unido), com carga positiva ou negativa são chamados de *íons*. A carga do íon é determinada pela forma como os elétrons em sua camada externa se movem em relação às camadas atômicas próximas. O átomo cuja carga é positiva é o *cátion*, e aquele cuja carga é negativa, é o *ânion*. Átomos, e mesmo compostos, podem ter cargas negativas de 1, 2, 3 e até 4 (embora 4 seja raro) e positivas de até +8. A interação de íons entre si é uma forma pela qual os átomos formam ligações; continue lendo para descobrir os detalhes.

Ligação Química

Há poucos átomos que existem sozinhos na natureza. Quando vários átomos se unem, temos uma *molécula*. Alguns átomos do mesmo elemento se emparelham para formar moléculas. Um exemplo disso é o gás oxigênio, que é composto de dois átomos de oxigênio, escritos como O_2. (O 2 subscrito indica quantos átomos de oxigênio existem na molécula.)

Em outros casos, átomos de dois ou mais elementos se combinam para formar um *composto*. O composto é mantido unido por uma *ligação química*. Nesta seção, explico os três tipos mais comuns de ligações químicas entre os átomos.

LEMBRE-SE

O modo como dois átomos se ligam é determinado pelo número de elétrons em suas camadas orbitais externas. Por exemplo, um átomo com 13 elétrons no total, como o alumínio (Al), terá dois elétrons na primeira camada orbital, oito na segunda e três na mais externa. Os três elétrons da camada mais externa são os que participam das ligações com outros átomos.

Doando elétrons (ligações iônicas)

Quando dois átomos trocam elétrons entre suas camadas orbitais externas, tornando-se um cátion e um ânion, formam uma *ligação iônica*. O resultado de uma ligação iônica é que o cátion, carregado positivamente, e o ânion, carregado negativamente, combinam-se em um composto que tem uma carga neutra. Todas as ligações iônicas criam compostos chamados *sais*. Desses compostos, você está mais familiarizado com o sal de cozinha, ou NaCl. Nessa molécula, um átomo de sódio (Na) e um de cloro (Cl) se ligaram. Eles se unem porque o único elétron na camada externa do átomo de sódio foi doado para preencher a camada externa do cloro (que tinha apenas sete elétrons). Essa ligação é ilustrada na Figura 5-4.

Dividindo elétrons (ligações covalentes)

Quando dois átomos se unem e nenhum deles doa nem cede um elétron, formam uma ligação covalente. Em uma *ligação covalente*, os átomos compartilham os elétrons em suas camadas orbitais externas. O compartilhamento de elétrons em ligações covalentes cria uma ligação muito forte, porque cada átomo que participa da divisão de elétrons tem uma camada externa completa e uma carga neutra.

Um exemplo de ligação covalente é encontrado em uma molécula de água, H_2O. Conforme ilustrado na Figura 5-5, os dois átomos de hidrogênio (H) compartilham elétrons com o átomo de oxigênio (O).

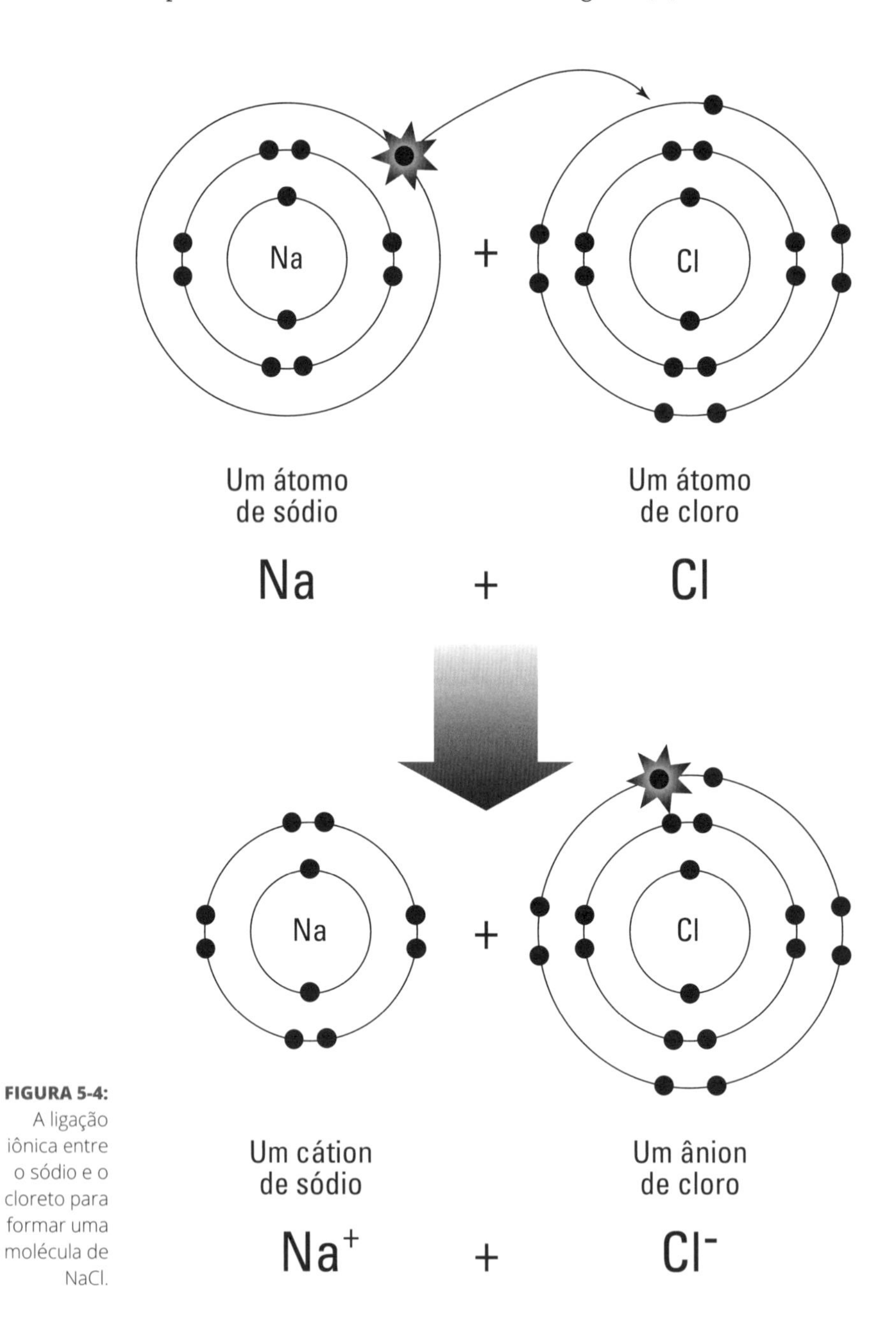

FIGURA 5-4: A ligação iônica entre o sódio e o cloreto para formar uma molécula de NaCl.

Migração de elétrons (ligações metálicas)

Ligações metálicas ocorrem entre átomos que possuem poucos elétrons em suas camadas de elétrons mais externas. Em vez de doá-los ou compartilhá-los, os elétrons são liberados da camada orbital e disponibilizados para um aglomerado de átomos próximo usá-los. Alguns cientistas descrevem os átomos ligados metalicamente como flutuando em um mar de elétrons, porque eles não ficam ligados à camada orbital de nenhum átomo em particular. Os elétrons em uma ligação metálica se movem livremente de um átomo para outro. Essa ideia é ilustrada na Figura 5-6.

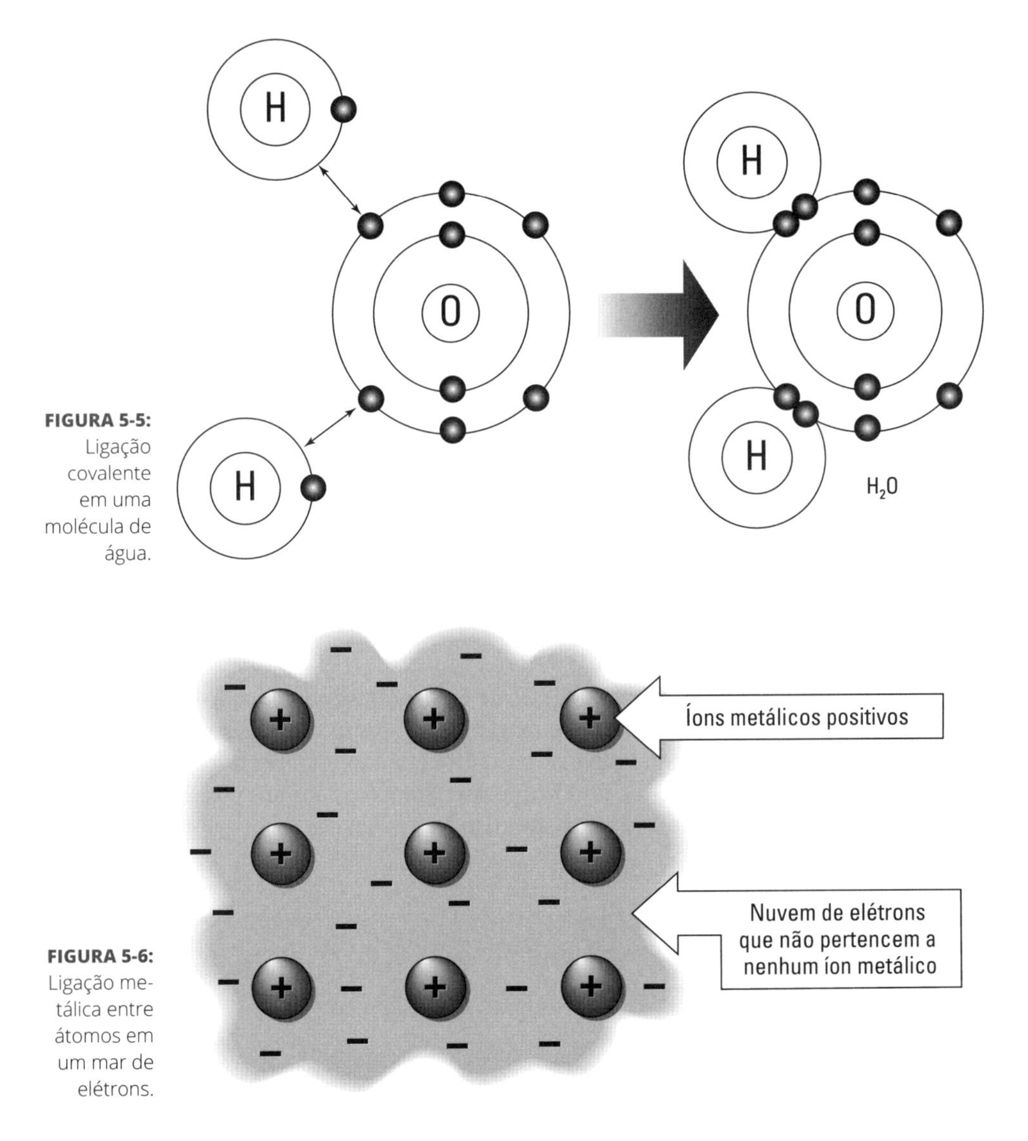

FIGURA 5-5: Ligação covalente em uma molécula de água.

FIGURA 5-6: Ligação metálica entre átomos em um mar de elétrons.

A natureza única das ligações metálicas é o que dá a metais como ouro ou prata suas características únicas. A capacidade de conduzir corrente elétrica é um resultado do movimento dos elétrons. A aparência brilhante ou metálica deve-se ao grande número de elétrons flutuando livremente. E o fato de que os metais podem ser dobrados e moldados sem se quebrar também é resultado do movimento dos elétrons entre os átomos na ligação metálica.

Formulando Compostos

A ligação de elementos para formar compostos é fundamental para a compreensão da formação de rochas e de minerais (que descrevo no Capítulo 6). Quando os cientistas discutem os processos de formação de rochas, bem como outros processos terrestres que envolvem mudanças químicas (como intemperismo, descrito no Capítulo 7), eles usam uma abreviatura de fórmulas químicas.

A fórmula química de um composto descreve o número de átomos diferentes de cada elemento que são combinados em um composto. Por exemplo, a fórmula química do quartzo é a seguinte:

SiO_2

Essa fórmula indica que um átomo de silício (Si) e dois de oxigênio (O) se ligaram, formando o composto.

No caso da geologia, a maioria das fórmulas químicas descreve *minerais*, estruturas sólidas feitas de moléculas (veja o Capítulo 6). Em compostos minerais, às vezes, vários elementos podem preencher o mesmo ponto na estrutura. Por exemplo, o mineral olivina tem esta fórmula:

$(Mg, Fe)_2SiO_4$

Dois átomos de magnésio (Mg), *ou* de ferro (Fe), se combinarão com um átomo de silício (Si) e com quatro de oxigênio (O). Tanto o magnésio quanto o ferro podem criar o mineral olivina; portanto, quando escrever a fórmula química, coloque um parêntese e uma vírgula separando os átomos possíveis para formar esse composto químico específico.

NESTE CAPÍTULO

» **Descobrindo o que é um mineral**

» **Organizando elementos em cristais**

» **Usando características físicas para identificar os minerais**

» **Encontrando silicatos na maioria das rochas**

» **Conhecendo minerais incomuns**

Capítulo **6**

Minerais: Construindo as Rochas

Quase todas as rochas da Terra são feitas de minerais. Você provavelmente está familiarizado com os minerais de gemas encontrados em joias, mas os que compõem a maioria das rochas são menos atraentes.

Cada mineral é uma combinação de elementos; os átomos são organizados em *cristais*, estruturas geométricas. Em muitas rochas, os cristais minerais são pequenos demais para serem vistos a olho nu, mas ainda estão lá.

Neste capítulo, mostro como os elementos são organizados em cristais e como os minerais são identificados. Também apresento brevemente os minerais silicatados (os tipos de minerais encontrados na maioria das rochas da crosta terrestre) e os não silicatados, menos comuns, mas ainda importantes.

Atendendo aos Requisitos

Para ser considerado mineral, o material deve atender a estes requisitos:

- **Ser sólido.** Os minerais são sólidos — não líquidos nem gasosos — na temperatura da superfície da Terra.
- **Ser inorgânico.** Ou seja, os minerais não são feitos de compostos orgânicos à base de carbono, que constituem o tecido vivo de plantas e animais. Muitos animais constroem esqueletos ou conchas minerais, como a apatita em seu esqueleto ou o carbonato de cálcio em uma concha, mas eles são biogênicos, ou criados por uma forma de vida, mas não vivos por si sós.
- **Possuir uma estrutura ordenada.** Quando os átomos se combinam para formar minerais, sua organização forma um padrão geométrico chamado *cristal.* Os materiais terrestres que se formam sem essa estrutura cristalina ordenada são descritos como *amorfos* ou *vítreos* e não são minerais, embora formem certas rochas, como *chert* e obsidiana (veja o Capítulo 7 para obter mais informações sobre esses sólidos amorfos e vítreos).
- **Ocorrer naturalmente.** Os verdadeiros minerais se formam na natureza e são construídos por meio de processos naturais de ligação química. Os humanos têm a tecnologia para combinar átomos em cristais em um laboratório e imitar os processos que ocorrem na natureza, mas os verdadeiros minerais ocorrem naturalmente.
- **Possuir uma composição química específica.** Cada mineral tem uma combinação de elementos que cria sua estrutura cristalina particular. Alguns têm múltiplas composições químicas semelhantes, com átomos de tamanhos semelhantes de elementos diferentes substituindo uns aos outros. Nesses casos, o pequeno intervalo de variação é bem definido para cada mineral.

Fazendo Cristais

Os minerais têm várias formas, e elas são determinadas pelo modo como os átomos que os criam se organizam. A forma tridimensional composta de átomos ligados é a *estrutura cristalina* (às vezes chamada de *retículo* cristalino) do mineral. Quando os átomos se unem, eles se organizam em um padrão específico.

LEMBRE-SE

Não importa o quanto sejam grandes ou pequenos, todos os cristais de um mineral têm a mesma estrutura cristalina. Minerais com mais de um formato de cristal comum têm múltiplos *hábitos*. Por exemplo, o mineral pirita (o *ouro de tolo*) tem mais de um hábito comum ou forma de cristal: às vezes, os minerais de pirita formam cubos perfeitos (com seis lados) e, outras, octoedros, com oito lados.

Você pode ter visto grandes cristais, como os mostrados no caderno colorido deste livro e, sem dúvida, viu gemas em joias, que também são cristais grandes. Cristais grandes são minerais, mas os minerais nas rochas costumam ser muito menores. Aqui estão dois exemplos do motivo de haver minerais menores em muitas rochas:

» Os minerais nas rochas podem ter sido quebrados em pequenos pedaços. Esse é o caso da maioria das rochas sedimentares, que explico no Capítulo 7.

» Os minerais em uma rocha podem ter se formado em condições que os impediram de crescer muito. Um exemplo dessa situação são os minerais que criam uma rocha chamada *basalto*, que também descrevo no Capítulo 7.

LEMBRE-SE

A constituição mineral de uma rocha depende de quais elementos estão presentes, bem como das condições de temperatura e pressão em que ela se formou. Por exemplo, diamante e grafita são minerais diferentes formados pelo mesmo elemento: carbono. A estrutura cristalina da grafita (comumente usada como grafite de lápis) é formada em condições de baixas temperatura e pressão, semelhantes às da superfície da Terra. Os cristais de diamante, embora também compostos apenas de carbono, são formados sob condições de temperatura e pressão muito altas, nas profundezas da Terra.

As Aparências Não Enganam

Como cada mineral é composto de certos elementos dispostos em uma estrutura cristalina específica, usam-se características físicas para identificá-lo. Nesta seção, descrevo as características físicas mais comuns, ou *propriedades*, usadas para identificar minerais.

Observando transparência, cor, brilho e traço

Algumas das observações mais óbvias a se fazer sobre um mineral estão relacionadas à forma como ele se apresenta em relação à luz:

» **Transparência:** Uma característica física é a capacidade de *transmitir* luz, ou permitir que passe por ele. Essa propriedade às vezes é chamada de *clareza*. Um mineral que permite que se veja tudo do outro lado é *transparente*. Um que permite a passagem da luz, mas não o suficiente para que se veja tudo do outro lado, é *translúcido*. E um pelo qual a luz não passa é *opaco*.

» **Cor:** A cor é o resultado de como a luz é absorvida ou refletida por um objeto. No caso dos minerais, a cor é alterada de várias maneiras que não afetam a estrutura nem a composição do cristal. Por exemplo, aquecer um mineral desloca átomos e resulta em mudança de cor; e quantidades muito pequenas de outros elementos, as *impurezas*, quando presas à estrutura do cristal alteram sua cor.

DICA

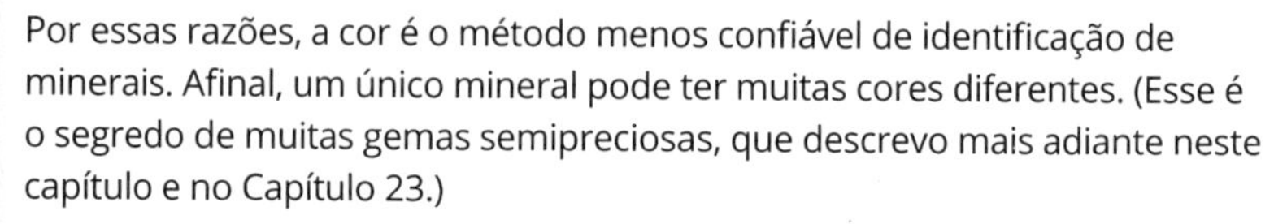

Por essas razões, a cor é o método menos confiável de identificação de minerais. Afinal, um único mineral pode ter muitas cores diferentes. (Esse é o segredo de muitas gemas semipreciosas, que descrevo mais adiante neste capítulo e no Capítulo 23.)

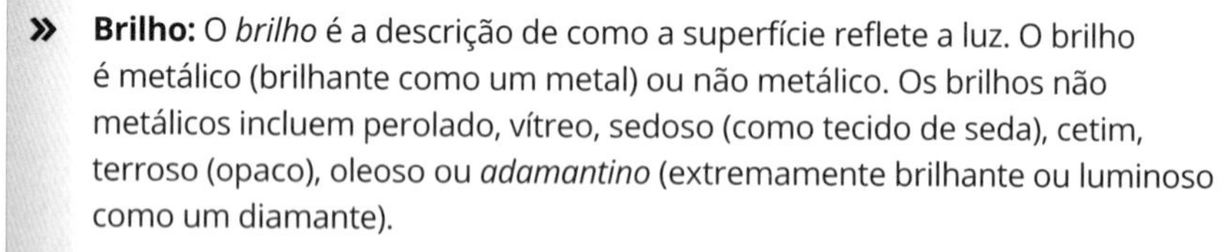

» **Brilho:** O *brilho* é a descrição de como a superfície reflete a luz. O brilho é metálico (brilhante como um metal) ou não metálico. Os brilhos não metálicos incluem perolado, vítreo, sedoso (como tecido de seda), cetim, terroso (opaco), oleoso ou *adamantino* (extremamente brilhante ou luminoso como um diamante).

PAPO DE ESPECIALISTA

Um brilho metálico é o resultado da luz transmitindo energia aos elétrons dos átomos da superfície. Essa energia faz com que os elétrons vibrem e emitam um brilho metálico. Esse tipo de brilho leva esse nome por causa dos metais, que possuem um grande número de elétrons livres que respondem da mesma forma à luz.

» **Cor do traço:** *Traço* é a cor do pó de um mineral quando sua superfície é riscada. Para testá-la, esfregue o mineral em uma *placa de porcelana* não esmaltada. (Placas de porcelana são comuns em kits de rochas e minerais para esse propósito específico.) Esfregar o mineral contra uma placa de raia retira parte do mineral em uma linha de pó, ou traço, na placa. Muitos minerais são identificados pela cor do traço, que pode ser muito diferente da cor da amostra mineral que você tem em mãos. Por exemplo, a pirita é dourada, mas deixa um traço preto quando esfregada na placa de porcelana.

Medindo a força mineral

Outras características físicas úteis para identificar minerais indicam a força da estrutura cristalina. Isso inclui dureza, tenacidade, clivagem e fratura.

Dureza

A dureza mineral é a forma mais útil de identificar um deles. *Dureza* é o quão bem um mineral resiste a arranhões. Riscar a superfície de um mineral quebra as ligações entre os átomos, então a dureza é uma forma de medir a força delas.

A dureza mineral se classifica na *escala de Mohs de dureza relativa*, que é ilustrada na Figura 6-1. A escala de Mohs, em homenagem ao mineralogista Friedrich Mohs, que a desenvolveu, é uma *escala relativa*, o que significa que classifica os minerais em relação uns aos outros — não em uma medida absoluta de dureza.

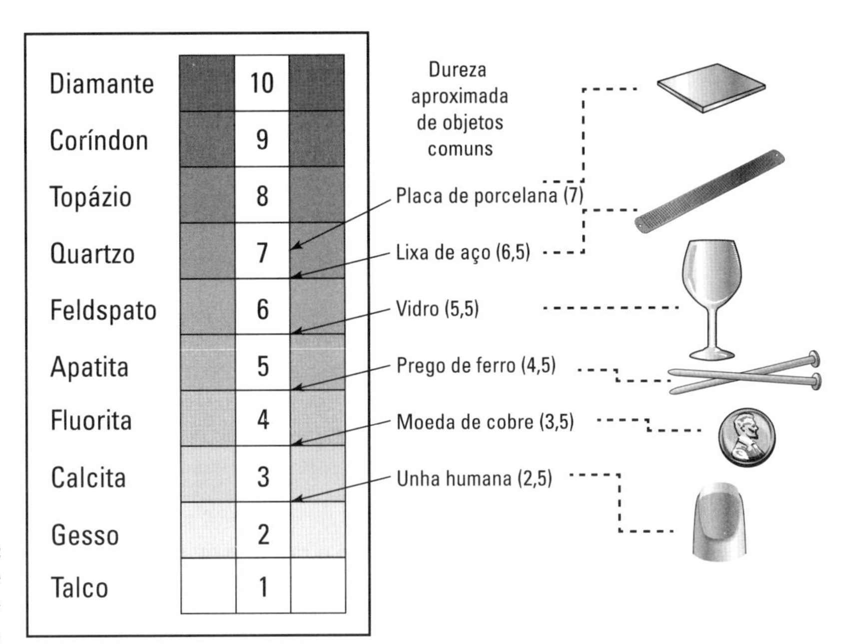

FIGURA 6-1: Escala de Mohs de dureza relativa.

DICA

Para testar a dureza de um mineral, você risca sua superfície com outros minerais (ou objetos de dureza conhecida, como uma moeda, unha ou canivete) até diminuir sua dureza na escala. Por exemplo, se sua unha não riscar um determinado mineral, mas uma moeda o fizer, o mineral provavelmente é calcita, ou outro com dureza semelhante. Os diamantes estão no topo da escala porque apenas outro diamante consegue arranhar sua superfície.

Os cientistas também medem a *dureza absoluta* em laboratório. Os valores de dureza absoluta são muito diferentes da dureza relativa. Por exemplo, enquanto o diamante e o coríndon estão a apenas um ponto de distância na escala de dureza relativa de Mohs, na absoluta, o diamante é mais de quatro vezes mais duro que o coríndon.

Tenacidade

Uma característica menos comumente pensada da força mineral é a sua *tenacidade*, ou resistência. Os termos que descrevem a tenacidade do mineral indicam sua resistência à quebra. Por exemplo, martelar e moldar minerais metálicos não os quebra em pedaços, por isso são chamados de *maleáveis*. Alguns minerais, como a mica, são *elásticos*: dobram-se e voltam à forma original. Muitos minerais (incluindo pirita, hornblenda e olivina) são *quebradiços*, o que significa que se quebram facilmente em pedaços menores.

Clivagem e fratura

Quando se martela ou se bate (ou se quebra) um mineral, a maneira como ele se quebra fornece informações importantes sobre sua estrutura cristalina e ligações moleculares. A forma como um mineral se quebra é categorizada como clivagem ou como fratura.

Se um mineral tem camadas de ligações mais fracas e mais fortes, será *clivado* (quebrado) em *planos de clivagem:* planos de fraqueza na estrutura cristalina. Esses planos de clivagem produzem superfícies planas e geométricas úteis para identificar o mineral. As ligações entre os átomos ao longo das superfícies de clivagem são mais fracas do que outras ligações atômicas nos minerais. Dois minerais que são iguais em outras características podem ter planos de clivagem diferentes, o que permite identificá-los com precisão.

Alguns exemplos de planos de clivagem mineral são ilustrados na Figura 6-2. A clivagem mineral é descrita como o número de planos (superfícies planas) e o ângulo em que se cruzam.

Na Figura 6-2, o esboço da muscovita tem um plano de clivagem e nenhum ângulo de intersecção, formando lâminas. O feldspato tem dois planos de clivagem que se cruzam em um ângulo de 90o (um ângulo reto). A calcita tem três planos de clivagem, mas não se cruzam em ângulos retos. E halita tem três planos de clivagem que se cruzam em ângulos de 90o, que criam formas de cubo. Existem também minerais com quatro planos de clivagem (como a fluorita) e até cinco ou seis (como a esfalerita).

Se todas as ligações dentro do cristal forem igualmente fortes, em vez de clivado ele será *fraturado*. Um mineral que se fratura com frequência, fratura-se *irregularmente*, ou com superfícies ásperas e irregulares.

Sólidos vítreos ou amorfos, como obsidiana e *chert*, não têm uma estrutura cristalina subjacente como os minerais. Esses sólidos se fraturam de maneira especial devido à falta de estrutura cristalina. Quebrar um pedaço de obsidiana ou *chert* deixa uma superfície lisa e curva, semelhante a uma concha. Esse tipo de fratura, *concoidal*, é ilustrado na Figura 6-3.

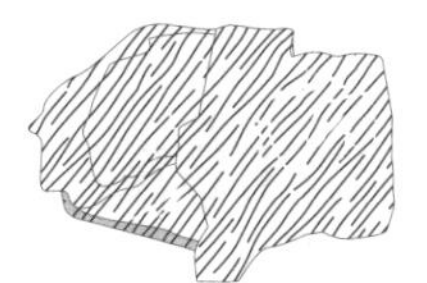
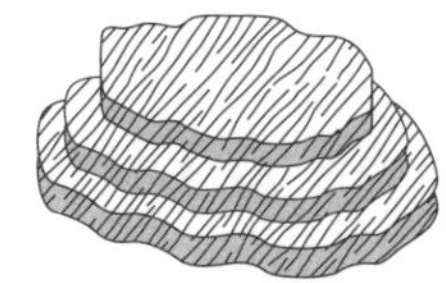
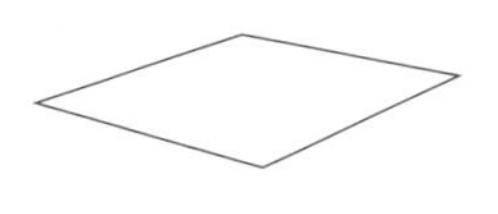

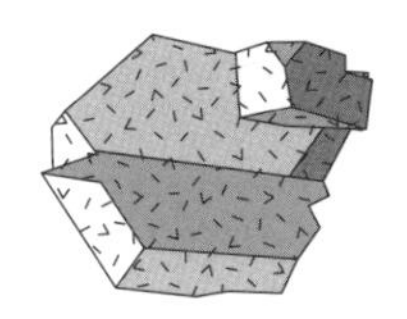

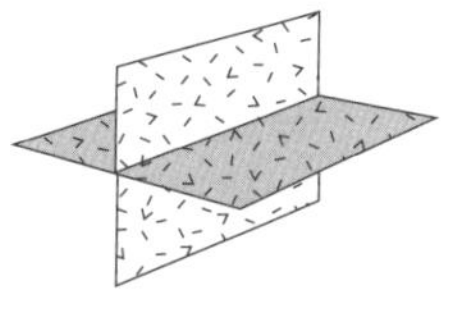

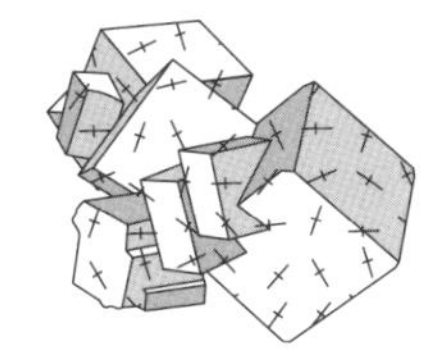
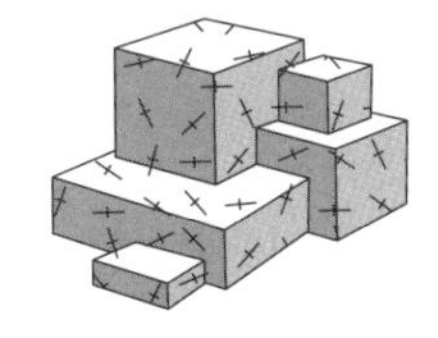
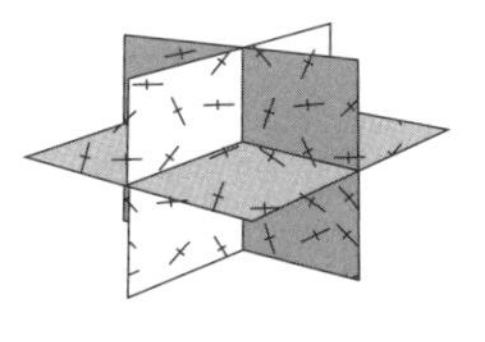

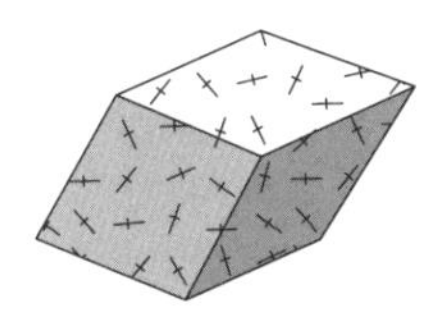
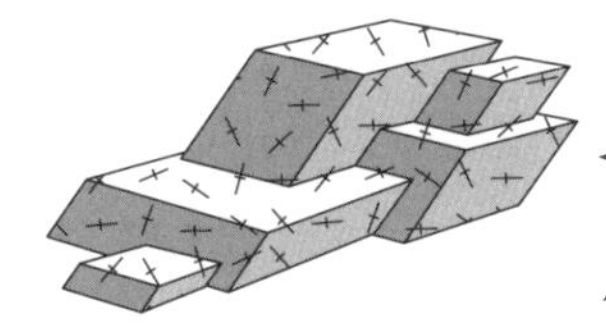
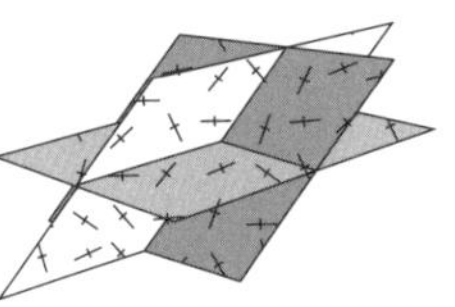

FIGURA 6-2: Planos de clivagem de muscovita, feldspato, halita e fluorita.

FIGURA 6-3: O aparecimento de uma fratura mineral concoidal.

FRATURAS CONCOIDAIS E FERRAMENTAS DA IDADE DA PEDRA

O fato de que certas rochas se rompem com uma fratura concoidal foi muito útil para culturas humanas pré-históricas. As sociedades da Idade da Pedra dependiam de rochas com características de fratura concoidal para criar ferramentas e armas de gume afiado.

Quando as rochas se fraturam concoidalmente, quebram pedaços de pedra, os *flocos*. Com flocos suficientes quebrados ao longo da borda, uma rocha fica muito afiada, como uma faca. Os fabricantes de ferramentas de pedra usaram técnicas de *pederneira*, ou quebra de rocha especializada, o que aproveita a fratura concoidal de certas rochas para criar formas úteis e bordas afiadas.

Algumas das primeiras ferramentas de pedra eram simples, com apenas uma das pontas afiada ao se partir em pedaços. Mais tarde, porém, à medida que o cérebro humano se desenvolveu e os fabricantes de ferramentas refinaram suas técnicas de modelagem de sílex, foram criadas ferramentas lindamente intrincadas, como as pontas de lança da cultura Clovis, encontradas na América do Norte. A figura mostra uma ponta de lança Clovis de cerca de 13 mil anos atrás.

Se tiver gosto de sal, é halita: Propriedades exclusivas

Alguns minerais possuem propriedades distintas de sabor ou cheiro. Se já viu um geólogo lambendo uma rocha, o motivo é esse. Por exemplo, o mineral halita é salgado. Como a halita se parece com a calcita, o sabor é uma forma útil de distingui-las.

À parte a halita, lamber não é uma forma útil de identificar minerais. Na verdade, lamber minerais desconhecidos o expõe a metais tóxicos, como arsênico e chumbo, e não é recomendado.

Outra propriedade peculiar é a *efervescência* de certos minerais quando entram em contato com ácido clorídrico fraco. Essa é uma propriedade peculiar dos minerais feitos de cálcio ($CaCO_3$), porque o ácido (HCl) reage quebrando a ligação iônica no mineral e produz uma nova ligação iônica (CaCl), bem como a água (H_2O) e o dióxido de carbono (CO_2), que é o que você vê escapando das bolhas! Se rochas não agradam seu paladar, esse é outro método de distinguir calcita de halita: se borrifar ácido clorídrico diluído no mineral e ele borbulhar, é calcita; se nada acontecer, halita. (Depois de colocar ácido no mineral, você definitivamente não vai querer lambê-lo para confirmar se é halita!)

Medindo propriedades no laboratório

Algumas propriedades minerais só podem ser medidas em laboratório. Para examinar minerais sob um microscópio, geólogos fazem *lâminas delgadas*, fatias muito finas e polidas da rocha que desejam examinar.

Uma lâmina delgada é feita anexando um pequeno pedaço da rocha a uma lâmina de vidro e desgastando-a até que fique fina o suficiente para a luz atravessá-la. Em seguida, a lâmina delgada é examinada sob um microscópio geológico especial, o *petrográfico*, que a ilumina. O microscópio petrográfico tem configurações que mudam o ângulo da luz que brilha através dos minerais — o processo da *polarização*.

Quando a luz passa por um cristal, é separada, e cores diferentes aparecem, dependendo da forma e da composição do cristal. A *luz polarizada* destaca a estrutura interna do cristal, o que indica os minerais presentes na rocha.

Outras propriedades minerais medidas em laboratório incluem:

» **Fluorescência:** Minerais *fluorescentes* em uma rocha brilham quando você direciona luz ultravioleta sobre eles.

» **Difração de raios X:** Cada mineral exibe um padrão específico quando os raios X passam por ele e são separados, ou *difratados*. Os distintos padrões de *difração de raios X* indicam quais minerais estão em uma rocha.

O Silício É o Cara

Os minerais comumente encontrados nas rochas da superfície da Terra são chamados de *minerais formadores de rocha*. De todos os elementos conhecidos, apenas oito constituem a maioria dos minerais formadores de rocha; esses oito elementos compõem 98% das rochas da crosta terrestre. Eles são:

- Oxigênio (O).
- Silício (Si).
- Alumínio (Al).
- Ferro (Fe).
- Cálcio (Ca).
- Sódio (Na).
- Potássio (K).
- Magnésio (Mg).

LEMBRE-SE

O silício e o oxigênio são os elementos mais comuns na crosta terrestre. (Veja o gráfico de pizza na Figura 2-1, que ilustra a porcentagem de elementos na crosta terrestre.) Os átomos desses dois elementos se combinam para formar a base de um grupo de minerais chamados *silicatos*. Cada mineral do grupo dos silicatos começa com um *tetraedro* silício-oxigênio de átomos como o ilustrado na Figura 6-4. O tetraedro tem quatro átomos de oxigênio ligados a um átomo de silício central, criando uma forma de pirâmide.

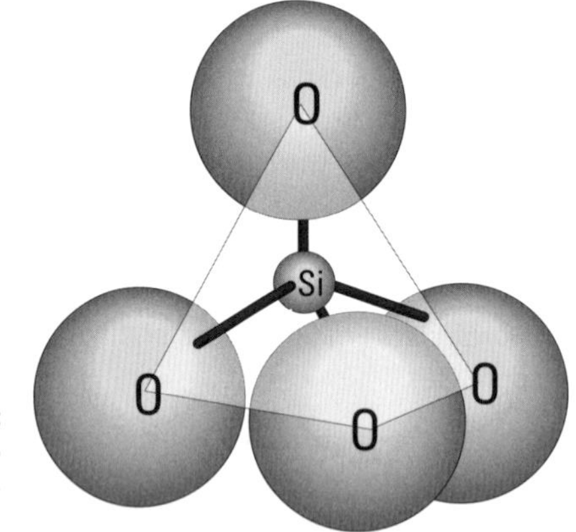

FIGURA 6-4: O tetraedro silício-oxigênio.

Vários tetraedros se combinam para formar *as estruturas dos silicatos*, que são unidos com átomos de outros elementos, como ferro, magnésio, potássio, sódio e cálcio.

LEMBRE-SE

A composição química e a estrutura de um silicato fornecem pistas sobre as condições de temperatura e pressão sob as quais foi formado. Muitos silicatos se formam a partir do resfriamento da rocha fundida (magma, descrito no Capítulo 7). Outros se formam sob a pressão da construção de montanhas (veja o Capítulo 9) ou à medida que os materiais da superfície são desgastados (veja o Capítulo 7).

Encontrando silicatos em várias formas

As diferentes estruturas dos silicatos são criadas pela maneira como vários tetraedros de silício-oxigênio se combinam para compartilhar átomos de oxigênio. Existem cinco estruturas dos silicatos comuns:

- **Tetraedros isolados:** Tetraedros individuais que são unidos por outros elementos sem compartilhar nenhum átomo de oxigênio têm estrutura de *tetraedros isolados*, conforme ilustrado na Figura 6-4. O mineral olivina tem estrutura de tetraedros isolados.
- **Cadeia simples:** Nos silicatos de *cadeia simples*, os tetraedros compartilham um átomo de oxigênio com dois outros tetraedros, formando uma cadeia ligada, conforme ilustrado na Figura 6-5. O mineral augite tem uma estrutura de silicato de cadeia simples.

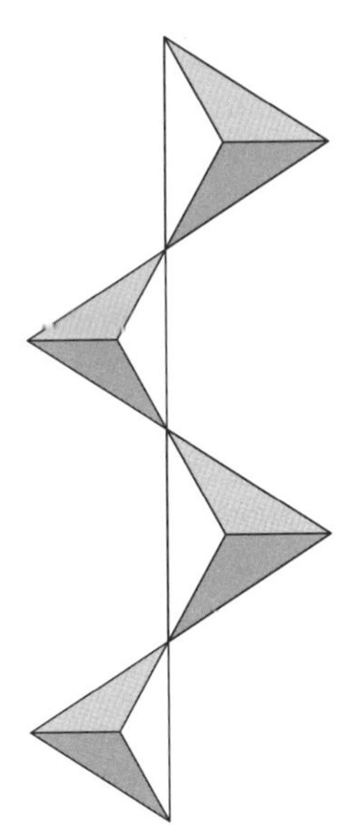

FIGURA 6-5: A estrutura de silicato de cadeia simples.

- **Cadeia dupla:** As estruturas de *cadeia dupla* são criadas quando duas estruturas de cadeia única compartilham alguns átomos de oxigênio, ligando as duas, conforme ilustrado na Figura 6-6. Um exemplo de mineral com estrutura de cadeia dupla é a hornblenda.

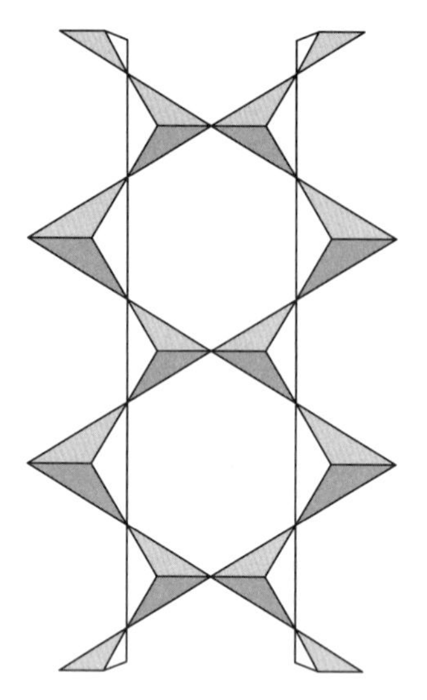

FIGURA 6-6: A estrutura de silicato de cadeia dupla.

- **Folha:** Um silicato com estrutura de *folha* é formado quando os três átomos da base do tetraedro são compartilhados com outros tetraedros, ligando-os em uma folha, conforme ilustrado na Figura 6-7. Os átomos de oxigênio restantes de cada tetraedro ligam uma folha de silicato a outra. A biotita é um mineral com estrutura de folha.
- **Framework:** Um silicato em *framework* é tridimensional. Cada átomo de oxigênio do tetraedro é compartilhado com outro tetraedro, conforme ilustrado na Figura 6-8. Um exemplo de mineral com estrutura em *framework* é a albita.
- **Anel:** Quando os tetraedros compartilham dois átomos de oxigênio em grupos de três, quatro, cinco ou seis, eles podem ser dispostos em um círculo ou *anel*, conforme ilustrado na Figura 6-9. Os minerais berilo e turmalina possuem estrutura em anel.

A estrutura dos silicatos determina sua característica de clivagem. Isso ocorre porque o mineral se cliva ao longo de seus planos mais fracos. Nesse caso, as ligações entre duas estruturas são mais fracas do que as que mantêm cada estrutura unida (o oxigênio compartilhado). Os minerais silicáticos em folha têm um único plano de clivagem quando quebrados porque as ligações que formam a estrutura da folha são mais fortes do que aquelas entre as folhas.[1]

---

1 N.R.T.: No Brasil, usualmente descrições das estruturas dos silicatos seguem um padrão diferente, aprovado pela Associação Internacional de Mineralogia (IMA). Essa classificação divide as estruturas dos silicatos de acordo com o Sistema de Classificação de James Dwight Dana, de 1948, com algumas modernizações.

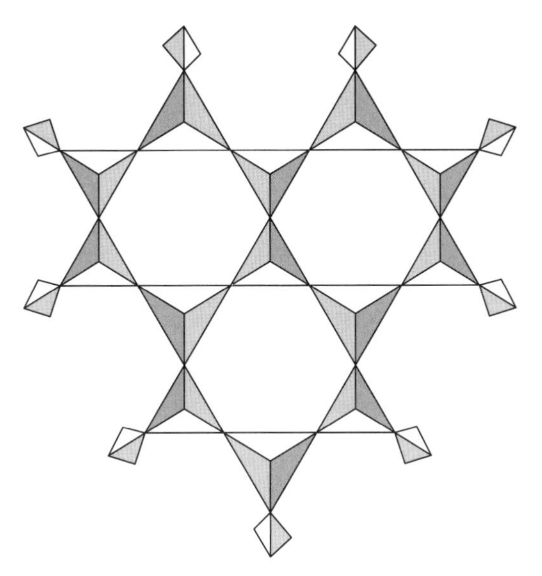

FIGURA 6-7: Silicato em folha.

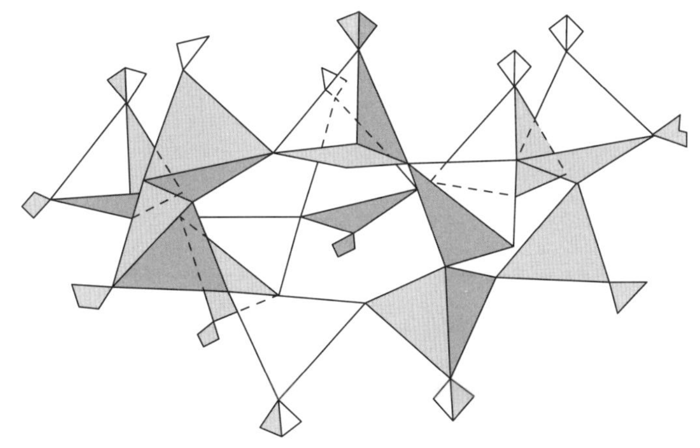

FIGURA 6-8: Silicato de estrutura.

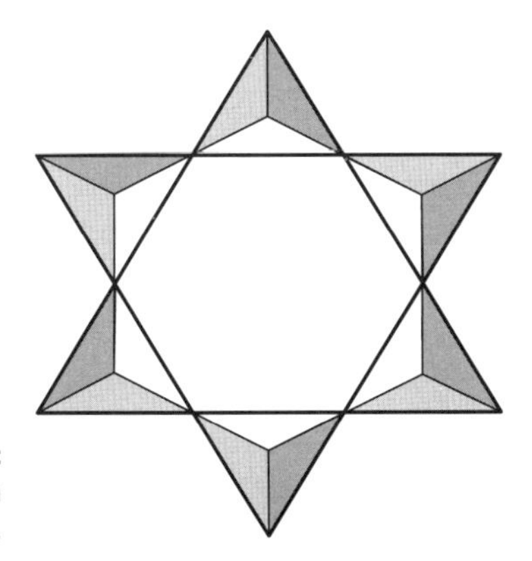

FIGURA 6-9: Silicato em anel.

Agrupando minerais silicáticos

Para organizar os milhares de minerais do grupo dos silicatos, os geólogos os categorizam em grupos de acordo com sua estrutura. Os sete grupos de silicato mais comuns e suas estruturas respectivas estão listados na Tabela 6-1. Lembre-se de que, quando dois ou mais elementos em uma fórmula química são mostrados entre parênteses, como (Mg, Fe), isso significa que qualquer um deles pode estar nesse ponto na fórmula química e na estrutura mineral.

TABELA 6-1 Grupos de Minerais Silicatados[2]

Nome do Grupo	Fórmula Química	Mineral de Exemplo	Estrutura do Tetraedro
Grupo da olivina	$(Mg,Fe)_2 SiO_4$	Forsterita	Tetraedros isolados
Grupo dos piroxênios	$(Mg,Fe)_2 SiO_3$	Augita	Cadeia simples
Grupo dos anfibólios	$Ca_2 (Fe,Mg)_5 Si_8 O_{22} (OH)_2$	Hornblenda	Cadeia dupla
Grupo das micas	$K (Mg,Fe)_3 AlSi_3 O_{10} (OH)_2$/ $KAl_2 (AlSi_3,O_{10}) (OH)_2$	Biotita/Muscovita	Folha
Grupo dos feldspatos	$KAlSi_3 O_4$/$(Ca,Na) AlSi_3 O_8$	Ortoclásio/ Plagioclásio	Estrutura tridimensional
Grupo da sílica	SiO_2	Quartzo	Estrutura tridimensional
Grupo da caulinita (argilas)	$Al_2 Si_2 O_5 (OH)_4$	Caulinita	

Minerais Não Silicáticos

Embora a maioria dos minerais formadores das rochas na crosta terrestre sejam silicatos, os *não silicatos* também são importantes. Os minerais não silicatados são cristais compostos de outros elementos que não o silício. Compondo apenas cerca de 5% a 8% dos materiais crustais, muitos dos minerais não silicáticos são encontrados em rochas sedimentares (veja o Capítulo 7) e outros são úteis do ponto de vista econômico. Aqui, descrevo alguns dos principais grupos de minerais não silicatados.

2 N.R.T.: Como no Brasil costumamos usar o Sistema de Classificação de Dana, não é comum considerar os minerais do grupo da caulinita ou de qualquer argilas como silicatos com estrutura em anel. No entanto, os minerais turmalina e berilo são considerados silicatos em anel pela comunidade científica brasileira.

Carbonatos

Os minerais do grupo dos *carbonatos* são importantes em rochas sedimentares. O carbonato mais comum é a *calcita*, que é o mineral primário das rochas sedimentares calcário e dolomito e na rocha metamórfica mármore. A Tabela 6-2 lista alguns carbonatos comuns.[3]

TABELA 6-2 **Carbonatos Comuns**

Nome do Mineral	Fórmula Química	Uso Comum
Calcita	$CaCO_3$	Cimento
Dolomita	$CaMg(CO_3)_2$	Cimento

Sulfatos e sulfetos

Minerais não silicatados, feitos com enxofre, incluem *sulfatos*, como a gipsita, que são usados em materiais de construção, e *sulfetos*, como a galena, que fornecem metais úteis. Eles estão listados na Tabela 6-3.

TABELA 6-3 **Sulfatos e Sulfetos**

Nome do Mineral	Fórmula Química	Uso Comum
Sulfatos		
Gipsita	$CaSO_4 + 2H_2O$	Reboco
Anidrita	$CaSO_4$	Reboco
Sulfetos		
Galena	PbS	Minério de chumbo
Pirita	FeS_2	Minério de enxofre
Cinábrio	HgS	Minério de mercúrio
Calcopirita	$CuFeS_2$	Minério de cobre

3 N.R.T.: No Brasil, é comum que os cientistas sigam as classificações de rochas do Serviço Geológico dos Estados Unidos (USGS). Esse órgão sugere que os dolostones são compostos essencialmente de dolomita, e não de calcita.

Óxidos

Óxidos se formam quando o oxigênio se liga aos metais. Eles são a fonte de alguns dos metais mais importantes da Terra, incluindo ferro, alumínio, titânio e urânio. Os óxidos comuns estão listados na Tabela 6-4.

TABELA 6-4 **Óxidos Comuns**

Nome do Mineral	Composição Química	Uso Comum
Hematita, magnetita	Fe_2O_3, Fe_3O_4	Minério de ferro
Coríndon	Al_2O_3	Pedra preciosa
Cassiterita	SnO_2	Minério de estanho
Rutilo	TiO_2	Minério de titânio
Uraninite	UO_2	Minério de urânio

Elementos nativos

Elementos nativos se formam quando os átomos de um elemento se ligam, criando um mineral "puro", sem outros ingredientes. Os minerais de elementos nativos incluem ouro, prata, diamante, cobre e platina, e estão listados na Tabela 6-5.

TABELA 6-5 **Elementos Nativos Comuns**

Nome do Mineral	Composição Química	Uso Comum
Ouro	Au	Joias, moedas, eletrônicos
Prata	Ag	Joias, moedas, fotografia
Platina	Pt	Joias, produção de gasolina
Diamante	C	Joias, brocas
Cobre	Cu	Fiação elétrica

Minerais de evaporitos

Outros grupos minerais são *classificados* de acordo com a sua formação, e não com a sua composição, como é o caso dos minerais evaporíticos ou encontrados em evaporitos. Os evaporitos se formam quando a água em que são dissolvidos se evapora, deixando os cristais minerais para trás. Minerais comuns em evaporitos incluem gipsita e anidrita, que estão listados na Tabela 6-3 em sua categoria de composição: sulfatos.

Outros minerais comuns em evaporitos são a halita (cloreto de sódio, ou sal de cozinha) e a silvita (cloreto de potássio).[4]

Pedras Preciosas

Alguns minerais são considerados especialmente valiosos e bonitos, e são chamados de pedras preciosas ou *gemas*. Alguns desses minerais são valiosos porque são raros, como diamantes e esmeraldas. Mas outros são muito comuns, como ametistas e opalas. Os minerais considerados gemas se formam em condições que permitem que cada cristal cresça bastante. Essas condições ocorrem quando a rocha fundida esfria muito lentamente no subsolo ou quando as rochas são *metamorfisadas* pelo calor e pela pressão (veja o Capítulo 7, sobre metamorfismo).

Muitas das gemas com as quais você deve estar familiarizado são o mineral quartzo que possui pequenas quantidades de outros elementos, ou *impurezas*, em seus cristais. Essas impurezas mudam a cor do cristal. Por exemplo, a ametista é um cristal de quartzo com cor lilás ou roxa devido às pequenas quantidades de manganês. O citrino também é um cristal de quartzo, com pequenas quantidades de ferro, conferindo-lhe uma cor de amarelo a laranja.

4 N.R.T.: Segundo a recomendação da USGS, usada no Brasil, evaporitos são grupos de rochas formadas por evaporação de corpos d'água, que concentram íons em solução até que estes supersaturem o meio e precipitem na forma de sais. Portanto, por aqui a palavra evaporitos não é usada para classificar um grupo de minerais, mas sim uma camada de rochas que pode concentrar minerais de vários grupos, como halogenetos, sulfatos e boratos.

DIAMANTES

Os diamantes se formam em condições de alta pressão, encontradas no manto terrestre, cerca de 160km abaixo da crosta. Eles são trazidos à superfície por erupções explosivas de materiais fundidos através da crosta. Essas explosões de material fundido resfriam-se e formam uma estrutura chamada de *pipe kimberlítico* (descoberto em Kimberley, na África do Sul). A maioria desses *pipes kimberlítico* parece ter se formado durante a quebra do supercontinente Pangeia (veja o Capítulo 19). Alguns foram encontrados nas rochas mais antigas dos continentes (os *crátons*), e os geólogos postulam que eles foram criados quando o interior da Terra era muito mais quente, produzindo erupções mais explosivas nos primeiros continentes. Ainda assim, apenas alguns desses locais produzem diamantes grandes o suficiente para serem de qualidade, o que os torna raros e valiosos.

Os cientistas criaram diamantes minúsculos em laboratório aquecendo e comprimindo materiais ricos em carbono — mas não o carvão. Diamantes sintéticos como esses são usados em brocas odontológicas e para usos industriais (como perfuração de poços de petróleo), produtos que necessitam da resistência superior dos diamantes.

NESTE CAPÍTULO

» Identificando os processos ígneos e as rochas que eles formam

» Compreendendo o intemperismo e a formação de rochas sedimentares

» Classificando as rochas metamórficas por grau de mudança

» Juntando tudo: O ciclo das rochas

Capítulo **7**

Ígneas, Sedimentares e Metamórficas

Se você é novo na observação de rochas, pode pensar que elas são basicamente iguais — uma rocha é uma rocha e ponto. E se você sempre foi fascinado por rochas e seixos, pode pensar que existe uma infinidade de tipos diferentes. A verdade está em algum ponto no meio das duas ideias.

Existem muitos tamanhos, cores, formas e texturas diferentes de rochas. Mas todas se classificam em três categorias principais, com base em como são formadas: ígneas, sedimentares e metamórficas. Dentro de cada categoria, as rochas são ainda classificadas pela sua *composição* (do que são feitas) e pela sua *textura* (seu aspecto).

Neste capítulo, descrevo não apenas os diferentes tipos de rocha e como são categorizadas, mas também os processos que as formam, como vulcanismo, intemperismo e metamorfismo. Você nunca mais olhará uma rocha da mesma forma!

Santo Magma: O Berço das Ígneas

Para criar uma rocha ígnea, primeiro é preciso o magma, ou rocha fundida. Os cientistas identificaram três maneiras de fundir rochas: descompressão, introdução de voláteis ou introdução de calor. Nesta seção, explico os processos por meio dos quais a rocha é fundida, descrevo os locais específicos na Terra onde ocorrem e explico como o magma muda, ou evolui, antes de se resfriar e se tornar uma rocha ígnea.

Lembrando como o magma é feito

O magma é criado quando as condições de calor e pressão são ideais para derreter rochas em líquido. Existem três maneiras específicas de criar as condições ideais para derreter rocha, que descrevo nesta seção.

» **Descompressão de rocha quente:** As rochas do manto, logo abaixo da crosta oceânica, são quentes o suficiente para serem líquidas, mas permanecem sólidas devido à pressão aplicada pelas rochas da crosta, acima delas. Em alguns lugares, como nas dorsais meso-oceânicas (veja o Capítulo 9), essa pressão é aliviada ou removida à medida que as placas se afastam. A remoção da pressão, a *descompressão*, permite que a rocha aquecida se expanda e se transforme em rocha líquida, ou magma.

» **Diminuição do ponto de fusão:** Outra forma de fundir as rochas é adicionar voláteis ou compostos como água e dióxido de carbono. Eles são chamados de voláteis porque, na maioria das temperaturas, ficam em estado gasoso. Quando os voláteis são adicionados a uma rocha que é aquecida, mas não o suficiente para derreter, eles reagem com os minerais e causam o derretimento — diminuindo efetivamente a temperatura de fusão dos minerais na rocha. Esse processo de fusão é a *fusão de fluxo*.

Os magmas criados por fusão de fluxo ocorrem em zonas de subducção. (Explico a subducção no Capítulo 10.) É nesses locais que a placa oceânica subductada carrega água e dióxido de carbono para as profundezas da crosta, onde são liberados na astenosfera e na placa crustal, causando a fusão das rochas.

» **Transferência de calor:** A maneira mais simples de derreter rochas é adicionando calor suficiente para que, sem voláteis e sem descompressão, o derretimento ainda ocorra. Isso é chamado de fusão por *transferência de calor* e é observado em pontos quentes vulcânicos como o Havaí. Em tais locais, um fluxo superaquecido de rocha do manto, a *pluma mantélica*, traz o calor das profundezas da Terra até o fundo das rochas da crosta terrestre, e elas se fundem em magma.

A composição do fundido

O ponto no qual uma fusão se forma e o modo como isso acontece determinam a composição do magma. Os geólogos o classificam (e as rochas ígneas) pela sua composição relativa de minerais ricos em sílica. Há quatro categorias:

- **Félsico:** Contém de 65% a 75% de sílica em seu peso total.
- **Intermediário:** Contém de 52% a 65% de sílica em seu peso total.
- **Máfico:** Contém de 45% a 52% de sílica em seu peso total.
- **Ultramáfico:** Contém até 45% de sílica em seu peso total.

O magma formado em uma dorsal meso-oceânica, por meio da descompressão da rocha do manto, abaixo, tem baixas quantidades de minerais ricos em sílica (félsicos) e grandes quantidades de minerais ricos em ferro (máficos), porque o manto da Terra é composto de relativamente pouca sílica. O magma com essa composição é chamado de *máfico*, ou de *magma basáltico*. (Continue lendo para descobrir quais rochas ígneas se formam a partir desse tipo de fusão.)

Devido à fusão de fluxo, o magma criado nas zonas de subducção tem grandes quantidades de sílica porque a rocha crustal que se funde é composta de uma grande porcentagem de minerais ricos em sílica. Esse tipo de magma é chamado de *riolítico*, ou *magma félsico*.

A fusão por transferência de calor cria uma variedade de composições de magma, dependendo do tipo de crosta aquecida e derretida. Por exemplo, no Havaí, o derretimento por transferência de calor produz magma máfico, ou rico em ferro; em pontos de acesso continentais, como o Parque Nacional de Yellowstone em Wyoming, oeste dos Estados Unidos, o magma formado por fusão por transferência de calor é mais rico em sílica — porque as rochas derretidas têm mais minerais ricos em sílica.

A fusão inicial da *rocha-mãe* (a rocha fundida originalmente) é apenas o começo da jornada de uma fusão para fazer uma rocha. À medida que o magma se move através da crosta, adiciona novos materiais por fusão parcial (continue lendo para obter detalhes, na próxima seção, quando explico a série de reações de Bowen), bem como por meio da mistura com outros magmas e assimilação ou adição de materiais de dentro da estrutura vulcânica, antes de entrar em erupção. Na próxima seção, explico como a fusão e a solidificação de diferentes minerais em uma rocha fundida mudam a composição do magma.

Efeito dominó: Série de reações de Bowen

Os minerais que formam rochas pelo resfriamento do magma (ou lava) mudam de líquidos para sólidos em diferentes temperaturas. O cientista Norman L. Bowen observou que os minerais ígneos que se formam à medida que uma fusão esfria o fazem em uma ordem particular, alguns *cristalizando-se*, ou tornando-se sólidos, em temperaturas muito mais altas do que outras. Ele observou esse fenômeno em experimentos de laboratório e o relacionou com suas observações de rochas. Ele criou um gráfico de referência para a sequência de *mineralização* (formação de minerais) em rochas ígneas, que agora é conhecido como *série de reações de Bowen*, mostrado na Figura 7-1.

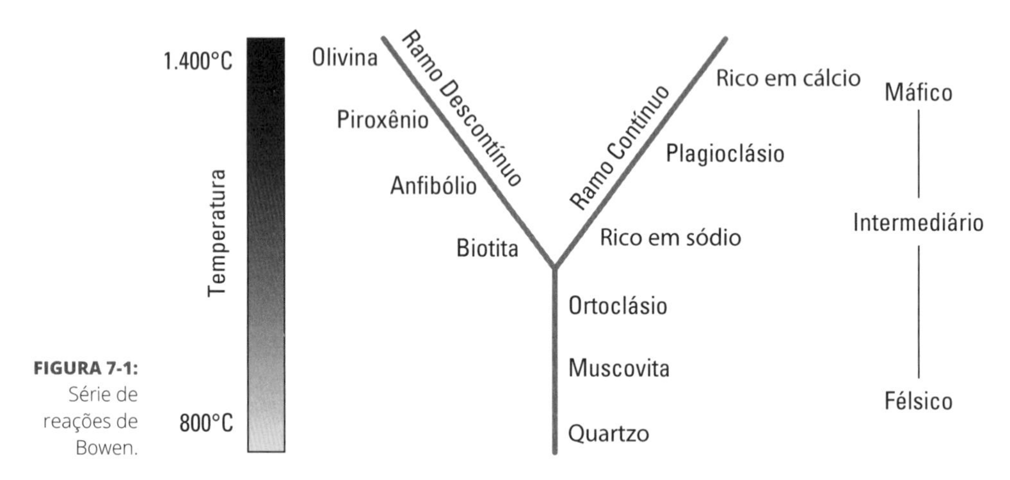

FIGURA 7-1: Série de reações de Bowen.

DICA

Embora a temperatura de cristalização de minerais tenha sido originalmente estudada para entender a formação de rochas ígneas, ela também ajuda os geólogos a entenderem o processo de *fusão parcial* — no qual apenas alguns dos minerais de uma rocha derretem e são adicionados ao magma. Pense nisso como uma temperatura de mudança de fase, uma vez que a temperatura de cristalização é a mesma que a de fusão de qualquer mineral. Quando o calor está aumentando, o mineral derrete nessa temperatura, mas, quando está diminuindo, o mineral se cristaliza nela.

DICA

Para visualizar a mineralização por meio da série de reações de Bowen, imagine uma panela de mingau cheia de gotas de chocolate, marshmallows, manteiga de amendoim e nozes. Conforme o mingau se aquece, as "partículas" começam a derreter. Cada item tem um ponto de fusão diferente: o marshmallow derrete primeiro, depois a manteiga de amendoim, depois as gotas de chocolate e, por fim, as nozes. (Tem que estar muito quente para transformar as nozes em líquido!) Quando o calor é muito alto, todos esses itens derretem em um líquido uniforme — apenas uma mistura fluida e suave de chocolate, marshmallow, manteiga de amendoim e nozes. Esse líquido é como o magma: uma mistura fluida de materiais rochosos derretidos.

Quando você desliga o fogão, a panela começa a esfriar. Imagine que, à medida que esfria, o material na panela voltaria à sua forma original. Os itens seriam reconstituídos na ordem inversa em que derreteram — em outras palavras, o material que derreteu primeiro se reconstituiria por último.

O primeiro item a se reconstituir são as nozes, porque foram as últimas a derreterem (as nozes têm o ponto de fusão mais alto). À medida que a temperatura esfria, abaixo desse ponto de fusão, as nozes mudam de forma. Depois que as nozes são reconstituídas, os elementos que as compõem saem do mingau. Os próximos itens a serem reconstituídos serão formados a partir do que resta. Em seguida, os pedaços de chocolate se mineralizam do líquido de resfriamento. Agora, tudo o que resta é a substância para a manteiga de amendoim e os marshmallows. Depois que a manteiga de amendoim é solidificada, os únicos elementos que ficam no mingau são os que formam os marshmallows.

LEMBRE-SE

O magma esfria da mesma forma: como os minerais com os pontos de fusão mais altos são resfriados e cristalizados, eles removem elementos do magma, de forma que apenas alguns outros elementos são deixados, e eles podem criar apenas certos minerais quando se unem. Esse processo é a *cristalização fracionada*.

A cristalização fracionada explica como um único magma produz rochas ultramáficas, máficas, intermediárias e félsicas. Por exemplo, os minerais silicáticos (minerais félsicos) são os últimos a se cristalizarem, então, as rochas formadas no final do resfriamento (como o granito) estão repletas de minerais ricos em sílica. Isso porque elementos como ferro e magnésio já foram removidos para formar cristais que se solidificam em temperaturas mais altas, criando mais minerais máficos no início do processo de resfriamento.

PAPO DE ESPECIALISTA

Na série de reações de Bowen, há duas linhas — uma chamada de série descontínua e outra, de série contínua. Na série descontínua, um mineral completamente diferente se forma em cada temperatura. Na série contínua, no entanto, o mesmo mineral, *plagioclásio*, forma-se em todas as temperaturas, mas em temperaturas mais altas o plagioclásio tem mais cálcio em sua estrutura e em temperaturas mais baixas, mais sódio. (Veja o Capítulo 6 para obter detalhes sobre como diferentes elementos são usados para formar o mesmo mineral.)

Evoluindo magmas

À medida que o magma sobe através da crosta, passa por resfriamento, reaquecimento, mistura com outra substância fundida e sofre outras alterações em sua composição. Por meio desses processos, o magma *evolui*, ou muda, ao longo do tempo. Essa mudança de um magma que produz diferentes rochas ígneas é a *diferenciação magmática*.

Na realidade, o magma nem sempre começa a partir de materiais rochosos completamente derretidos e, em seguida, esfria-se de acordo com o seu ponto de fusão, conforme descreve a série de reações de Bowen. A prática é uma bagunça! Na prática, conforme um magma é criado, os minerais que derretem primeiro são aqueles com ponto de fusão mais baixo e alto teor de sílica (como quartzo e ortoclásio), mas o magma pode não ficar quente o suficiente para que os minerais máficos derretam, então permanecem em estado sólido. Esse processo é a *fusão parcial*, que muda a composição do magma, adicionando minerais de menor ponto de fusão à medida que sobe através da crosta. No momento em que o magma esfria, ou entra em erupção, a fusão parcial o torna mais félsico do que era quando começou a derreter.

LEMBRE-SE

A evolução dos magmas ocorre nas profundezas da crosta terrestre. Após a erupção de um magma (tornando-se lava), sua composição não muda, mas o tamanho dos cristais difere dependendo da rapidez com que se solidifica em rocha. (Na próxima seção, explico como o tamanho dos cristais se relaciona com a textura da rocha ígnea.)

Os minerais fundidos no magma também determinam a fluidez do seu fluxo. Essa característica do magma é a *viscosidade*. A viscosidade dita o quão fortemente um fluido resiste ao escoamento: considere manteiga de amendoim e água. Se colocar manteiga de amendoim em um prato, ela não fluirá para fora em direção às bordas (tem alta viscosidade); entretanto, se derramar água, ela fluirá facilmente para todas as bordas (tem baixa viscosidade). Um magma félsico, com grandes quantidades de sílica, é mais viscoso; flui mais lentamente do que o magma máfico, com baixas quantidades de sílica. A viscosidade do magma desempenha um papel importante na construção de estruturas vulcânicas: o fundido viscoso e félsico cria estratovulcões explosivos, enquanto o fundido máfico com baixa viscosidade cria vulcões em escudo fluentes. (Para mais informações sobre estruturas vulcânicas, veja a próxima seção!)

DICA

A diferenciação magmática, a mistura e a fusão parcial explicam os muitos tipos de rochas ígneas e o ajudam a entender por que a classificação das rochas ígneas nem sempre é óbvia; às vezes elas ficam entre duas categorias. Para obter mais detalhes sobre a grande variedade de rochas ígneas, continue lendo!

Cristalizando: Rochas ígneas

As rochas *ígneas* se formam quando a rocha fundida se esfria, passa de líquido para sólido, ou se *cristaliza*. Se o processo de resfriamento ocorre no subsolo, a rocha fundida (o *magma*) esfria-se para formar rochas ígneas *intrusivas*, ou *plutônicas*. Se o processo ocorrer acima do solo, como em uma erupção vulcânica, a rocha derretida (a *lava*) esfria-se, formando rochas *extrusivas*, ou *vulcânicas*.

LEMBRE-SE

Se achar confusa a diferença entre rochas intrusivas e extrusivas, lembre-se de que os nomes indicam onde as rochas são formadas: as *intrusivas* são formadas abaixo da superfície, na parte *interna* da Terra, enquanto as *extrusivas*, acima, na parte *externa*.

Nas seções a seguir, mostrarei como as várias rochas ígneas são classificadas pela composição mineral e pela textura, ou tamanho de cristal. Em seguida, apresento algumas informações básicas sobre vulcões — as feições geográficas que jorram lava e criam rochas extrusivas. Por fim, apresento algumas características das rochas ígneas subterrâneas, ou intrusivas.

Classificando rochas ígneas

Rochas ígneas são *classificadas*, ou nomeadas, de acordo com a composição (conteúdo mineral) e com a textura (o tamanho dos cristais). Os elementos do fundido (magma ou lava) determinam o conteúdo mineral (e a cor) das rochas criadas. A rapidez com que o material fundido se esfria em um sólido (rocha) determina a sua textura.

Contando minerais de silicato nas rochas ígneas

A composição, ou conteúdo mineral, de uma rocha ígnea é determinada pelos elementos presentes no líquido a partir do qual ela se cristaliza. A maioria dos magmas é composta principalmente de sílica (formada por silício e oxigênio) com porções de outros elementos, como alumínio, cálcio, magnésio, potássio, sódio e ferro. As quantidades relativas desses elementos em um magma determinam quais minerais são criados, bem como a cor da rocha ígnea.

Os termos aqui elencados são os mesmos que descrevem a composição dos magmas, na seção anterior. Eles também indicam as diferenças na composição das rochas ígneas, porque a composição do magma determina o conteúdo mineral da rocha que ele produz:

- **Félsica:** Essas rochas contêm mais de 65% de sílica, com porções de outros elementos, como alumínio, potássio e sódio. As rochas félsicas são geralmente de cor clara, dominadas por quartzo, feldspato potássico e feldspato plagioclásio sódico. Exemplos de rochas félsicas são o granito e o riolito.

» **Intermediária:** Rochas nessa categoria contêm entre 52% e 65% de sílica com porções de outros elementos, como alumínio, cálcio, sódio, ferro e magnésio. Rochas intermediárias são uma mistura quase igual de minerais de cor escura e claros, como anfibólio e vários feldspatos plagioclásios. Exemplos de rochas intermediárias são o andesito e o diorito.

» **Máfica:** As rochas máficas têm entre 45% e 52% de sílica com porções de outros elementos, como alumínio, cálcio, ferro e magnésio. Sua cor é bastante escura, tendo minerais como piroxênio e feldspato plagioclásio de cálcio. Exemplos de rochas máficas são o basalto e o gabro.

» **Ultramáfica:** Com quantidades muito baixas de sílica (até 45%) misturada com magnésio, ferro, alumínio e cálcio, as rochas ultramáficas são escuras e pouco comuns. Contêm minerais de olivina e de piroxênio, e os exemplos incluem o komatiito e o peridotito.

A Tabela 7-1 apresenta uma visão geral da composição, da cor e dos nomes de várias rochas ígneas.

TABELA 7-1 **Classificação das Rochas Ígneas**

	Félsica	Intermediária	Máfica	Ultramáfica
Sílica	>65%	52%–65%	45%–52%	<45%
Minerais Primários	Quartzo, feldspato potássico, plagioclásio sódico	Anfibólio, plagioclásio sódico e cálcico	Piroxênio, feldspato plagioclásio cálcico	Olivina, piroxênio
Cor	Claro (branco, rosa)	Partes iguais escuras e claras (preto e branco/ rosa)	Escuro, quase sempre	Escuro, às vezes verde
Nomes das rochas intrusivas	Granito	Diorito	Gabro	Peridotito
Nomes das rochas extrusivas	Riolito	Andesito	Basalto	Komatiito (raro)

DICA

Os termos *félsico*, *intermediário*, *máfico* e *ultramáfico* também se referem aos minerais que formam as rochas ígneas. Por exemplo, os minerais feitos de sílica, como o quartzo, podem ser chamados de minerais félsicos.

Observando texturas de rochas ígneas

A *textura* diz respeito à aparência da rocha — e, até certo ponto, à sensação de quando a toca. Ela descreve o tamanho dos minerais isolados presentes na rocha. A textura de uma rocha ígnea oferece pistas de como e onde foi formada: especificamente, quanto tempo levou para esfriar do magma (ou lava). Como regra geral, as rochas ígneas que se formam no subsolo têm minerais maiores do que as que se formam na superfície, porque as temperaturas se esfriam mais lentamente no subsolo do que na superfície.

A seguir estão os termos comumente usados para descrever a textura das rochas ígneas. Para cada termo, indico se descreve uma rocha intrusiva (I) ou extrusiva (E):

- **Fanerítica** (I): Uma rocha ígnea com cristais grandes o suficiente para ver sem um microscópio é *fanerítica.* Essa textura é criada quando a rocha se forma no subsolo a partir de um magma que se esfria muito lentamente. A lentidão permite que os cristais cresçam bastante, transformando os elementos líquidos na forma mineral sólida (cristais), um átomo por vez, por um longo tempo. O resultado é que todos os cristais ficam grandes o suficiente para ver a olho nu e quase do mesmo tamanho. Os cristais podem ter cores ou formatos diferentes, dependendo da composição do magma e dos minerais que se formam durante o resfriamento.
- **Afanítica** (E): Uma rocha ígnea com textura *afanítica* é criada quando a lava se esfria muito rapidamente — tanto que os minerais não têm tempo de crescer e ficam muito pequenos. Os cristais minerais de uma rocha afanítica são vistos apenas através de um microscópio.
- **Porfiroide** (I, E): A rocha ígnea *porfiroide* é criada por resfriamento lento seguido de resfriamento rápido do magma. Ele começa a se esfriar lentamente e, então, seu ambiente muda (talvez seja empurrado para mais perto da superfície da Terra ou entre em erupção como lava) de modo que se esfria repentina e rapidamente. A rocha resultante é composta de alguns cristais grandes (que cresceram durante o resfriamento lento) e de menores (que se resfriaram rapidamente). Cristais grandes presos em uma mistura, ou *matriz,* de cristais menores caracterizam uma textura porfiroide. Em uma rocha ígnea porfiroide, os cristais grandes são chamados de *fenocristais.*
- **Pegmatito** (I): Algumas rochas ígneas intrusivas se formam perto (mas ainda abaixo) da superfície sob condições de baixas temperaturas, com grandes quantidades de água misturadas ao magma. Em um magma formador de pegmatito, a água ajuda os íons (veja o Capítulo 5) a se moverem e a formarem grandes cristais. O resultado é uma rocha composta de cristais *muito* grandes sem matriz de cristais menores ao redor; é apenas uma mistura de cristais gigantes. Esse tipo de rocha ígnea é o *pegmatito.*

FARINHA DO MESMO SACO: BASALTO PAHOEHOE E A'A

O conteúdo da lava — os elementos no líquido e os gases dissolvidos — lhe dá certas características, como a fluidez. Os vulcões do Havaí, Mauna Loa e Mauna Kea, são um local seguro para observar os fluxos de magma basáltico de perto. A partir das observações de Mauna Loa e Mauna Kea, *vulcanologistas* (cientistas que estudam vulcões) distinguem dois tipos de fluxo de magma basáltico.

O *pahoehoe* é uma lava enrugada de aspecto viscoso (que acaba virando rocha basáltica) de superfície lisa, mostrado na imagem a seguir. À medida que a lava com baixa quantidade de sílica e pouco gás dissolvido flui, a superfície externa, exposta ao ar, esfria-se e se solidifica. No entanto, a lava interna ainda flui, o que cria as rugas e torções na crosta resfriada do fluxo.

Outro tipo de lava produzida nos vulcões havaianos é a'a. *A'a* é composta de basalto, mas é muito diferente do pahoehoe. Em vez de fluir, a'a é espessa, áspera e irregular. À medida que flui, parece e soa como uma pilha de entulho de basalto avançando. A'a tem uma grande quantidade de gás dissolvido, e, à medida que ela se esfria, o gás escapa, deixando projeções pontiagudas de basalto.

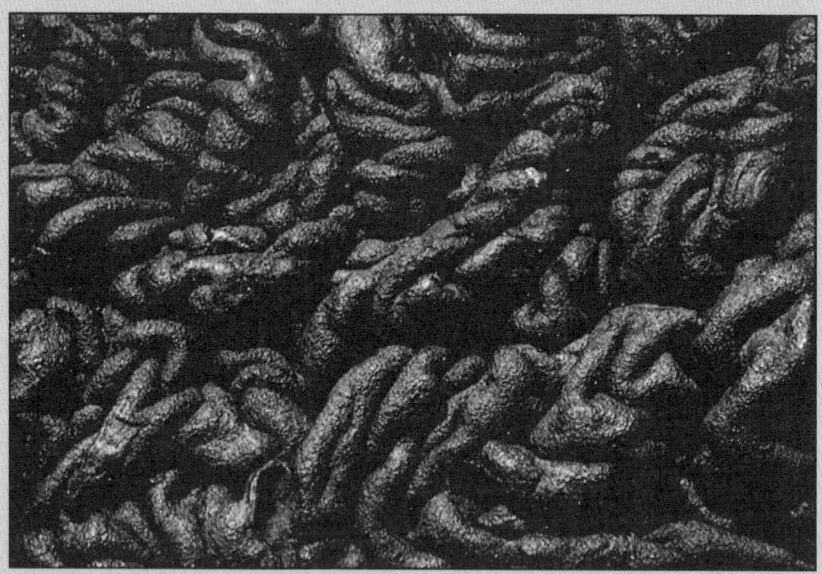

© Universal Images Group/Getty Images

Esses dois tipos de lava basáltica foram observados e nomeados pela primeira vez no Havaí, mas agora os cientistas usam os termos pahoehoe e a'a para descrever fluxos de lava basáltica com essas características, independentemente de onde estejam.

- **Vidro vulcânico** (E): Uma rocha ígnea tem textura de *vidro vulcânico* se esfriar-se extremamente rápido de um fluxo de lava — tanto que os átomos não tenham tempo para formar cristais, resultando em uma superfície lisa e vítrea. Essa textura é mais comum em lavas que contêm uma quantidade muito alta de sílica. (A sílica é a mesma molécula que faz o vidro das janelas.)
- **Vesícula** (E): Uma rocha cheia de buracos (como uma esponja) é uma *vesícula*. Conforme a rocha se esfria, bolhas de gás ficam presas nela. Quando o gás escapa, deixa buracos, as *vesículas*, na rocha. Essa característica é comum em rochas que se formam a partir de erupções vulcânicas.
- **Piroclástica** (E): Quando um vulcão entra em erupção, outros materiais, como fragmentos de rochas de suas paredes e cinzas, podem entrar em erupção com a lava. As rochas *piroclásticas* se formam a partir desses materiais. Elas parecem rochas sedimentares (que descrevo neste capítulo), mas ainda são ígneas — compostas de materiais de rocha vulcânica. Se os fragmentos forem pequenos (menos de 2mm), a rocha é chamada de *tufo*. Se forem grandes (mais de 2mm), de *brecha vulcânica*.

Estudando estruturas vulcânicas

As rochas ígneas extrusivas também são chamadas de *vulcânicas*. Isso porque elas são criadas a partir da lava que irrompe dos vulcões. *Vulcões* são as estruturas geológicas que resultam de o magma abrir caminho através da camada da crosta terrestre e alcançar a superfície. Quando o magma a atinge, entra em erupção como lava.

Nesta seção, apresentarei uma visão geral dos vulcões para que você entenda como as rochas ígneas extrusivas são criadas.

Localizando as características vulcânicas

LEMBRE-SE

A lava não é o único material que sai dos vulcões. Muitas erupções vulcânicas também liberam gases, cinzas (*tefra*) e partículas de rocha fragmentadas (*piroclastos*) no ar. Esses materiais em erupção se acumulam ao redor da abertura do vulcão e criam vulcões de diferentes formas e tamanhos.

Os vulcões têm certas características, que descrevo aqui e ilustro na Figura 7-2:

- **Câmara magmática:** Nas profundezas da superfície da Terra (cerca de 60km adentro), o magma é criado e mantido na câmara de magma até que se acumule pressão suficiente para empurrá-lo em direção à superfície.
- **Tubo de lava:** O magma se move da câmara magmática até a superfície através de um *tubo*.

» **Chaminé:** O magma sai do tubo para a superfície por uma *chaminé.* Quando a chaminé erupciona apenas gases (sem lava) é chamada de *fumarola.*

» **Cratera:** A chaminé se abre na *cratera,* uma depressão criada no topo de um vulcão a partir da implosão de materiais da superfície, quando a câmara magmática é esvaziada após uma erupção.

» **Caldeira:** Uma *caldeira* é uma cratera muito grande formada quando o topo de uma montanha vulcânica inteira implode.

» **Domo de lava:** Um *domo* vulcânico é criado quando os materiais em erupção cobrem a abertura, criando uma cúpula que cresce à medida que o gás e o magma continuam a preenchê-la, até que a pressão interna force outra erupção.

» **Cone:** Um *cone* vulcânico é uma estrutura semelhante a uma montanha criada ao longo de milhares de anos à medida que lava vulcânica, gás, cinzas e piroclastos (fragmentos de rocha) são derramados na superfície.

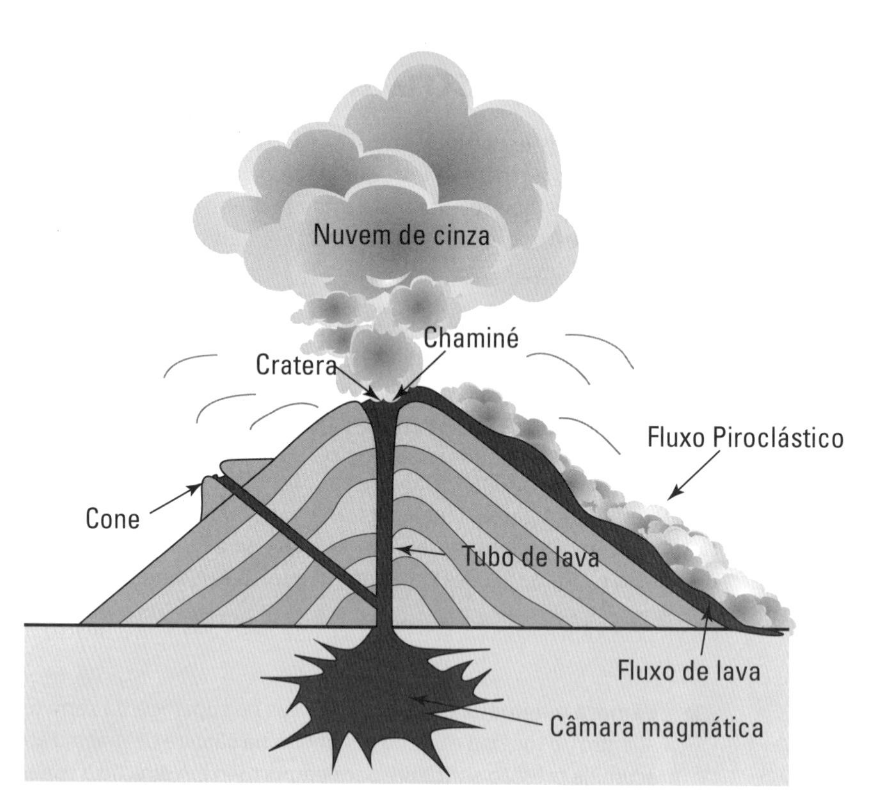

FIGURA 7-2: Partes de um vulcão.

Distinguindo três tipos de vulcões

Você deve estar familiarizado com a imagem de um vulcão como uma montanha alta com fumaça saindo do topo. No entanto, os vulcões assumem formas diferentes dependendo dos materiais que os criam. Aqui, descrevo três dos tipos mais comuns.

VULCÕES EM ESCUDO

Vulcões em escudo se formam a partir da lava basáltica que irrompe através de uma abertura no fundo do oceano (embora também possam se formar nos continentes). Vulcões em escudo são o maior tipo de vulcão criado pela erupção de magma. O Mauna Loa, no Havaí, abrange mais de 50km de diâmetro.

A Figura 7-3 ilustra as principais partes de um vulcão em escudo. Com o tempo, o basalto em erupção se acumula, criando ilhas baixas que se espalham por uma ampla área, formando um escudo. Conforme o escudo cresce, a lava flui da abertura original, bem como de outras, criando *erupções de flanco* (ou *fissuras*) ao longo das encostas do escudo. Como o magma de um vulcão em escudo é criado a partir das rochas do manto, o fundido é máfico e tem baixa viscosidade, o que permite que ele flua para fora e crie a forma de escudo. As rochas ígneas resultantes (como o basalto) também são compostas principalmente de minerais ricos em ferro ou máficos.

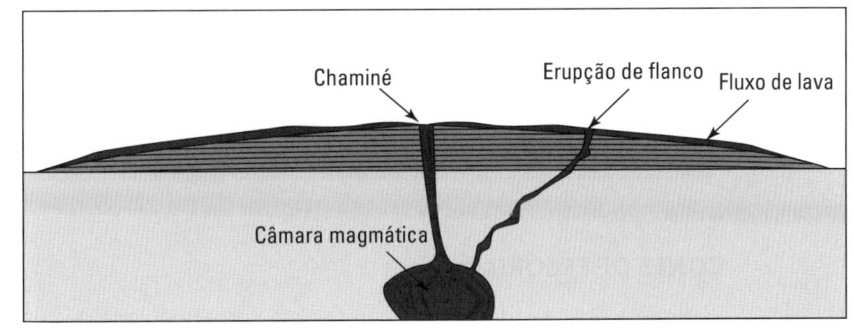

FIGURA 7-3: Partes de um vulcão em escudo.

ESTRATOVULCÕES

O tipo de vulcão que você provavelmente imagina quando pensa em um vulcão é o *estratovulcão*, *vulcão complexo* ou *vulcão composto*. A maioria desses tipos de vulcões é encontrada ao redor do Oceano Pacífico, incluindo o Monte Santa Helena, recentemente eruptivo no estado de Washington, noroeste dos Estados Unidos. Seu magma é criado à medida que a crosta continental é subductada e sofre fusão de fluxo. (Veja o Capítulo 10 para obter detalhes sobre como ocorre a subducção.) Como resultado, seus magmas têm um maior conteúdo de sílica e, portanto, maior viscosidade do que os vulcões em escudo. O resultado é que a forma do estratovulcão é mais vertical, com um pico alto no meio.

Estratovulcões têm picos altos, encostas íngremes e pequenas crateras, conforme ilustrado na Figura 7-4. Eles medem até 10km de diâmetro — são muito menores do que os vulcões em escudo. O pico é criado por camadas de *andesito* (uma rocha ígnea com alto teor de sílica) e materiais piroclásticos formados a partir de erupções anteriores.

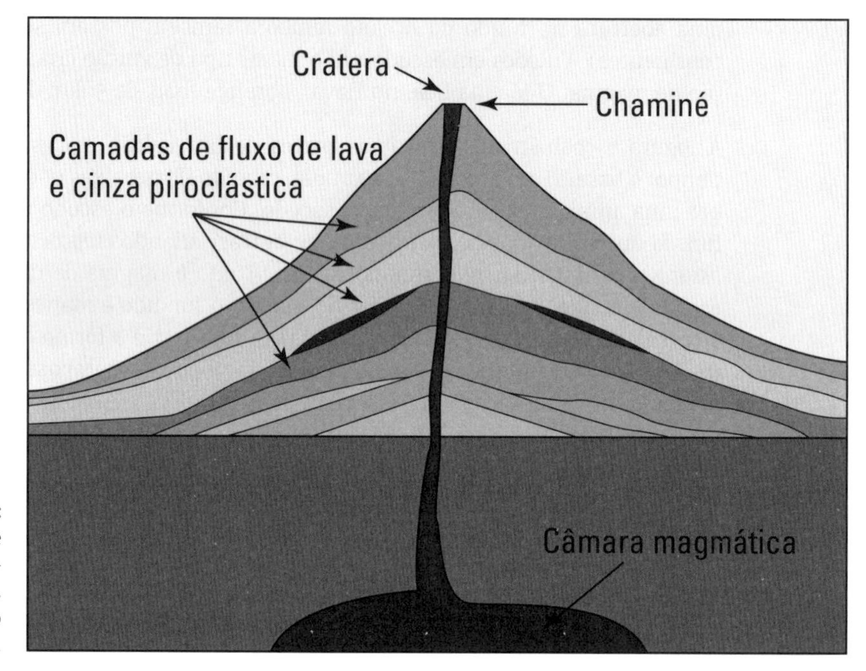

FIGURA 7-4: Partes de um estratovulcão, ou vulcão composto.

CONES DE ESCÓRIA

Cones de escória são feições vulcânicas em forma de cone de lados íngremes, pequenas, com crateras grandes em seus picos. A Figura 7-5 ilustra as partes comuns de um vulcão cone de escória. A erupção de material piroclástico máfico cria um cone de escória à medida que se acumula ao redor da abertura e da cratera. O material piroclástico inclui pedaços de lava, cinzas e rochas vesiculares vítreas (resultantes da lava cheia de gás), chamado de *escória.*

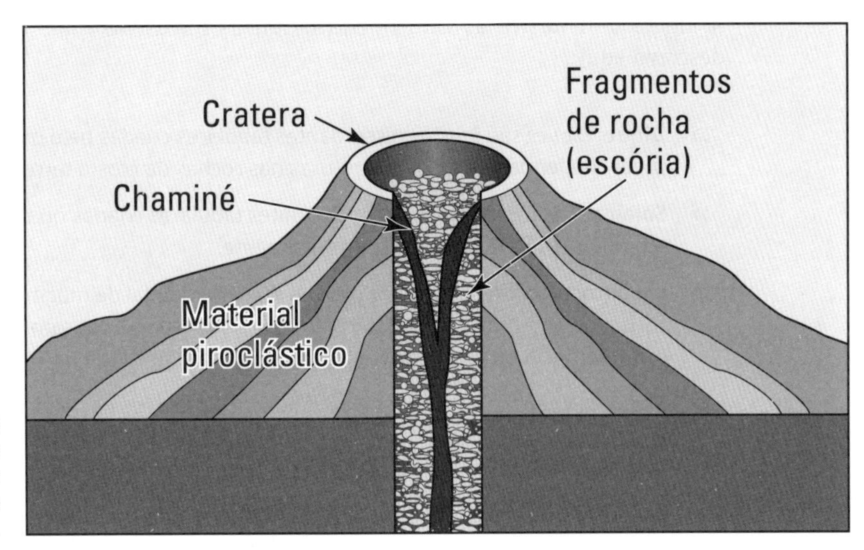

FIGURA 7-5: Partes de um vulcão cone de escória.

Cones de escória são as menores feições vulcânicas eruptivas — têm menos de 1km de diâmetro. Depois que entra em erupção, seu tubo pode se fechar e nunca mais explodir. Normalmente, você vê cones de escória nas laterais de vulcões maiores, como *cones parasita* de um vulcão maior, como de um vulcão em escudo ou de um estratovulcão (veja a Figura 7-2). Eles ocorrem em grupos, ou *campos*, como nos flancos do Mauna Kea (um vulcão em escudo), no Havaí.

Olhando abaixo da superfície

Vulcões e estruturas vulcânicas são características da superfície dos materiais em erupção. Mas o magma nem sempre atinge a superfície antes de se transformar em um sólido. Quando o magma se solidifica abaixo da superfície da Terra, cria feições ígneas intrusivas. Os processos que criam esses recursos ocorrem com os de vulcanismo, que descrevo na seção anterior. Um único magma pode produzir as múltiplas feições vulcânicas e plutônicas de uma região.

Plutons são magmas solidificados no subsolo que formam corpos de rocha ígnea abaixo da superfície. A forma de um pluton é descrita como semi ou totalmente arredondada. As feições ígneas tabulares se formam quando o magma preenche fissuras em uma rocha e os corpos rochosos resultantes têm forma plana ou linear e são chamados de *soleiras* (quando são horizontais) e de *diques* (quando verticais).

Se a feição ígnea corta camadas de rocha (geralmente rochas sedimentares, que descrevo na próxima seção), é *discordante*. Se preenche fissuras paralelas às camadas sedimentares preexistentes, é *concordante*.

A Figura 7-6 ilustra as características ígneas intrusivas mais comuns, que descrevo aqui:

- **Dique:** *Diques* são feições discordantes tabulares criadas pelo magma que preenche fendas estreitas ou fraturas nas rochas da crosta terrestre.
- **Soleira:** *Soleiras* são feições concordantes tabulares criadas quando o magma preenche o espaço horizontalmente.
- **Lacólito:** *Lacólitos* são criados por um fluxo horizontal de magma entre rochas sedimentares que estão próximas à superfície e causam uma protuberância ou forma de cúpula para cima na superfície da Terra.
- **Pluton:** *Plutons* são intrusões arredondadas ou em forma de bolha que se formam quando uma câmara de magma se esfria e se solidifica. Os plutons têm de 10m a 10km de largura.
- **Batólito:** Uma feição ígnea abaixo do solo com mais de 100km2 de extensão é chamada de *batólito.* Essas feições ígneas intrusivas massivas e discordantes constituem o núcleo de grandes sistemas montanhosos, como as montanhas de Sierra Nevada, na Califórnia.

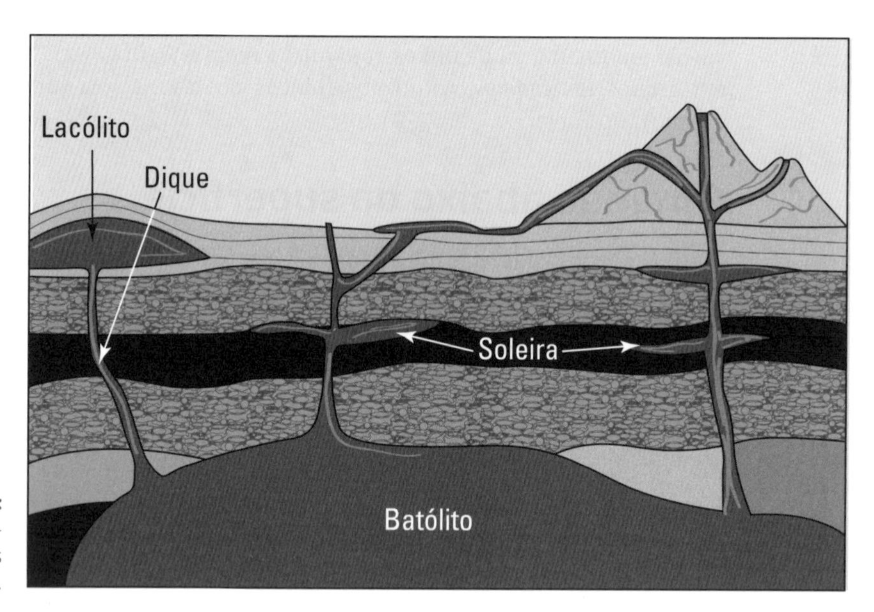

FIGURA 7-6: Tipos de feições ígneas intrusivas.

Unindo Muitos Grãos de Areia: Rochas Sedimentares

Outro tipo de rocha, a *sedimentar*, é muito mais comum na superfície da Terra do que a ígnea. As rochas sedimentares são compostas de pedaços de outras rochas. Quando uma rocha qualquer é exposta aos agentes climáticos — luz solar, vento e água —, acaba se quebrando em partículas menores. Essas partículas são movidas ao redor da superfície da Terra pela gravidade, pela água, pelo gelo e pelo vento (veja a Parte 4 para obter detalhes). Elas se fixam em algum lugar, são coladas e se tornam uma rocha sedimentar.

Ok, talvez não seja tão simples. Nesta seção, descrevo os processos que criam partículas de sedimento a partir de rochas, como o transporte de partículas de sedimentos muda sua forma e seu tamanho e como essas características são usadas para *classificar* (categorizar) as diferentes rochas sedimentares.

Metendo rochas em sedimentos

As rochas da superfície da Terra são *intemperizadas*, ou modificadas pelo contato com a água, o calor, o vento, o gelo e outros processos naturais. Tudo o que é exposto ao "clima" (água, vento etc.) é intemperizado; note que o que fica ao ar livre por muito tempo desbota, lasca, enferruja ou tem a superfície arranhada. Essas mudanças resultam do intemperismo, como ocorre com as rochas.

LEMBRE-SE

Quando as rochas sofrem desgaste, mudam de forma e, às vezes, de composição. O intemperismo muda a rocha-mãe de duas maneiras: quebrando-a em partículas menores, os *sedimentos*, ou alterando sua composição mineral por meio da troca iônica (veja o Capítulo 5). Explico esses diferentes processos de desgaste aqui.

Desbaste: Intemperismo mecânico

O *intemperismo mecânico* (ou *intemperismo físico*) muda a forma e o tamanho de uma rocha, quebrando-a em pedaços menores sem alterar sua composição química. Por meio do intemperismo mecânico, as rochas são quebradas em partículas de sedimento. Esse processo é ilustrado na Figura 7-7.

CAVANDO NA TERRA: OS SOLOS

Toda essa conversa sobre sedimentos pode fazê-lo pensar em terra. A terra, como você sabe, é um pouco diferente do sedimento. Um nome mais técnico para a terra é *solo*. Os solos se desenvolvem a partir da interação do sedimento com o ar, com a água, com os materiais orgânicos (plantas e animais) e com a rocha-mãe. Os solos são os sedimentos que sustentam o crescimento das plantas, fornecendo nutrientes minerais, além de levar água e ar às raízes das plantas.

Conforme ilustrado, os solos são categorizados em zonas com base em seu conteúdo. A sequência de zonas é o *perfil de solo*. Um perfil de solo se desenvolve à medida que o ar e os materiais orgânicos descem pelos sedimentos, e os minerais desgastados e erodidos do leito rochoso subjacente sobem por eles. A água também se move da superfície para os sedimentos e flui através deles no subterrâneo.

O topo de um perfil de solo é o horizonte O, composto de *húmus:* uma camada de sedimentos macios e cheios de ar misturados com grandes quantidades de carbono resultantes de materiais vegetais em decomposição. Abaixo dele está o horizonte A, que ainda tem altos níveis de matéria orgânica, mas contém mais sedimentos minerais do que o horizonte O. Abaixo do horizonte A está o B, uma camada de sedimentos com pouco material orgânico e grandes quantidades de sedimentos minerais intemperizados. Na parte inferior do perfil de solo está o horizonte C, feito de sedimentos rochosos intemperizados sem materiais orgânicos. Abaixo do horizonte C está uma base rochosa sólida.

A classificação do solo, ou a nomenclatura de diferentes tipos de solo, é complexa. Os nomes científicos dos tipos de solo descrevem a rocha que está sendo intemperizada, bem como o clima (tropical e úmido; ou seco, como um deserto) e o estágio de desenvolvimento em que o solo se encontra no momento.

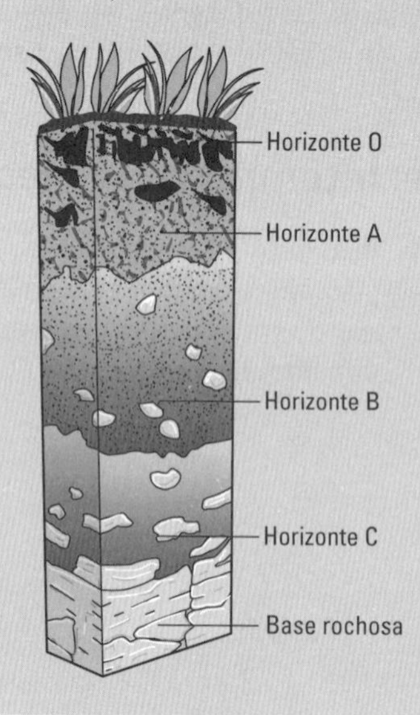

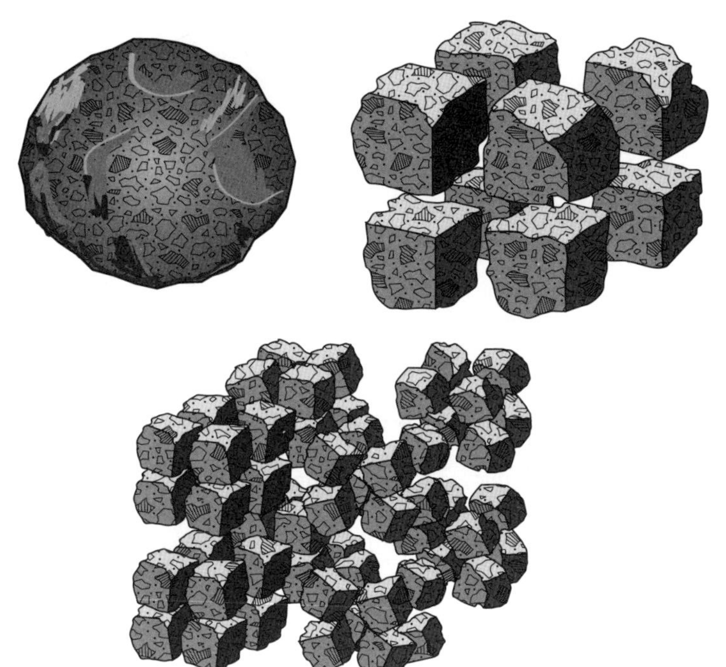

FIGURA 7-7: Intemperismo mecânico de uma rocha em sedimento.

Existem quatro tipos comuns de intemperismo mecânico:

- **Cunhagem de gelo:** É comum em regiões montanhosas frias e ocorre quando a água penetra nas rachaduras de uma rocha e congela — expandindo e separando a rocha, ou quebrando um pedaço dela. O intemperismo pelo gelo leva alguns ciclos de congelamento e descongelamento, para ele primeiro expandir as rachaduras na rocha antes de quebrá-la.
- **Expansão térmica:** As camadas de uma rocha também se quebram devido à expansão do aquecimento. Nesse tipo de intemperismo mecânico, apenas a camada externa da rocha se quebra. As rochas não absorvem o calor muito bem, então os minerais na camada externa se aquecem, expandem-se e se quebram, enquanto as porções internas da rocha permanecem frias.
- **Alívio de carga:** Rochas ígneas expostas se quebram no *alívio de carga, decapeamen*to *ou esfoliação.* À medida que os plutons (já explicados neste capítulo) são expostos, as camadas externas de rocha são liberadas da grande pressão de serem enterradas nas profundezas da Terra. Em resposta a essa liberação de pressão, os minerais se expandem e se separam da rocha subjacente em um *padrão concêntrico ou em domo*, ilustrado na Figura 7-8.
- **Abrasão:** O intemperismo mecânico mais comum é a *abrasão,* o atrito de pedras umas contra as outras. Na Parte 4, explico os diferentes tipos de abrasão quando falo sobre os processos geológicos de superfície.

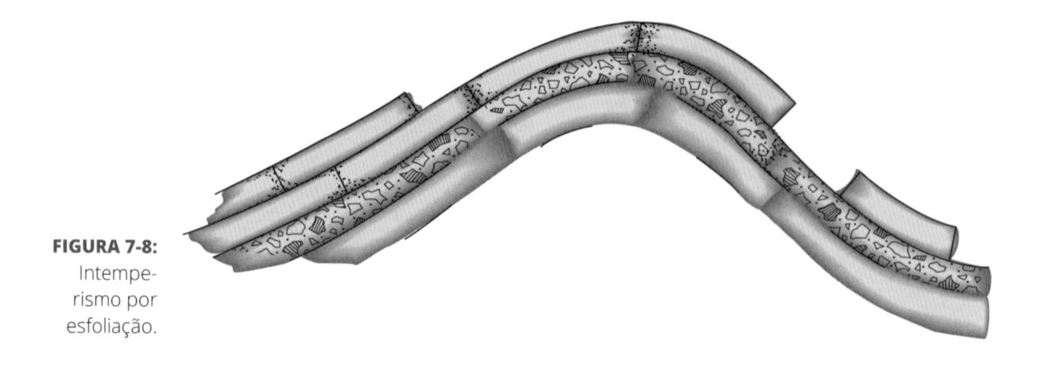

FIGURA 7-8: Intemperismo por esfoliação.

Reagindo com água e ar: Intemperismo químico

O *intemperismo químico* altera a composição mineral da rocha, removendo ou trocando íons dos minerais, ou mesmo dissolvendo-os completamente. (Explico a troca iônica no Capítulo 5.) O intemperismo químico afeta apenas a superfície da rocha. Quando a rocha é *erodida*, ou decomposta, por intemperismo mecânico, torna-se mais vulnerável ao intemperismo químico, porque mais área da sua superfície é exposta.

Há três tipos de intemperismo químico:

» **Dissolução:** Ocorre quando a água remove íons de um mineral. Por exemplo, o mineral halita (sal) é facilmente dissolvido em água, então as rochas com o mineral halita são facilmente desgastadas pela dissolução.

» **Oxidação:** O oxigênio na atmosfera (o mesmo oxigênio que você respira) pode se ligar a alguns íons no processo de *oxidação.* A ferrugem que você vê nas superfícies dos metais é o resultado da ligação do ferro no metal com o oxigênio do ar, ou *oxidante.* Esse mesmo processo pode ocorrer com minerais ricos em ferro expostos ao oxigênio do ar.

» **Hidrólise:** É a troca de um íon de hidrogênio, ou hidróxido (o H e OH encontrados na água, ou H_2O), por um íon em um mineral. Essa troca ocorre com mais frequência quando minerais de silicato, como o feldspato (veja o Capítulo 6), são expostos à água e se transformam em minerais de argila.

LEMBRE-SE

A água é o agente mais importante do intemperismo químico. As taxas de intemperismo químico são determinadas pela temperatura e pela quantidade de água disponível. A conclusão é que o clima e, portanto, a geografia, desempenham um papel importante na rapidez com que as rochas são erodidas por intemperismo químico. As rochas nas regiões polares frias e secas se intemperizam muito lentamente, enquanto aquelas perto do equador, com temperaturas quentes e chuvas regulares, se intemperizam muito rapidamente.

Mudando de sedimento para rocha

Os resultados do intemperismo — os sedimentos — são os blocos de construção da maioria das rochas sedimentares. Você provavelmente está familiarizado com sedimentos resultantes de intemperismo mecânico, como areia ou argila. Ambos os sedimentos e os íons que resultam do intemperismo químico são transportados antes de se tornarem uma rocha sedimentar. O sedimento é transportado pela gravidade, vento, água ou gelo para um novo local. Explico como cada um desses agentes transporta rochas e sedimentos na Parte 4.

Se o sedimento for transportado por gravidade ou gelo, partículas de todos os tamanhos são movidas ao mesmo tempo, resultando em uma mistura de sedimentos *não selecionada* ou *mal selecionada*. Isso significa que grandes pedras, grãos de areia e minúsculas partículas de argila podem estar juntos.

No entanto, se os sedimentos são transportados por água ou vento, são *classificados* por tamanho. O vento e a água, dependendo da velocidade, carregam apenas partículas de certos tamanhos (como discuto nos Capítulos 12 e 14). O resultado é uma mistura de sedimentos *bem selecionada*, com partículas do mesmo tamanho. A Figura 7-9 mostra a diferença entre os sedimentos mal selecionados e bem selecionados.

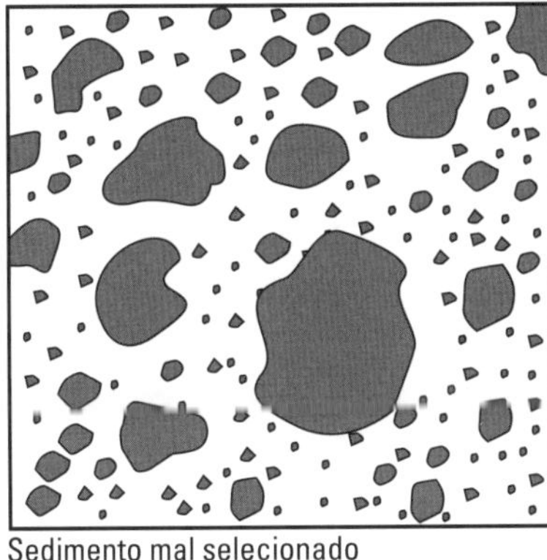

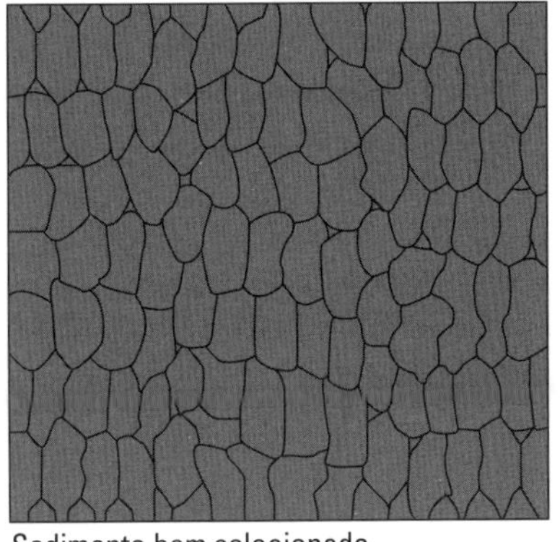

FIGURA 7-9: Sedimentos mal selecionados e bem selecionados.

LEMBRE-SE

A distância que o sedimento percorre e seu modo de transporte deixa mudanças visíveis nas partículas, arredondando-as ou riscando-as. Essas mudanças, com o tamanho das partículas, dão à rocha sedimentar sua textura e tamanho de grão, características usadas pelos geólogos para classificar e nomear as rochas sedimentares.

Depois que os sedimentos são transportados e *depositados* (deixados no lugar) por um longo tempo, passam por vários processos de *diagênese*, ou mudança.

O primeiro estágio da diagênese é o enterro dos sedimentos. Quando são enterrados, a temperatura e a pressão aumentam. Essas condições levam à *litificação*: o processo que transforma sedimentos em rocha. Começa com a *compactação*, quando a pressão e o peso dos sedimentos sobrejacentes pressionam para baixo, espremendo todo espaço extra das camadas de sedimentos.

Após a compactação, ocorre a *cimentação*, a colagem dos sedimentos na rocha sólida. Os grãos individuais são cimentados juntos quando a água se move através dos sedimentos, carregando os elementos dissolvidos. Esses elementos de minerais preenchem os pequenos espaços entre as partículas e formam cristais ligando os grãos. A maioria das rochas sedimentares é cimentada por calcita, sílica ou óxido de ferro precipitados devido ao intemperismo químico. (Veja no Capítulo 6 detalhes sobre minerais.)

LEMBRE-SE

A diagênese de formação de rochas sedimentares ocorre em temperaturas relativamente baixas (cerca de 150oC a 200oC), perto da superfície da Terra. Quando as temperaturas são superiores, as rochas formadas são metamórficas. Descrevo rochas metamórficas neste capítulo, na seção "O Amor e o Poder: Rochas Metamórficas".

Medindo os grãos: Classificando as rochas sedimentares

As rochas sedimentares são classificadas em dois grupos principais: *detríticas* e *químicas*. Descrevo ambos os grupos nesta seção. De modo geral, as rochas detríticas resultam dos sedimentos intemperizados fisicamente, enquanto as químicas, quimicamente.

Rochas sedimentares detríticas

Rochas sedimentares *detríticas* são feitas de partículas de sedimentos e são descritas como *clásticas*, o que significa que são compostas de pedaços quebrados de outras rochas, ou *clastos*. A principal forma de classificar e nomear rochas sedimentares detríticas é pelo tamanho dos grãos de sedimento; veja a Tabela 7-2.

TABELA 7-2 **Rochas Sedimentares Detríticas**

Nome e Tamanho do Grão	Nome da Rocha
Argila (<1/256mm)	Folhelho
Silte (1/256mm–1/16mm)	Siltito
Areia (1/16mm–2mm)	Arenito
Cascalho a matacão (>2mm)	Conglomerado, ou brecha

LEMBRE-SE

Para classificar as rochas sedimentares detríticas, os cientistas também consideram a forma e a composição mineral dos grãos. A forma de um grão de sedimento é determinada pela forma como é transportado e pela distância que percorre. O transporte por água ou vento deixa os grãos *arredondados*, sem arestas. Os grãos *angulares* provavelmente foram transportados por gelo ou gravidade. Como expliquei na seção anterior, a ordenação também é levada em consideração ao classificar essas rochas.

Tanto o *folhelho* quanto o *siltito* são compostos de grãos de sedimentos muito pequenos. No caso do *folhelho preto*, os grãos são compostos de matéria orgânica, como organismos em decomposição, além de minerais. Tanto o folhelho quanto o siltito são considerados argilitos, embora *lama* seja um termo menos científico para o grão minúsculo. O folhelho é fácil de distinguir do siltito porque o folhelho se divide em camadas muito finas (as *laminações*) e não se veem os grãos de sedimentos sem um microscópio.

LEMBRE-SE

Para que partículas tão pequenas se assentem na água e sejam compactadas, a água não pode se mover. Portanto, o folhelho e o siltito resultam de sedimentos depositados em águas paradas, como o leito de um lago ou um oceano profundo.

Os *arenitos* são classificados de acordo com o seu conteúdo mineral. Existem três tipos principais:

- **Quartzarenito:** Esses são os arenitos mais comuns e são compostos de grãos de quartzo bem selecionados. Eles são de cor branca ou castanha.
- **Arenitos arcosianos:** Esses contêm grandes quantidades de feldspato (erodido a partir do granito). Eles são mal selecionados, com grãos angulosos rosa ou avermelhados.
- **Arenitos grauvaquianos:** Esses são compostos de sedimentos erodidos a partir de rochas vulcânicas (como basaltos). Eles têm um pouco de quartzo e de feldspato, mas são mal selecionados, angulares e geralmente de cor escura.

Os grãos maiores criam conglomerados e brechas (veja a Tabela 7-2). Quase sempre, essas rochas são mal selecionadas, com as partículas maiores unidas por uma mistura cimentada de partículas menores. Se os sedimentos forem arredondados, a rocha é um *conglomerado*. Se forem angulares, uma *brecha*.

Nada de grãos: Rochas sedimentares químicas

As rochas sedimentares *químicas* não são feitas de partículas de rocha, mas de partículas químicas resultantes de intemperismo químico. Formam-se quando os minerais de uma rocha são dissolvidos na água e carregados para o oceano (ou lago). Em um corpo d'água, os minerais se precipitam em sólidos, criando partículas que ficam no fundo, e *se litificam*, tornando-se uma rocha sedimentar. As partículas de rocha sedimentar química são orgânicas ou inorgânicas:

- **Orgânico:** Os grãos de sedimentos orgânicos vêm das conchas criadas por um organismo durante sua vida usando elementos dissolvidos na água do mar. Quando o organismo morre, a casca permanece e se torna partículas de sedimento no fundo do oceano — sujeitas às mesmas mudanças de tamanho, forma e classificação que descrevi para grãos de sedimentos. Essas rochas sedimentares também são chamadas de *biogênicas*.
- **Inorgânico:** Grãos de sedimentos inorgânicos são quaisquer minerais que formem uma rocha sedimentar química não relativos a um organismo vivo.

As rochas sedimentares químicas são nomeadas de acordo com a sua composição mineral, como mostro na Tabela 7-3.

TABELA 7-3 **Rochas Sedimentares Químicas**

Composição	Nome da Rocha
Calcita (conchas)	Calcário biogênico (coquina)
Sílica (conchas de diatomáceas)	*Chert* biogênico
Carbono (plantas)	Carvão
Calcita ($CaCO_3$)	Calcário inorgânico (travertino)
Dolomita ($CaMg(CO_3)_2$)	Dolomito
Sílica (SiO_2)	*Chert* inorgânico
Halita (NaCl)	Evaporito de sal (sal-gema)
Gipsita ($CaSO_4$*$2H_2O$)	Evaporito de gipsita

Aqui estão algumas informações sobre cada tipo de rocha:

- **Calcário biogênico (coquina):** Essas rochas são conchas coladas pelo mineral calcita enquanto se *precipita* a partir da água quente do mar. As conchas podem ser microscópicas, visíveis ou fragmentadas. A calcita se dissolve em água, de modo que as paisagens de calcário formam cavernas, ou cárstes (veja o Capítulo 12), como a Península de Yucatán, no México.
- **Chert biogênico e inorgânico:** Criado pela cristalização da sílica. Os cristais são tão pequenos que só são vistos no microscópio. A maioria dos cherts são inorgânicos, mas alguns são criados por organismos microscópicos com concha de sílica, as *diatomáceas.* Quando os organismos morrem, suas conchas se assentam no fundo do mar e criam o *chert biogênico.*
- **Carvão:** O carvão se forma quando grandes quantidades de materiais vegetais e outras matérias vivas são compactadas e litificadas. A maior parte do carvão de hoje são restos de pântanos de milhões de anos atrás. Conforme a vegetação pantanosa morre, a *turfa* se forma e é compactada em *lignito* macio e no carvão *betuminoso* rijo. O carbono dos organismos é liberado na atmosfera quando o carvão é queimado como combustível.
- **Calcário inorgânico (travertino):** Essas rochas formam-se quando o carbonato de cálcio mineral se precipita a partir da água. Uma forma de isso ocorrer é quando a água subterrânea (veja o Capítulo 12) transporta carbonato de cálcio dissolvido para cavidades. À medida que se precipita da solução, ele cria o calcário inorgânico *travertino.*
- **Dolomito:** A aparência dessa rocha é semelhante à do calcário inorgânico. Mas, em vez da calcita (formada por carbonato de cálcio), o dolomito é composto de *dolomita,* um mineral feito de carbonato de magnésio e cálcio. Os geólogos ainda buscam descobrir por que camadas massivas de dolomito foram criadas no passado, o que parece não ocorrer mais hoje.
- **Evaporitos de sal e de gipsita:** Essas rochas se formam quando a água cheia de minerais dissolvidos evapora. À medida que ela desaparece, os minerais formam cristais. Os evaporitos são feitos de sal (o mineral halita) ou de gipsita porque esses minerais se precipitam primeiro na água. Os minerais que são muito solúveis permanecem dissolvidos na água, a menos que toda a água evapore, o que, de ocorrência rara, forma rochas evaporíticas.

Em busca das bacias sedimentares

Para que as rochas sedimentares se formem, grandes quantidades de sedimentos devem se acumular e passar pelo processo de litificação. Os locais nos quais os sedimentos comumente se acumulam na superfície da Terra são as bacias. Existem muitos tipos de bacias, de continentais médias até marítimas profundas, e tudo o mais no meio do caminho! Uma bacia é qualquer lugar em que a superfície da Terra seja baixa o suficiente para coletar sedimentos, sem uma saída para um local de elevação inferior. Aqui estão algumas das bacias identificadas no contexto das placas tectônicas:

- **Bacias rifte continentais:** São formadas em locais nos quais duas placas da crosta continental estão se separando; os sedimentos se acumulam na área baixa criada entre as placas, no rifte.
- **Bacias de margem passiva:** Quando a borda de um continente não é uma zona de subducção, os sedimentos se acumulam ao longo da borda do continente no oceano, onde são depositados por rios que chegam a partir do continente.
- **Bacias intracontinentais:** Em alguns lugares, o interior de um continente afunda ou reduz, criando uma bacia na qual sedimentos se acumulam.
- **Bacia de foreland:** Após a formação das montanhas (devido à colisão das placas), a massa de material na montanha recém-formada pressionará a crosta e criará uma bacia no lado continental das montanhas profunda o suficiente para coletar sedimentos.

Narrando o passado: Estruturas sedimentares

Quando as rochas sedimentares se formam, capturam uma imagem do *ambiente de deposição*. As características das rochas, as *estruturas sedimentares*, são pistas para o passado. Aqui, descrevo as estruturas sedimentares mais comuns:

- **Camadas:** A maioria das rochas sedimentares se deposita em *camadas*. Uma camada é criada conforme os grãos são depositados e se assentam na água.
- **Planos de estratificação:** Camadas de grãos similares (em tamanho e em forma) são separadas por um *plano de estratificação*, uma superfície plana na qual os grãos mudam de um tipo para outro. As rochas sedimentares se rompem ao longo dos planos, nos quais a transição de um tipo de grão para outro cria uma leve fraqueza no cimento. Às vezes, os planos de estratificação são reconhecidos por uma mudança na cor — aparecendo como listras na rocha.
- **Estratificação cruzada:** Enquanto a maioria das camadas são depositadas em uma superfície plana ou horizontal, algumas rochas sedimentares têm camadas angulares. Essa *estratificação cruzada* (veja a Figura 7-10) resulta da ação da água corrente ou do vento depositando os sedimentos em pequenas pilhas (ou dunas, que descrevo no Capítulo 14).

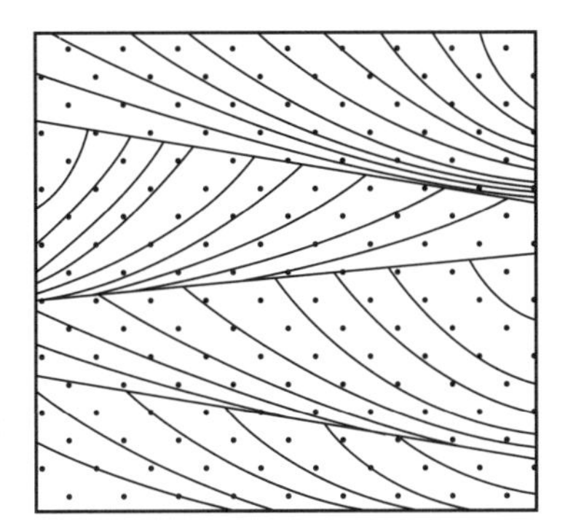

FIGURA 7-10: Estratificação cruzada.

- **Camadas gradadas:** As camadas gradadas (veja a Figura 7-11) ocorrem quando sedimentos de tamanhos diferentes se assentam fora da água em momentos diferentes: os grãos maiores primeiro, seguidos por grãos cada vez menores. Essa gradação indica que os sedimentos foram carregados em um fluxo de alta energia (alto o suficiente para coletar grãos maiores) e, de repente, a água diminuiu ou parou, de modo que as partículas caíram no fundo — as maiores e mais pesadas primeiro.
- **Marcas onduladas:** As marcas onduladas (veja a Figura 7-12) ocorrem em rochas criadas em linhas costeiras (como praias) ou em leitos de rios. Você provavelmente já viu as linhas onduladas de areia criadas conforme a água se move para frente e para trás, para dentro e para fora, na margem de um lago ou oceano. As marcas onduladas criadas por esse movimento de vaivém são as *ondulações de oscilação.* Ondulações criadas pelo movimento da água em uma direção (como o leito de um riacho) são *ondulações de corrente.* Ondulações também são criadas pelo vento que move a areia.
- **Gretas de ressecamento:** São criadas quando um corpo de água parado, como um lago, seca. A superfície da lama racha e se divide à medida que se seca (veja a Figura 7-13). Essas rachaduras podem ser preservadas como estruturas em uma rocha sedimentar.

Estruturas sedimentares são úteis para determinar se uma camada de rocha sedimentar ainda está na posição (o lado certo para cima) em que foi originalmente depositada. Compreender os processos que criam estruturas sedimentares ajuda os geólogos a interpretarem a história da formação de uma rocha, bem como o ambiente no momento em que foi formada.

FIGURA 7-11: Camadas gradadas.

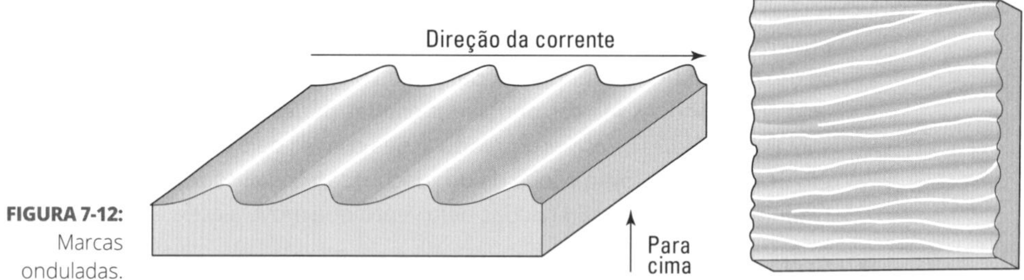

FIGURA 7-12: Marcas onduladas.

FIGURA 7-13: Gretas de resseca-mento.

O Amor e o Poder: Rochas Metamórficas

As rochas metamórficas começam como rochas ígneas, sedimentares ou metamórficas e sofrem uma grande mudança, ou *metamorfismo*. A mudança é causada por altos níveis de calor e pressão — encontrados nas profundezas da crosta terrestre, abaixo de onde as rochas sedimentares são formadas, mas não tão profundo e quente quanto o ambiente das rochas que se fundem em magma.

Nesta seção, descrevo os vários estágios da mudança metamórfica, as texturas características e como essas rochas são classificadas.

Calor e pressão: Metamorfismo

LEMBRE-SE

O metamorfismo transforma uma rocha original, ou *rocha-mãe*, em um novo tipo. Essa mudança ocorre de três maneiras:

- **Contato com o calor:** O *metamorfismo de contato* ocorre quando o magma sobe através da rocha crustal e leva consigo altos níveis de calor. A rocha circundante é aquecida o suficiente para causar mudanças nas estruturas minerais. Os minerais transformados criam uma *auréola* em torno de onde o magma estava localizado. Esse processo é ilustrado na Figura 7-14. O processo também é chamado de *metamorfismo térmico.* Às vezes, a água é aquecida pelo magma dessa forma e, em seguida, entra na rocha, causando alterações em sua estrutura mineral; esse processo é o *metamorfismo hidrotermal.* O metamorfismo de contato ocorre sempre que o magma está presente. É comum perto de locais quentes e em dorsais meso-oceânicas ou fendas continentais, onde materiais aquecidos se movem através da crosta.
- **Enterro sob rochas e sedimentos:** O *metamorfismo de carga ou soterramento* afeta rochas enterradas em grande profundidade (mais de 10km). As rochas são expostas ao calor e à pressão nas profundezas da crosta que causam alterações nos minerais da rocha-mãe. É mais comum em bacias sedimentares, onde o peso crescente dos sedimentos sobrejacentes causa mudanças metamórficas nas rochas profundamente enterradas.
- **Pressão dirigida e calor de colisões de placas:** Quando duas placas crustais colidem, o resultado é a formação ou a subducção de montanhas (que descrevo no Capítulo 10). A pressão e o calor de duas placas batendo uma na outra causa o *metamorfismo dinamotermal.* Esse tipo de metamorfismo é evidente em montanhas formadas por colisão continental, bem como ao longo de zonas de subducção — embora a placa subductada carregue algumas das evidências para o manto!

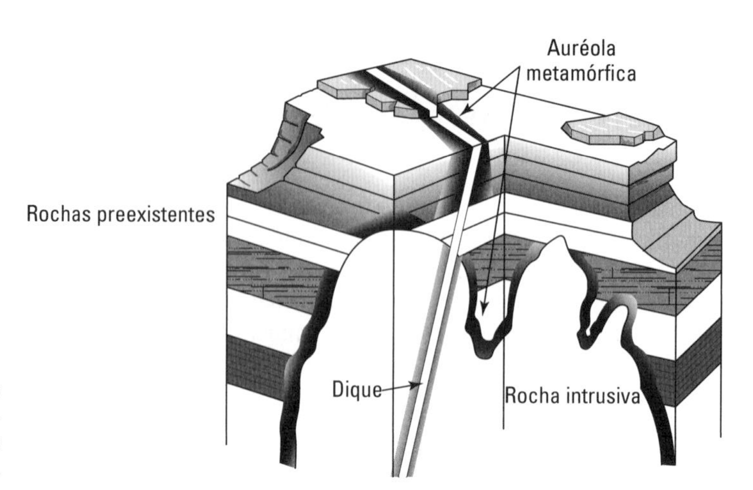

FIGURA 7-14: Metamorfismo de contato.

LEMBRE-SE

O metamorfismo de soterramento e o dinamotérmico afetam grandes áreas de rochas crustais e são considerados *metamorfismos regionais*. O metamorfismo de contato, por outro lado, é localizado e afeta apenas as rochas imediatamente ao redor dos materiais aquecidos.

Grau metamórfico

Conforme as rochas-mãe são expostas ao calor e à pressão, começam a mudar. O grau de mudança depende dos níveis de calor e pressão que sofrem. As rochas metamórficas resultantes são descritas pelo grau de mudança, ou *grau metamórfico*:

- **Rochas metamórficas de baixo grau retêm aspectos da rocha-mãe.** Se forem rochas sedimentares, podem ainda mostrar sinais de planos de estratificação ou outras estruturas. Rochas metamórficas de baixo grau foram expostas a temperaturas e a pressões relativamente baixas.
- **Rochas metamórficas de alto grau são diferentes da rocha-mãe.** Rochas expostas a níveis muito altos de calor e de pressão mudam drasticamente; sua estrutura não lembra mais a rocha original e podem estar presentes minerais completamente diferentes.

No metamorfismo regional, grandes áreas de rochas crustais são subductadas ou enterradas e alteradas. As rochas mais profundas da crosta estão sujeitas a temperaturas e pressões mais elevadas do que aquelas mais próximas da superfície. O resultado é que em uma região se veem rochas de diferentes graus de metamorfismo, correspondendo ao seu grau crescente.

Os graus metamórficos são identificados pelos minerais na rocha porque certos minerais — os *minerais índice* — formam-se apenas sob certas condições de temperatura e pressão. A Figura 7-15 ilustra os diferentes minerais formados à medida que o folhelho sedimentar se move do metamorfismo de baixo grau para o de alto grau. Em algum ponto, níveis de calor altos o suficiente farão com que os minerais fundam, resultando em magma e (eventualmente) em uma rocha ígnea, em vez de em uma rocha metamórfica.

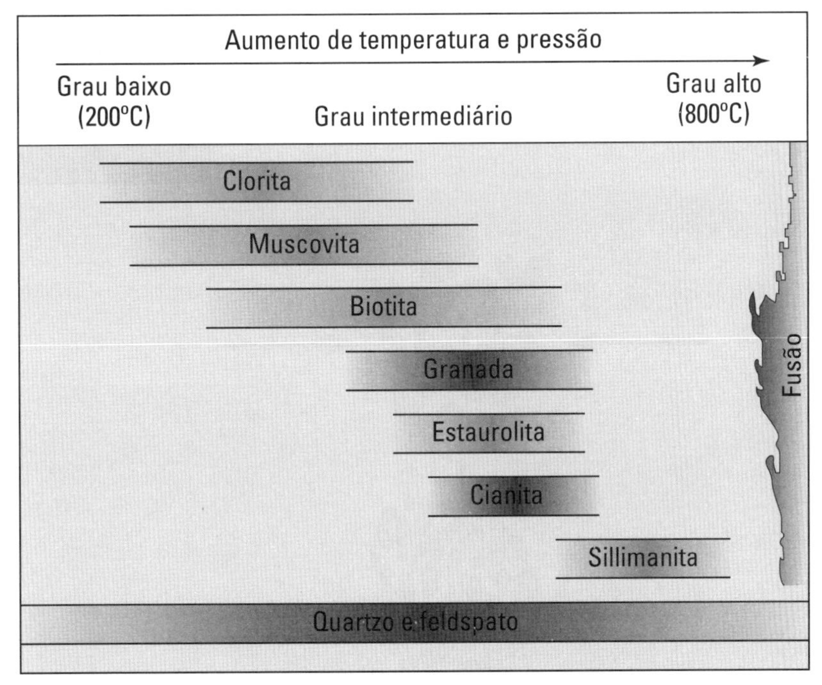

FIGURA 7-15: Minerais índice no metamorfismo do folhelho.

Entre as folhas minerais: Foliação ou não

A pressão é uma das causas do metamorfismo. A compressão de minerais de rocha sob condições de alta pressão os força a mudar. Dois tipos de pressão são aplicados às rochas metamórficas e ilustrados na Figura 7-16. A *pressão indireta* empurra as rochas de todos os lados, compactando os materiais e removendo quaisquer espaços entre os cristais, ou partículas. A *pressão dirigida* decorre de duas direções opostas e alonga os minerais em camadas paralelas.

O alongamento dos minerais por pressão dirigida cria uma textura específica para rochas metamórficas, a *foliação*. Ela ocorre quando os minerais se alinham em camadas finas sob a aplicação de pressão dirigida. Os minerais são comprimidos ou remodelados em formas lineares longas, ilustradas na Figura 7-17.

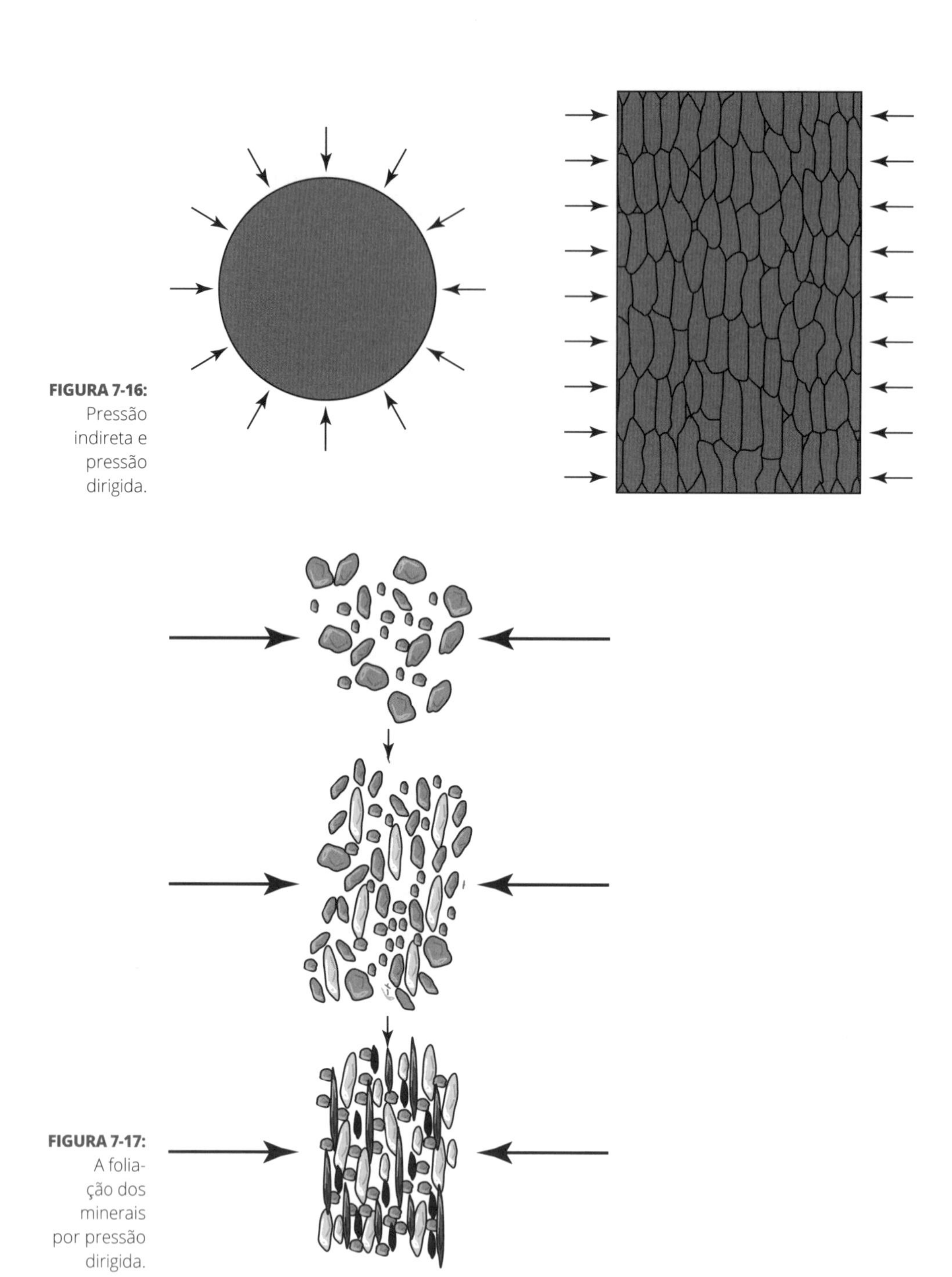

FIGURA 7-16: Pressão indireta e pressão dirigida.

FIGURA 7-17: A foliação dos minerais por pressão dirigida.

No entanto, nem todas as rochas metamórficas são foliadas. Rochas que são metamorfizadas pelo contato com o magma aquecido ou com a pressão indireta ainda sofrem mudanças na organização dos grãos minerais, mas os minerais não criam lâminas nem camadas. Esses *minerais metamórficos* são criados quando os átomos se reorganizam para formar minerais completamente diferentes dos originais. Outros minerais respondem ao metamorfismo crescendo (o mármore é um exemplo).

Descrevo exemplos de rochas metamórficas com todas essas diferentes texturas na próxima seção.

Categorizando rochas metamórficas

A Tabela 7-4 resume a classificação das rochas metamórficas, incluindo a rocha-mãe, as condições de metamorfismo e a textura (ou foliação).

TABELA 7-4 Rochas Metamórficas

Nome da Rocha	Rocha-mãe	Condições Metamórficas (Temperatura/Pressão)	Textura
Ardósia	Folhelho	Baixas	Foliada
Filito	Folhelho	Baixas a intermediárias	Foliada
Folhelho	Filito, basalto, grauvaca, areia ou calcário	Intermediárias a altas	Foliada
Gnaisse	Folhelho, rochas ígneas, areia ou calcário	Altas	Foliada
Migmatito	Gnaisse	Altas	Foliada
Mármore	Calcário, dolomito	Calor de contato ou alta pressão indireta	Não foliada
Quartzito	Siltito, arenito, *chert*	Calor de contato ou alta pressão indireta	Não foliada
Corneana	Folhelho, basalto	Calor de contato ou baixa pressão indireta	Não foliada

Transformando rochas sedimentares

Quando o folhelho sedimentar, composto de minúsculas partículas de argila, é metamorfoseado, primeiro se transforma em *ardósia*. A ardósia se quebra ao longo de camadas planas e macias de foliação (é por isso que é usada em quadros-negros). Sob o aumento da temperatura, a ardósia se transforma em *filito*, que tem camadas foliadas de mica microscópica brilhante. Quando a pressão e a temperatura são altas o suficiente para produzir minerais de mica foliados grandes a ponto de serem vistos a olho nu, a rocha é o *folhelho*.

Quando as temperaturas atingem cerca de 650oC, os minerais param de se achatar em camadas foliadas. Em vez disso, tentam escapar do estresse de toda essa pressão! Certos minerais lidam com o estresse melhor do que outros, então começam a se mover de áreas de alto estresse para as de menor estresse. O resultado é o *gnaisse*: uma rocha com faixas alternadas de minerais claros (félsicos) e escuros (máficos). A separação dos minerais claros e escuros é a *diferenciação metamórfica*.

Se a pressão e a temperatura excedem as condições de formação do gnaisse, ele começa a derreter para se tornar magma. Quando uma rocha se forma a partir dessas condições, é um *migmatito*. Os migmatitos são gnaisses que derreteram parcialmente e se solidificaram em rocha. Os minerais ainda são diferenciados em camadas foliadas escuras e claras, mas geralmente são rodopiados ou curvos devido à pressão que quase os derreteu em magma. Um exemplo de migmatito é retratado no caderno colorido deste livro.

Os calcários não seguem a sequência de metamorfismo que descrevo para o folhelho. Em vez disso, sob condições de altas temperaturas e pressão, os minerais de calcário (e dolomito) são comprimidos até que todo o espaço entre os grãos de cristal seja espremido. O resultado é uma rocha muito dura e lisa chamada de *mármore*. A característica sólida e macia do mármore — onde os cristais formam um corpo contínuo — o torna um ótimo material para ser esculpido.

O arenito também cria uma rocha metamórfica muito dura, o *quartzito*. Semelhante ao mármore, o quartzito é formado pela compressão de todo o espaço entre os grãos minerais até que os cristais sejam esmagados em um corpo contínuo deles.

DICA

Para ilustrar como o calcário e o arenito mudam com o metamorfismo, imagine segurar um punhado de mirtilos congelados em suas mãos. Embora estejam congelados, sólidos e redondos, há um espaço entre eles. À medida que os pressiona — aplicando pressão e criando calor com as mãos —, eles começam a amolecer um pouco e você pode uni-los. Eles se deformam para preencher todos os espaços conforme a pressão aumenta. Quando forem uma massa de mirtilos esmagados, sem espaços entre eles, recongele-os, e agora se parecem com mármore ou quartzito.

Transformando rochas ígneas

Como os basaltos são expostos à pressão (mas ainda a temperaturas relativamente baixas), os minerais se transformam e se tornam foliados. Baixas pressões criam minerais esverdeados, então a rocha metamórfica é o folhelho verde (que tem textura foliada e é verde). Expostos a níveis mais elevados de pressão, os minerais de cor verde se tornam azul, criando folhelho azul. Sob o aumento da temperatura e da pressão, esses folhelhos se transformam em gnaisse, como descrevo na seção anterior. Rochas ígneas intrusivas como o granito se transformam em gnaisses à medida que a temperatura e a pressão forçam a diferenciação metamórfica dos minerais em camadas claras e escuras.

Formando corneanas

As *corneanas* são rochas metamórficas formadas por meio do metamorfismo de contato. Quando o magma se move pela primeira vez em uma rocha próxima à superfície, aumenta a temperatura o suficiente para alterar a composição mineral e a textura das rochas circundantes. No entanto, como nenhuma pressão é aplicada, as corneanas não são foliadas. Além disso, têm grãos minerais muito pequenos, porque o aquecimento pelo magma ocorre apenas por um curto tempo; os minerais não têm tempo de crescer muito antes que a rocha se esfrie novamente.

PAPO DE ESPECIALISTA

As rochas metamórficas se formam sob uma ampla variedade de condições de temperatura e pressão nas profundezas da crosta. Esses ambientes de temperatura e pressão são chamados de *faces metamórficas*, e são comumente mencionados em referência aos minerais metamórficos dominantes produzidos sob essas condições (como fácies folhelho verde). Claro, duas rochas-mãe diferentes podem resultar na formação de duas rochas diferentes dentro de uma única fácies, mas um geólogo de rochas metamórficas saberá que se formaram nas mesmas condições de temperatura e pressão se forem descritas como sendo dessa fácies.

O Ciclo das Rochas: Como as Rochas Mudam de um Tipo para Outro

Se observar as seções anteriores, notará que cada tipo de rocha se forma a partir dos restos de uma rocha anterior. Toda rocha é derretida e resfriada, intemperizada e depositada ou aquecida e comprimida em algo novo. Não há começo nem fim para o *ciclo das rochas*; ele simplesmente gira e gira à medida que rochas, sedimentos e magma se movem pela litosfera terrestre.

No início da história da Terra (veja o Capítulo 18), a rocha do manto derretido irrompeu na superfície, formando as primeiras rochas da superfície. Na superfície, essas rochas foram submetidas ao intemperismo. Os sedimentos formados por ele foram depositados nos oceanos, formando as primeiras rochas sedimentares. Essas rochas foram então subduzidas de volta para baixo da superfície e expostas ao calor e à pressão que cria rochas metamórficas, sendo aquecidas o suficiente para derreter de novo em magma. O ciclo parece direto, mas não é.

A Figura 7-18 ilustra os principais componentes do ciclo das rochas: os tipos de rochas e os processos que transformam as rochas de um tipo em outro.

LEMBRE-SE

O ciclo das rochas combina todos os processos que criam, transformam e destroem os diferentes tipos de rochas e mostra como os materiais terrestres que as compõem estão em constante transição de um tipo para o outro.

Em cada estágio do ciclo das rochas, toda rocha tem vários caminhos a seguir. Por exemplo, uma rocha sedimentar pode ser enterrada, comprimida e transformada em metamórfica; ou intemperizada em sedimentos; ou enterrada profundamente na crosta, onde é aquecida e derretida em magma, e então irrompe na superfície como uma rocha ígnea. Como ilustra a Figura 7-18, existem atalhos no ciclo, e o modo como uma rocha é transformada depende de onde está no planeta e de quais forças agem sobre ela.

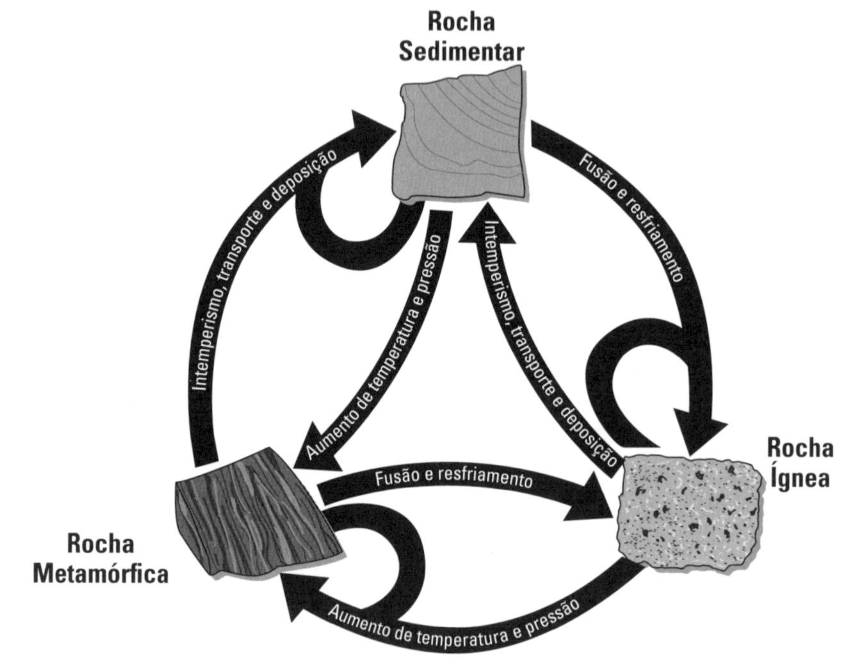

FIGURA 7-18: O ciclo das rochas.

3
A Teoria de Tudo: Placas Tectônicas

NESTA PARTE...

Descubra a teoria unificadora das placas tectônicas: a teoria que unifica todo o entendimento geológico.

Acompanhe o desenvolvimento das primeiras ideias sobre os movimentos das placas continentais.

Entenda o que acontece na superfície e abaixo dela quando as placas se movem e como são impulsionadas por várias forças: empurrão por expansão, tração por peso e as rochas aquecidas sob a crosta terrestre.

NESTE CAPÍTULO

» **Propondo um supercontinente**

» **Entendendo mais as placas tectônicas com tecnologia moderna**

Capítulo **8**

Reforçando as Evidências

A partir de 1800, cientistas da Terra de todas as vertentes trabalharam para desenvolver teorias que explicassem os diferentes fenômenos geológicos que observavam. Alguns estudaram vulcões, terremotos e montanhas. Outros questionavam como os continentes e oceanos foram formados.

Como explico no Capítulo 3, a partir do final do século XVII alguns geólogos começaram a aceitar que a Terra tinha uma longa história. (Antes, a maioria das pessoas acreditava que a Terra tinha poucos milhares de anos.) Quando essa mudança de pensamento ocorreu, as explicações para os processos geológicos incorporaram longos intervalos de tempo que teriam operado mudanças.

Mas, à medida que os geólogos desenvolviam ideias que explicam as diferentes características geológicas da Terra, lutavam para explicar se, e como, todos os fenômenos geológicos estavam interligados. O que faltava era uma *teoria unificadora da geologia:* uma única teoria dos processos geológicos que explicasse todos os fenômenos observados.

Na geologia moderna, essa teoria unificadora existe: a *teoria das placas tectônicas*. Neste capítulo, descrevo o desenvolvimento de ideias sobre o movimento das placas crustais, que constituem a base da teoria. Também explico como os cientistas hoje reúnem ainda mais evidências que a respaldam.

À Deriva: Wegener e a Deriva Continental

No início do século XX, o cientista alemão Alfred Wegener propôs que todos os continentes já haviam sido conectados; eles compreendiam um único grande continente, ou *supercontinente*, a *Pangeia*. Ele propôs que, durante um longo intervalo de tempo geológico, a localização dos continentes foi mudando, à medida que se separavam e se afastavam uns dos outros. Sua ideia é conhecida como *hipótese da deriva continental*.

As observações da geografia e da geologia e a localização dos fósseis nos continentes respaldam a ideia de que houve um supercontinente. Nesta seção, descrevo essas várias evidências de apoio.

Resolvendo o quebra-cabeças continental

Se você observar um mapa do mundo, como a Figura 8-1, notará que a costa oriental da América do Sul e a costa ocidental da África têm uma silhueta muito semelhante. Wegener também percebeu esse fato. Ele sugeriu que a América do Sul e a África já haviam sido conectadas por essas costas.

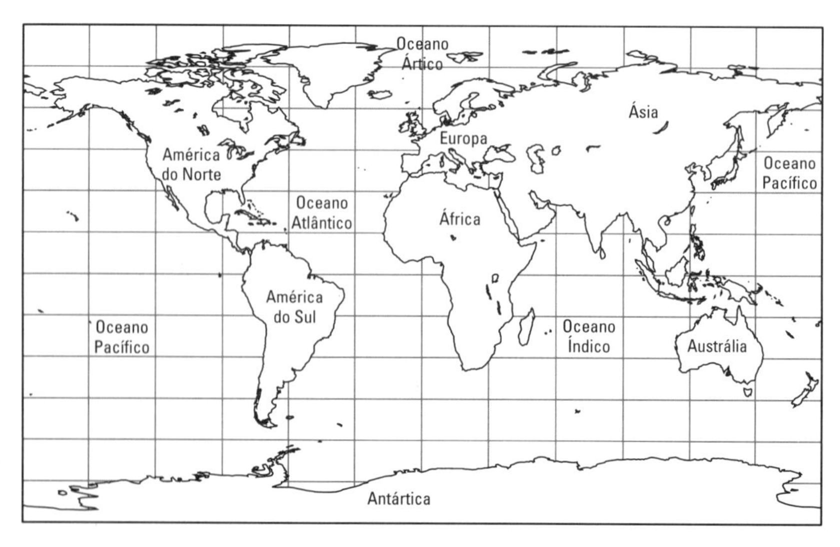

FIGURA 8-1: Os continentes hoje.

Os primeiros detratores se opuseram a essa evidência, afirmando que as linhas costeiras mudam constantemente e apontando, corretamente, que o encaixe das costas dos dois continentes não era perfeito para respaldar a ideia de Wegener. No entanto, se incluir a *plataforma continental* — a parte do continente que continua a costa debaixo d'água, por alguns quilômetros —, quando se une os continentes o encaixe é quase perfeito, conforme ilustrado na Figura 8-2.

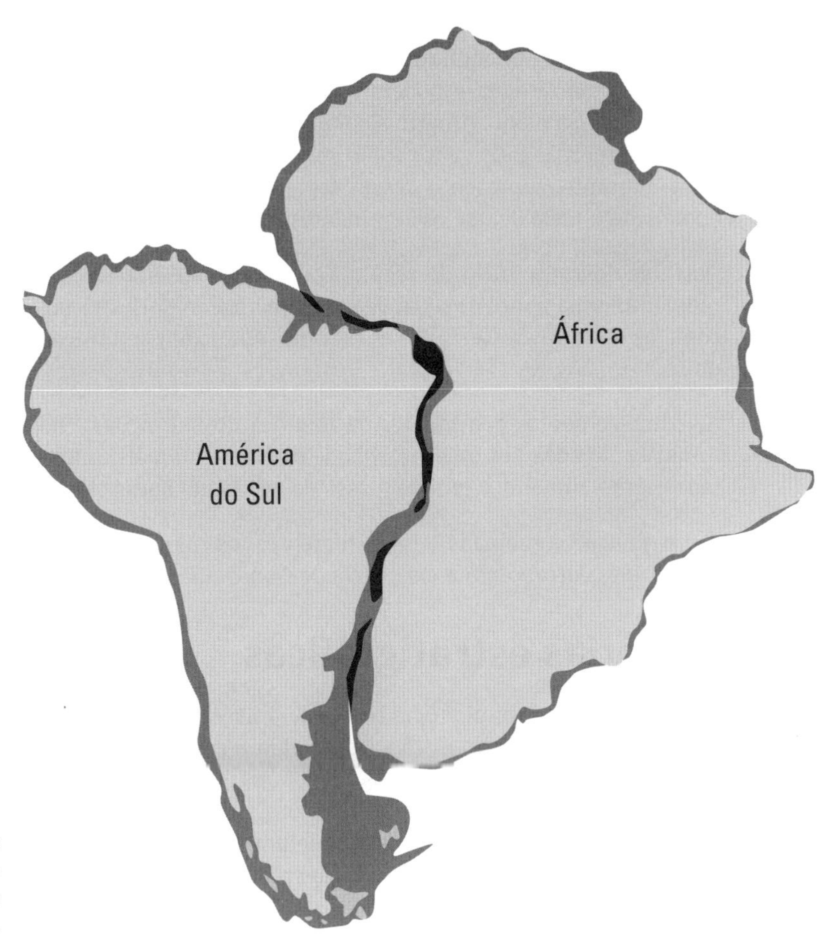

FIGURA 8-2: América do Sul e África conectadas.

Combinação fóssil

Outra evidência que respalda a hipótese da deriva continental é a similaridade de fósseis encontrados em vários continentes. Por exemplo, restos fósseis de um réptil de água doce raro, o *mesossauro*, são encontrados na África do Sul e na América do Sul. Os cientistas também encontraram restos de outros répteis, como o *listrossauro* e o *cinognato*, em vários continentes. Como esses animais viviam na terra, é improvável que nadassem pelos oceanos que agora separam a América do Sul, a África e a Antártica.

A evidência fóssil mais forte de um supercontinente vem dos restos de muitos tipos diferentes de plantas, coletivamente conhecidos como *Flora Glossopteris* (nome de um grupo de plantas que se acredita terem vivido em pântanos antigos). Fósseis de glossopteris são encontrados em todos os continentes do hemisfério sul e na Índia.

Os detratores argumentaram que as sementes das plantas se espalham com o vento e com a água e podem ter cruzado os continentes. No entanto, as sementes dessa planta primitiva do tipo samambaia eram grandes demais para serem carregadas pelo vento e não sobreviveriam a uma viagem na água salgada. Portanto, a presença desses fósseis em tantos continentes é um forte apoio para a ideia de que os continentes do sul eram conectados.

Outro geólogo do início do século XX, Eduard Suess, propôs que, em algum momento, uma ponte de terra ligava a América do Sul à África. Isso explicaria como as criaturas terrestres e as plantas se moviam de um continente para o outro.

LEMBRE-SE

Acredita-se que os continentes da América do Sul, África, Índia, Austrália e Antártica, ligados por esses fósseis de plantas e animais, tenham sido conectados como uma única grande massa de terra, que Suess chama de *Gondwana*.

A distribuição combinada desses diferentes fósseis é ilustrada na Figura 8-3. Juntos, eles corroboram a existência do Gondwana.

Histórias estratigráficas

Como explico no Capítulo 16, as rochas sedimentares são dispostas em camadas e podem cobrir grandes distâncias. Devido a essa característica da formação da camada rochosa, os geólogos combinam sequências de camadas rochosas, ou *estratos*, de diferentes localizações geográficas e criam uma imagem do ambiente no momento em que os sedimentos foram depositados. (Veja no Capítulo 16 detalhes sobre o estudo das camadas de rocha, ou a *estratigrafia*.)

Os padrões de estratos rochosos na Antártica, na América do Sul, na África, na Índia e na Austrália são ilustrados na Figura 8-4. A semelhança nas sequências das rochas respalda a ideia de que esses continentes já foram conectados.

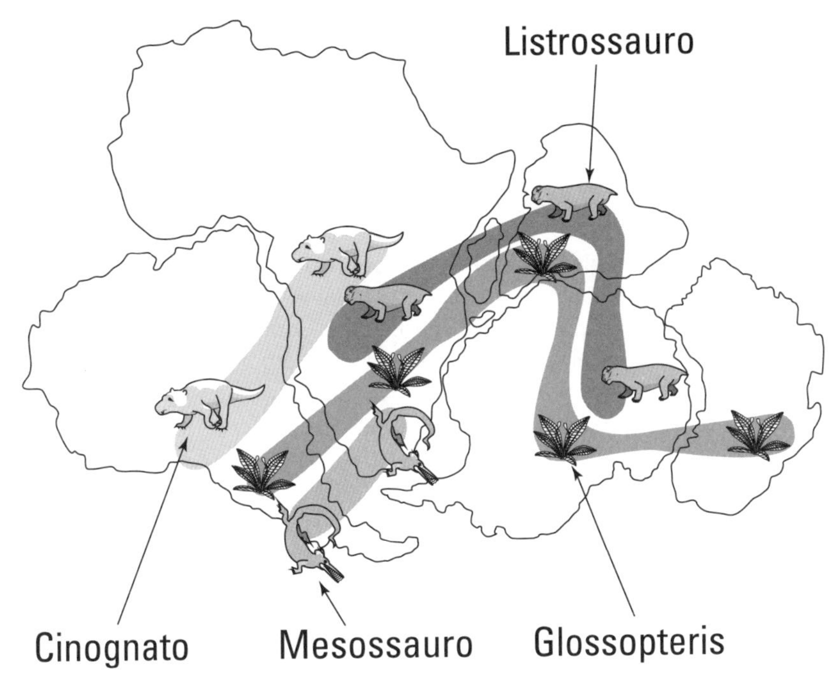

FIGURA 8-3: Distribuição de evidências fósseis nos continentes do Gondwana.

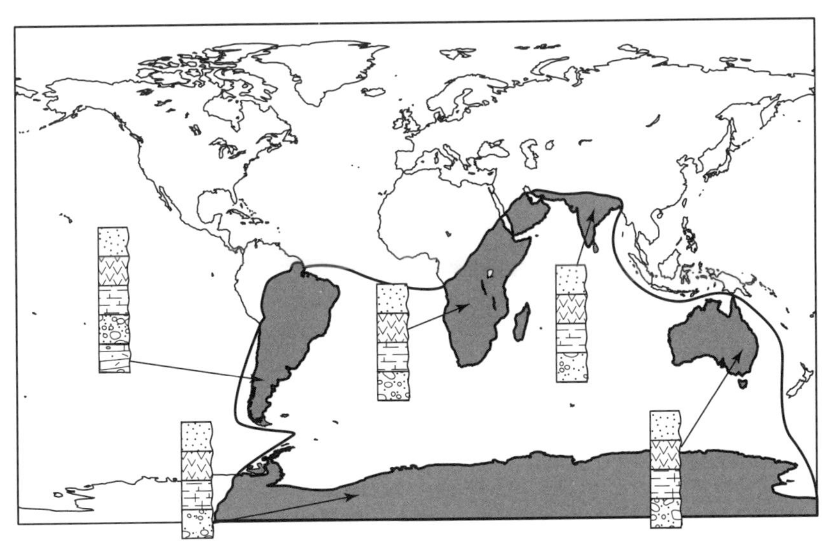

FIGURA 8-4: Sequências estratigráficas de rochas continentais, sugerindo que eles já foram conectados.

Climas gelados de muito tempo atrás

As rochas nos continentes do Gondwana também mostram evidências de já terem sido cobertas por grandes quantidades de gelo, ou *geleiras* (explicadas no Capítulo 13). Quando as geleiras se movem através das rochas, deixam arranhões na sua superfície. Essas linhas riscadas, ou *estrias*, indicam a direção em que o gelo da geleira se move.

As estrias glaciais observadas nas rochas do mesmo período na Antártica, na América do Sul, na África, na Índia e na Austrália permitem aos geólogos recriarem a conexão dos continentes. Com o que sabem sobre o movimento do gelo das geleiras hoje, os cientistas interpretam as estrias das rochas antigas e reconstituem a posição relativa dos continentes que formavam o Gondwana. O resultado é ilustrado na Figura 8-5.

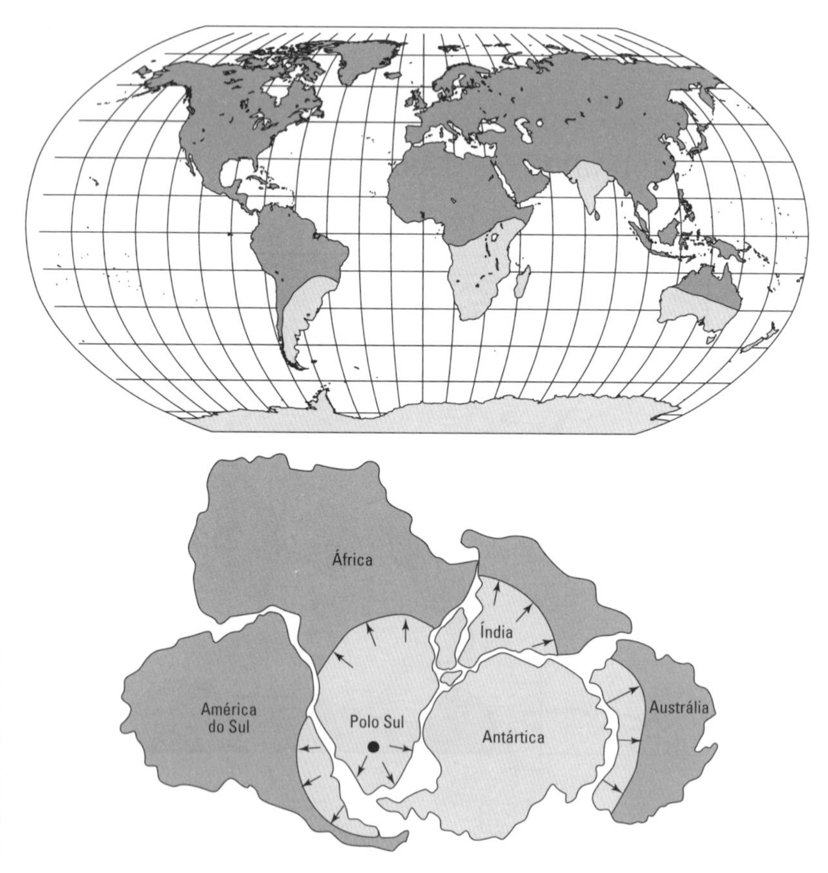

FIGURA 8-5: Reconstrução dos continentes juntos, com base nas estrias glaciais.

Encontro no equador

Todas essas evidências respaldam fortemente a conexão dos continentes do Sul em uma única grande massa de terra, mas e os continentes da América do Norte, a Europa e a Ásia?

O geólogo sul-africano Alexander du Toit expandiu o trabalho de Wegener reunindo mais evidências geológicas e fósseis durante as décadas de 1920 e 1930. Ele propôs que, no passado, o Gondwana se situava no Polo Sul (com base na evidência da glaciação) e que outra grande massa de terra existia perto do Equador. Ele chamou esse supercontinente equatorial — composto da América do Norte, Groenlândia, Europa e Ásia — de *Laurásia.* A Figura 8-6 ilustra como a Laurásia provavelmente era.

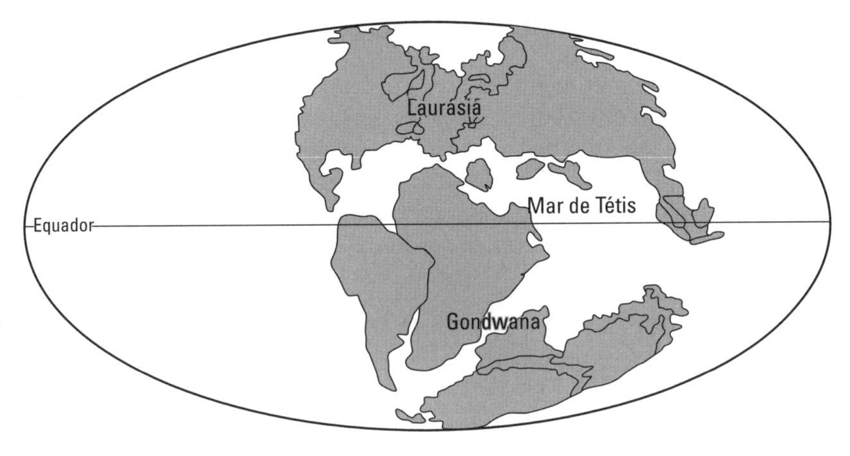

FIGURA 8-6: Os continentes formando a Laurásia.

DICA

Os Capítulos 20 e 21 apresentam mais detalhes sobre os supercontinentes da Pangeia, do Gondwana e da Laurásia.

Procurando um mecanismo

Mesmo com todas essas evidências, os cientistas ainda eram céticos em relação à ideia de Wegener da deriva continental por uma razão muito importante: ninguém ainda havia explicado *o quanto* os continentes se moveram.

Wegener propôs que as grandes massas de terra continentais se moviam através da crosta do fundo do oceano como um quebra-gelo através do gelo, simplesmente abrindo caminho. Outros cientistas reconheceram que essa explicação era muito improvável e, ainda assim, não era uma alternativa satisfatória, então a questão permaneceu: Como, ou por meio de qual *mecanismo*, os continentes se movem pela Terra?

LEMBRE-SE

Após muitas décadas de pesquisa, os cientistas atualmente concordam que o movimento dos materiais aquecidos no manto da Terra, ou a *convecção do manto*, move as placas continentais pela superfície da Terra. Explico os detalhes da convecção do manto e do movimento das placas no Capítulo 10.

Como a Tecnologia Respalda a Teoria

Desde o início do século XX, ocorreram grandes avanços na compreensão das placas continentais da Terra. A *geologia marinha* (o estudo da geologia e das características geológicas nos oceanos) e os avanços na tecnologia militar abriram o caminho para eles.

Mapeando o fundo do mar

Durante a Primeira Guerra, a introdução de submarinos fez com que os militares precisassem de mapas extensos e detalhados do fundo do mar. Quando o Oceano Atlântico foi mapeado, revelou uma característica interessante: uma cadeia de montanhas submarinas correndo de norte a sul com uma fenda profunda, ou vale, no meio da cadeia de montanhas. Essa *fenda*, os cientistas agora sabem, é a fronteira ao longo da qual a nova crosta oceânica foi formada.

IMAGENS DO FUNDO DO MAR: MARIE THARP E O MAPEAMENTO

Mapear o fundo do mar não é tão simples quanto parece. Afinal, não podemos simplesmente remover a água e tirar fotos do que está abaixo dela. Em vez disso, os navios cruzam em vaivém usando sonar, ou ondas sonoras, para capturar os altos e baixos, ou a *batimetria*, do fundo do mar. Cada cruzamento cria um perfil usando os dados do sonar que são traduzidos em características como montanhas e vales em um mapa. O mapa do fundo do mar que os cientistas usam hoje é o resultado do trabalho de dois geólogos de meados do século XX, Marie Tharp e Bruce Heezen. Marie Tharp usou os dados de batimetria coletados pelo sonar e os interpretou artisticamente em um mapa desenhado à mão das características do fundo do mar. Enquanto Tharp trabalhava em seu mapa, ela e Heezen reconheceram a característica da Cadeia Mesoatlântica e suspeitaram que poderia ser a peça final do quebra-cabeça das placas tectônicas — o ponto de separação das placas tectônicas. Para saber mais sobre Marie Tharp e seu importante trabalho, veja o livro *Soundings: the story of the remarkable woman who mapped the seafloor* ["Sons: a história da mulher notável que mapeou o fundo do mar", em tradução livre], de Hali Felt.

O mapeamento do fundo do mar, no início do século XX, levou a outros estudos, incluindo sobre a idade das rochas sob o oceano. Os resultados dessa datação finalmente forneceram as principais ideias que os cientistas procuravam para explicar como os continentes se moviam na superfície da Terra. Se não fosse a guerra submarina, o financiamento do mapeamento submarino poderia não estar disponível, e quem sabe quando os cientistas teriam descoberto as informações-chave de que precisavam para unificar as ciências da Terra.

Polos magnéticos: Paleomagnetismo e propagação pelo fundo do mar

Para explicar como os cientistas datam as rochas do fundo do mar, primeiro preciso descrever uma característica importante da Terra: o magnetismo. Você está familiarizado com ele se já usou uma bússola. Sua agulha aponta para o norte magnético (ou sul, se estiver no hemisfério sul). Do mesmo modo, quando minerais magnéticos como a magnetita (formada de ferro) se formam, eles apontam ou se alinham em direção aos polos magnéticos. Observando isso, os cientistas entenderam que os polos magnéticos da Terra não permanecem na mesma posição o tempo todo. Às vezes, a posição dos polos magnéticos (que agora estão muito próximos dos polos geográficos) muda ligeiramente. O movimento dos polos magnéticos é a *deriva polar*. Antes que os geólogos entendessem os movimentos das placas tectônicas, presumiram que o registro das rochas magnéticas nos continentes indicava mudanças drásticas e incoerentes na localização dos polos. Isso é conhecido como *deriva polar aparente*. No entanto, quando foi aceito que os continentes se moviam por longas distâncias na superfície da Terra e os polos não mudavam drasticamente, os cientistas desconsideraram essa ideia.

Os polos magnéticos da Terra também mudam ocasionalmente, de modo que o magnetismo registrado do atual Polo Norte geográfico venha do Polo Sul geográfico. Este fenômeno é a *inversão geomagnética*.

LEMBRE-SE

O *paleomagnetismo* é o registro de como os polos magnéticos da Terra mudaram de direção com o tempo. Os minerais das rochas são alinhados em direção aos polos quando ela é formada e registram a história dessas mudanças. As rochas formadas com seus minerais alinhados com o mesmo magnetismo do presente têm *polaridade normal*, enquanto aquelas formadas durante a inversão, com minerais alinhados na direção oposta, têm *polaridade invertida*.

Esses padrões de polaridade são registrados nos minerais das rochas basálticas (veja o Capítulo 7), formados ao longo da Cadeia Dorsal Mesoatlântica, no fundo do mar (e no basalto formado durante erupções vulcânicas, em todo o mundo). Ao combinar todos esses dados com outros métodos de datação geológica (explicados no Capítulo 16), os cientistas criam uma escala de tempo da polaridade geomagnética da Terra.

TUBARÕES E O MAGNETISMO DA TERRA

Os pesquisadores descobriram que os tubarões usam o magnetismo da Terra para se guiar através dos oceanos. Na frente de suas cabeças, os tubarões têm pequenos sensores eletromagnéticos que detectam as fortes correntes magnéticas norte-sul da Terra. Esses mesmos sensores também captam as correntes eletromagnéticas muito mais fracas emitidas por outros animais. Por exemplo, o grande tubarão branco encontra presas mamíferas a vários metros, detectando os pulsos eletromagnéticos de seu batimento cardíaco viajando pela água.

Os cientistas mapearam padrões paralelos de inversões geomagnéticas ao longo de cada lado da crista mesoatlântica. As datas indicam que as rochas coletadas da própria crista são mais jovens do que as localizadas mais longe dela. As idades relativas das rochas do fundo do mar são ilustradas na Figura 8-7.

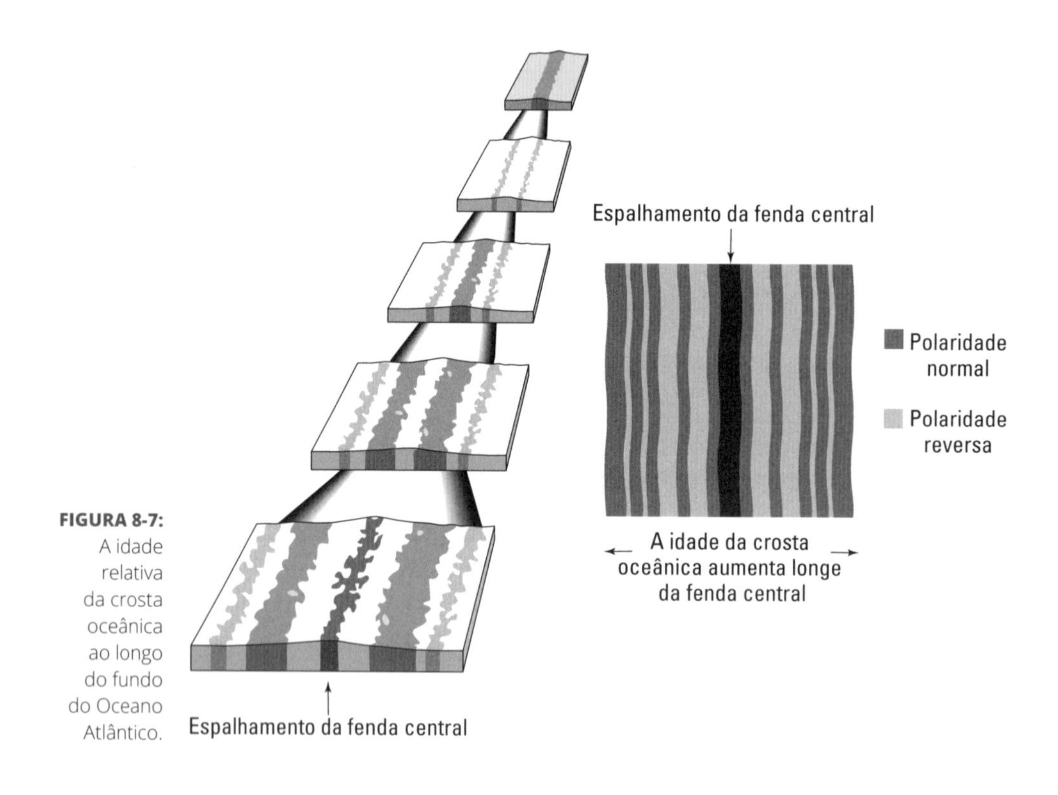

FIGURA 8-7: A idade relativa da crosta oceânica ao longo do fundo do Oceano Atlântico.

A sequência de inversões geomagnéticas e de padrões de rochas mais antigas situadas longe da fenda indicam que as placas oceânicas se espalham a partir da Cadeia Dorsal Mesoatlântica à medida que novas rochas são formadas. Essa evidência leva à conclusão de que uma nova crosta oceânica está sendo criada ao longo da crista à medida que as placas oceânicas se afastam umas das outras. (No Capítulo 10, explico a criação de rochas ao longo da Dorsal Mesoatlântica e em outras áreas semelhantes da Terra.)

Medindo os movimentos das placas

Após os cientistas registrarem que as placas da crosta realmente se movem, procuraram um modo de determinar a taxa, ou *velocidade*, do movimento.

PAPO DE ESPECIALISTA

Eles usaram os registros das idades das rochas do fundo do mar e a distância das rochas da Cadeia Dorsal Mesoatlântica para calcular a distância que cada placa se moveu por ano. A resposta é cerca de 18mm por ano nos últimos 3 milhões de anos.

À medida que continuaram mapeando o magnetismo e a idade das rochas do fundo do mar, os cientistas notaram que a taxa de movimento das placas varia bastante. Ao longo da Cadeia Dorsal Mesoatlântica, a crosta parece se espalhar mais lentamente perto da Islândia do que das suas partes mais ao sul.

Para refinar os cálculos das velocidades das placas, os cientistas modernos passaram a usar o Sistema de Posicionamento Global (GPS) de satélites em órbita ao redor da Terra. Em seu carro ou no smartphone, você provavelmente tem um sistema GPS muito semelhante (embora muito menos preciso) ao que os cientistas usam para medir os movimentos das placas. As mudanças na distância e na direção do movimento são registradas pelos satélites GPS. Essas descobertas confirmam cálculos anteriores baseados em inversões geomagnéticas nos basaltos do fundo do mar. Agora, os geólogos contam com o rastreamento GPS das placas para responderem a perguntas sobre os movimentos atuais das placas e os processos tectônicos, que descrevo no Capítulo 9.

Unificando a teoria

O que começou com uma proposta sobre a deriva continental se desenvolveu em uma teoria explicativa fundamental de como o sistema de placas da crosta terrestre funciona e funcionou. A confirmação da expansão do fundo do mar no Oceano Atlântico foi apenas o primeiro passo.

Se o fundo do mar se espalha ao longo da Cadeia Dorsal Mesoatlântica, o que acontece ao longo das outras bordas da placa crustal? É aqui que a teoria das placas tectônicas estende sua explicação para incluir a formação de montanhas, de vulcões e de terremotos, o que explico no Capítulo 9.

NESTE CAPÍTULO

» **Entendendo o que é densidade**

» **Reconhecendo dois tipos de crosta**

» **Examinando o papel da densidade nas interações das placas**

» **Definindo os limites relativos das placas**

» **Deformando as rochas e formando as montanhas**

Capítulo **9**

Tudo Pode Acontecer em um Encontro

Com a teoria das placas tectônicas (veja o Capítulo 8), os geólogos finalmente chegaram a uma única explicação para descrever os processos terrestres em todo o globo. As relações entre características que parecem tão diferentes, como montanhas, terremotos e fossas oceânicas, de repente passaram a fazer mais sentido.

O segredo para saber como as características geológicas e os processos terrestres se relacionam é entender o movimento das placas crustais. O movimento de múltiplas placas cria e destrói muitas dessas feições geológicas que conhecemos.

Neste capítulo, descrevo os diferentes tipos de crosta encontrados na superfície da Terra, incluindo suas composições e características particulares. Também explico como as muitas placas que cobrem a Terra se movem e o que acontece quando colidem ou se separam. Esses movimentos e a relação entre as placas criam montanhas, terremotos, fossas oceânicas e vulcões. Finalmente, uma teoria para explicar tudo isso!

A Densidade É o Segredo

Para entender as interações entre as placas crustais descritas neste capítulo, entenda primeiro o conceito de *densidade*.

A densidade de um objeto é descrita como a massa por unidade de volume. A *massa* é uma medida da quantidade de matéria em um objeto (em uma escala semelhante ao peso). O *volume* é a quantidade de espaço que o objeto ocupa. Veja a fórmula que descreve essa relação:

$$D = m/v$$

Nessa fórmula:

- » m = massa (medida em gramas, g).
- » v = volume (medido em centímetros cúbicos, cm^3).
- » D = densidade (expressa como gramas por centímetro cúbico, g/cm^3).

Pensando de outra forma, densidade é a quantidade de material (matéria) em um determinado volume de dado elemento. Enquanto a densidade *se relaciona ao* tamanho (o volume), não é *determinada* por ele. Por exemplo, dois objetos do mesmo tamanho (ou volume) podem ter densidades diferentes. A diferença é resultado de um dos objetos ter mais massa ocupando aquele mesmo espaço.

Considere duas esponjas de cozinha idênticas. Uma está seca e a outra, saturada (cheia) de água. Elas ocupam o mesmo espaço, tendo o mesmo volume, mas a esponja seca parece mais leve — é menos densa. Na esponja saturada, a água preenche os orifícios da esponja, adicionando mais matéria, aumentando a massa e, portanto, a densidade.

LEMBRE-SE

A massa é confundida com peso porque você mede a massa e o peso em termos semelhantes, usando uma balança. Mas há uma diferença importante: o peso mede a atração da gravidade da Terra sobre um objeto, enquanto a massa mede a quantidade de matéria atômica no objeto (veja o Capítulo 5 para obter detalhes sobre átomos). Por exemplo, se você for à Lua, pesará menos, porque a gravidade da Lua não tem tanta força quanto a da Terra. Mas, mesmo na Lua, você terá a mesma massa que tem na Terra — a mesma quantidade de matéria atômica compondo o seu corpo.

Água e Óleo: Crosta Oceânica e Crosta Continental

A *litosfera*, uma camada de rocha crustal que descrevo no Capítulo 4, cobre a Terra. Todas as rochas da litosfera são feitas basicamente da mesma matéria: minerais silicáticos (veja o Capítulo 6). No entanto, há uma ligeira diferença entre os minerais encontrados nas rochas da crosta terrestre sob os oceanos e aqueles encontrados nas rochas da crosta terrestre que constituem os continentes. Nesta seção, descrevo as diferenças entre esses dois tipos de crosta e discuto um pouco sobre *os motivos* de suas diferenças.

Escura e densa: Crosta oceânica

A litosfera abaixo dos oceanos é chamada de *crosta oceânica*. A crosta oceânica é formada a partir da rocha do manto fundida (magma) rica em minerais densos de cor escura. A rocha fundida irrompe ao longo das cristas do oceano (*dorsais meso-oceânicas*, que descrevo neste capítulo e no Capítulo 10) e se esfria, formando rochas de basalto e de gabro (veja o Capítulo 7). Por causa dos tipos de minerais que as compõem (como a olivina e o piroxênio; veja o Capítulo 7), a crosta oceânica é de cor escura e relativamente densa em comparação com a continental. A densidade média da crosta oceânica é de 3g/cm^3. A crosta oceânica também é relativamente fina e tem mais ou menos a mesma espessura em todo o mundo — cerca de 8km.

Espessa e macia: Crosta continental

Os continentes são compostos da *crosta continental*. Ela é formada por minerais menos densos, típicos de rochas do tipo granito. Normalmente, o magma que produz esses minerais menos densos sofre fusão parcial e cristalização fracionada antes de entrar em erupção na superfície ou resfriar como um pluton abaixo da superfície (veja o Capítulo 7). A espessura da crosta continental varia muito. Em algumas áreas, é relativamente fina, com cerca de 25km, mas em regiões montanhosas pode ter até 70km de espessura. Sua densidade média é 2,7g/cm^3.

A Tabela 9-1 resume as diferenças entre a litosfera oceânica e a continental.

TABELA 9-1 **Características da Crosta Oceânica e da Continental**

Tipo de Crosta	Densidade Média	Espessura Média	Minerais Comuns
Oceânica	3g/cm^3	7km–10km	Olivina, piroxênio
Continental	2,7g/cm^3	25km–70km	Quartzo, feldspato

Por que a Densidade É Diva: Isostasia

As diferentes densidades da crosta oceânica e da continental afetam a maneira como cada uma interage com o material do manto, abaixo delas. O material do manto é rocha sólida, mas se move um pouco por meio do fluxo plástico, que descrevo no Capítulo 13. A consequência dessa característica semifluida da rocha do manto é que a litosfera sólida, acima dele, afunda-se levemente.

LEMBRE-SE

A densidade de um objeto flutuante em relação ao material em que flutua determina o quanto dele afunda ou desloca o líquido. Como a densidade é a relação entre massa e volume, o ponto no qual o volume do líquido deslocado tem a mesma massa do objeto que o desloca é marcado pela *linha de equilíbrio*, ilustrada na Figura 9-1.

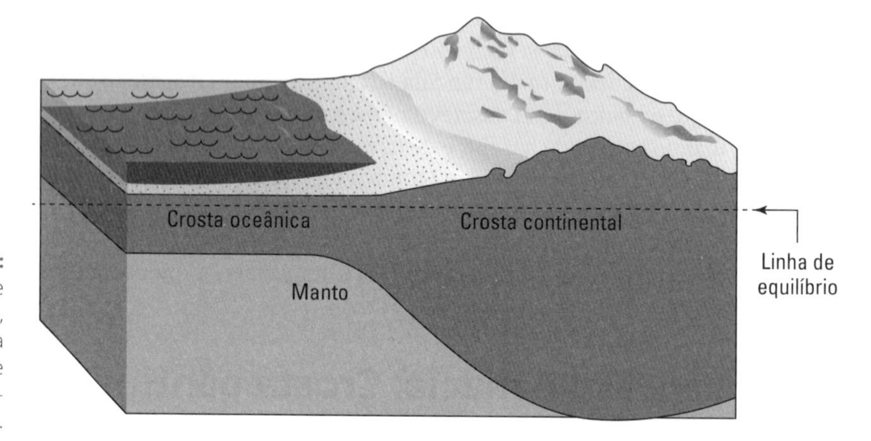

FIGURA 9-1: A linha de equilíbrio, na crosta oceânica e na continental.

Portanto, a densidade da placa crustal determina quão profundamente ela afunda na rocha do manto. A crosta oceânica mais densa afunda mais do seu volume no manto do que a continental, que é menos densa.

No entanto, a crosta continental é muito mais espessa do que a oceânica. A Figura 9-1 ilustra a crosta oceânica e a continental, acima do manto terrestre. Como a crosta continental é muito mais espessa do que a oceânica, parece que muito mais dela está submersa nos materiais do manto. Mas, se você comparar as proporções ou porcentagens relativas da crosta continental e da oceânica submersas, verá que uma porcentagem ou proporção maior da crosta oceânica afunda na rocha do manto. Apenas 80% da crosta continental está submersa nele. (Parece mais à primeira vista porque a crosta continental é muito espessa.) Uma porcentagem maior (um pouco mais de 90%) da crosta oceânica está submersa, como resultado da sua maior densidade.

DICA

Uma forma de pensar a relação entre o manto e a crosta continental é pensar em um iceberg flutuando no oceano. Parte do iceberg fica acima da superfície da água, mas uma grande porcentagem dele fica abaixo, onde você não o vê. A porção do iceberg acima e abaixo da linha da água é determinada pela densidade do gelo. No caso do iceberg, cerca de 10% do seu volume total fica acima da água e 90%, abaixo. Isso ocorre porque o iceberg é apenas ligeiramente menos denso (10%) do que a água em que flutua.

A posição de equilíbrio — o ponto no qual a densidade da porção da crosta afundada no manto é igual à do material do manto deslocado — é chamada de *equilíbrio isostático*. Sempre que um material é movido pela superfície da Terra, como quando rochas e sedimentos são removidos de uma montanha pela erosão, a crosta ajusta a sua posição no manto; ele encontra um novo equilíbrio entre a porção da crosta acima e abaixo da linha de equilíbrio para acomodar o material removido de um lugar e adicionado em outro. Esse equilíbrio da crosta sólida flutuando no manto que flui solidamente é a *isostasia*.

Entender as diferentes densidades e espessuras de cada tipo de crosta, e como os dois tipos se acomodam no manto, explicita o que acontece quando duas placas se encontram, o que explico nas seções a seguir.

Definindo os Limites de Placa pelo Seu Movimento Relativo

As placas crustais não se movem em uma única direção específica, como norte, sul, leste ou oeste. Eles apenas se movem. Algumas, como a placa norte-americana, parecem girar em uma espécie de movimento circular, no qual partes da placa se movem em direção a placas próximas, enquanto outras se movem para longe das mais próximas. Devido ao complexo movimento das placas tectônicas, ao descrever como as placas crustais se movem na superfície da Terra, a melhor forma de definir seus movimentos é em relação umas às outras em locais específicos. As características dos locais nos quais as placas interagem são as pistas para determinar se elas estão se juntando, separando-se ou deslizando uma ao lado da outra.

O movimento relativo dos limites de placa enquadra-se em três categorias:

» **Limite de placa divergente:** O limite entre duas placas crustais que estão se afastando uma da outra.

» **Limite de placa convergente:** A borda ao longo da qual duas placas crustais se encontram quando se movem uma em direção à outra.

- **Limite de placa transformante:** O limite entre duas placas crustais que não se movem nem em direção uma à outra nem se afastando — elas deslizam para frente e para trás uma ao lado da outra.

CUIDADO

Tenha cuidado para não confundir a borda de um continente com a de uma placa crustal. Em alguns casos, como ao longo da costa oeste da América do Sul, as duas bordas são iguais. Quando a borda do continente também é a borda da placa, chama-se *margem continental ativa*, porque o limite da placa está envolvido em processos geológicos (como terremotos e vulcões) como resultado da interação entre as placas crustais.

Mas, em alguns casos, como ao longo da costa leste da América do Norte, a placa crustal se estende para o oceano e inclui a litosfera continental, bem como a litosfera oceânica. Nesse caso, a borda da porção continental da placa chama-se *margem continental passiva*, porque não participa dos processos de limite de placa.

Nas seções a seguir, explico o que acontece com as placas da crosta terrestre e quais características se formam na superfície da Terra em cada um desses tipos de fronteira.

Separando: Limites de placa divergentes

Quando duas placas crustais se afastam uma da outra, a borda ao longo da qual elas se separam é um limite divergente. As características particulares de uma fronteira divergente variam dependendo de as duas placas serem crosta continental ou oceânica.

Abrindo o fundo do oceano

Em muitos lugares da Terra, duas placas estão se afastando uma da outra. Isso é mais comum no fundo do mar, onde essa separação permite que a rocha do manto derretido (magma) entre em erupção ao longo da fronteira, endureça e crie um novo fundo do oceano. (Detalho esse processo no Capítulo 10.) O acúmulo do novo material rochoso cria uma *dorsal meso-oceânica* ao longo do limite divergente submarino. As dorsais meso-oceânicas formam as cadeias de montanhas contínuas mais longas da Terra, serpenteando por todos os oceanos.

Muitas das dorsais meso-oceânicas também têm um rifte. Um *rifte* é criado quando as duas placas se separam e as rochas recém-criadas e resfriadas entre elas são esticadas até se *quebrarem* e descerem, criando um vale. Esse processo é ilustrado na Figura 9-2.

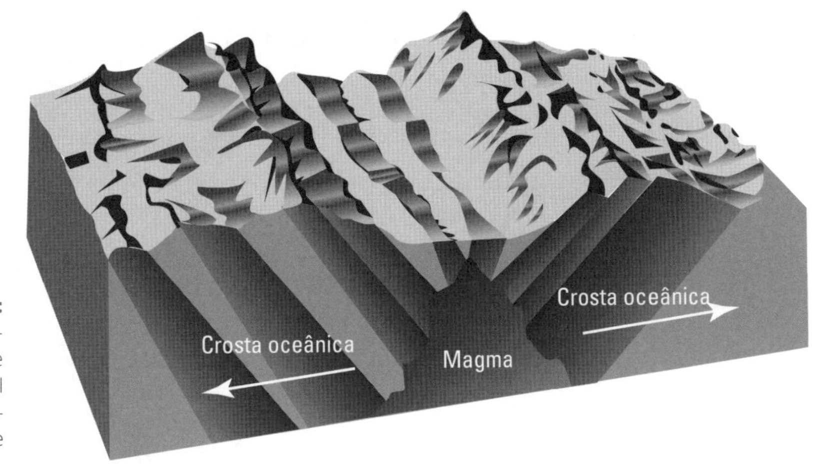

FIGURA 9-2: Características de uma dorsal meso-oceânica e de um rifte.

A propagação do fundo do mar que ocorre ao longo das fronteiras oceânicas divergentes, ou dorsais meso-oceânicas, cria um novo fundo do mar e forma a crosta oceânica de basalto. (Descrevo esse processo no Capítulo 10 também.)

Abrindo o Mar Vermelho

Em algumas áreas do mundo, ocorrem fronteiras divergentes nos pontos em que a crosta continental, não a oceânica, se afasta. É comum que fronteiras divergentes continentais comecem como uma *junção tríplice*, na qual a crosta se afasta em três direções.

Na maioria das junções triplas, as evidências mostram que apenas duas das rachaduras continuam a se separar. Por exemplo, a Figura 9-3 ilustra a junção tripla entre a Placa Árabe e duas partes da Placa Africana.

Nessa região, o Mar Vermelho e o Golfo de Aden estão se afastando ativamente, enquanto o Vale da Grande Fenda, na África, parou de se afastar. O Vale da Grande Fenda é uma *rifte abortado*, enquanto o Mar Vermelho e o Golfo de Aden são *riftes ativos*.

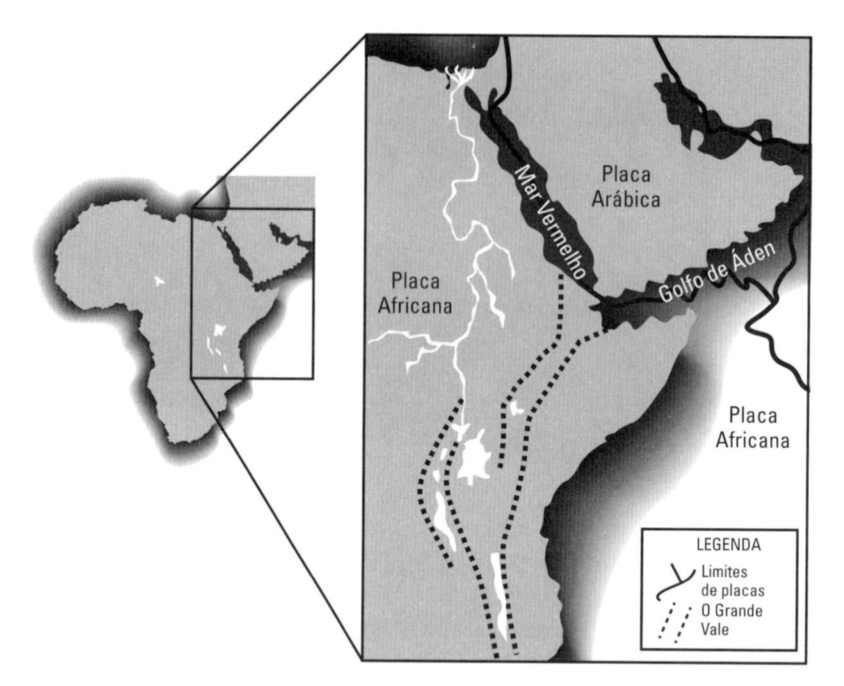

FIGURA 9-3: Uma região de rifte ativo em torno da Península Arábica e da África.

A rachadura da crosta continental começa quando a rocha do manto aquecido sobe sob o continente, forçando-a para cima até que o estresse a faça rachar. À medida que a crosta continental se separa, cria uma fenda grande o suficiente para que a água do oceano se derrame, criando um pequeno mar. A fenda ao longo do fundo do Mar Vermelho começou como uma fenda entre as rochas continentais do Egito e da Península Arábica. A fenda ao longo do fundo do Mar Vermelho já está criando uma nova rocha basáltica. À medida que a divisão continua, esse pequeno mar é o primeiro estágio de uma nova bacia oceânica.

LEMBRE-SE

Isso significa que o que começa como uma divergência continental acaba se tornando uma divergência de placas oceânicas, quando as placas continentais estão distantes o suficiente para que o oceano fique entre elas. Os cientistas acreditam que todas as bacias oceânicas começam com essa série de eventos.

Apertando: Limites de placa convergentes

Quando duas placas crustais se movem uma em direção à outra, criam um limite de placa convergente. Em um limite convergente, parte da litosfera é forçada para baixo no manto, enquanto outras partes podem ser forçadas para cima, formando montanhas. A forma exata como esse processo ocorre, e o grau, depende do tipo (e, portanto, da densidade) das placas crustais.

Há três tipos de limite convergente, como descrevo nesta seção.

Um sobe e um deve descer

O limite de placa convergente mais comum, e o mais fácil de reconhecer, é aquele no qual uma placa de crosta continental encontra uma de crosta oceânica. Quando isso ocorre, a placa da crosta oceânica mais densa é forçada para baixo sob a continental, na *subducção*. As regiões nas quais isso ocorre são chamadas *zonas de subducção*. A maioria das zonas de subducção compartilha certas características, como uma trincheira no fundo do mar na qual uma placa desaparece sob a outra, ou uma cadeia próxima de vulcões e terremotos em um padrão de locais de aprofundamento gradual, como ilustrado na Figura 9-4.

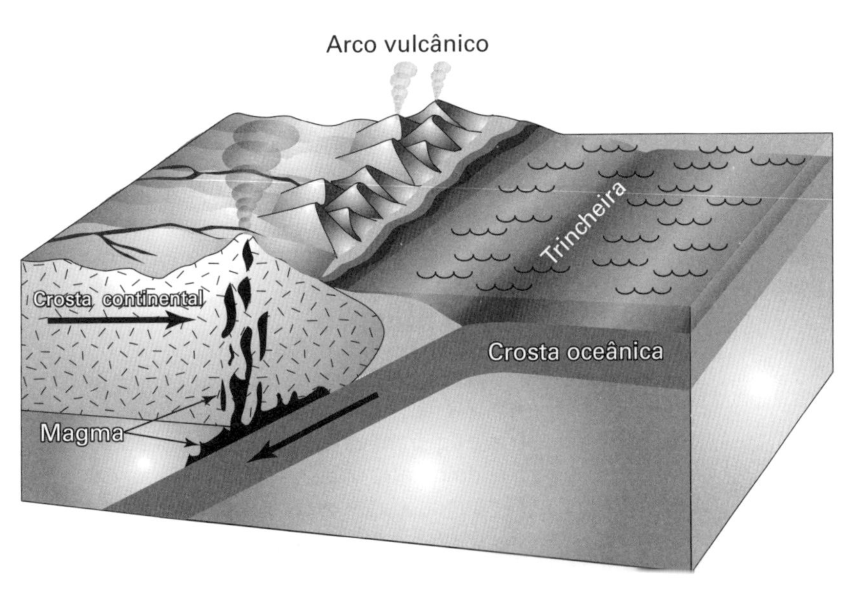

FIGURA 9-4: Uma zona de subducção do limite convergente da placa continental-oceânica e características geológicas associadas.

Conforme a placa oceânica densa é forçada para baixo, ou *subductada*, esfrega-se contra a continental, causando atrito e calor. O aquecimento libera dióxido de carbono e água armazenada na crosta oceânica, que entram na rocha crustal contida acima da placa subductante. Essa adição de voláteis causa a fusão de fluxo e faz com que as rochas na litosfera acima da placa subductante se liquefaçam (magma). (Veja no Capítulo 7 detalhes sobre como os voláteis causam o derretimento da rocha.) A densidade dos materiais rochosos diminui drasticamente após se fundirem. O material de rocha derretida se move para cima através das rochas da crosta continental da placa sobrejacente até irromper na superfície.

À medida que todo o magma sob a placa da crosta continental rompe a superfície, uma cadeia de vulcões é criada ao longo da superfície, paralela à borda da placa oceânica subdutora, o *arco vulcânico continental*. A Cordilheira das Cascatas, ao longo da costa oeste dos EUA, é um exemplo de arco vulcânico formado pela subducção de uma placa oceânica sob uma continental.

Uma placa subductada deve atingir uma certa profundidade antes de estar quente o suficiente para liberar voláteis e causar derretimento. À medida que a placa desce, afastando-se da trincheira na qual primeiro mergulha abaixo da superfície, ela se move em um ângulo abaixo da placa sobreposta. Quando atinge a profundidade onde se derrete, o magma resultante sobe para produzir feições vulcânicas na superfície. A distância da trincheira até essas feições vulcânicas (geralmente, o *arco*) indica aos cientistas o ângulo de seu movimento no manto. Se a trincheira e o arco vulcânico estão próximos, o *ângulo de subducção* é íngreme. Isso significa que a placa atinge a profundidade certa para derreter mais rápido enquanto desce. Por outro lado, se a trincheira e o arco vulcânico estão distantes na superfície da Terra, o ângulo de subducção é menor.

O atrito das placas também causa terremotos perto da superfície na qual as placas se encontram; à medida que a placa oceânica é subduzida sob a placa continental, os terremotos ocorrem em maior profundidade.

Mergulhando no abismo

Quando duas placas da crosta oceânica se movem em direção uma à outra, criam um *limite convergente oceânico*. A força de seu movimento faz com que a placa mais velha, mais fria e ligeiramente mais densa seja empurrada para baixo da outra, para as rochas do manto, abaixo. Essa interação das placas oceânicas é outro tipo de zona de subducção, e os recursos resultantes são, de certa forma, semelhantes aos que descrevo na convergência continental-oceânica.

A subducção de uma placa oceânica sob outra oceânica cria fricção, libera voláteis, derretendo a rocha do manto litosférico e criando vulcões. Mas, nesse caso, os vulcões entram em erupção sob o oceano, e não em um continente. Em algum momento, os vulcões ao longo do fundo do mar crescem a uma altura em que se tornam visíveis acima da superfície do mar, criando um *arco de ilha vulcânico*. As ilhas do Japão são um exemplo de arco de ilha vulcânica.

Uma característica particular ocorre ao longo do limite de subducção de duas placas oceânicas, devido à sua densidade semelhante. À medida que a placa subductado desce no manto, puxa a placa subductante ligeiramente para baixo, criando uma profunda *trincheira* marítima. Essa feição e outras características da zona de subducção da placa oceânica são ilustradas na Figura 9-5.

Alcançando o céu

Um terceiro tipo de limite convergente ocorre quando duas placas da crosta continental colidem uma com a outra. Isso se chama *limite convergente continental-continental*.

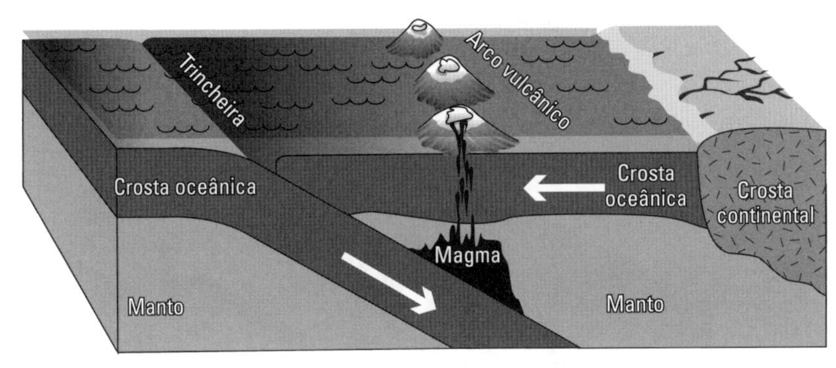

FIGURA 9-5: Limite convergente oceânico-oceânico e as características geológicas associadas.

LEMBRE-SE

Quando duas placas da crosta continental se juntam, são compostas de rochas crustais semelhantes, de densidade baixa, de modo que nenhuma afunda nem se subduz com a mesma facilidade que a oceânica no limite convergente. Em vez disso, as rochas de cada placa continental se amontoam, formando altas montanhas à medida que as placas continuam a se unir. Um pouco do material da crosta terrestre é forçado manto abaixo, mas, por causa da densidade mais leve da litosfera continental, as rochas da crosta resistem à subducção, resultando em um acúmulo de material crustal e nas montanhas. As características do limite convergente continental-continental estão na Figura 9-6.

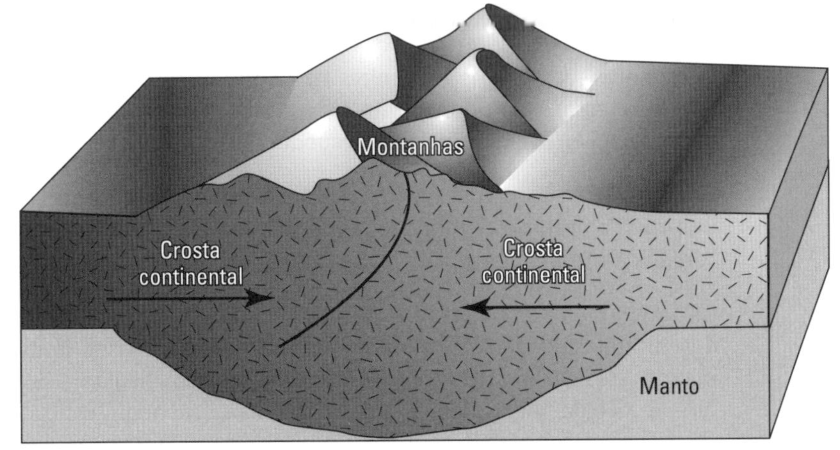

FIGURA 9-6: Limite convergente continental-continental e as características geológicas associadas.

Deslizando: Limites de placa transformantes

Às vezes, no ponto em que as bordas de duas placas se encontram, elas não se movem uma na direção da outra nem se afastam. Em vez disso, apenas deslizam em direções opostas. Esse tipo de limite de placa é o *limite transformante*, ilustrado na Figura 9-7.

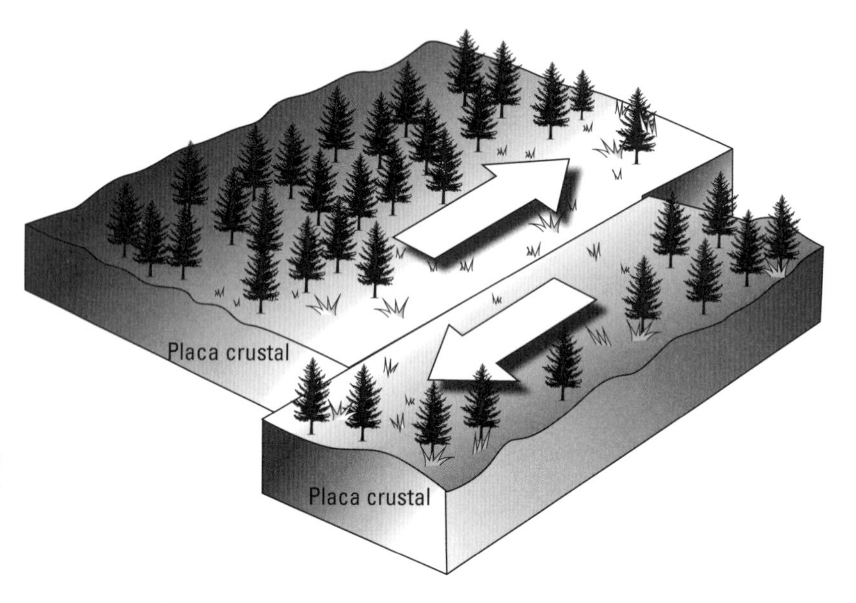

FIGURA 9-7: Características de um limite transformante.

Nos limites transformantes, a interação entre as duas placas é muito mais sutil; não há empurrão direto, nem subducção, nem alongamento das placas e nem produção de novas rochas a partir do magma.

LEMBRE-SE

Terremotos são comuns em limites transformantes à medida que as placas se trituram, escorregam e deslizam lado a lado. Os terremotos ocorrem muito perto da superfície (porque não há subducção) e podem ser muito intensos.

Um limite transformante é a Falha de San Andreas, na Califórnia, retratada no Caderno Colorido deste livro. Ao longo dessa falha, terremotos superficiais são comuns à medida que a placa norte-americana desliza pela placa do Pacífico.

Os limites transformantes, ou *falhas transformantes*, também ocorrem ao longo dos limites divergentes da dorsal meso-oceânica. Esses limites transformantes associados às dorsais meso-oceânicas são chamados de *zonas de fratura*. À medida que as duas placas oceânicas se separam, esticando as rochas crustais recém-criadas, parte do material responde à tração quebrando-se e escorregando para um lado ou para o outro. Esse processo cria um padrão em zigue-zague de limites transformantes ao longo de toda a fenda divergente, conforme ilustrado na Figura 9-8.

Os limites transformantes alteram as rochas principalmente por meio de tensão de cisalhamento, que descrevo na próxima seção.

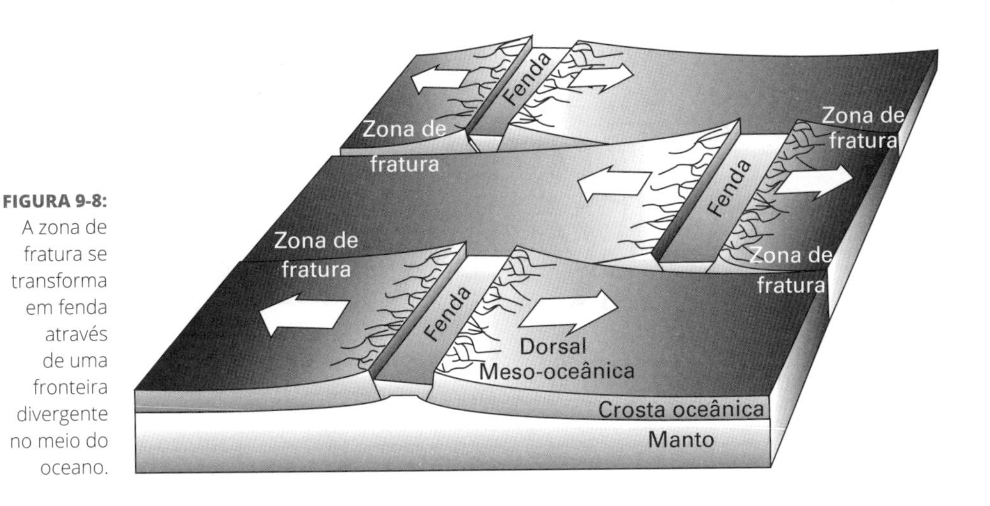

FIGURA 9-8: A zona de fratura se transforma em fenda através de uma fronteira divergente no meio do oceano.

Modelando a Topografia com os Movimentos das Placas

O movimento das placas da crosta terrestre pela superfície da Terra cria imensas pressões e forças nas rochas sólidas que compõem a litosfera. Essas forças estendem, dobram, quebram, moldam, fraturam e amassam as camadas grossas e sólidas de rocha na superfície da Terra. Em resposta a esses tipos de estresse físico, as rochas *deformam-se*, ou mudam de forma.

Nesta seção, descrevo as diferentes maneiras de uma rocha ser deformada nos limites das placas e como o deslocamento das placas da crosta terrestre, combinado com a deformação, resulta na topografia extrema das montanhas.

Deformando a crosta nos limites de placa

Como o movimento relativo nos diferentes limites de placa (convergente, divergente, transformante) é diferente, as rochas em cada tipo de limite são deformadas de maneiras diferentes.

A *compressão* ocorre em limites convergentes nos quais duas placas se movem uma em direção à outra e comprimem ou esmagam as rochas entre elas. O oposto ocorre em limites divergentes, nos quais as placas se afastam e criam *estresse de tensão*, esticando as rochas entre elas. E nos limites transformantes, conforme as placas deslizam em direções opostas (paralelas), as rochas entre elas sofrem *tensão de cisalhamento* conforme se separam e se movem com uma ou outra placa. A Figura 9-9 ilustra essas tensões.

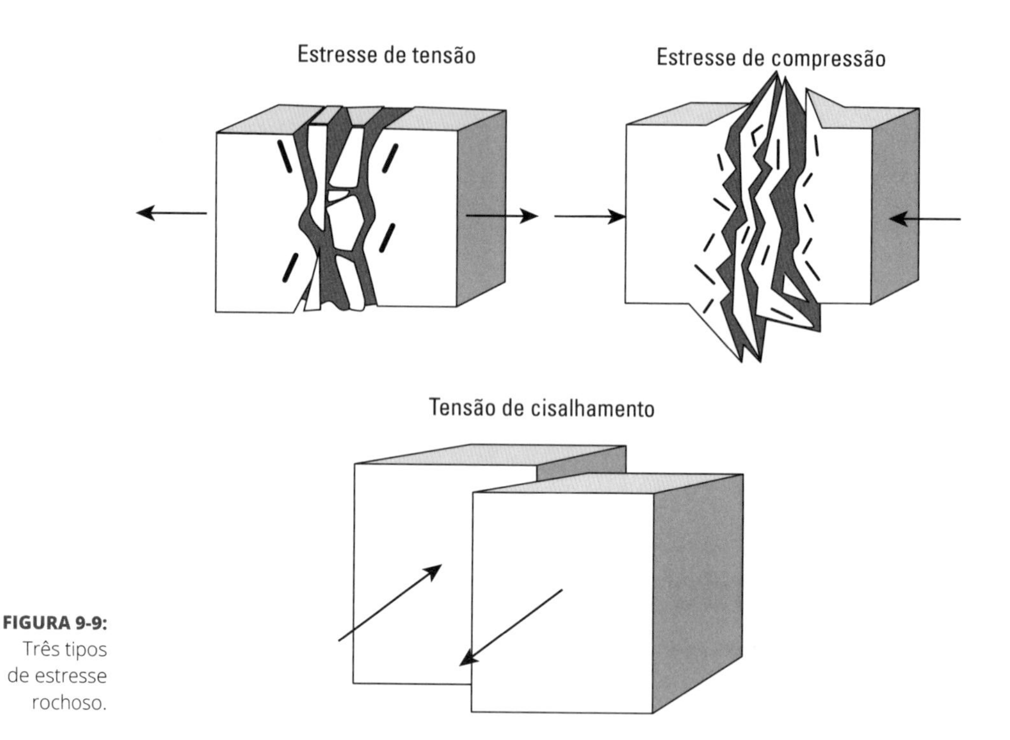

FIGURA 9-9: Três tipos de estresse rochoso.

Quando um objeto responde ao estresse se quebrando, sofre *falhamento rúptil*, ou *deformação rúptil*. Essa resposta pode acontecer com as rochas se a tensão for aplicada repentinamente, em particular se estiverem perto da superfície da Terra e relativamente frias.

Mais profundamente na crosta terrestre, as rochas são expostas a um calor mais alto e aumentam lentamente a pressão. Essas rochas são mais propensas a responderem ao estresse com *deformação dúctil ou plástica:* uma mudança em sua forma sem se quebrar ou fraturar.

Comprimir rochas em dobras

Nos limites de placa convergentes, as camadas de rocha são comprimidas em dobras. As dobras nas rochas podem ser pequenas para serem vistas em uma rocha que você segura na mão ou grandes para criar paisagens inteiras, como as Montanhas Rochosas, no Oeste do Canadá. Quando as pedras são dobradas, elas se enrugam de forma semelhante a um tecido franzido.

É comum as dobras ocorrerem profundamente na crosta, onde as camadas de rocha são expostas a altas temperaturas e pressões. Quando essas rochas são comprimidas por movimentos convergentes das placas, respondem se amassando ou se dobrando.

Os cientistas categorizam as rochas dobradas com termos que descrevem as particularidades da geografia dobrada:

- **Monoclinal:** *Monoclinais* são a feição mais simples das rochas dobradas, com camadas ligeiramente dobradas.
- **Anticlinal:** *Anticlinais* são camadas de rocha dobradas que criam um arco convexo (veja a Figura 9-10).
- **Sinclinal:** *Sinclinais* são o oposto das anticlinais. As sinclinais são dobras em forma de U encontradas entre as dobras anticlinais (veja a Figura 9-10).
- **Domo:** *Cúpulas* são áreas de rocha arredondadas ou ovais que se elevam ligeiramente no centro (protuberância), criando a aparência de uma anticlinal. Depois que as cúpulas são erodidas, são reconhecidas pelas rochas mais antigas no centro e pelas mais novas ao redor (veja a Figura 9-11).
- **Bacia:** As bacias são similares às cúpulas, mas, em vez de protuberantes, afundam-se no centro, com uma depressão em forma de tigela que se parece uma sinclinal. Uma bacia erodida é reconhecida pelas camadas de rocha mais jovens no centro e pelas mais antigas ao redor (veja a Figura 9-11).

Em regiões que sofreram dobramento, há rochas metamórficas foliadas (veja o Capítulo 7) que indicam o grau de mudança de temperatura e pressão que ocorreu como resultado da compressão.

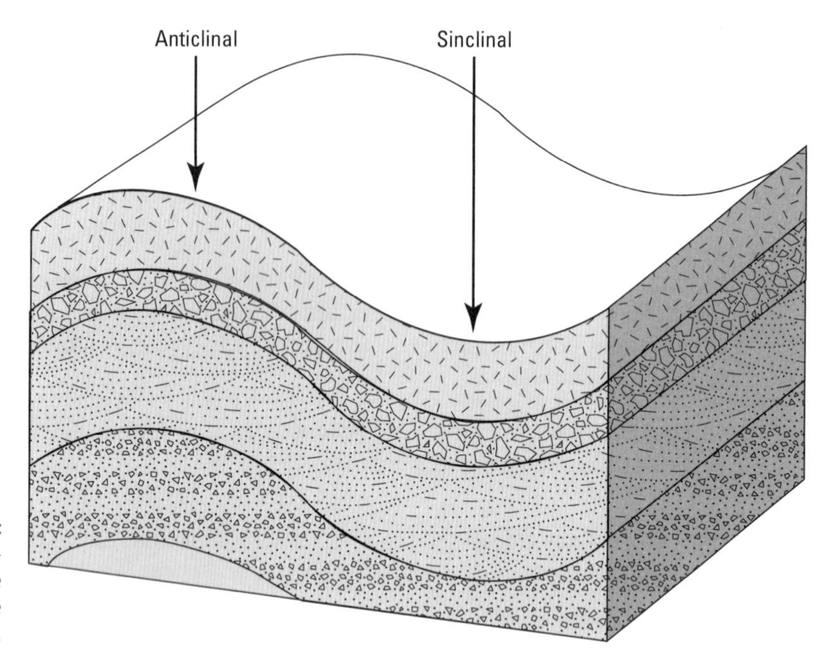

FIGURA 9-10: Caracte-rísticas de anticlinal e sinclinal.

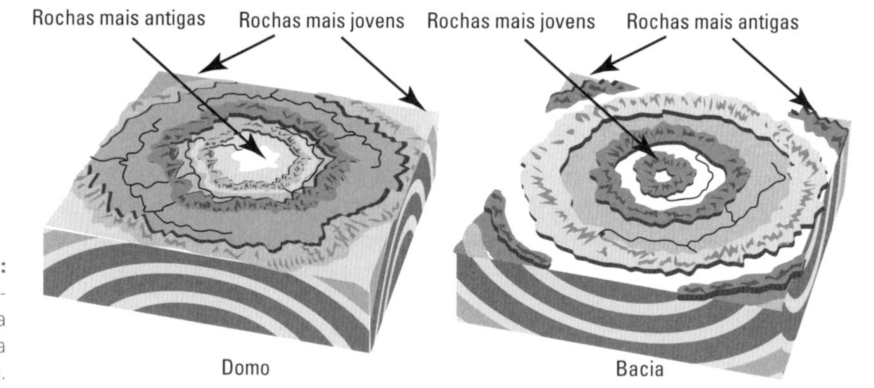

FIGURA 9-11: Caracte-rísticas da cúpula e da bacia.

Falha em resposta ao estresse

Mais perto da superfície, as rochas são mais frias e quebradiças. Quando respondem ao estresse, são mais propensas à *falha*, o que significa fratura e rachadura. As duas partes de rocha que se separam, criando uma falha, são os *blocos de falha*; eles se separam ao longo do plano de falha, como ilustra a Figura 9-12.

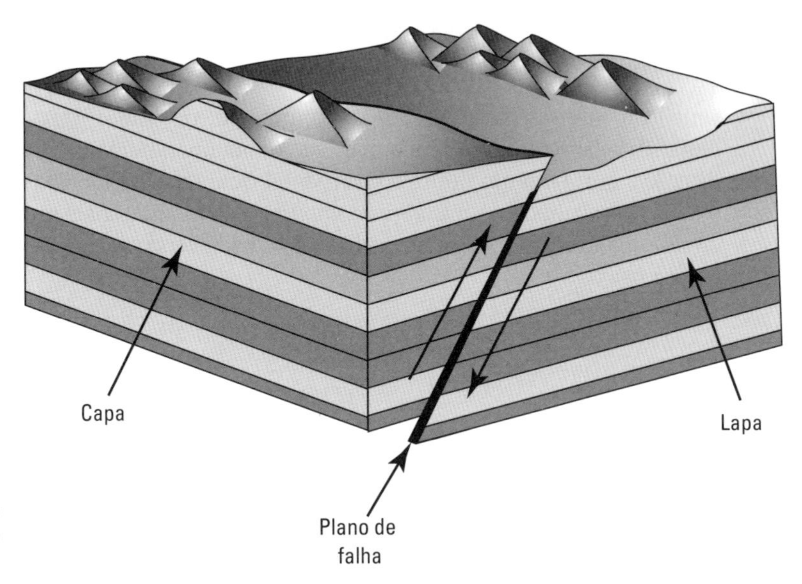

FIGURA 9-12: Feições de uma falha.

As falhas se classificam em duas grandes categorias, com base na direção primária do movimento ao longo do seu plano. Se as rochas se movem verticalmente (para cima ou para baixo) em relação umas às outras, criam uma *falha com rejeito de mergulho*. Se o movimento é horizontal, criam uma *falha com rejeito direcional*.

Mergulhando e escorregando

As falhas com rejeito de mergulho são o resultado do movimento de separação e do de subida/descida das rochas em relação às outras ao longo de um plano de falha inclinado. Esse movimento cria dois blocos separados de rocha: a *capa*, acima do plano da falha, e a *lapa*, abaixo.

PAPO DE ESPECIALISTA

Os nomes *hanging wall* e *footwall* (parede suspensa e parede de fundo, ou capa e lapa, respectivamente) devem-se à terminologia da mineração. Minerais e minérios de metal importantes costumam estar concentrados em veios que seguem as zonas de falha. Quando os mineiros removiam esses materiais do veio, penduravam suas lanternas nas rochas acima dele, ou falha (portanto, a capa), e ficavam nas rochas abaixo da falha (portanto, a lapa).

Uma *falha normal* é uma falha com rejeito de mergulho na qual a capa desliza para baixo em relação à inferior; uma resposta à tensão que permite que a rocha se quebre e caia, conforme ilustrado na Figura 9-13. Falhas normais como essa são comuns em limites divergentes no meio do oceano, onde o movimento das placas em direções opostas fratura as rochas por meio da tração, enquanto cria um espaço no qual as rochas podem deslizar para baixo.

Uma *falha inversa* é o resultado da compressão, na qual a capa se move para cima em relação à inferior, acomodando o movimento de duas placas uma em direção à outra em um limite convergente. Quando o ângulo do plano de falha é baixo, o resultado é uma *falha de empurrão*, na qual a capa é empurrada para cima e ligeiramente sobre as rochas. A falha reversa também é ilustrada na Figura 9-13.[1]

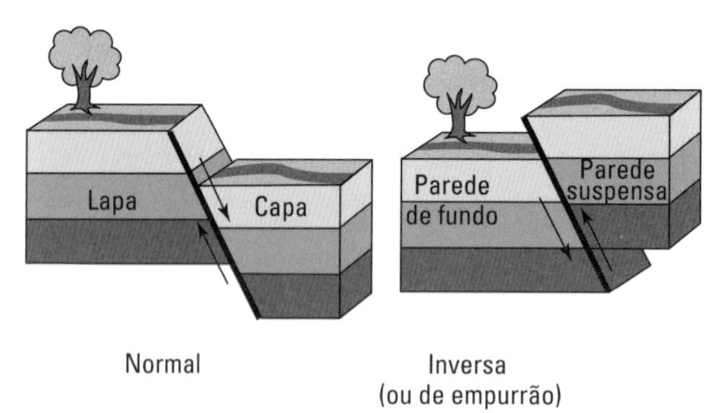

FIGURA 9-13: Falhas com rejeito de mergulho.[2]

Colidindo e deslizando

As falhas tangenciais ocorrem com mais frequência ao longo dos limites transformantes como resultado da tensão de cisalhamento. Nela, as rochas se movem horizontalmente, lado a lado. Ela é linear e pode ter quilômetros de extensão na superfície. Por exemplo, a Falha de San Andreas (retratada no Caderno Colorido deste livro) é uma falha com rejeito direcional de 1.000km de comprimento. Em vez de uma única fratura longa, essas falhas longas são geralmente uma série de fraturas paralelas na mesma direção.

Falhas com rejeito direcional menores são encontradas ao longo dos limites divergentes da dorsal meso-oceânica. À medida que as placas crustais se separam, os blocos de rocha deslizam em uma direção ou outra e criam um padrão de zigue-zague de falhas transformantes, a *zona de fratura*, conforme ilustrado na Figura 9-8.

1 N.R.T.: No Brasil, falhas de empurrão cujo ângulo do plano de falha é menor do que 30° são chamadas de cavalgamento.

2 N.R.T.: Os geólogos brasileiros também reconhecem um outro tipo de falha, que tem um componente de movimento vertical e um componente de movimento horizontal, e é chamada de falha oblíqua.

Juntas

Em alguns casos, fraturas ou falhas aparecem nas rochas em que não parece ter havido nenhum movimento. Essas fraturas são as *juntas*. As juntas são comuns na superfície das rochas crustais. Enquanto as camadas inferiores de rocha são dobradas, as rochas na própria superfície, na curva da dobra, podem se quebrar, mas não se mover em relação às outras.

Formando montanhas

LEMBRE-SE

Os geólogos chamam o processo de formação de montanhas de *orogênese*. Os processos orogênicos resultam dos movimentos das placas e dos vários processos observados nos diferentes limites de placas. Algumas montanhas começam como vulcões; outras resultam de placas crustais sendo esticadas ou esmagadas.

Vulcões e acreção

Vulcões criam montanhas ao longo da margem continental ativa de uma zona de subducção, por exemplo. Nos limites convergentes oceânico-oceânico, a formação de montanhas começa com a formação de vulcões ao longo do fundo do mar.

Conforme os vulcões do fundo do mar se acumulam, formam montanhas insulares. Com o tempo, com os movimentos contínuos das placas, essas montanhas vulcânicas são *acrescidas*, ou adicionadas, à crosta continental de outra placa.

LEMBRE-SE

A *acreção* ocorre quando duas placas convergem e os materiais crustais da placa subductada são fixados à borda da placa subductante. Esse processo é ilustrado na Figura 9-14.

O acúmulo de sedimentos e rochas em uma trincheira de subducção é a *cunha de acreção*. Frequentemente, essas rochas são erguidas e adicionadas à borda da placa continental próxima. As Montanhas Olímpicas, no estado de Washington, são um exemplo de cunha acrescionária.

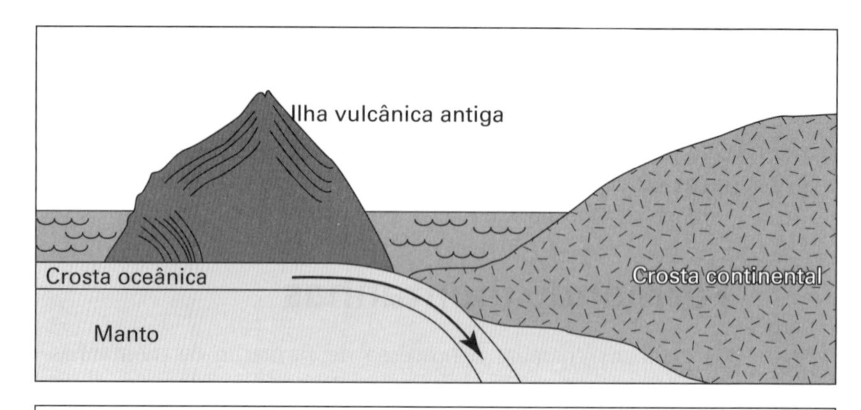

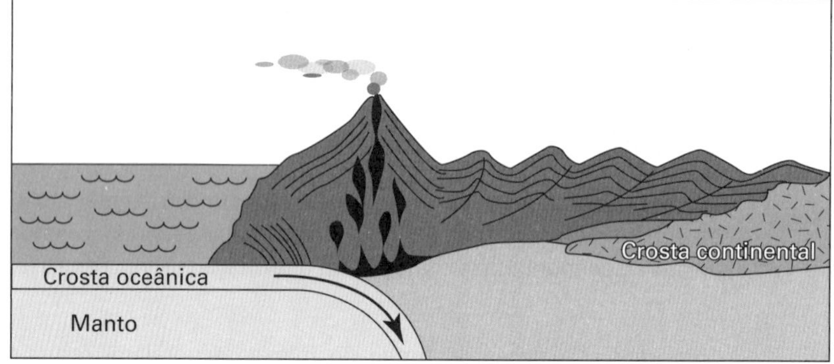

FIGURA 9-14: Acreção de ilhas vulcânicas na crosta continental.

Alongamento e afinamento

Em regiões nas quais a crosta é elevada pelo magma quente, como ao longo das fronteiras divergentes do meio do oceano, o estresse de tensão e as falhas resultantes criam *montanhas de blocos falhados*. Um exemplo de montanhas assim formadas há muito tempo é a bacia e a província de Nevada, na América do Norte. Na região, a crosta foi levantada e esticada, separando as rochas de tal forma que grandes blocos de rocha, *grabens*, caem entre blocos elevados de rocha chamados *horsts*, criando uma série de cumes de montanhas paralelas.

Trituração e levantamento

Mais comuns do que as montanhas de blocos de falhas são as *montanhas dobradas*, que ocorrem em limites convergentes nos quais duas placas da crosta continental se chocam. A força de compressão das duas placas que se movem uma em direção à outra dobra as camadas de rocha, deformando-as e empurrando-as para cima, criando montanhas como o Himalaia ou os Alpes. Na verdade, esse processo orogênico ocorre hoje à medida que a Índia é empurrada ainda mais para cima, em direção à Ásia, continuando a elevar e a formar o sistema montanhoso do Himalaia.

NESTE CAPÍTULO

- **Explorando modelos para testar o que impulsiona os movimentos das placas crustais**
- **Conectando magma, vulcões e limites de placas à convecção**
- **Percebendo como o movimento das placas causa terremotos**

Capítulo 10

Alguém Anotou a Placa?

Um dos maiores desafios de Alfred Wegener, quando propôs que os continentes já haviam sido conectados e se separaram (veja o Capítulo 8), foi descrever um *mecanismo*, ou força motriz, para os movimentos continentais. Ele supôs que os continentes apenas atravessaram a crosta do oceano — como um navio baleeiro através do gelo marinho — enquanto giravam ao redor do globo colidindo um com o outro. Hoje, entendemos que os continentes acima do nível do mar são parte de placas maiores feitas tanto de crosta continental quanto de crosta oceânica (veja o Capítulo 9), mas como e por que se movem ainda é um mistério.

Os cientistas da Terra agora aceitam que o movimento das placas da crosta terrestre se relaciona à *convecção* — os movimentos de materiais aquecidos — dentro da Terra. Mas não concordam com *o quanto* a convecção impulsiona as placas. O antigo entendimento da convecção do manto movendo as placas baseava-se em um modelo simples de células de convecção movendo-se de forma circular e presumia que as placas passavam pelo topo dessas células. No entanto, com a ideia moderna da rocha do manto, os cientistas agora entendem que a história não é tão simples. Embora os materiais aquecidos no manto se movam para cima, outras forças agem no movimento das placas, como a força de tração por peso, exercida pela placa que afunda, e a força de empurrão por expansão das dorsais meso-oceânicas que se elevam. Neste capítulo, você explora essas diferentes ideias. Também explico como os movimentos do manto e das placas criam vulcões. E, por fim, como o movimento das placas causa terremotos e como o estudo deles fornece pistas adicionais sobre o interior da Terra.

Andando em Círculos: Modelos de Convecção do Manto

Os modelos atuais que descrevem o movimento das placas contam com *convecção* como força motriz. A convecção é, simplesmente, o movimento de materiais aquecidos. Você provavelmente conhece isso como o conceito de que "o calor amplia". O problema é que o *calor* em si não vai a lugar nenhum. O *material* que é aquecido — sólido, líquido ou gasoso — é que começa a se mover.

Quando a matéria é aquecida, as moléculas se movem devido ao aumento da energia. À medida que se movem, ocupam mais espaço; espalham-se e se tornam menos densas. O número de moléculas permanece o mesmo, mas elas ocupam mais espaço, ou ficam com um maior *volume*.

Pense em uma pista de dança: durante uma música lenta, todos os casais se abraçam e se balançam lentamente juntos, e é possível encher a pista de casais! Em seguida, o DJ muda para uma música agitada, e as pessoas se empolgam. De repente, com toda aquela energia e movimento, as pessoas ocupam mais espaço, e algumas têm que sair da pista e dançar entre as mesas porque não há mais espaço suficiente. É o mesmo número de pessoas, mas a multidão dançante se torna menos densa e toma mais volume com o acréscimo de energia.

LEMBRE-SE

De forma similar, o material rochoso no *manto* (a camada entre a crosta terrestre e o núcleo, descrita no Capítulo 4) é aquecido e se move. Quando a rocha do manto está perto do núcleo, ela se aquece, tornando-se menos densa. Essa rocha aquecida se move para cima, em direção à crosta terrestre e para longe do núcleo, forçando a rocha do manto mais fria e densa perto da crosta para baixo, em direção ao núcleo. Essa rotação circular do material é a *célula de convecção*.

Alguns cientistas pensam que apenas a parte superior do manto da Terra se move pelas células de convecção; outros acham que o processo ocorre com todo o manto. Ao observar a mudança na velocidade das ondas sísmicas que se movem pelo manto, os cientistas perceberam que há regiões mais quentes e mais frias do manto, mas não parecem ter um movimento simples, circular, como o da célula de convecção. (Veja a Figura 10-1. O Capítulo 4 detalha a forma como os cientistas usam ondas sísmicas para entender o interior da Terra.)

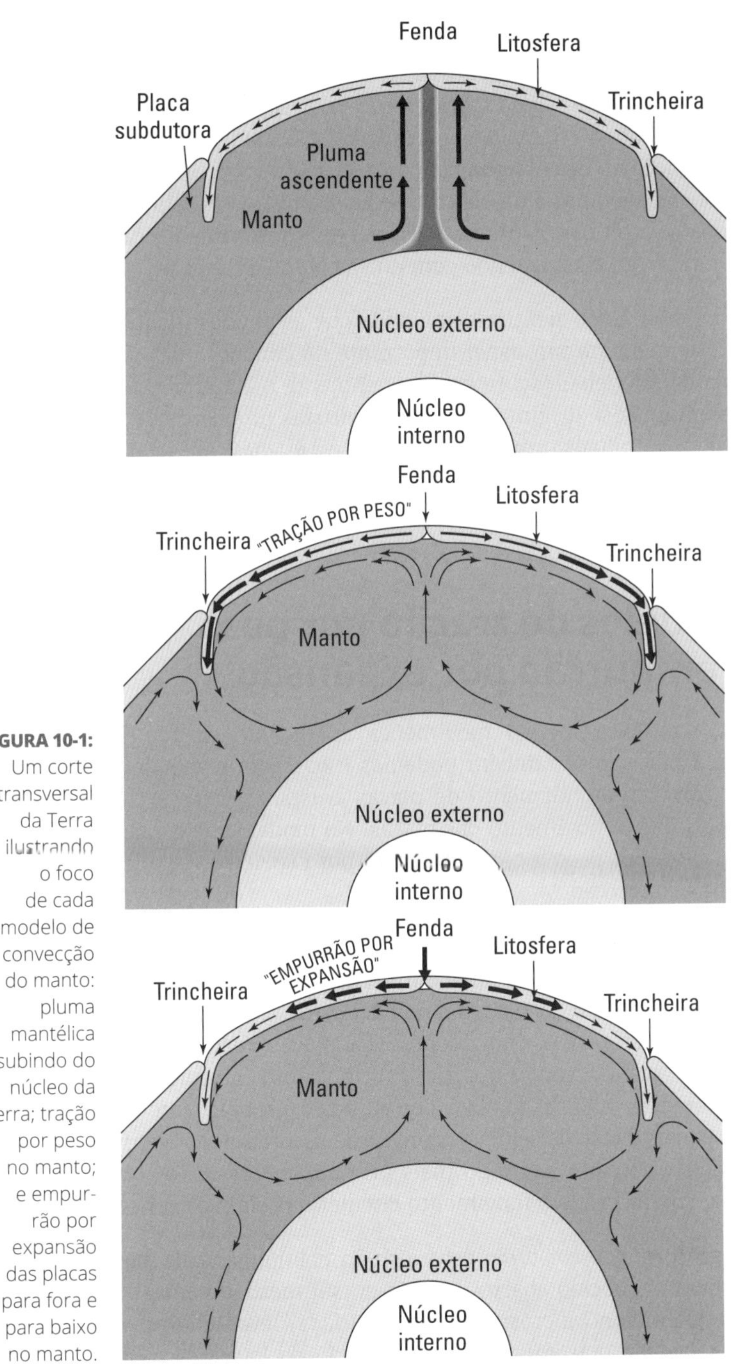

FIGURA 10-1: Um corte transversal da Terra ilustrando o foco de cada modelo de convecção do manto: pluma mantélica subindo do núcleo da terra; tração por peso no manto; e empurrão por expansão das placas para fora e para baixo no manto.

Pluma mantélica: A lava da lâmpada

Alguns cientistas acham que o manto da Terra funciona como uma lâmpada de lava. A rocha do manto perto do núcleo da Terra é aquecida, torna-se menos densa e começa a fluir para cima, deslocando o material do manto mais frio e denso perto da crosta, que afunda para baixo, de volta ao núcleo. Nesses ciclos de material rotativo do manto (ou células de convecção), o material que é aquecido e sobe se chama *pluma mantélica*. No modelo de pluma mantélica para condução de placas tectônicas, a ascensão de rocha de manto aquecida inicia a rotação de uma célula de convecção. Conforme as células de convecção conduzidas pela pluma mantélica entram em um movimento circular, puxam a crosta junto com elas, fazendo com que as placas se movam.

Embora a maioria dos cientistas concorde que as plumas mantélicas e a convecção desempenham um papel importante na condução das placas tectônicas, ainda há um debate sobre como exatamente o material do manto circula e onde as plumas se originam. Alguns cientistas propõem que a *mesosfera* (a camada do manto mais próxima do núcleo) e a *astenosfera* (a parte logo abaixo da crosta, ou *litosfera*) têm uma camada de células de convecção que giram em direções opostas. Outros propõem que todo o manto sofra convecção como uma lâmpada de lava.

Os modelos de tração por peso e de empurrão por expansão

A pluma mantélica foca o movimento ascendente do material aquecido movendo a placa, mas também podemos olhar para o movimento na outra direção. Talvez o afundamento de placas crustais densas e (relativamente) frias impulsione o movimento das placas. No modelo que explico nesta seção — o de tração por peso e o de empurrão por expansão —, a gravidade atua junto com a convecção.

Como explico no Capítulo 9, quando uma placa continental e uma oceânica se encontram, a crosta oceânica (que é mais densa) é forçada para baixo (*subduzida*) no manto abaixo da placa menos densa da crosta continental. O termo *tração por peso* descreve os movimentos das placas impulsionados pelo afundamento da crosta oceânica (o "peso") no manto, puxando a placa crustal anexada para trás. A parte da placa que afunda é um braço inferior do material mais frio e mais denso da célula de convecção mantélica. À medida que afunda, os materiais do manto aquecido mais profundamente na Terra são forçados para cima, completando o movimento circular da célula de convecção.

Da mesma forma, o *empurrão por expansão* é impulsionado pela gravidade. Nele, o manto aquecido abaixo de uma dorsal meso-oceânica (um limite de placa em que uma nova crosta oceânica é criada) levanta levemente as placas crustais à medida que jorra, fazendo erupção de lava fresca (que esfria em basalto, criando uma dorsal meso-oceânica). A fenda elevada, então, exerce uma força de impulso para fora e para baixo em cada lado, para longe da fenda.

Ambas as ideias destacam o papel da gravidade. Elas sugerem que a posição ligeiramente elevada das dorsais meso-oceânicas resulta em um movimento de deslizamento para fora e para baixo (ou empurrão) das placas nos lados opostos da dorsal. As placas são empurradas para longe da fenda, em direção à borda oposta, que em muitos casos é um limite de subducção, no qual a tração por peso continuará a empurrá-las para a astenosfera.

LEMBRE-SE

Embora discordem dos detalhes, os cientistas atualmente concordam que os materiais do manto se movem por convecção e que os materiais frios e densos da *litosfera* (a crosta e o manto superior) entram no manto nos limites da zona de subducção. Eles têm boas evidências que respaldam essas ideias, como mostra a próxima seção.

A Convecção Explica: Magma, Vulcões e Montanhas Subaquáticas

No Capítulo 8, observo que a teoria das placas tectônicas é uma teoria *unificadora* para a geologia. Isso significa que a descrição das placas tectônicas incorpora a compreensão dos cientistas de muitos outros fenômenos geológicos observados. Nesta seção, explico como a subducção das placas da crosta terrestre (cortesia da convecção do manto) se relaciona aos vulcões.

LEMBRE-SE

Ao ler esta seção, lembre-se de que o manto da Terra é sólido, não líquido. Um equívoco comum é pensar que o manto da Terra é feito inteiramente de *magma*: rocha líquida derretida. *Não é!* O magma se forma apenas sob as condições corretas de calor (explicadas no Capítulo 7).

Nesta seção, descrevo três lugares na Terra com condições de formação de magma:

- Em zonas de subducção nas quais as placas colidem e uma placa subducta a outra.
- Sob a crosta nos hotspots (pontos quentes) da pluma mantélica (como os vulcões havaianos ou hotspot de Yellowstone).
- Ao longo do limite em que duas placas se afastam (dorsais meso-oceânicas).

Fricção de placa: Rocha derretida abaixo da crosta terrestre

Todos estão familiarizados com a imagem de um vulcão cuspindo (ou escorrendo) lava quente. A *lava* é a rocha derretida do fundo da crosta terrestre. Antes de atingir a superfície, ela se chama *magma*; só depois que o vulcão entra em erupção que a rocha derretida se torna *lava*.

O derretimento das rochas para criar magma requer uma certa quantidade de calor próximo à superfície da Terra. O ponto no qual tanto calor é criado é o mesmo em que uma placa subduz outra (uma zona de subducção). Mesmo que as placas estejam na superfície da Terra e, portanto, mais frias do que os materiais nas profundezas, a fricção entre as duas placas cria um calor extra — suficiente para que a água, o gás dióxido de carbono e outros elementos sejam espremidos para fora das rochas crustais subduzidas no manto e na crosta, acima. Isso transforma a rocha do manto em magma líquido (*fusão de fluxo*; veja detalhes no Capítulo 7). O magma recém-formado sobe através da crosta. No caminho para a superfície, ele derrete alguns dos minerais nas rochas que toca e adiciona esses elementos a seu *fundido*, ou líquido. Como diferentes minerais têm diferentes temperaturas de fusão, o magma é capaz de derreter apenas alguns deles.

LEMBRE-SE

Esse fundido incompleto de rochas — no qual poucos minerais são adicionados ao derretimento, enquanto outros permanecem sólidos — é a *fusão parcial*. A composição do magma é determinada pelos minerais que ele derrete parcialmente à medida que sobe em direção à superfície.

Os silicatos (como o quartzo, o feldspato e outros que descrevo no Capítulo 5) derretem-se em temperaturas mais baixas do que outros, então a fusão parcial (que descrevo no Capítulo 7) cria magmas com grandes quantidades de sílica. Quando um magma contendo uma grande quantidade de sílica se esfria, os silicatos são reformados em rochas ígneas na crosta terrestre ou dentro dela. Essas rochas podem, em um futuro distante, ser subduzidas de novo (veja a discussão sobre o ciclo das rochas, no Capítulo 7), concentrando, assim, constantemente os elementos que formam os silicatos e os mantendo na crosta terrestre.

Arcos vulcânicos e hotspots

Conforme o magma sobe através da crosta, pode se esfriar e se tornar uma rocha ígnea (veja o Capítulo 7), ou entrar em erupção na superfície, caso em que um vulcão surge! Vulcões ocorrem em dois ambientes: 1) ao longo da borda de uma placa subductante, conforme ela se derrete parcialmente; ou 2) como um hotspot no meio de uma placa. Explico as duas configurações a seguir.

Arcos vulcânicos

À medida que uma placa é subduzida e parcialmente se derrete, uma cadeia de vulcões aparece na superfície da placa sobreposta. Uma cadeia de vulcão é chamada de *arco*. Dois tipos de arcos vulcânicos são comumente reconhecidos:

» **Arco de ilha:** É formado quando duas placas oceânicas colidem e uma é subduzida sob a outra. À medida que a crosta subduzida se derrete e o magma sobe, ele rompe a crosta da placa subjacente, criando uma cadeia de ilhas vulcânicas aproximadamente paralelas à borda da placa subduzida. A Figura 10-2 ilustra o processo em seção transversal.

  Exemplos de arcos de ilhas vulcânicas formados a partir desse processo incluem as Ilhas Aleutas, no Oceano Pacífico Norte, e as Ilhas Marianas, no Oceano Pacífico Sul.

» **Arcos de margem continental:** Quando uma placa continental colide com uma oceânica, a oceânica é subduzida sob a placa continental (explico por que no Capítulo 9). O magma sobe através da crosta continental sobreposta e cria um *arco continental*: uma série de vulcões ao longo da margem continental, ou borda. A Figura 10-3 ilustra uma visão transversal de como esse processo ocorre.

  Exemplos de arcos de margem continental incluem a Cordilheira das Cascatas, ao longo da costa oeste da América do Norte, e os Andes, na América do Sul.

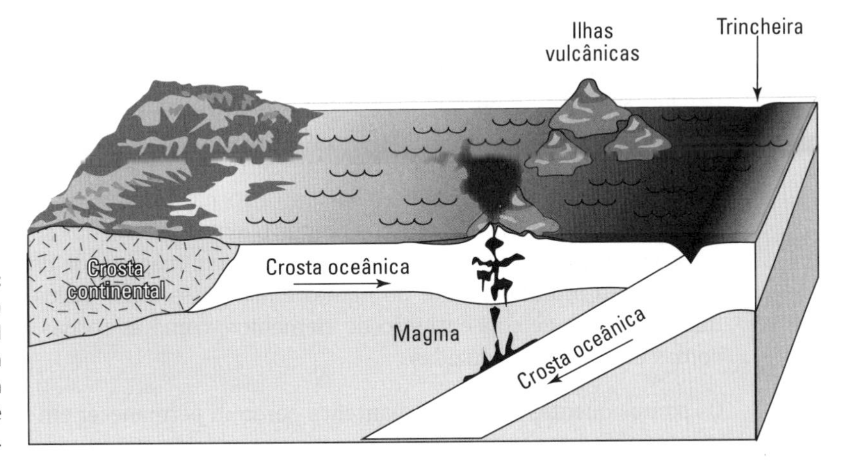

FIGURA 10-2: Uma vista transversal de como um arco de ilha vulcânica é criado.

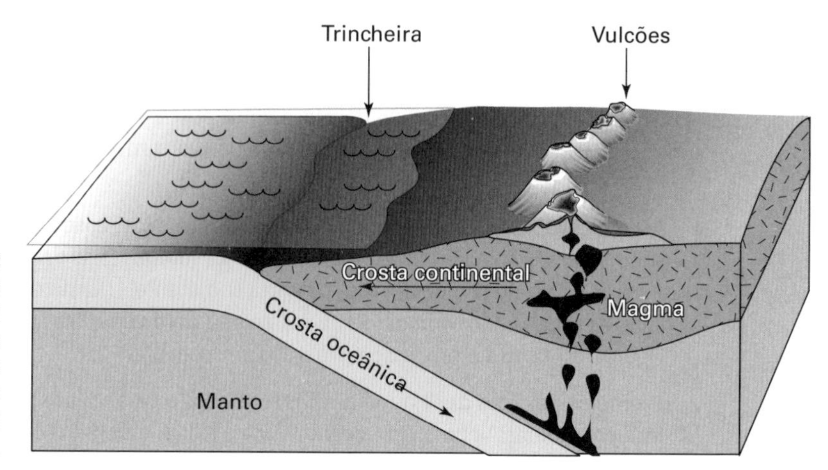

FIGURA 10-3: Uma vista transversal de como um arco de margem continental é criado.

Hotspots vulcânicos

Nem todos os vulcões resultam da subducção. Alguns são formados quando o magma é formado abaixo de uma placa crustal, devido ao calor liberado durante a fase de resfriamento do ciclo de convecção do manto. Lembra-se das plumas mantélicas, que ilustrei no início do capítulo? Às vezes, quando aquecidas, elas sobem do núcleo da Terra em direção à crosta, irrompendo no meio de uma placa crustal. Esses pontos de erupção são os *pontos quentes vulcânicos*.

Quando as plumas mantélicas alcançam a crosta, elas se esfriam, o que significa que parte do calor é transferida para as rochas da crosta hospedeira. O calor adicionado na crosta aumenta a temperatura o suficiente para derreter alguns minerais das rochas crustais profundas em magma. Isso é uma fusão parcial, semelhante ao que ocorre nas zonas de subducção. No entanto, há uma grande diferença: os minerais que se derretem profundamente na crosta são diferentes daqueles encontrados (e derretidos) na crosta subdutora. Os cientistas sabem disso porque o *basalto* (a rocha formada quando o magma irrompido, ou *lava*, resfria-se) nos pontos quentes tem menos sílica que o dos arcos vulcânicos. Acredita-se que os minerais em magmas de pontos quentes se originam profundamente no manto e não passam por ciclos repetidos de fusão parcial e de concentração de elementos, como as rochas ao longo das bordas das placas subduzidas.

Os pontos quentes da pluma mantélica parecem permanecer em um ponto no manto conforme as placas crustais se movem por eles. O resultado é uma cadeia de vulcões, como as ilhas havaianas, mostradas na Figura 10-4. Conforme a placa do Pacífico se move através do hotspot do Havaí, as ilhas vulcânicas mais antigas (não mais em erupção de magma) se movem com a placa em direção ao noroeste, enquanto uma nova ilha vulcânica é formada ao sudeste.

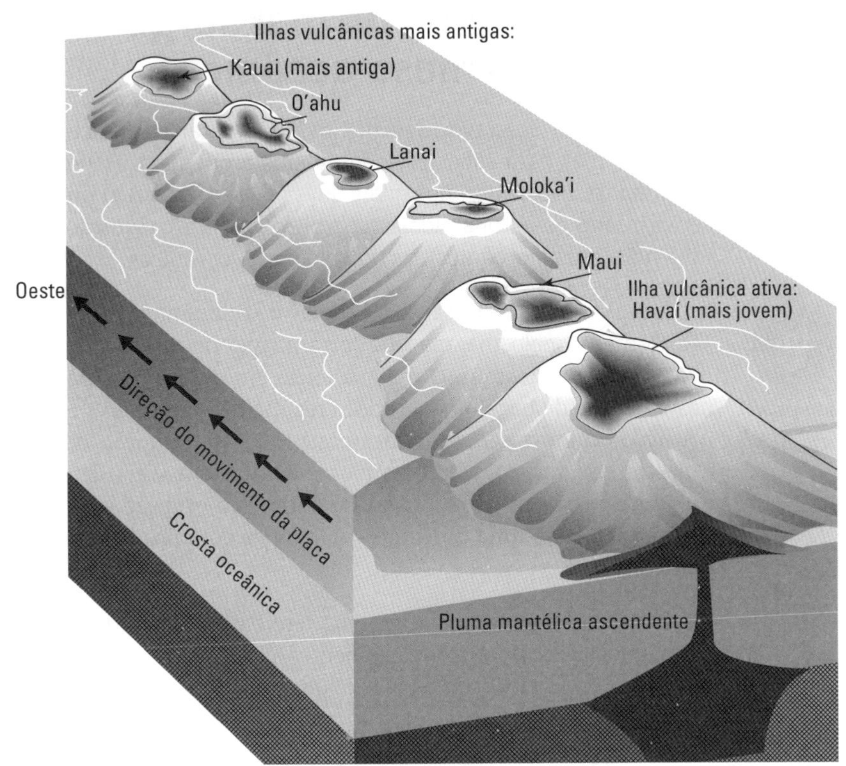

FIGURA 10-4: A Placa do Pacífico movendo-se através de um hotspot vulcânico formou (e continua formando) as ilhas havaianas.

Esse processo também ocorre abaixo das placas da crosta continental. As características geológicas do Parque Nacional de Yellowstone, em Wyoming (como fontes termais, que descrevo no Capítulo 12), resultam de um hotspot abaixo da Placa Norte-americana. Os geólogos reconheceram uma sequência de *caldeiras* (feições vulcânicas colapsadas) mais velhas estendendo-se pelo sul de Idaho, indicando que o hotspot de Yellowstone está ativo há mais de 13 milhões de anos.

Lembrando os cumes

Vulcões também são formados ao longo dos limites da dorsal meso-oceânica, onde duas placas se afastam uma da outra, por fusão por descompressão (veja o Capítulo 7). Em geral, esses vulcões são submersos e ocorrem esporadicamente em regiões nas quais o magma surge abaixo do limite de placa. Um lugar em que esse tipo de vulcão é visível é na ilha da Islândia. Continue lendo para descobrir mais detalhes sobre os processos que ocorrem nos limites da dorsal meso-oceânica, como aquele que divide a Islândia.

Um novo fundo do mar surge das dorsais meso-oceânicas

No Capítulo 8, descrevo brevemente como datar os minerais nas rochas do fundo do mar para saber a idade da crosta oceânica. E, no Capítulo 9, descrevo *limites divergentes*, nos quais duas placas se afastam uma da outra. Nesta seção, reúno essas duas ideias e explico como a convecção do manto forma uma nova crosta oceânica nas dorsais meso-oceânicas.

LEMBRE-SE

As dorsais meso-oceânicas são cadeias de montanhas no fundo do mar. Elas são formadas pelo magma que jorra abaixo de um limite divergente, onde duas placas se afastam. O magma entra em erupção, esfria-se e forma fendas rochosas de basalto. A erupção resulta da convecção de rochas do manto aquecido, conforme discuto neste capítulo. A produção de magma se deve à descompressão conforme as placas se afastam (veja detalhes no Capítulo 7). O magma continua subindo até entrar em erupção ao longo da borda do limite, formando uma cadeia de montanhas de rocha basáltica — uma dorsal meso-oceânica.

Na dorsal meso-oceânica, o magma tem baixas quantidades de sílica e altas de magnésio, cálcio e ferro: elementos de minerais encontrados nas rochas profundas do manto (como o *peridotito*, que descrevo no Capítulo 7).

Vai Sacudir, Vai Abalar: Movimentos das Placas e Terremotos

Quaisquer que sejam as forças que impulsionem a convecção do manto, sabemos que a convecção impulsiona constantemente as placas crustais uma em direção à outra. Parece que a crosta terrestre é bastante sólida e as placas continentais estão bem compactadas, então, quando uma ou duas placas começam a se mover, ninguém fica parado!

As rochas crustais começam a se deformar sempre que duas placas entram em contato uma com a outra. Nos limites convergentes, onde as placas se movem uma em direção à outra, a energia e a tensão entre as duas aumentam com o tempo. Aí, crec! A energia é liberada e o solo ondula abaixo de nós enquanto as rochas voltam à sua forma original. Parece muito drástico, e é. Esse processo é o que entendemos como terremoto: a recuperação elástica da crosta terrestre quando a energia acumulada do movimento das placas é liberada repentinamente.

Nesta seção, explico como os movimentos das placas inspirados por convecção resultam em terremotos, como eles geram ondas que viajam pela Terra e como medimos a magnitude deles.

Respondendo com elasticidade

Parece estranho pensar que as rochas são elásticas, mas essa é a melhor maneira de descrever como respondem à pressão dos movimentos das placas. Conforme as rochas são pressionadas umas contra as outras, elas se deformam. A energia é armazenada até que ocorra uma *ruptura*, liberando a energia armazenada repentinamente e permitindo que as rochas voltem à sua forma anterior. Essa resposta é o *rebote elástico*.

OBSERVANDO INDIRETAMENTE

No Capítulo 4, discuto o interior da Terra e as ideias dos cientistas sobre o núcleo interno sólido, o núcleo externo líquido e o manto sólido (embora fluindo) abaixo da litosfera. Você já se perguntou como os cientistas chegaram a conclusões sobre o interior da Terra? Suas ideias se baseiam na forma como as ondas sísmicas viajam pela Terra, então os terremotos influenciaram diretamente o que sabemos sobre as camadas terrestres.

As ondas dos terremotos são registradas pelos *sismômetros*, instrumentos enterrados no subsolo de todo o planeta. Quando ocorre um terremoto, o sismômetro envia um sinal para uma máquina em um laboratório (o *sismógrafo*) que registra os movimentos das suas ondas em uma impressão chamada *sismograma*. Os cientistas observam os sismógrafos enquanto os imprimem para verem quando as ondas P e as ondas S chegam.

Lembre-se de que as ondas S viajam apenas através de materiais sólidos. Os cientistas que estudaram os terremotos no início do século XX notaram que as ondas S não chegavam aos sismógrafos em todo o mundo a partir de seus epicentros de origem. Eles perceberam que havia uma região através da qual as ondas S não viajavam, e a nomearam *zona de sombra*. Essas observações levaram os cientistas a concluírem que o núcleo externo da Terra é líquido e permitiram que estimassem em que profundidade essa camada começa.

Lembre-se: embora as ondas S viajem através de material sólido, não viajam através do núcleo interno sólido da Terra porque são bloqueadas (refratadas) pelo núcleo externo líquido, através do qual não viajam.

As ondas P viajam através de líquidos, mas criam uma zona de sombra própria devido a pequenas mudanças em sua direção nos limites líquido-sólido nas regiões manto-núcleo externo e núcleo externo-núcleo interno da Terra. Nessas fronteiras, as ondas P são refratadas na diagonal em relação à direção original. Elas também diminuem de velocidade à medida que passam pelo núcleo externo líquido, de modo que chegam mais tarde do que o esperado ao outro lado do globo. A Figura 4-3, no Capítulo 4, mostra como as ondas S e as ondas P viajam pelo interior da Terra e criam zonas de sombra.

Após a liberação inicial de energia, vem uma série de *tremores secundários*, conforme as rochas continuam a se mover e a se estabelecer no lugar. Do mesmo modo, conforme a pressão entre as placas aumenta, há uma série de pequenos ajustes que criam *choques*, antes que ocorra a maior liberação de energia que produz um terremoto.

Enviando ondas pela Terra

Se você já experienciou um terremoto, sentiu o chão se mover. Quando ocorre o deslizamento, a energia liberada se espalha em ondas sísmicas. A palavra *sísmica*, que aparece com frequência nas discussões sobre terremotos, vem da palavra grega para "tremer".

Dois tipos de ondas saem do *foco*, ou ponto de origem, de um terremoto. Um tipo são as *ondas superficiais*, que viajam pela superfície da Terra assim como as ondulações viajam pela superfície de um lago quando você atira uma pedra nele. Essas ondas viajam em todas as direções a partir do *epicentro*, que é a localização na superfície diretamente acima do foco do terremoto. As ondas de superfície podem se mover para cima e para baixo ou de um lado para o outro, e são responsáveis pela maioria dos danos decorrentes de um terremoto.

LEMBRE-SE

Outro tipo de onda, uma *onda interna*, viaja pelo interior da Terra. Ela também é uma *onda primária* (onda P) ou *onda secundária* (onda S). Veja como diferem:

- **Ondas P** também são conhecidas como *ondas de compressão*. Elas se movem rapidamente ao comprimir as rochas, o que significa que as rochas se contraem e se expandem conforme a onda se move através delas. Um modo de visualizar isso é imaginar uma mola infantil esticada. Se comprimir e liberar uma extremidade, a energia se moverá ao longo da mola, contraindo-se e expandindo-se até chegar à outra extremidade. As ondas P se movem através de sólidos e de líquidos.
- **Ondas S** são *ondas de cisalhamento*. Elas se movem mais lentamente e movem as rochas para cima e para baixo, como segurar uma extremidade de uma corda e balançá-la para cima e para baixo. Por se moverem lentamente, as ondas S chegam depois das ondas P em um *sismógrafo*, ou estação de medição de terremoto. As ondas S viajam apenas através de material sólido.

Magnitude de medição

Quando as pessoas começaram a "medir" terremotos, há pouco mais de cem anos, usavam uma escala baseada em relatos de testemunhas oculares de danos destrutivos a edifícios. Isso se chama *escala de Mercalli* por causa do seu desenvolvedor, Giuseppe Mercalli. Obviamente, uma escala como essa não é muito útil para medir terremotos em áreas que não possuem edifícios. Desde então, uma escala de intensidade modificada de Mercalli foi desenvolvida usando edifícios modernos na Califórnia como padrão. No entanto, é útil para medir terremotos apenas nos Estados Unidos e em partes do Canadá, porque muitas partes do mundo têm estilos e padrões muito diferentes de edifícios.

Hoje em dia, os sismólogos usam um método mais preciso para medir terremotos. Uma caixa chamada *sismômetro* está enterrada na camada de rocha sólida abaixo do solo. Conforme as ondas passam, sacudindo as rochas, o sismômetro também se move, e uma caneta pesada suspensa em seu interior (que não se move com as ondas do terremoto devido ao seu peso e ao fato de estar suspensa) registra os movimentos da agitação como uma série de ondulações. A Figura 10-5 mostra o sismômetro.

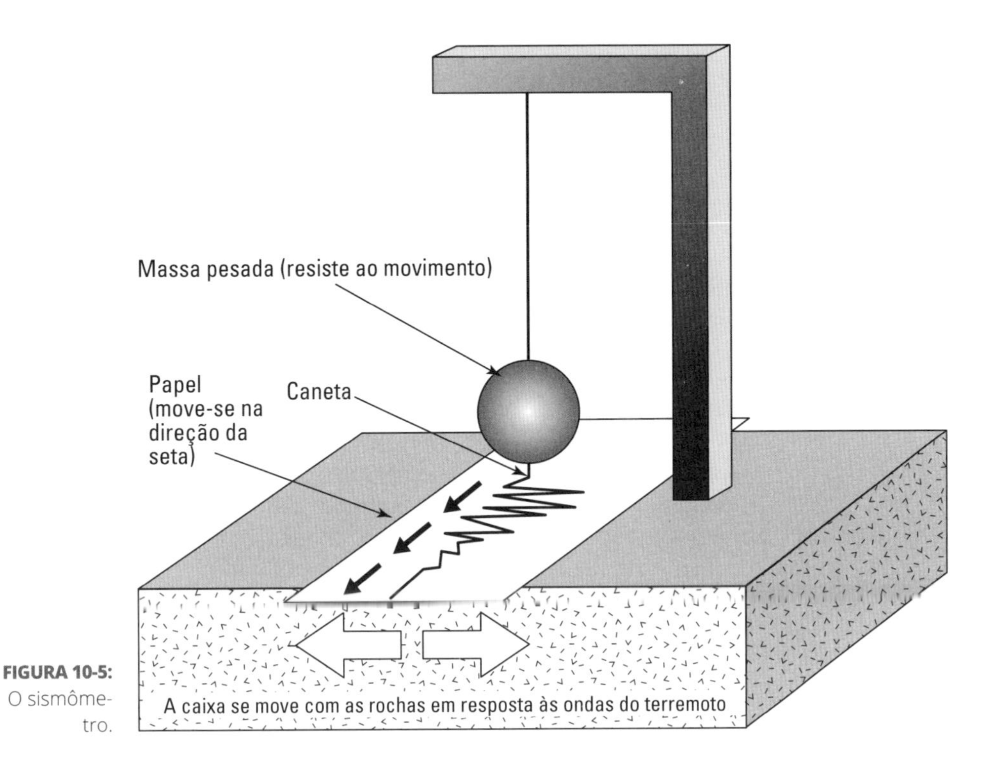

FIGURA 10-5: O sismômetro.

O sismômetro envia um sinal para uma máquina em um laboratório, ou estação de monitoramento, chamada de *sismógrafo*, que registra o padrão ondulado da energia das ondas. A impressão desse padrão de energia das ondas é chamada de *sismograma*. A Figura 10-6 mostra um sismograma das ondas S e P registradas por um sismômetro.

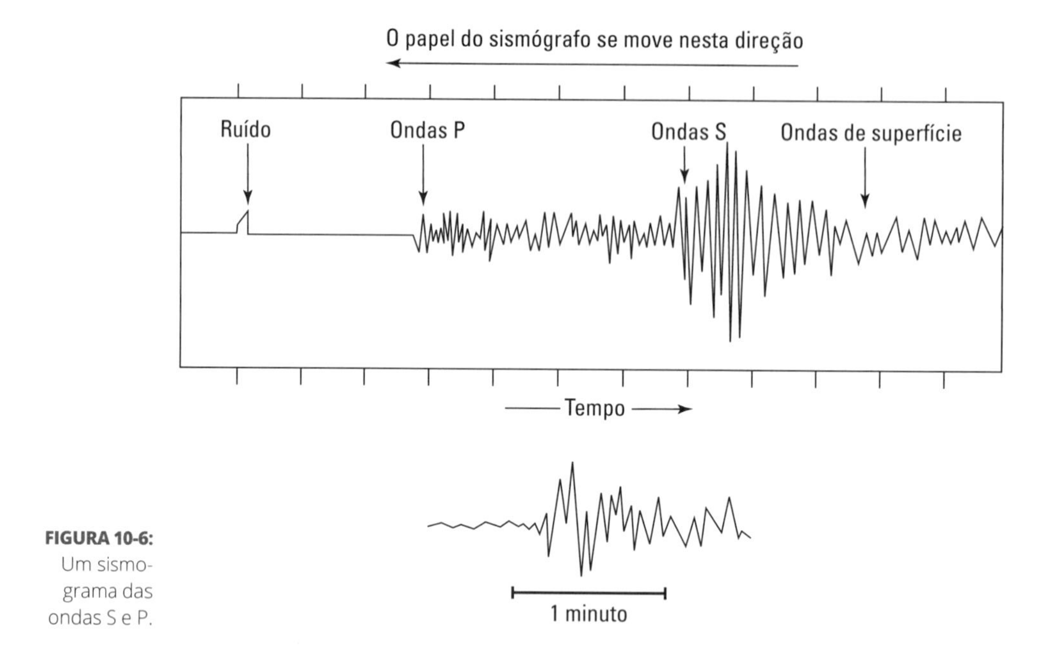

FIGURA 10-6: Um sismograma das ondas S e P.

Os sismômetros são tão sensíveis que detectam ondas de energia de terremotos que ocorrem do outro lado do planeta!

Usando as informações quantitativas coletadas dos sismógrafos, em 1935, o cientista Charles Richter, da CalTech, começou a medir a magnitude dos terremotos. A escala Richter, que ele desenvolveu, é uma *escala logarítmica*, o que significa que cada unidade na escala é dez vezes a magnitude do valor anterior. Por exemplo, um terremoto de magnitude quatro na escala Richter tem dez vezes a energia de um terremoto de magnitude três e cem vezes a de um terremoto de magnitude dois. Essa é uma grande diferença!

Um problema com a escala Richter é que ela não mede com precisão os tremores realmente grandes; terremotos maiores que sete na escala Richter tendem a ser semelhantes. Portanto, os cientistas desenvolveram uma nova medida, o *momento sísmico*, que é ainda mais preciso. A *escala de magnitude de momento* (Mw) combina medições da profundidade do foco do terremoto e da distância que as rochas percorreram com medições da resistência das rochas para descrever a energia liberada pelo terremoto. O número calculado que quantifica a energia é então convertido em uma escala logarítmica comparável à Richter.

4
Superfície Nada Superficial

NESTA PARTE...

Aprenda de que modo poderosas forças geológicas, como a gravidade e o vento, agem com as placas tectônicas para criar as características da superfície da Terra.

Veja como a água, as geleiras e as ondas mudam as características da superfície da Terra à medida que movem rochas e sedimentos.

NESTE CAPÍTULO

» Compreendendo o cabo de guerra entre o atrito e a gravidade

» Estabilizando um declive

» Perdendo massa com água e mais

» Desmantelando solo e rocha: quedas, deslizamentos e fluxos

» Ralentando nas encostas: perdas lentas de massa

Capítulo **11**

Gravidade sem Dó: Movimento de Massa

O *movimento de massa* acontece quando grandes quantidades de materiais terrestres, como rochas, sedimentos e solo, descem uma encosta em resposta à gravidade. (Como explico no Capítulo 7, ***sedimentos*** são partículas soltas de rocha desgastada.) Ele ocorre em qualquer lugar no qual a superfície da Terra não seja completamente plana. Você deve estar familiarizado com esse processo na forma de deslizamentos de terra e de quedas de pedras.

O que causa o movimento de massa? É a resposta dos materiais terrestres à atração constante da gravidade. *Gravidade* é a força que mantém tudo "enraizado" na Terra, a mesma que garante que o seu pão caia com o lado da manteiga para baixo e que faz tudo o que sobe descer.

Se já esteve no topo de uma colina íngreme, já experimentou a força da gravidade na descida. Quando volta seu corpo para baixo, para permanecer no topo, precisa contrair todos os músculos das pernas e provavelmente inclinar-se um pouco para trás. A força da gravidade o impulsiona para a frente e é preciso uma boa quantidade de energia para lutar contra essa atração. Quanto mais íngreme for a inclinação, mais terá que se retesar para resistir à atração.

A gravidade exerce a mesma atração sobre as rochas, os sedimentos e o solo. Neste capítulo, explico o que impede os materiais terrestres de deslizarem por uma encosta. Também discuto os fatores que desencadeiam o movimento de massa e defino seus vários tipos.

Balança, mas Não Cai: Atrito versus Gravidade

A gravidade puxa constantemente os materiais *encosta abaixo* (em direção ao pé de uma encosta), mas uma força contrária impede o deslizamento imediato. A força contrária é o *atrito*, que está em constante cabo de guerra contra a gravidade. Enquanto o atrito vence, os materiais permanecem na encosta; quando a gravidade o derrota, eles deslizam ladeira abaixo.

LEMBRE-SE

O *atrito* é a força de aderência entre dois objetos; no caso, os materiais terrestres e a superfície da encosta. A quantidade de atrito é determinada pela inclinação e pela rugosidade superficial dela. Quando a força do atrito é maior que a da gravidade, os materiais permanecem parados. Por exemplo, um declive suave e/ou com uma superfície áspera terá um forte atrito com os materiais de terra sobre ele. A menos que a inclinação se torne mais íngreme ou a superfície seja suavizada, ocorrerá pouco ou nenhum movimento de massa.

No entanto, se a superfície de uma encosta for íngreme, lisa ou ambos, o atrito entre a encosta e os materiais é pouco, de modo que podem deslizar até a base (até o ponto em que a encosta fica plana).

A Figura 11-1 ilustra duas inclinações: (a) inclinação leve, na qual o atrito é maior que a gravidade e os materiais ficam estáveis; e (b) inclinação mais acentuada, na qual a gravidade é maior que o atrito, gerando movimento de massa.

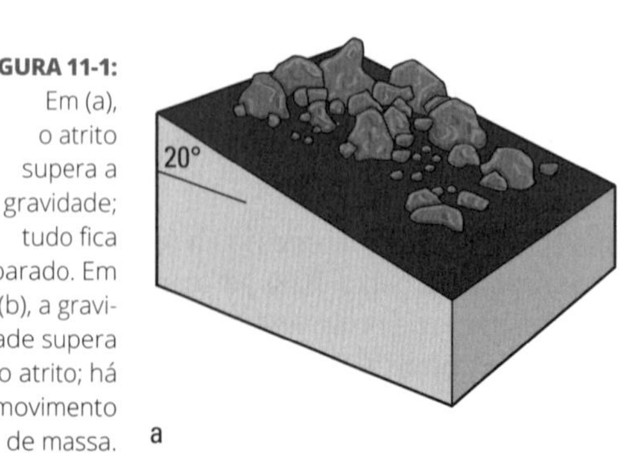

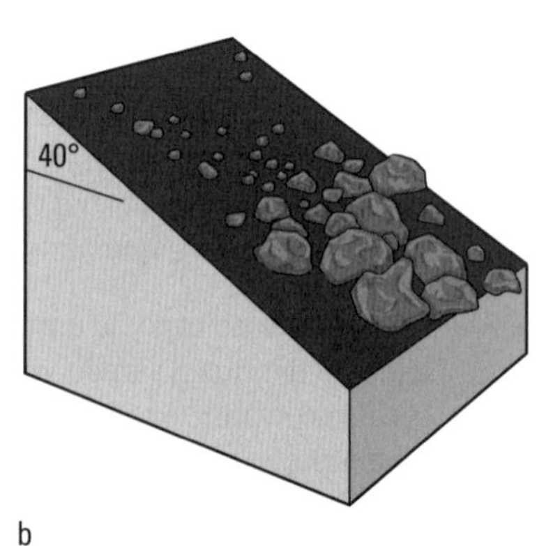

FIGURA 11-1: Em (a), o atrito supera a gravidade; tudo fica parado. Em (b), a gravidade supera o atrito; há movimento de massa.

Focando os Materiais Envolvidos

A relação entre a gravidade e o atrito determina se os materiais cedem e se ficam instáveis, independentemente de um declive ser estável e de quais materiais de terra estão nele. Solos, sedimentos soltos e rochas são muito menos estáveis do que grandes seções de rocha sólida. Mas até a rocha-mãe é suscetível ao movimento de massa sob certas condições. Nesta seção, descrevo como os materiais soltos e a rocha-mãe respondem à força da gravidade.

Materiais soltos: Descansando no ângulo de repouso

LEMBRE-SE

Em qualquer tipo de movimento de massa, o material desce a encosta até atingir seu ângulo de repouso, ponto em que para de se mover. O *ângulo de repouso* é o ângulo da encosta em que os sedimentos e as rochas ficam estáveis e não descem mais. *Repouso* significa "descanso temporário". Quando os sedimentos soltos são depositados nesse ângulo, param momentaneamente de descer a encosta; eles ficam no lugar. No entanto, lembre-se de que o repouso é temporário. Em algum momento, as condições que respaldam aquele ângulo de repouso mudarão.

O ângulo de repouso muda conforme o material. Fatores como o tamanho do grão do sedimento (explico o tamanho do grão e outras características dos sedimentos no Capítulo 7), a rugosidade das superfícies e a forma do declive determinam a quantidade de atrito — e, por extensão, o ângulo de repouso. A Figura 11-2 ilustra o ângulo de repouso para grãos pequenos (finos) de areia, grãos de areia maiores (grossos) e seixos grandes e angulares.

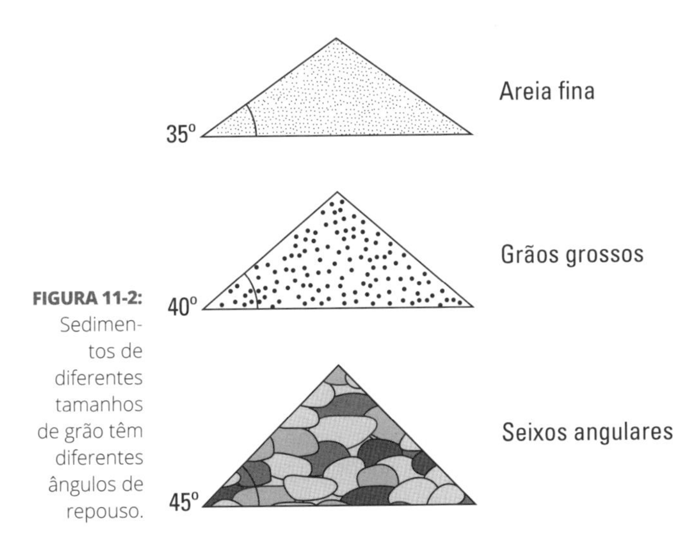

FIGURA 11-2: Sedimentos de diferentes tamanhos de grão têm diferentes ângulos de repouso.

Rocha sólida: Perdendo estabilidade

Abaixo das camadas de sedimentos soltos e solo há a rocha sólida, *base rochosa*, ou rocha-mãe, que pode ser uma rocha sedimentar, ígnea ou metamórfica. (Veja no Capítulo 7 os tipos de rocha e sua formação.) Diferentemente dos sedimentos soltos, a rocha-mãe é muito estável, mesmo em encostas íngremes. No entanto, certas condições tornam alguns alicerces suscetíveis ao movimento de massa.

A exposição à chuva e ao vento (*intemperismo*) pode quebrar pedaços de um substrato de rocha sedimentar se ele não for fortemente cimentado. Substratos de rocha *ígnea* ou metamórfica podem conter planos de fraqueza (camadas) desde sua formação, devido ao modo como os minerais foram arranjados em seu interior. Essas áreas fracas se quebram em resposta aos gatilhos do movimento de massa (que descrevo na próxima seção) ou desenvolvem rachaduras. Quando uma rocha-mãe apresenta rachaduras, as raízes das árvores podem crescer em seu interior e fragmentá-la ou enfraquecê-la. Da mesma forma, a água pode fluir para as rachaduras e se congelar, forçando ainda mais a quebra.

Provocando o Movimento de Massa

A força da gravidade puxa constantemente os materiais terrestres, forçando-os a descer a encosta para uma posição de maior estabilidade. Quando as condições são adequadas, grandes quantidades de material cedem à atração da gravidade. Quais fatores as propiciam? Nesta seção, concentro-me em quatro deles: água (que é o mais comum), uma mudança no ângulo da encosta, eventos que sacodem o solo (como terremotos e vulcões) e a perda de vegetação.

Olha a água

LEMBRE-SE

Mais do que qualquer outro fator, a água causa eventos de movimento de massa. Esse fato parecerá controverso se você já construiu um castelo de areia ou se fez tortas de lama. Em ambos os casos, a água faz com que as partículas de areia, ou lama, grudem, permitindo construir uma torre mais alta ou uma torta mais viscosa. Mas tenha em mente que, para alcançar o efeito desejado, você deve adicionar *apenas a quantidade certa* de água. Se usar muita água, o castelo de areia desliza para longe, ou a torta de lama vira uma sopa. Em uma escala muito maior, a mesma regra se aplica aos sedimentos. Um pouco de água aumenta a viscosidade, mas muita água leva ao movimento de massa.

Uma das causas de a água desencadeá-lo é por aumentar o peso do material em questão. Adicionar água ao solo ou aos sedimentos (geralmente por meio da chuva) aumenta o seu peso, o que aumenta a atração da gravidade.

LEMBRE-SE

A água também causa o movimento de massa saturando os sedimentos. A *saturação* ocorre quando a água preenche todo o espaço entre as partículas de areia ou rocha (o *espaço de poro*), de modo que as partículas de sedimento não consigam mais aderir. Quando estão saturadas, elas não se tocam mais. Portanto, não têm atrito e podem passar direto umas pelas outras. Sem atrito para lutar contra a força da gravidade, os sedimentos se movem encosta abaixo.

Chuvas intensas são a causa mais comum de saturar e desestabilizar sedimentos em uma encosta estável, resultando no movimento de massa.

LEMBRE-SE

A água provoca o movimento de massa de várias maneiras, mas ela própria não move o material em questão. É a *gravidade* a responsável por isso.

Mudando o ângulo de inclinação

Aumentar a inclinação de uma encosta aumenta a força da gravidade, o que resulta no movimento dos materiais encosta abaixo até recuperarem o ângulo de repouso. O que muda a inclinação de uma encosta? Em muitos casos, é a água a grande culpada.

LEMBRE-SE

Água em movimento em riachos ou rios carrega, ou *erode*, sedimentos na base de uma encosta. Esse tipo de erosão é a *desagregação subsuperficial*, e cria um declive muito mais íngreme, que tende a desencadear a descida dos materiais.

A Figura 11-3 ilustra como um riacho ou rio carrega os sedimentos que sustentam a encosta. A erosão por córrego ou rio, que leva ao movimento de massa, é a *desagregação subsuperficial do ângulo de repouso*.

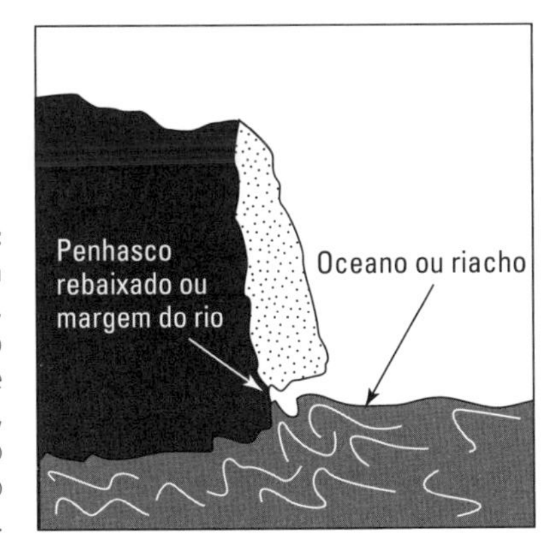

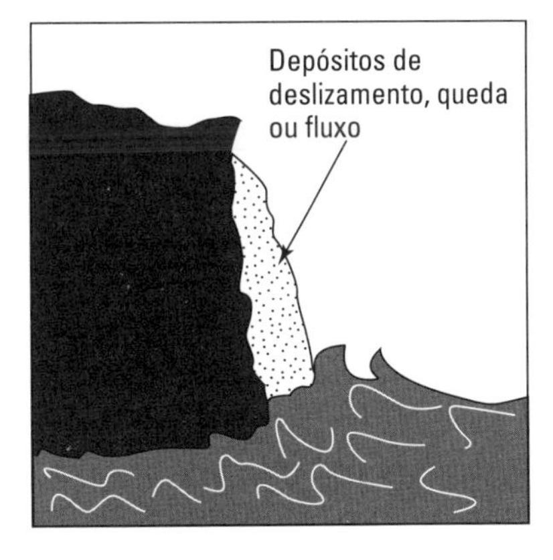

FIGURA 11-3: A erosão da corrente, diminuindo o ângulo de repouso, leva ao movimento de massa.

A água é o único fator que altera o ângulo de inclinação? Não — em regiões montanhosas, os ângulos de inclinação mudam como resultado da construção de estradas. Ladeiras rochosas são destruídas para abrir caminho para rodovias, e as encostas íngremes resultantes estão sujeitas ao movimento de massa à medida que as rochas sucumbem à gravidade e caem estrada abaixo. Se, dirigindo na serra, já viu uma placa: "Perigo — rochas", é exatamente isso a que ela se referia. (Explico melhor quedas de rochas na próxima seção.)

Agitando tudo: Terremotos

Os terremotos sacodem o solo e deslocam os materiais terrestres de suas posições, até então estáveis. Esses eventos também podem resultar em *soerguimento* (uma mudança na elevação devido aos movimentos das placas crustais; veja o Capítulo 9), ou fratura da rocha-mãe, alterando, assim, o ângulo de inclinação, o que pode desencadear o movimento de massa.

LEMBRE-SE

Se houver água presente nos sedimentos, tremores fazem com que os sedimentos ajam como líquido. Esse processo é a *liquefação*. Quando ela ocorre, as partículas de sedimento saturadas por água começam a fluir como um líquido. A agitação dos sedimentos afasta as partículas umas das outras, possibilitando que a água se infiltre entre elas. Se as partículas não se tocam, não há atrito para competir com a gravidade e, portanto, ocorre o movimento de massa.

Removendo a vegetação

As raízes das plantas ajudam a manter os sedimentos soltos e as rochas no lugar; elas estabilizam o solo. Na ausência da vegetação — como quando as árvores e as plantas são dizimadas por um incêndio florestal —, o solo e as rochas têm mais probabilidade de cederem.

A vegetação é removida por incêndios, pastagem excessiva de gado ou desenvolvimento urbano. Nas regiões da Califórnia e em outras partes do Oeste dos Estados Unidos, a estação quente e seca dos incêndios florestais costuma ser seguida por deslizamentos de terra quando as chuvas chegam. Esses eventos se tornam cada vez mais comuns à medida que certas regiões experimentam condições mais quentes, secas e maiores riscos de incêndios florestais como resultado do aquecimento climático causado pelo homem. As condições para os deslizamentos de terra também são criadas pelo corte raso de encostas florestadas para obtenção de madeira. Na última década, o Haiti experimentou deslizamentos de lama devastadores durante a temporada de furacões devido ao desmatamento de encostas. (A madeira é usada como combustível de carvão.) Os danos devastadores das enchentes no Haiti pioram quando são seguidos por deslizamentos de terra que podem soterrar ou levar embora casas e pessoas.

Só Ladeira Abaixo!

Quando a atração da gravidade supera a força do atrito, um evento de movimento de massa é acionado. O termo *deslizamento de terra* é usado popularmente em referência a todo movimento de materiais terrestres pela gravidade. No entanto, geólogos usam nomes específicos para descrever *o quanto* as rochas e os sedimentos cedem. Nesta seção, descrevo os diferentes tipos de movimento de massa que ocorrem rapidamente.

DICA

Como os geólogos definem "rapidamente"? Se os materiais terrestres se movem alguns metros por segundo, ou mais, é rápido.

Quedas

As *quedas* ocorrem quando as rochas ou os sedimentos caem de um ângulo muito íngreme ou de uma posição vertical e se movem pelo ar antes de atingir o solo. À medida que se movem, esses materiais não tocam a encosta; caem em queda livre. A Figura 11-4 ilustra um cenário de queda.

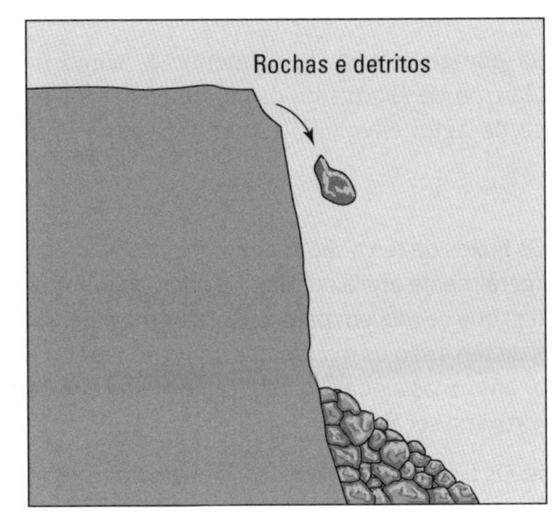

FIGURA 11-4: As quedas de rochas ocorrem quando os materiais caem no ar de uma encosta inclinada ou vertical.

Escorregamentos e abaixamentos

A palavra *escorregamento* descreve o movimento de massa de sedimentos ou rochas que se movem ladeira abaixo como um grande bloco. Durante um escorregamento, o material permanece em contato com a superfície conforme desce.

O *abaixamento* é semelhante ao deslizamento (os materiais se movem como um grande bloco), mas ele é mais lento e os materiais se movem ao longo de uma superfície curva. Em outras palavras, os materiais não apenas descem, mas também se afastam, deixando uma cicatriz no solo em forma de meia-lua (*escarpa*) para trás.

A Figura 11-5 ilustra a diferença entre um escorregamento e um abaixamento.

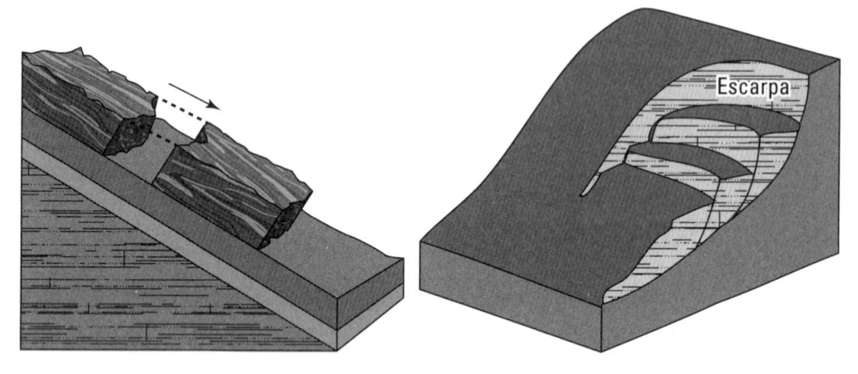

FIGURA 11-5: Um deslizamento de material rochoso intacto e um escorregamento deixando uma escarpa.

Fluxos

Movimentos de massa que se movem fluidamente — como um líquido — chamam-se *fluxo*. Cada tipo de fluxo tem uma nomenclatura particular, que descreve a quantidade de água envolvida e como os sedimentos interagem dentro dele:

- **Fluxo de terra:** Os fluxos de terra são sedimentos relativamente secos com grãos pequenos (geralmente argila ou silte; veja no Capítulo 7 descrições de tamanhos de grãos) que se movem para baixo. Dos movimentos de massa rápidos, os fluxos de terra são os mais lentos (movendo-se, no máximo, alguns metros por ano), mas ainda são mais rápidos que o rastejo de solo, que descrevo na próxima seção.
- **Fluxo de detritos:** Os fluxos de detritos ocorrem em áreas montanhosas com encostas íngremes. Variam em consistência, dependendo da mistura de água e sedimentos; alguns são um fluido fino e lamacento e outros são espessos como concreto. Detritos muito rápidos fluem por encostas íngremes e se tornam *avalanches* quando as rochas e os sedimentos caem no ar (como a queda de rocha). Os fluxos de detritos compostos de pequenos sedimentos (como argila e silte) são *fluxos de lama*.
- **Lahars:** Quando os vulcões entram em erupção, criam *lahars*, ou fluxos de detritos vulcânicos, processo no qual uma erupção de cinzas derrete as geleiras e a neve e se mistura com elas em uma montanha vulcânica e flui colina abaixo.

Com Moderação: Rastejo de Solo e Solifluxão

Às vezes, quando os materiais terrestres sofrem movimento de massa, eles se movem muito lentamente. Na seção anterior, descrevo o movimento de massa rápido, que ocorre a uma taxa de metros por segundo, ou mais. Nesta seção, descrevo o movimento lento, medido em milímetros por ano.

LEMBRE-SE

O *rastejo de solo* é tão lento que não pode ser observado; pode apenas ser medido ao longo do tempo. Ele ocorre quando pequenas quantidades de solo são deslocadas para baixo pela força da gravidade. A Figura 11-6 ilustra que as camadas superiores do solo geralmente se movem mais rapidamente do que as mais profundas, de modo que objetos como árvores, postes e lápides presos no solo inclinam-se para baixo. O movimento é tão lento que as árvores reajustam sua direção de crescimento e desenvolvem troncos tortos em resposta ao solo rastejante.

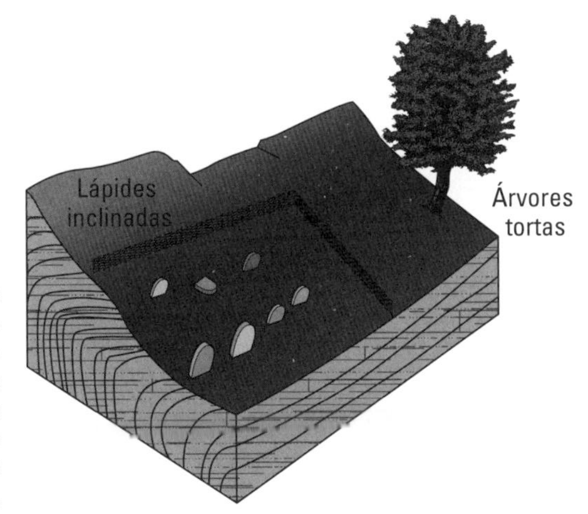

FIGURA 11-6: À medida que o rastejo de solo ocorre, os objetos nele se inclinam para baixo.

Em regiões nas quais o solo se congela no inverno, o rastejo de solo acontece um pouco mais rápido. A *solifluxão*, ou *fluxo de solo*, ocorre quando o solo se congela durante parte do ano. No verão, as camadas superiores do solo descongelam-se, enquanto as mais profundas permanecem congeladas (essa camada ultracongelada é o *permafrost*). As camadas superiores ficam saturadas de água porque a água não é absorvida pelos solos mais profundos, congelados. A camada saturada fica propensa a movimentos devido a todo o peso da água e ao atrito reduzido entre as partículas.

Os principais tipos de movimento de massa estão listados na Tabela 11-1.

TABELA 11-1 **Tipos de Movimento de Massa**

Tipo	Material	Velocidade	Água
Rastejo	Solos	Lento	Às vezes
Solifluxão	Permafrost	Lento	Sim
Abaixamento	Solos e sedimentos	De lento a rápido	Não
Fluxo de detritos	Sedimentos	Rápido	Sim
Lahar	Cinzas	Rápido	Sim
Escorregamento	Rochas e detritos	De lento a rápido	Não
Avalanche	Neve	Rápido	Não
Quedas	Rochas e detritos	Rápido	Não

NESTE CAPÍTULO

» **Circulando a Terra**

» **Carregando sedimentos em riachos**

» **Erodindo canais e equilibrando**

» **Marcando a superfície da Terra com a erosão e a deposição**

» **Fluindo abaixo da superfície: água subterrânea**

Capítulo **12**

Água: Acima e Abaixo do Solo

A água está ao nosso redor. Obviamente, está nos oceanos — 97% da água da Terra está armazenada neles —, mas também nos lagos, nos rios, nos riachos e nas geleiras. Ela flui sobre e sob o solo, e cai do céu.

A água corrente é um poderoso agente de mudança na superfície da Terra. À medida que se move pela crosta terrestre, a água carrega rochas e partículas de sedimentos para longe e as deixa em outro lugar.

Neste capítulo, detalho como a água corrente nos continentes atua como agente geológico. (Abordo a água congelada — gelo e geleiras — no Capítulo 13, e os movimentos das ondas do mar, no Capítulo 15.) Começo descrevendo o ciclo da água nos oceanos, no ar e nos continentes. Explico como a água corrente gera energia para transportar rochas e outros materiais, bem como as características da paisagem criadas por ela. Por fim, descrevo como a água flui no subsolo, cria cavernas e é aquecida pela energia interna da Terra.

Ciclo Hidrológico

A quantidade de água na Terra é praticamente a mesma dos últimos bilhões de anos. As moléculas de água se movem entre a atmosfera terrestre, a superfície e abaixo dela — e até mesmo por partes do interior da Terra —, mas nunca deixam o planeta. (Veja no Capítulo 5 uma descrição das moléculas.) O ciclo da água entre a atmosfera, os oceanos e a *litosfera* (a superfície rochosa da crosta terrestre; veja o Capítulo 4) é o *ciclo hidrológico*.

O ciclo hidrológico retrata a transformação contínua da água. A Figura 12-1 ilustra as várias partes e processos do ciclo hidrológico, que descrevo nesta seção.

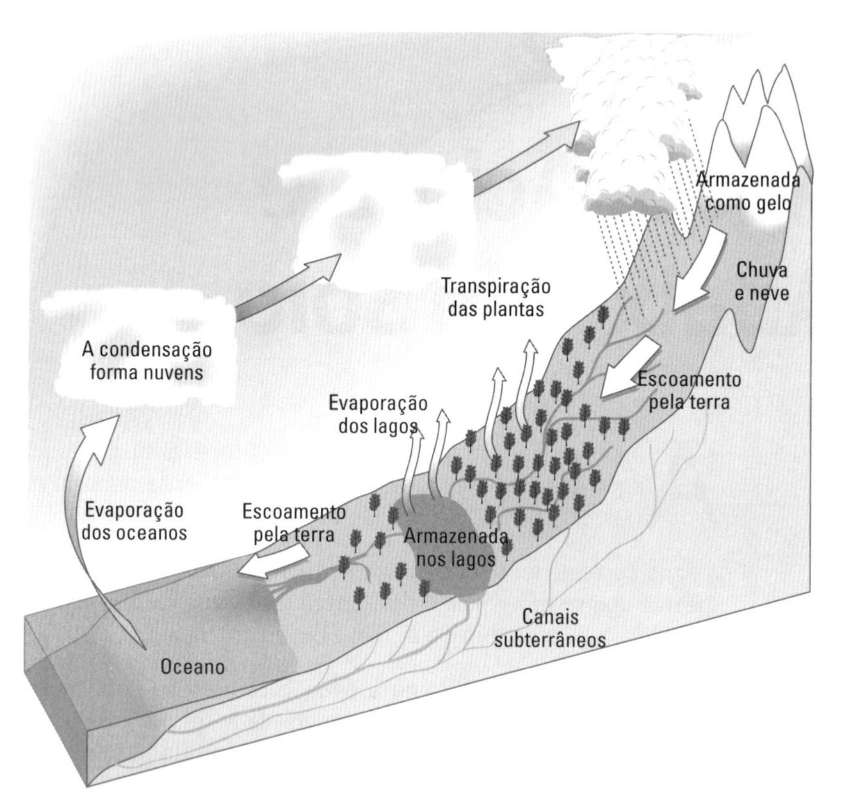

FIGURA 12-1: Ciclo hidrológico da Terra.

Conduzindo o ciclo com evaporação

Quando aquecidas, as moléculas de água se transformam de líquido em gás (vapor de água) através da *evaporação*. Você observa essa transformação sempre que ferve a água.

LEMBRE-SE

O calor do Sol fomenta a evaporação da água dos oceanos. Sob a forma de vapor, as moléculas ficam juntas na atmosfera e coletam moléculas de água adicionais, tornando-se nuvens. Sempre que você vê nuvens mudando de forma no céu ou encobrindo o Sol, está na verdade vendo vapor de água condensado, tão espesso que se torna visível. Quando o vapor de água na atmosfera está muito perto da superfície da Terra, é chamado de *névoa*.

Eventualmente, a quantidade de vapor de água no ar acaba ficando muito pesada, seja porque moléculas são adicionadas, seja porque a temperatura do ar se esfria. (O ar frio retém menos vapor de água do que o ar quente.) Quando o vapor de água se torna muito pesado, as gotículas caem na superfície da Terra como chuva ou neve (dependendo da temperatura do ar). Na superfície, toda essa água tem o mesmo objetivo: voltar ao oceano. A água segue vários caminhos diferentes até o oceano, dependendo de onde (e de quando) cai.

Cruzando continentes

Quando as nuvens lançam chuva sobre os continentes, a água inicia uma longa jornada de volta aos oceanos. A maior parte da água não entra imediatamente nos rios e flui para o mar. Em vez disso, viaja sobre ou sob o solo e às vezes fica presa como neve, gelo ou água em um lago por anos antes de regressar.

Aqui estão os diferentes caminhos que a água segue após cair das nuvens como chuva (ou neve):

» **Escoamento superficial:** A maior parte da água que cai na superfície torna-se escoamento superficial e segue para o lago, córrego ou oceano mais próximo, viajando pela superfície.

» **Água subterrânea:** Parte da água que atinge a superfície é absorvida pelo solo e se move através de rochas e sedimentos abaixo da superfície como água subterrânea. Essa água é acessada quando se cava um poço. Descrevo-a em detalhes na seção final deste capítulo.

» **Pacotes de neve ou mantos de gelo:** Em algumas áreas, a água caindo na forma de neve permanece parte da *neve acumulada* (a neve que se acumula e permanece no topo das montanhas por muitos meses do ano) até a próxima estação quente, quando se derrete e vira escoamento superficial e água subterrânea. A neve que cai no gelo, como no Polo Sul ou na Groenlândia, torna-se parte do *manto de gelo* (espessas camadas de gelo em uma grande área do continente) e permanece lá por milhares de anos.

» **Lagos:** A água que entra em um lago — seja do céu, seja de um riacho, seja como escoamento superficial — fica nele por um longo tempo antes de evaporar de volta para a atmosfera, ser carregada por outro riacho ou se tornar água subterrânea.

» **Drenagens:** A maior parte da água da superfície da Terra é transportada por drenagens. Essa água começa como escoamento superficial, neve, chuva, gelo derretido ou até mesmo água subterrânea. À medida que desce a colina, acumula-se em cursos de água, como rios ou riachos. Em termos geológicos, uma *drenagem* é qualquer corpo de água em movimento que carregue *sedimento*, ou partículas de rocha. Detalho as drenagens na próxima seção.

Pode levar muitos anos, mas a água acaba voltando para os oceanos, onde mais uma vez evaporará para a atmosfera devido à ação do calor do Sol.

A Minha Estrada Corre para o Seu Mar

DICA

As pessoas usam termos como *rios*, *afluentes* e *córregos* para descrever a água que atravessa a superfície da Terra, mas, em termos geológicos, são todos drenagens. Uma *drenagem* é qualquer água fluindo em um canal na superfície da Terra.

Uma drenagem remove, *ou erode*, rochas e solo, carregando sedimentos para áreas mais baixas. Eventualmente, uma drenagem abre caminho até o oceano (ou mar) mais próximo. Nesse caminho, a drenagem deixa, ou *deposita*, partículas de sedimento. A *erosão* e a *deposição* de sedimentos formam feições geológicas na superfície da Terra. Nesta seção, descrevo os componentes de uma drenagem, como as drenagens carregam sedimentos e quais as marcas que deixam na paisagem quando erodem e depositam sedimentos em sua jornada para o mar.

Drenando a bacia

Uma *bacia de drenagem*, ou bacia hidrográfica, é uma área de terra que abastece uma drenagem com as águas da chuva e subterrâneas. Suas bordas são determinadas pelos pontos mais altos da paisagem, de modo que contenha toda a água que flui em direção a um determinado curso de água principal que, em algum momento, desaguará no oceano. A Figura 12-2 ilustra como uma bacia hidrográfica contém todos os terrenos que drenam água em direção *a um mesmo curso* de água principal, em um dos lados de um divisor de águas: o ponto mais alto separando duas bacias hidrográficas.

Parte da água flui pelo terreno em uma camada fina e contínua, chamada de *fluxo laminar*. Parte da água abre caminho em direção a depressões na paisagem, chamadas de *canais*, e se tornam drenagens que descem pelos morros e colinas. Ao longo de uma bacia hidrográfica, pequenas drenagens chamadas de *tributárias* fluem em direção a drenagens maiores, como um *rio* ou drenagem principal (mainstream), que carrega a água para sua desembocadura no oceano, mar ou lago mais próximo.

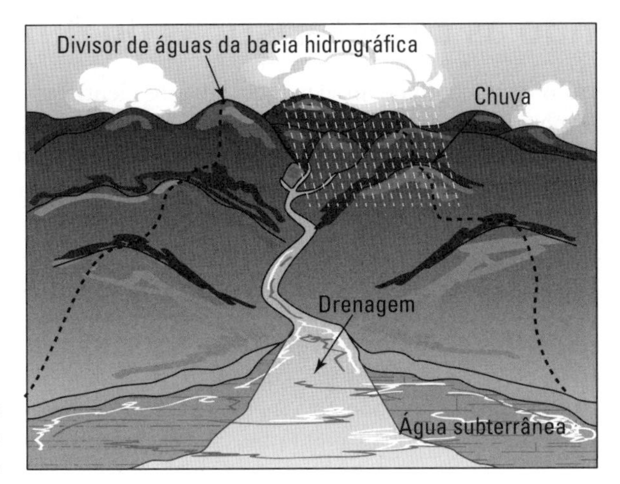

FIGURA 12-2: Uma bacia hidrográfica.

Dois tipos de fluxo

O curso de água, em qualquer superfície, move-se de duas maneiras:

- **Fluxo laminar:** As linhas de fluxo da água corrente são paralelas umas às outras, movendo-se em linhas retas, e a água não se mistura. A superfície do fluxo laminar é relativamente plana e sem perturbações.
- **Fluxo turbulento:** As linhas de fluxo e as águas se misturam. A superfície de um fluxo turbulento é agitada e perturbada.

A Figura 12-3 ilustra como as linhas de fluxo e a superfície diferem em um fluxo laminar e em um fluxo turbulento.

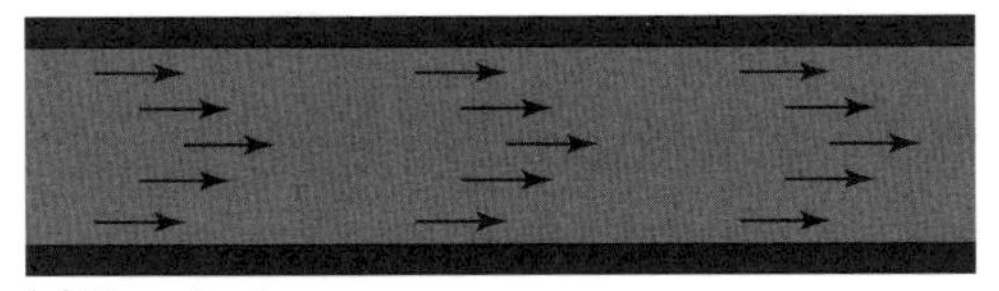

(a) Fluxo laminar

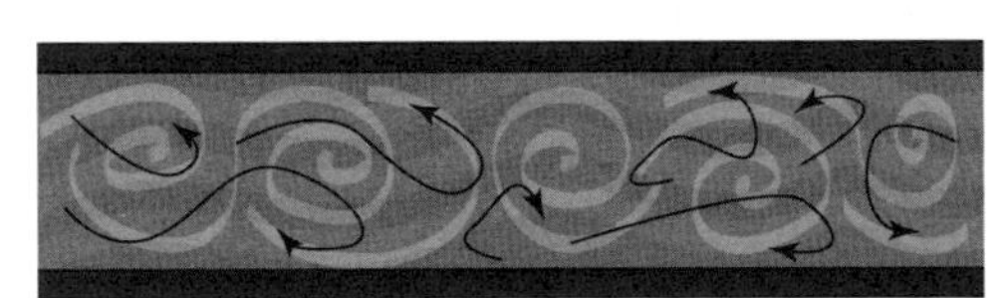

(b) Fluxo turbulento

FIGURA 12-3: (a) Fluxo laminar; (b) fluxo turbulento.

Avaliando as características do fluxo

Para descrever o movimento de um curso de água, os cientistas avaliam quão rápido ele se move e quanta água carrega morro abaixo. Essas características — gradiente, velocidade e descarga — são importantes para entender como as drenagens carregam sedimentos e criam as feições geológicas que descrevo na seção seguinte.

Gradiente

O *gradiente* de uma drenagem é o declive que ele percorre. O gradiente é medido como metros de elevação perdidos por quilômetro de distância percorrida. O gradiente de um rio é determinado pela inclinação do seu canal, definida pela topografia da paisagem. Em áreas montanhosas, os gradientes costumam ser mais íngremes do que aqueles de riachos em regiões planas.

Velocidade

A distância que a água percorre em um determinado tempo indica a sua *velocidade*. Ela é medida em metros por segundo e pode variar dentro de um mesmo curso de água. A água próxima às bordas do canal move-se em velocidade mais baixa em função do contato com as rochas e os sedimentos, que a reduzem (devido ao atrito). A água no centro de um fluxo atinge menos obstáculos e se move com uma velocidade maior.

Descarga

A *descarga* é a quantidade, ou volume, de água que passa por um determinado ponto em um determinado intervalo de tempo. Como a descarga é uma medida de volume, a largura e a profundidade da drenagem, bem como a velocidade (ou rapidez), são levadas em consideração nessa medição. A descarga costuma aumentar da nascente para a foz de um rio, à medida que drenagens menores (tributárias) se unem ao canal central (ou drenagem principal), adicionando mais água a ele.

Carregando um fardo pesado

Para que as drenagens transportem partículas de sedimentos, devem se mover rapidamente, acumulando energia suficiente para erguer as partículas e carregá-las com elas. A quantidade de energia necessária depende do tamanho da partícula: partículas maiores requerem que a água se movimente mais rápido (que possuem maior energia) para serem levantadas e carregadas. As partículas transportadas pelas drenagens são a *carga*. O tipo de carga é determinado pelo tamanho da partícula do sedimento e pela energia da corrente. Aqui, descrevo os três tipos.

Carga suspensa

Os sedimentos que uma drenagem carrega em seu fluxo são a *carga suspensa*. Esses sedimentos são retirados do fundo do canal e suspensos na água em movimento. Quando um rio parece "barrento", significa que ele tem uma carga suspensa de partículas de sedimento. As cargas suspensas são compostas das menores partículas de sedimentos, como argila e silte. (Veja no Capítulo 7 detalhes sobre tamanhos de grãos, argila e silte.)

Carga de fundo

Os sedimentos muito pesados para serem levantados e suspensos são movidos pelo fundo do canal na *carga de fundo*. Uma drenagem deve se mover rápido o suficiente para mover essas partículas, mas eles não são captados, levantados e carregados por ela. Sedimentos e rochas na carga de fundo se movem rolando ou saltando conforme a água os empurra.

Existem dois tipos de movimento de carga de fundo. Alguns sedimentos (geralmente do tamanho areia) se movem por *saltação* ou quicando pelo fundo da drenagem. Ficam suspensos na corrente apenas pelo tempo suficiente para avançarem um pouco antes de voltarem ao fundo. Os maiores sedimentos (rochas ou seixos) movem-se por rolamento, ou *tração*, ao longo do fundo do canal.

Carga dissolvida

Às vezes, quando a água move os sedimentos, as partículas se dissolvem em seus íons elementares básicos. (Descrevo elementos e íons no Capítulo 5.) Quando isso ocorre, as partículas não ficam visíveis na água. Esses íons compõem a sua *carga dissolvida*.

Diferentemente das cargas suspensas ou de fundo, a carga dissolvida não é determinada pela velocidade do fluxo de água. Seu conteúdo é determinado por fatores químicos, como temperatura e acidez da água e composição do sedimento.

Medir o que é transportado

O número máximo de partículas de sedimento que um riacho pode transportar é a sua *capacidade*. A capacidade de um riacho é determinada pela quantidade de água transportada: mais água significa mais espaço para mais sedimentos e, portanto, uma capacidade maior. A capacidade é uma medida do volume de sedimento que passa por um determinado ponto em um determinado intervalo.

LEMBRE-SE

A capacidade de um riacho é limitada pelo volume de água (a descarga) — não pela rapidez com que ela flui (a velocidade).

A *competência* de uma drenagem é medida pela maior partícula que pode carregar. Como a água em movimento rápido transporta partículas maiores do que em movimento lento, a competência de um rio está diretamente relacionada à sua velocidade. A competência de cada drenagem isolada varia conforme a temperatura, a precipitação e as mudanças sazonais.

Na verdade, a competência do rio é sua velocidade ao quadrado, portanto, mesmo um pequeno aumento na velocidade cria um grande aumento na competência. Isso explica por que, em tempos de inundação, um córrego que até então transportava partículas do tamanho de areia carrega árvores e blocos de pedra.

Erodindo um Canal até a Base

À medida que os rios fluem em direção ao mar, erodem rochas e sedimentos. Três processos comuns erodem um canal fluvial:

- **Abrasão:** As partículas carregadas pelo riacho (do tamanho de grãos de areia ou menores) raspam o fundo do leito do canal, desgastando-o.
- **Levantamento hidráulico:** A intensa pressão da água em rápido movimento remove os sedimentos do leito do rio.
- **Dissolução:** Quando a drenagem flui sobre uma rocha, como o calcário (veja o Capítulo 7), e o material rochoso se dissolve na água.

À medida que um canal de rio sofre erosão, ele se aprofunda. Mas ele chega a um ponto em que não pode erodir mais; esse ponto é o *nível de base final* do rio e tem a mesma elevação do nível do mar. Se o canal se tornasse mais profundo do que seu nível de base final, o rio precisaria fluir morro acima para continuar em direção ao oceano, o que é simplesmente impossível.

Às vezes, antes de um rio atingir seu nível de base final, atinge um *nível de base temporário*: um ponto em que não pode erodir o canal mais profundamente, mas ainda está acima do nível de base final. O nível de base temporário é alcançado quando um canal fluvial atinge uma camada de rocha muito resistente para ser erodida. Se já viu uma cachoeira, já viu um rio fluindo pela borda do seu nível de base temporário. Por que é *temporário* se o rio não pode erodir mais o canal? Porque, se a rocha resistente for removida, ele continua tentando erodir o canal até o seu nível de base final.

Buscando o Equilíbrio após as Mudanças no Nível de Base

A superfície da Terra se move constantemente para cima e para baixo como resultado de terremotos ou colisões das placas continentais (que descrevo no Capítulo 9) e do ajuste isostático (veja os Capítulos 10 e 13). Como resultado, o nível de base de um rio é constantemente aumentado ou reduzido. A mudança no nível de base pode acontecer repentinamente, como em resposta a um terremoto, ou levar centenas ou até milhares de anos.

Quando o nível de base de um rio é levantado, a corrente de água desacelera. O movimento mais lento (menor velocidade) significa que a corrente não consegue mais carregar partículas tão grandes quanto antes. O resultado é a *deposição*: as partículas maiores são deixadas para trás. (Descrevo relevos deposicionais formados por rios na próxima seção deste capítulo.) O aumento do nível de base pode acontecer quando o nível do mar muda, após o soerguimento tectônico (veja o Capítulo 9), ou mesmo quando uma barragem é construída.

O oposto ocorre se o nível de base de um rio é reduzido: a velocidade do rio aumenta à medida que a água flui mais rapidamente encosta abaixo. O movimento mais rápido significa que o fluxo pode coletar e carregar partículas maiores do que antes. O resultado é o aumento da erosão.

LEMBRE-SE

Elevar o nível da base de um rio leva à deposição e baixá-lo, à erosão.

Se um rio atingiu seu *perfil de equilíbrio*, tem a energia exata necessária para transportar todo o sedimento que lhe chega. Não erode nem deposita sedimentos, apenas move-os para o oceano. Nesse estado, o rio tornou-se um *rio equilibrado*.

As mudanças na velocidade e na competência, que ocorrem quando o nível de base é aumentado ou diminuído, são uma resposta do rio que busca equilíbrio; ele quer ser um curso equilibrado. No entanto, a ideia de um rio equilibrado é conceitual; não costuma ocorrer na vida real. Rios raramente, ou nunca, atingem seu perfil de equilíbrio. E um rio que entra em equilíbrio não permanece assim por muito tempo, porque muitos outros fatores mudam constantemente, como entrada de sedimentos e de água, mudanças no nível do mar, mudanças tectônicas e obstáculos construídos pelo ser humano.

A Marca da Drenagem: Criando Formas de Relevo

Todo esse movimento de sedimentos deixa a sua marca na paisagem. Cada vez que uma partícula de sedimento é captada ou depositada por um rio, a superfície da Terra muda um pouco. Nas seções anteriores, enfoquei a água corrente e suas características. Nesta, descrevo os sedimentos que são deixados para trás, incluindo quais tipos de relevo deixam na paisagem e como a erosão e a deposição criam feições morfológicas e modelam a superfície da Terra.

Drenando a bacia

Conforme a água corrente se move em direção a altitudes menores e remove sedimentos pelo caminho, grava um padrão na paisagem. Esse padrão é determinado pelas características (como composição e estrutura) das rochas e dos sedimentos sobre os quais a drenagem corre. Esses *padrões de drenagem* são descritos a partir de uma vista aérea: de cima da superfície da Terra. A Figura 12-4 ilustra os quatro padrões de drenagem mais comuns:

- **Dendrítica:** Semelhantes a árvores, desenvolvem-se quando um conjunto de drenagens se move através de rochas sedimentares ou ígneas razoavelmente planas. (Veja descrições dos tipos de rocha no Capítulo 7.)

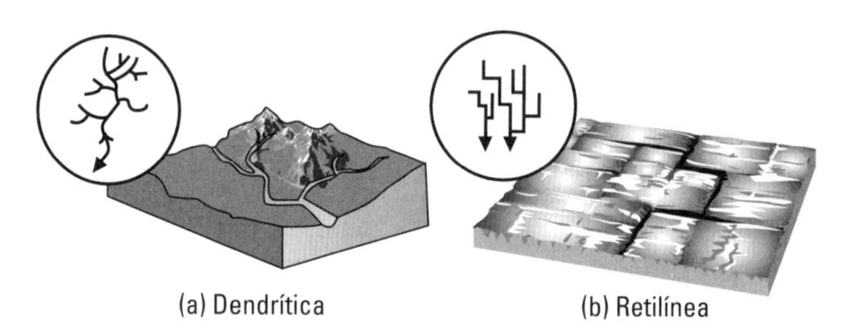

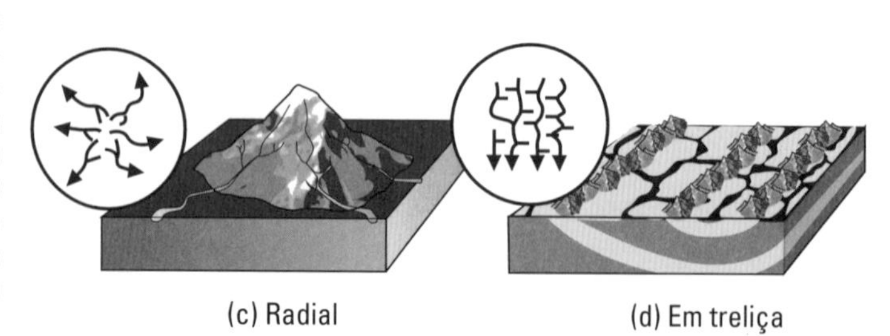

FIGURA 12-4: (a) Drenagem dendrítica, (b) drenagem retilínea, (c) drenagem radial e (d) drenagem em treliça.

- **Retilínea:** Esse padrão de drenagem se parece com um labirinto de blocos com muitas curvas formando ângulos retos ou retângulos. É formado quando um conjunto de drenagens flui por uma série de fraturas ou falhas no leito rochoso. (Veja a descrição de fraturas e falhas no Capítulo 9.) As drenagens fluem para as fissuras já criadas nas rochas e as erodem ainda mais.
- **Radial:** Um padrão de drenagem radial ocorre quando um conjunto de drenagens desce por um pico na paisagem, como um cone vulcânico (que descrevo no Capítulo 7). A água desce pelas encostas do pico e se irradia para todas as direções.
- **Em treliça:** Esses padrões ocorrem quando uma drenagem se move através de uma paisagem de vales e cristas, em que as cristas são mais resistentes à erosão do que os vales. O riacho flui pelos vales, paralelo às cristas, até encontrar um local da crista pelo qual consiga erodir até atingir o vale seguinte.

Serpenteando por aí

Dê um zoom na vista aérea dos padrões de drenagem e verá que os canais de rios também têm padrões. Há três tipos de *padrões de canal*: entrelaçado, meandrante e retilíneo. Todos os três podem ocorrer ao longo do curso de um rio em diferentes locais, dependendo das mudanças nos volumes de água e de sedimentos.

Rios entrelaçados

Padrões de canais trançados, ou *rios entrelaçados*, ocorrem quando o fluxo de um riacho se divide em vários canais que se entrelaçam para frente e para trás, fazendo uma trança uns com os outros. Os canais se separam por montículos, ou *barras*, de areia e cascalho (que às vezes têm pequenas árvores e arbustos crescendo neles). Esse padrão é ilustrado na Figura 12-5. Os rios entrelaçados são mais comuns quando o rio recebe uma carga de sedimentos muito alta, mas se move lentamente, o que faz com que a maioria dos sedimentos se deposite no próprio leito do rio, criando as barras de areia e cascalho.

Rios meandrantes

Um rio que flui em um único canal, mas serpenteia pela terra como uma cobra, é um *rio meandrante*. Rios meandrantes se movimentam em um vai e vem sobre uma superfície relativamente plana, criando curvas. A contínua remoção e deposição de sedimentos em rios meandrantes pode, eventualmente, isolar uma laçada do canal principal, criando *um lago em ferradura, braço morto ou meandro abandonado*, como ilustrado na Figura 12-6.

Os meandros abandonados são formados pelas mudanças na velocidade do fluxo ao se retorcer e se dobrar nas curvas.

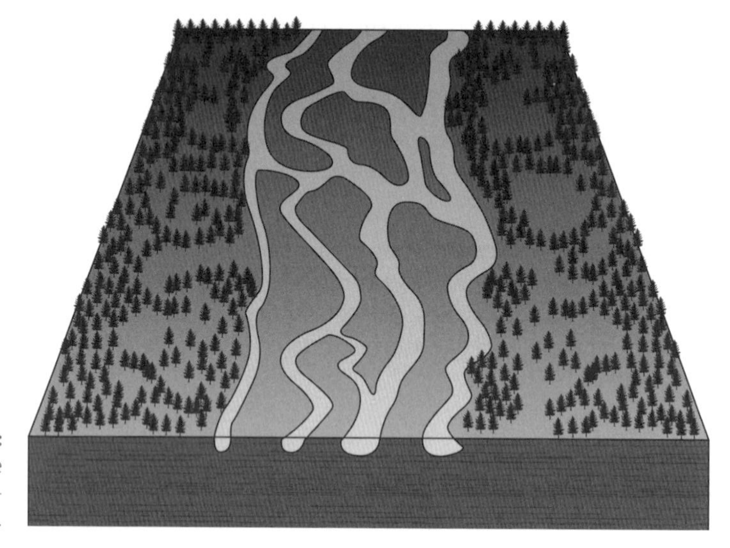

FIGURA 12-5: Um canal de rio entrelaçado.

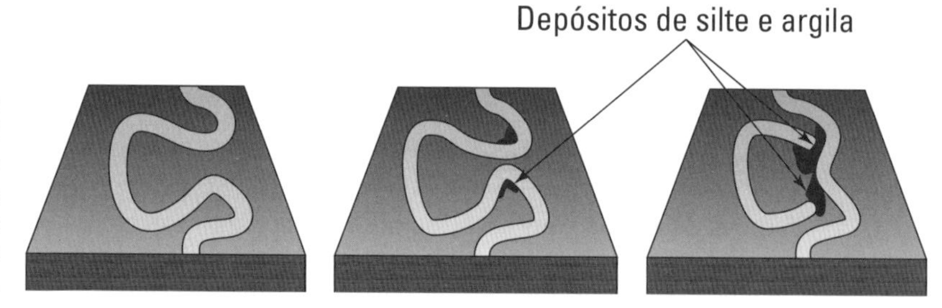

FIGURA 12-6: Um canal de rio meandrante que cria um lago em ferradura.

LEMBRE-SE

Em qualquer drenagem, a velocidade é maior na borda externa de uma curva, o que significa que ela coleta ou erode mais sedimentos. A velocidade é mais lenta na borda interna da curva, deixando para trás ou depositando sedimentos. Esses sedimentos depositados criam uma *barra em pontal*.

No caso do meandro abandonado, as barras em pontal continuam a se expandir, levando a curvas cada vez maiores e mais sinuosas, com apenas uma seção estreita de terra seca entre elas. A próxima vez que a correnteza ficar muito forte (talvez devido às chuvas na cabeceira), um novo canal, mais reto, é criado, separando as laçadas sinuosas do antigo canal meandrante. Essas curvas antigas tornam-se lagos marginais ao longo do canal principal do rio.

Rios retilíneos

Os padrões de canais retilíneos não são muito comuns, mas ocorrem — geralmente onde a topografia é muito inclinada e uma drenagem flui rapidamente, direto para baixo. Eles também aparecem quando a correnteza do rio é temporariamente aumentada, causando um fluxo mais rápido através de sedimentos que são facilmente erodidos.

Depositando sedimentos pelo caminho

Todo material terrestre que um rio deixa para trás é chamado de *aluvião*, independentemente de tamanho ou forma. A maior parte do aluvião é deixada em algum lugar do continente conforme o rio se move em direção ao mar, e apenas uma pequena parte é realmente depositada nos oceanos.

Quando um rio transborda, a água sai de seu canal pela *planície* de inundação do rio: suas laterais. O aumento da velocidade e do volume de uma enchente permite que maiores quantidades de sedimentos sejam carregadas pela correnteza. Mas, depois que a água se espalha pela planície de inundação, a velocidade diminui e começa a deixar sedimentos para trás, criando estas formas de relevo:

- **Diques marginais**: os levees, ou diques marginais, são formados quando as partículas maiores são depositadas a partir do fluxo de inundação. Essas partículas são depositadas ao longo do canal, porque as mais pesadas são deixadas primeiro, assim que o fluxo do rio começa a diminuir.
- **Pântanos de represamento:** Além dos diques, os pântanos de represamento são compostos de partículas menores de sedimentos, como argila e silte, carregadas mais adiante conforme a água da enchente diminui. Os pântanos de represamento são áreas planas e acumulam água parada após as cheias cederem.
- **Leques aluviais:** Às vezes, um rio que corre por uma região montanhosa de repente flui para a superfície relativamente plana de um fundo de vale. A velocidade do fluxo diminui muito rapidamente e deposita uma grande quantidade de sedimentos, criando um *leque aluvial*, um relevo inclinado em forma de leque que é formado à medida que um rio se espalha e se desacelera rapidamente, depositando sedimentos de todos os tamanhos.

Alcançando o mar

Em algum momento, o rio atinge o oceano e quaisquer sedimentos que ainda carregue são depositados nele. A essa altura, apenas as partículas menores de areia, silte ou argila permanecem suspensas no lento fluxo de água. Conforme essas partículas menores são depositadas, criam uma paisagem triangular, ou em forma de leque, o *delta*.

Em um delta, as partículas maiores são depositadas primeiro e, conforme ele avança em direção ao mar, as menores são depositadas em ordem de tamanho (da maior para a menor). Um delta continua crescendo enquanto o rio continuar fluindo, levando sedimentos da terra para o oceano. O delta é a foz do rio; representa a conclusão do seu objetivo, quando começou a carregar sedimentos encosta abaixo, através do continente.

Sob Seus Pés: Água Subterrânea

Embora grande parte da água que cai como chuva corra para o oceano nas drenagens, uma parte dela afunda no solo e se torna *água subterrânea*. Ela representa uma pequena porcentagem da água total da Terra, mas fornece quase toda a água que os seres humanos bebem. Sempre que alguém cava um poço, a água que bombeia para a superfície (ou puxa com um balde) vem do suprimento oculto da água subterrânea.

A água subterrânea não flui tão rapidamente quanto as drenagens superficiais (porque tem que se mover através de sedimentos e rochas), mas flui. Nesta seção, descrevo como a água subterrânea flui no subsolo e apresento as características geológicas que resultam do seu movimento, como nascentes, cavernas e gêiseres.

Infiltrando-se nos recônditos

O movimento da água da chuva pelas camadas do solo em sedimentos e camadas rochosas abaixo da superfície da terra é a *infiltração*. A quantidade de água que se infiltra no solo depende de quanto espaço existe entre as partículas. A superfície da Terra é como uma esponja; geralmente, existe espaço suficiente entre as partículas para permitir a infiltração de água. Mas nem sempre é o caso. Por exemplo, camadas de minúsculas partículas de argila geralmente estão tão compactadas que não há espaço entre elas para a água passar.

Três fatores aumentam a infiltração nos sedimentos:

- **Aumento do espaço entre as partículas:** Criar mais espaço entre as partículas de sedimento permite que mais água se mova por ele. Por exemplo, o crescimento das raízes das árvores no solo cria mais espaço e aumenta a infiltração. Da mesma forma, a atividade de animais no solo também cria esse espaço.
- **Redução da inclinação do terreno:** Uma superfície plana permite que a chuva penetre no solo antes de escoar. Se a superfície do solo for muito inclinada, a chuva escorre pela superfície ou como uma drenagem antes de ter a chance de se infiltrar na superfície e se tornar água subterrânea.

» **Redução da intensidade das chuvas:** A chuva reabastece a água subterrânea, mas há um fator interessante aqui. Muita chuva que cai rápido demais pode preencher apenas as camadas superiores de sedimentos, deixando água adicional que correrá por drenagens superficiais. Pense em quando você rega seu gramado ou jardim: as raízes das plantas no solo absorvem muito mais água se usar um aspersor suave por muitas horas do que se você ligar a mangueira no máximo por dez minutos, criando grandes poças na superfície, mas pouca infiltração.

Medindo porosidade e permeabilidade

Duas medições descrevem quanta água uma rocha ou camada de sedimentos retém:

» **Porosidade:** A quantidade de espaço entre as partículas, a porosidade é expressa como a porcentagem do volume total.

» **Permeabilidade:** Descreve como a água se move através da rocha ou sedimento. É determinada pela porosidade e pela conexão entre os espaços (para permitir o fluxo de um espaço para outro).

LEMBRE-SE

Um sedimento ou rocha pode ser poroso (tendo espaço entre suas partículas), mas não permeável se os espaços não estiverem conectados de forma que propicie o fluxo de água de um espaço para outro.

Quando a água subterrânea flui, responde à gravidade, assim como o fluxo superficial em drenagens. O fluxo da água subterrânea também é afetado pela pressão dos materiais terrestres empilhados sobre ele. A combinação de gravidade e pressão é chamada de *potencial hidráulico* da água subterrânea. Quando ela flui, sai de áreas de alto potencial (uma grande força de gravidade e grandes quantidades de pressão) para áreas de baixo potencial. Como o potencial é calculado usando a força da gravidade, as áreas de baixo potencial estão comumente mais abaixo em relação às de maior potencial hidráulico.

PAPO DE ESPECIALISTA

A diferença no potencial da água subterrânea através de uma medida de distância (como milha ou quilômetro) é chamada de *gradiente hidráulico*, que indica a direção do fluxo das águas subterrâneas.

Avaliando o lençol freático

Os cientistas descrevem duas zonas de rocha e sedimento no sistema da água subterrânea. A água se move primeiro através de uma camada de sedimentos ou solo chamada de *zona de aeração*. Nessa zona, a maior parte do espaço entre as partículas de sedimento é preenchida com ar, e a água pode se mover através delas. Em algum ponto, a água atinge um local em que o espaço entre as partículas de sedimento é preenchido com água em vez de ar; isso é chamado de *zona saturada*. É a zona de saturação que você busca ao cavar um poço. A Figura 12-7 é um esboço das diferentes camadas pelas quais a água se move à medida que se torna água subterrânea.

LEMBRE-SE

O limite entre a zona de aeração e a zona saturada é chamado de *nível da água subterrânea ou superfície freática.*

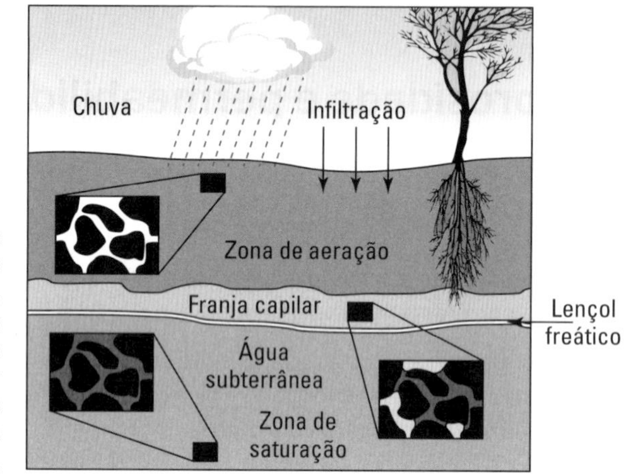

FIGURA 12-7: Abaixo da superfície, conforme a água se infiltra por sedimentos e camadas de rocha.

No lençol freático, ocorre uma interação interessante. Enquanto a água é puxada para baixo pela gravidade, parte dela também sobe, na área mais baixa da zona de aeração — contra a atração da gravidade. Esse movimento ascendente é a *ação capilar*. Você também pode chamá-lo de *ação absorvente*, porque reflete a maneira como um lenço de papel ou toalha de papel, se mergulhado na água, puxa a água para cima (ou a maneira como a bainha das calças fica úmida ao andar em ruas molhadas). Essa ação capilar ocorre logo acima do lençol freático na área da *franja capilar*.

PAPO DE ESPECIALISTA

A ação capilar é consequência da atração de moléculas de água por outras moléculas ou superfícies (devido à polaridade leve da molécula de água, que descrevo resumidamente no Capítulo 5). Essa atração supera a força da gravidade, permitindo que a água suba.

Saltando de rochas

A água subterrânea flui, em sua maior parte, abaixo do solo. Mas, em certos lugares, o lençol freático cruza a superfície da Terra devido ao dobramento das camadas de rocha ou à erosão. A água subterrânea pode aparecer na superfície sob a forma de lagos, pântanos e nascentes.

Nascentes são locais nos quais a água subterrânea flui para a superfície. Frequentemente, acham-se nascentes em encostas nas quais a mudança na cota topográfica da superfície do solo cruza a cota topográfica do lençol freático, o que permite que a água subterrânea flua para a superfície a partir da encosta, conforme ilustrado na Figura 12-8.

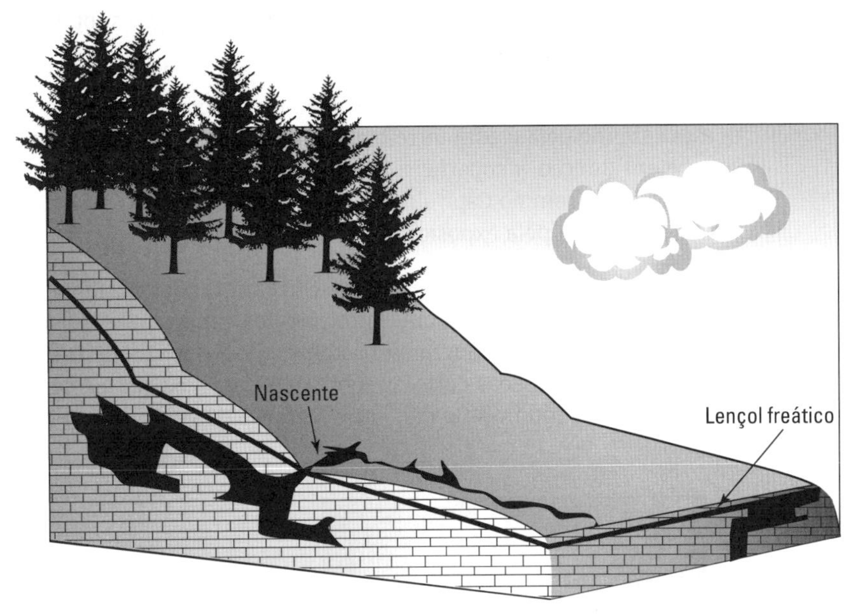

FIGURA 12-8: As nascentes costumam ocorrer nas encostas, onde a água subterrânea flui para a superfície.

Confinando um aquífero

Um *aquífero* é qualquer rocha ou sedimento em que a água doce é armazenada. A zona saturada, abaixo do lençol freático, que se atinge com um poço é um exemplo de aquífero. É um aquífero *não confinado*, o que significa que as rochas e os sedimentos acima da água armazenada são permeáveis (a água flui por eles).

Aquíferos *confinados*, ou *artesianos*, são camadas de rocha ou sedimentos cheios de água com uma camada *impermeável* acima deles. Isso significa que a água não se infiltra facilmente em um aquífero confinado diretamente da superfície da Terra; ela não passa por camadas impermeáveis. Em vez disso, a água entra em um aquífero confinado fluindo horizontalmente através de outras rochas ou sedimentos permeáveis.

Uma característica interessante dos aquíferos artesianos é que, devido à pressão da água aprisionada entre duas camadas impermeáveis, esta água pode ser forçada para cima, contra a força da gravidade. Na próxima vez que comprar água engarrafada de uma "fonte artesiana", saberá que a água fluiu para a superfície de um aquífero confinado abaixo da terra!

Aquecimento subterrâneo: Gêiseres

Um *gêiser* é como uma fonte artesiana: a água subterrânea flui para a superfície, contra a força da gravidade. Mas um gêiser não é forçado para cima devido à pressão e à impermeabilidade das camadas de rocha ao redor, como uma fonte artesiana. Um gêiser flui para cima porque a água subterrânea esquentou muito devido ao calor da crosta terrestre.

Em alguns lugares, a água subterrânea flui próximo a regiões onde o magma está subindo pela crosta terrestre, o que a aquece. Depois de aquecida, a água sobe em direção à superfície como um gêiser. (Explico por que os materiais aquecidos sobem no Capítulo 10.) A Figura 12-9 ilustra como a água subterrânea é aquecida pela exposição ao *magma*.

O exemplo mais famoso de gêiser é o Old Faithful, localizado no Parque Nacional de Yellowstone, Wyoming, nos Estados Unidos. Ele lança água aquecida para o ar em um cronograma bastante previsível, o que o torna uma atração ideal para pessoas curiosas sobre gêiseres, mas que não estão dispostas a esperar horas (ou mesmo dias) na esperança de ver uma erupção.

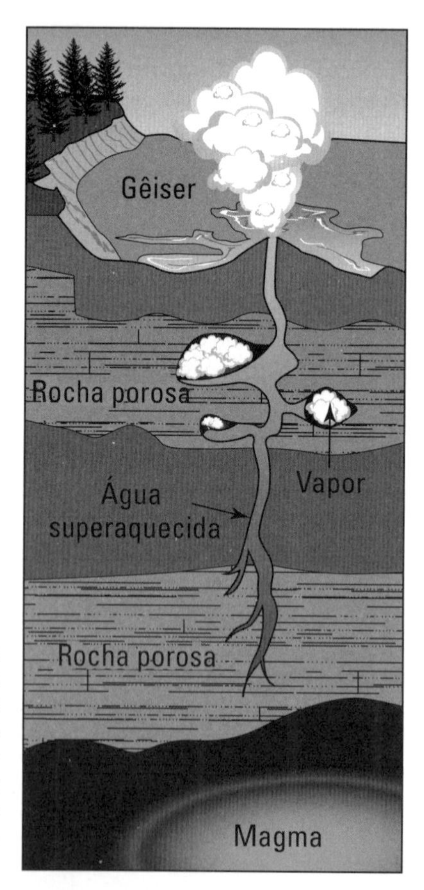

FIGURA 12-9: A água subterrânea aquecida pelo magma sobe à superfície como um gêiser.

Afundando: Carstes, cavernas e dolinas

Quando as rochas e os sedimentos feitos de certos minerais (veja o Capítulo 6) entram em contato com a água, os minerais se dissolvem e são carregados pelo fluxo de água, deixando buracos nas rochas. Essas rochas são consideradas *solúveis*. Quando a água subterrânea flui por uma rocha solúvel (geralmente rochas carbonáticas, como calcário), cria pequenos espaços nos quais os minerais solúveis ficavam. O fluxo contínuo de água subterrânea aumenta os espaços com o tempo. Uma área da crosta terrestre que foi erodida dessa forma pelas águas subterrâneas é um *carste*.

As características do carste são visíveis acima e abaixo do solo. As mais comuns são as *cavidades naturais subterrâneas*. A água subterrânea cria cavidades fluindo pelas rochas solúveis e, conforme as dissolve, abre buracos nelas. Em algum ponto depois que isso ocorre, o nível do lençol freático muda. Os grandes buracos nas rochas permanecem, mas não ficam mais cheios de água. Cavidades muito grandes, ou sistemas de cavidades conectadas, são chamadas de *cavernas*. O interior de uma grande caverna é apresentado no Caderno Colorido deste livro.

Pinga ni mim: A formação de espeleotemas

Os *espeleotemas*, encontrados dentro de cavidades e de cavernas, formam-se conforme a água goteja do teto da caverna. Parecem pingentes de rocha, crescendo mais a cada gota, e crescem porque a água que goteja contém minerais dissolvidos que deixa para trás.

Existem dois tipos de espeleotema:

» **Estalactites:** Pingentes que pendem do teto de uma caverna.

» **Estalagmites:** Crescem do chão de uma caverna, diretamente abaixo das estalactites. A mesma água pingando que cria as estalactites cai no chão da caverna e deposita minerais que formarão uma estalagmite.

Em algum momento, as estalactites e as estalagmites se encontram, formando uma *coluna*.

DICA

Uma forma de lembrar a diferença entre elas é pensar que "tite" é mais parecido com "teto".

Dolinas e córregos influentes

Em paisagens cársticas, a abundância de cavernas subterrâneas pode gerar uma *dolina*. Uma dolina é formada quando a rocha abaixo do solo é dissolvida pela água subterrânea e ele se afunda para preencher o espaço, criando uma depressão. As dolinas também resultam do colapso do teto de uma caverna, deixando uma depressão na superfície do solo.

DICA

Quando vir uma dolina, saiba que as rochas subjacentes são solúveis. Nos Estados Unidos, as dolinas são comuns na Flórida, na Geórgia, na Carolina do Norte e na Carolina do Sul. No Brasil, as dolinas são comuns no sudeste de São Paulo, na região da Chapada Diamantina (Bahia), e em Minas Gerais. Também há dolinas em muitas regiões diferentes do mundo nas quais as rochas abaixo da superfície são solúveis, como o calcário. No Brasil, existem dolinas que não se desenvolveram sobre calcários, e sim sobre outras rochas sedimentares, principalmente no Mato Grosso do Sul e no Paraná.

A presença de dolinas causa *córregos influentes*. Eles fluem pela superfície por apenas uma curta distância antes de se encontrarem com uma dolina. Ela muda a inclinação da superfície do solo, afundando-a. O córrego influente desce para a dolina e "desaparece" abaixo do solo, continuando a fluir, mas passando por cavernas e espaços subterrâneos que a água subterrânea gerou.

NESTE CAPÍTULO

» Distinguindo os tipos de geleira

» Vendo como se formam e fluem

» Removendo rochas: Características da erosão glacial

» Depositando: Características da deposição glacial

» Impulsionando as eras glaciais e o rebote continental

Capítulo 13

Devagar e Sempre: Geleiras

Em relação ao tamanho dos oceanos, muito pouca água da Terra é gelo. Atualmente, apenas 10% da água do planeta está armazenada em geleiras, casquetes de gelo e mantos de gelo. No entanto, houve momentos no passado longínquo em que a quantidade de gelo que cobria os continentes e os oceanos era muito maior. Os cientistas sabem que o gelo cobriu partes de alguns dos continentes por causa de evidências — deixadas como impressões digitais — que só poderiam ter sido criadas pelo fluxo de gelo.

Espera, *fluxo* de gelo? Sim, o gelo flui — de maneira semelhante, mas também muito diferente, à dos líquidos. Grandes quantidades de gelo, como geleiras, embora sólidas, movem-se por meio do que os geólogos chamam de *fluxo plástico*, ou em *estado sólido* — termos que defino neste capítulo.

Aqui, descrevo como as geleiras se formam, os detalhes de como fluem e as diferentes características da paisagem criada por elas. Também explico o que causa longos tempos de *glaciação* (quando o gelo cobre partes dos continentes e às vezes dos oceanos) e como a presença (ou a ausência) de geleiras afeta o nível do mar.

Identificando Três Tipos de Geleira

Geleiras são enormes quantidades de gelo — algo como grandes rios congelados. Para que as geleiras se formem, elas precisam de baixas temperaturas e muita neve. Essas condições ocorrem com mais frequência em *altas latitudes* (áreas mais próximas do Polo Norte ou Sul) ou mais perto do equador em *altitudes elevadas*, como em cadeias de montanhas.

Os cientistas categorizam o gelo da Terra nos seguintes tipos:

» **Geleiras alpinas:** *Geleiras alpinas* são as mais comuns e as menores. Há milhares delas em cadeias de montanhas em todo o mundo em altas e baixas latitudes. As geleiras alpinas fluem em um caminho semelhante ao das drenagens — através de vales nas montanhas em direção a cotas topográficas mais baixas e (eventualmente) ao mar.

» **Mantos de gelo:** Há hoje apenas dois grandes *mantos de gelo* que cobrem continentes: um cobrindo a Groenlândia e outro, a Antártica. Os vales não conseguem contê-los, eles fluem em todas as direções de um ponto central. Quando os mantos de gelo fluem sobre o mar, formam *plataformas de gelo.*

» **Casquetes de gelo:** *Casquetes de gelo* cobrem áreas de um continente, como partes da Islândia, em uma escala muito menor do que a dos mantos de gelo. Como os mantos de gelo, as casquetes de gelo fluem em todas as direções (a calota polar do Ártico não é tecnicamente uma calota porque cobre apenas o oceano. Em vez disso, é uma massa de *gelo marinho*).

Às vezes, um manto de gelo ou uma calota polar tem geleiras alpinas fluindo de seu corpo principal para os vales circundantes, que se chamam *geleiras de descarga*, porque são saídas para o corpo principal do manto de gelo. Quando muitas geleiras alpinas fluem juntas e formam uma grande e ampla geleira que se espalha nas terras baixas na base de uma montanha, temos uma *geleira de Piemonte*.

Que a Força Esteja com o Gelo

As geleiras combinam o movimento do fluxo de um líquido com a força de um sólido, e o resultado é uma força incrivelmente poderosa para mover rochas e sedimentos na superfície da Terra. Nesta seção, descrevo como os cientistas acompanham o crescimento e o derretimento das geleiras e explico a mecânica básica do fluxo de gelo.

Transformando neve em gelo

Quando a neve cai em uma geleira, é comprimida pela pressão da neve adicionada sobre ela. Com o tempo, essa pressão e compactação unem os flocos de neve, reduzindo o espaço de ar entre eles e criando uma neve compacta e densa, a *firn*. A firn resiste ao derretimento no verão e se recongela a cada inverno. O derretimento e o recongelamento anuais reduzem cada vez mais o espaço entre as partículas de neve até que não haja mais ar, apenas gelo sólido — exatamente como o cubo de gelo do seu copo.

Equilibrando o orçamento glacial

Um modo de os cientistas entenderem as geleiras é usando o modelo (explico o uso de modelos na ciência no Capítulo 2) do *balanço de massa glacial*. O balanço de massa é uma forma de avaliar o aumento ou a redução de uma geleira. Assim como ocorre com o balanço das contas de uma casa, o balanço de massa analisa as adições e subtrações ao longo do ano, mas não de dinheiro, e sim de gelo.

A cada ano, as geleiras passam por um ciclo de adição e subtração em resposta às mudanças climáticas. Nos meses de inverno, quando as temperaturas são baixas e a neve é alta, é adicionado gelo glacial, ou *acumulado*. À medida que as temperaturas aumentam e a queda de neve diminui, nos meses de primavera e verão, o gelo da geleira é subtraído, na *ablação*, por evaporação, derretimento ou rompimento no final da encosta. (Quando o gelo se desprende das geleiras para o oceano, o processo é chamado de *criação de icebergs*.)

A Figura 13-1 ilustra zonas de acúmulo e de ablação de gelo no modelo do balanço de massa glacial. A *zona de acúmulo* fica em uma altitude elevada, onde mais neve cai a cada inverno do que derrete no verão. A *zona de ablação* fica em uma altitude mais baixa, onde toda a neve que cai a cada ano se derrete (junto com parte do gelo dos anos anteriores). A *linha de equilíbrio*, ou *linha de neve*, separa essas duas partes da geleira.

Quando o acúmulo anual de gelo de uma geleira é maior do que a ablação, ou *perda*, por alguns anos consecutivos, o orçamento é positivo, e ela está aumentando de tamanho, ou *avançando*. Conforme uma geleira avança, a *frente* — a borda da geleira na cota topográfica mais baixa — desce a encosta.

Na situação inversa — quando a geleira sofre mais perda, ou ablação, do que acúmulo — o seu orçamento é negativo. O término de uma geleira com orçamento negativo *recua*, ou sobe a encosta, pois se derrete e encolhe. Depois de muitos anos de altas temperaturas e queda de neve mínima, uma geleira pode desaparecer completamente.

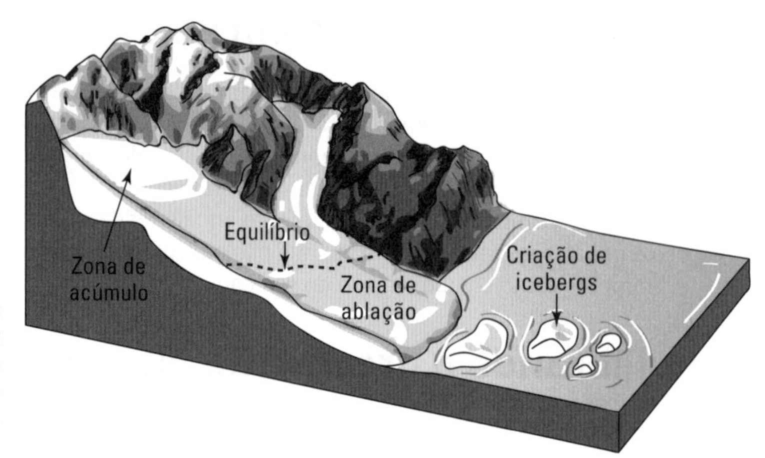

FIGURA 13-1: Zonas de acúmulo e de ablação de uma geleira.

LEMBRE-SE

O gelo das geleiras sempre flui morro abaixo. Quando você lê que uma geleira recuou, não significa que fluiu ladeira acima. Em vez disso, significa que a extremidade inferior, ou término, da geleira está agora localizada mais acima na encosta do que antes. Isso se deve à perda de gelo pelo derretimento e pela evaporação do término, e não à geleira ter fluído encosta acima.

O recuo e o desaparecimento glacial são sinais que os cientistas observam para documentar o atual aquecimento climático. Em muitas partes do hemisfério norte, as geleiras estão recuando e algumas já desapareceram.

Fluindo solidamente montanha abaixo

Independentemente de a geleira avançar ou recuar, o gelo dela está sempre fluindo morro abaixo — da zona de acúmulo em direção à de ablação.

Parece estranho pensar em um sólido se movendo, ou fluindo. O fluxo de um sólido é diferente do de um líquido. Em um sólido, os átomos (veja o Capítulo 5) estão compactados e não têm espaço para se moverem livremente como em um líquido ou gás. O gelo da geleira se move de duas maneiras:

LEMBRE-SE

- **Fluxo plástico**, ou **deformação interna:** No *fluxo plástico* de um sólido, as moléculas interligadas (no caso, cristais de gelo) se deslocam juntas sob uma intensa pressão. Em uma geleira, a pressão vem do peso do gelo empilhado acima; ele força os cristais de gelo a passarem uns pelos outros.

  A taxa de fluxo de plástico em uma geleira aumenta à medida que a temperatura do gelo se aproxima do ponto de derretimento — quanto mais quente o gelo, mais rápido ele flui.

» **Deslizamento basal:** As geleiras também experimentam derretimento do gelo ao longo da parte inferior, onde ele entra em contato com a superfície do solo. A fricção do gelo contra o leito rochoso produz uma pequena quantidade de calor e resulta em uma fina camada de água derretida. A água do derretimento ajuda a geleira a deslizar pelo solo, daí o *deslizamento basal.*

À medida que a geleira se move, sua superfície superior não está sujeita às grandes pressões que fazem com que o gelo interno flua. O gelo da superfície é quebradiço e responde ao movimento da geleira se rachando e se quebrando — uma resposta esperada de um sólido. Conforme o gelo interno flui, rachaduras, ou *crevasses*, são criados na superfície da geleira.

LEMBRE-SE

A taxa de fluxo das geleiras é lenta em comparação com o fluxo da água: grandes mantos de gelo fluem poucos metros por ano, enquanto as geleiras alpinas em regiões mais quentes podem fluir algumas centenas de metros por ano.

Ocasionalmente, uma geleira sofre uma *onda*, quando seu fluxo aumenta muito por um curto intervalo de tempo, como 30m por dia durante vários meses. Os cientistas acham que ocorre uma onda quando a água sob a geleira se acumula e leva a um aumento repentino do deslizamento basal.

Erodindo em Ritmo de Caracol: Relevos Criados pela Erosão Glacial

No Capítulo 12, explico como a água carrega rochas e sedimentos nos riachos. O poder de uma drenagem para transportar materiais terrestres é a *competência*. Por ser sólido, o gelo tem uma competência muito alta para transportar rochas e sedimentos. Esse fato torna as geleiras um importante motor de materiais terrestres — capazes de transportar grandes quantidades de sedimentos e pedras muito grandes por grandes distâncias.

Hoje, as geleiras estão limitadas a uma porção relativamente pequena da superfície da Terra, mas, no passado, quando eram muito mais extensas, elas moldavam a paisagem movendo rochas e sedimentos. Nesta seção, descrevo as formas como o gelo glacial remove (erode) os materiais terrestres e as características da paisagem criada pela erosão glacial.

Arrancar e abrasar ao longo do caminho

As geleiras removem rochas e sedimentos de duas maneiras:

- **Remoção:** A remoção ocorre quando o gelo se move através de uma superfície rochosa e levanta grandes blocos de rocha para dentro do fluxo de gelo. O gelo arranca as rochas ao passar pela borda de uma fratura já formada (provavelmente como consequência da água que penetrou nessas rachaduras e congelou) com força suficiente para quebrar um pedaço de rocha. A rocha é então carregada no fluxo de gelo até ser abandonada ou *atingir* a frente (ou o fim da geleira), e ser derrubada pelo derretimento do gelo.
- **Abrasão:** Quando uma geleira carrega rochas e sedimentos, alguns desses materiais raspam a superfície da rocha sobre a qual a geleira se movimenta. Essa raspagem é chamada de *abrasão*. O processo de abrasão é semelhante a lixar uma superfície: deixa riscos longos e retos (as *estrias glaciais*) e produz uma aparência polida na rocha. O resultado da abrasão depende do tamanho da rocha e das partículas de sedimento carregadas no gelo: partículas e fragmentos de rochas maiores criam estrias e sulcos, enquanto as menores, a aparência polida.

DICA

Observando as estrias deixadas para trás pelo movimento glacial, os geólogos determinam a direção em que o gelo flui — mesmo quando a geleira se derreteu e desapareceu há muito tempo. No Capítulo 8, conto como esse tipo de evidência foi usado para desenvolver a hipótese da deriva continental.

À medida que os fragmentos de rochas carregados pelo gelo trituram e arranham a superfície rochosa, um sedimento em pó muito fino é produzido, a *farinha de rocha*. A aparência leitosa das drenagens alimentadas pelo derretimento do gelo glacial é o resultado de toda a farinha de rocha carregada na água.

Criando os próprios vales

Diferentemente das drenagens, que criam vales removendo sedimentos e rochas com a água corrente (veja o Capítulo 12), as geleiras seguem os vales dos rios existentes e os esculpem em formas muito maiores e mais largas. Drenagens criam vales em forma de V tendo o canal da drenagem como base, ou vértice, do V. O gelo glacial transforma esses vales em V em vales em forma de U.

O vale em U de uma geleira se chama *calha glacial*. Os vales glaciais são mais largos, profundos e retos que os vales dos canais das drenagens, porque a força do gelo remove muitas rochas e sedimentos à medida que avança para baixo.

Os vales glaciais que alcançam o mar na orla de um continente são preenchidos como pequenas baías íngremes, ou *fiordes*, quando o gelo glacial não os preenche mais.

Quanto maior a quantidade de gelo em uma geleira, maior será sua força de erosão. À medida que pequenas geleiras tributárias alimentam uma *geleira principal*, esta, sendo maior, cortará seu vale mais profundamente do que os vales glaciais tributários circundantes. Quando as geleiras recuam, as geleiras tributárias deixam *vales suspensos* pelo caminho do vale da principal. A posição dos vales suspensos é ilustrada na Figura 13-2, com outras feições erosivas formadas por geleiras, que descrevo na próxima seção.

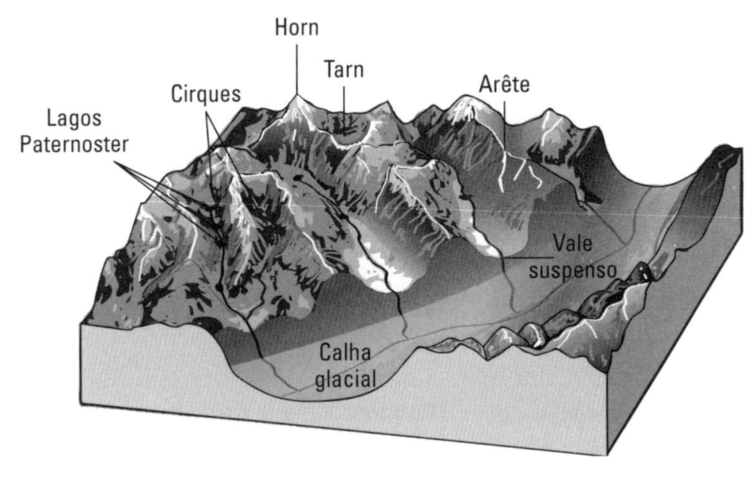

FIGURA 13-2: Características da paisagem de erosão glacial alpina.

Falando francês: Cirques, arêtes, et roche moutonnées

Os cientistas começaram a estudar paisagens glaciais nos Alpes da Europa. É por isso que muitas das palavras que descrevem as características da erosão glacial têm origem francesa. Então, quando você fala sobre paisagens glaciais, se pegará falando francês!

Erosão glacial alpina

As características da glaciação alpina permanecem em qualquer paisagem montanhosa depois que o gelo da geleira recuou ou derreteu. Muitas das paisagens montanhosas recortadas que você vê hoje resultam da glaciação ocorrida há milhares de anos. As características que descrevo estão identificadas na Figura 13-2.

- **Lagos paternoster:** Esses lagos são formados na calha glacial à medida que o gelo arranca pedaços de rocha do fundo do vale, deixando uma série de buracos que serão preenchidos por água e se transformarão nesses lagos.
- **Cirques:** *Cirques* são as depressões circulares (ou em forma de semicírculo) perto do topo de uma montanha onde começam as geleiras alpinas. Cirques são feições arredondadas ou em forma de U, que muitas vezes se enchem de água e se tornam lagos circulares (*tarns*) após o desaparecimento da geleira.
- **Arêtes:** Quando existem várias geleiras em uma montanha, dois cirques (ou duas *morainas*, descritas na próxima seção) podem criar entre elas uma fenda acentuada e íngreme de rocha resistente à erosão. Essa fenda linear é o *arête.*
- **Horns:** Semelhantes aos arêtes, os *horns* são criados por vários cirques em uma montanha. Nesse caso, três ou mais cirques formam um pico pontiagudo na paisagem, erodindo rochas e sedimentos de muitos lados do topo de uma montanha.

Erosão glacial do manto de gelo

Os mantos de gelo são muito maiores do que as geleiras alpinas ou de vale e, portanto, deixam características erosivas muito maiores na paisagem quando desaparecem.

Uma característica comum quando mantos de gelo esculpem uma rocha é a *roche moutonnée*. Uma roche moutonnée é formada quando o gelo alisa e dá polimento no lado ascendente de uma colina rochosa, ao mesmo tempo que arranca e remove rochas do lado descendente à medida que atravessa. Esse processo é ilustrado na Figura 13-3.

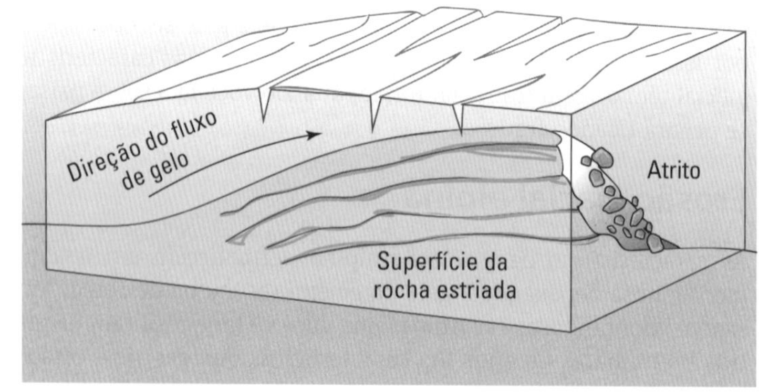

FIGURA 13-3: Como o fluxo do manto de gelo forma uma rocha moutonnée.

LIÇÕES DE FRANCÊS

O termo *roche moutonnée* é traduzido do francês como "rocha de ovelha". Geólogos franceses do século XVIII observaram as lombadas suavizadas na paisagem e as acharam parecidas com ovelhas. (Características de paisagem semelhantes, sem o atrito de rochas no lado da encosta, são chamadas de dorso de baleia, porque se assemelham às costas corcundas de baleias no oceano.)

O termo *paternoster* se traduz como "Pai Nosso", referindo-se às orações feitas ao longo do rosário. Os lagos glaciais são chamados de *lagos paternoster* porque se parecem com uma cadeia de contas de rosário em um vale.

Outras características glaciais têm traduções mais óbvias, como *arêtes* ("semelhante a faca") e *cirques* ("anel").

Deixando para Trás: Depósito Glacial

Na seção anterior, descrevo características formadas pela remoção de rochas e sedimentos pelo gelo da geleira. Todo aquele material de terra carregado pelas geleiras tem que terminar em algum lugar. Nesta seção, falo da *deposição*, ou seja, dos materiais terrestres deixados para trás pelas geleiras.

Como o gelo das geleiras pode carregar grandes quantidades de sedimentos e rochas de grande porte, quando esses materiais são deixados para trás, formam características reconhecíveis. Elas nos dizem que o gelo já cobriu a terra em lugares que você nem imaginaria, como Nova York ou Londres.

A *deriva glacial* descreve qualquer sedimento deixado para trás pelo derretimento do gelo glacial. Antes que os cientistas entendessem como os mantos de gelo cobriam a terra, propuseram a hipótese de que os icebergs levaram esses materiais à sua localização atual e se derreteram, deixando-os para trás. Eles estavam parcialmente corretos. A deriva glacial é o resultado do movimento e da deposição pelo gelo, mas não por icebergs flutuantes; esses sedimentos foram depositados por mantos de gelo e geleiras.

Até o teto

Teto glacial é qualquer rocha ou sedimento carregado e deixado diretamente pelo gelo glacial. Como o gelo pode carregar rochas e sedimentos de vários tamanhos sem separá-los, os depósitos costumam ser uma mistura de rochas e sedimentos de diferentes tamanhos. Esses depósitos mistos são *mal selecionados* e são diferentes dos bem selecionados (aqueles de rochas ou sedimentos de tamanhos semelhantes), típicos de deposição pelo vento ou pela água (veja os Capítulos 12 e 14).

Morainas

O teto glacial se acumula ao longo das bordas ou no final de uma geleira. Essas pilhas de sedimentos mal selecionados são as *morainas*. As *morainas frontais* ocorrem no final de uma geleira, conforme ela recua, derretendo-se e deixando o teto glacial para trás. *Morainas laterais* ocorrem ao longo das bordas de uma geleira. *Morainas centrais* ocorrem entre duas geleiras (onde duas morainas laterais se encontram). Esses tipos de morainas são ilustrados na Figura 13-4.

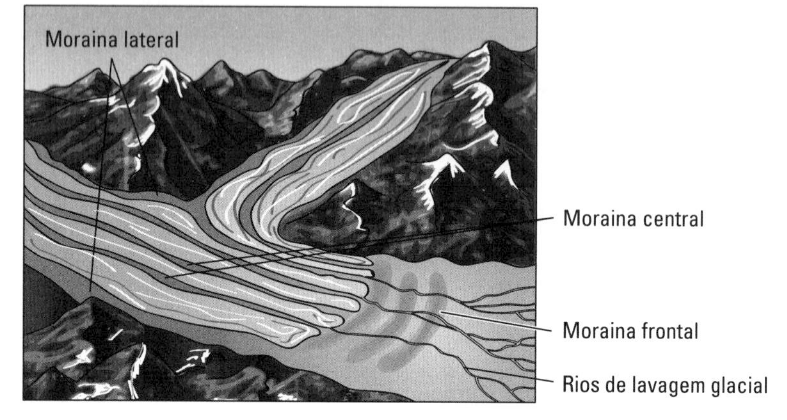

FIGURA 13-4: Diferentes tipos de morainas glaciais.

Drumlins

Quando uma grande geleira ou manto de gelo avança sobre as morainas (formadas pelo avanço e recuo anterior das geleiras), o depósito original é remodelado pela erosão em colinas arredondadas e alongadas, os *drumlins*. A extremidade estreita e pontiaguda do drumlin (mostrada na Figura 13-5) aponta na direção do fluxo de gelo que o moldou. Drumlins criados por mantos de gelo geralmente ocorrem em grupos, ou *campos de drumlin*, com centenas de drumlins espalhados pela paisagem.

Planícies, comboios, eskers e kames

Depósitos glaciais estratificados ocorrem quando o sedimento é removido do gelo glacial pela água do degelo na forma de drenagens. As drenagens se originam na geleira ou abaixo dela quando ela começa a se derreter, geralmente perto do final da geleira. A água do degelo flui mais para baixo, além do término do gelo.

Os depósitos deixados pela água do degelo são bem selecionados porque são transportados pela água. Eles são depositados por tamanho (maiores primeiro) em camadas, ou estratos. As feições morfológicas da paisagem formada por depósitos estratificados se compõem de partículas pequenas o suficiente para serem transportadas pela água, como areia ou argila (descrevo o tamanho dos grãos no Capítulo 7). A Figura 13-5 ilustra as características que descrevo nesta seção.

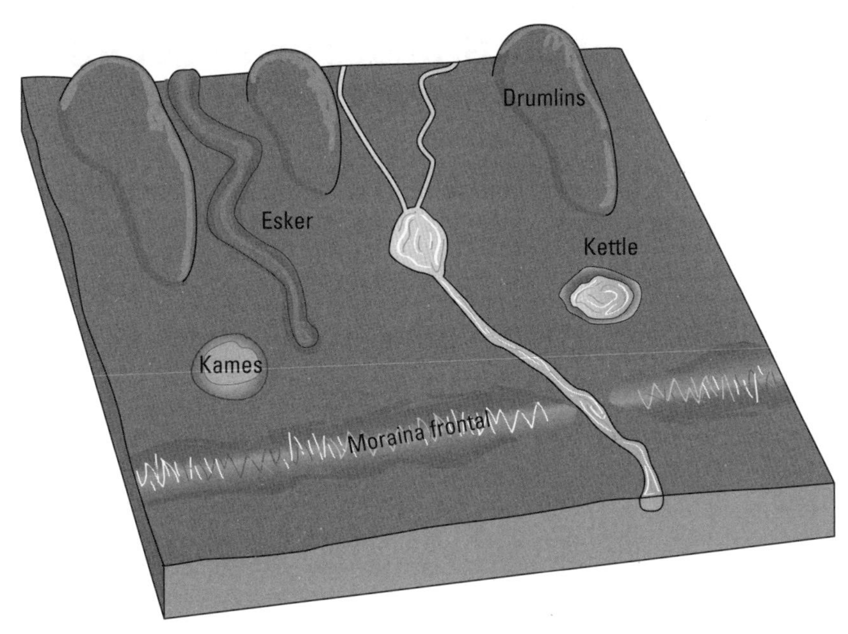

FIGURA 13-5: Características da deposição glacial.

Planícies de lavagem

Logo após o término de uma geleira, muitas vezes há um rio entrelaçado (veja o Capítulo 12), formado pelo derretimento da água da geleira. Em um vale de montanha, os depósitos deixados por esse rio são chamados de *depósitos de comboio do vale*. Quando esses depósitos são deixados além da borda de uma camada de gelo derretendo, formam uma *planície de lavagem*.

Às vezes, conforme o gelo recua, deixa grandes blocos de gelo acumulados nos sedimentos da planície de lavagem. Quando esses blocos se derretem, deixam uma depressão cheia de água na paisagem chamada de *kettle*.

Eskers e kames

Eskers e *kames* são depósitos de areia e cascalho deixados pela água do degelo que flui para dentro, sob ou sobre o gelo de uma geleira que está derretendo. Os Eskers são longos cumes de areia e cascalho semelhantes a cobras. Kames são colinas íngremes formadas pela deposição de areia e cascalho em depressões no topo do gelo derretido. Quando a geleira finalmente desaparece, sobra um monte de areia e cascalho.

Sem rumo: Grandes pedregulhos em lugares estranhos

Uma camada de gelo ou geleira carrega grandes rochas por longas distâncias e então se derrete, deixando-as em lugares inesperados. Essas rochas encalhadas são os *blocos erráticos glaciais*. Os cientistas reconhecem-nos porque são grandes pedaços de rocha diferentes da rocha em que foram depositados. Por exemplo, eles podem encontrar uma grande rocha metamórfica em uma paisagem com rocha ígnea. (Veja no Capítulo 7 descrições dos tipos de rocha.) Em áreas em que essas rochas pontilham a paisagem plana e sem rochas, elas costumam ser empilhadas para criar cercas entre os campos agrícolas.

DICA

Se já encontrou uma grande rocha que parece ter caído do céu (por exemplo, quando não há penhascos rochosos por perto), provavelmente era um bloco errático glacial. Na região de Puget Sound, ao redor de Seattle, Washington, muitos dos erráticos glaciais depositados entre 12 mil e 14 mil anos atrás são grandes demais para serem movidos e foram incorporados a pracinhas de bairro em vez de removidos para dar lugar ao desenvolvimento.

As Geleiras Foram Passear?

Os cientistas observaram que o aquecimento moderno, devido à mudança climática causada pelo ser humano, está derretendo as geleiras e as casquetes de gelo. Evidências em toda a paisagem contam a história do gelo que cobriu continentes há muito tempo e chegava muito mais perto do equador do que hoje. O aquecimento global moderno é responsável por essas mudanças? E o que os cientistas aprendem ao estudar a paisagem glacial do passado?

Nesta seção, descrevo resumidamente o que se sabe sobre a história das geleiras e dos mantos de gelo na Terra, como os continentes respondem ao desaparecimento do gelo e o que o futuro reserva à medida que o gelo continua a derreter.

Preenchendo as lacunas erosivas

Os *geomorfólogos glaciais* são os cientistas que estudam a paisagem formada por geleiras e mantos de gelo para entender quanto gelo cobriu os continentes e quando recuou ou derreteu. Tempos remotos, quando o gelo cobria grande parte dos continentes, são as *Eras do Gelo*. Por quantas eras glaciais a Terra já passou e a extensão geográfica das camadas de gelo são apenas duas das perguntas que os cientistas buscam responder.

As pistas deixadas nos depósitos sedimentares ajudam a responder a essas perguntas como peças de um quebra-cabeça. No entanto, resolvê-lo é desafiador, porque grande parte da paisagem formada pela erosão e pela deposição glacial foi erodida ainda mais por outros agentes geológicos. Essa erosão subsequente cria *discordâncias erosivas* no registro das eras glaciais: momentos da história glacial a partir dos quais as evidências foram retiradas, movidas ou remodeladas em relação à deposição original.

Felizmente, os sedimentos do fundo do oceano também contêm evidências de eras glaciais, e dos momentos de aquecimento e derretimento entre elas (*interglaciais*). Os cientistas combinam informações dos sedimentos do fundo do mar com características glaciais em terra para estimar o tempo e a extensão das eras glaciais.

Circulando pelas eras do gelo

Durante a maior parte da longa história da Terra (detalho o tempo geológico no Capítulo 16), o planeta era muito quente para que grandes quantidades de gelo cobrissem os continentes. Nos últimos 3 milhões de anos (algo relativamente recente em tempo geológico), tempos de frio extremo vieram e se foram, fazendo com que mantos de gelo e geleiras avançassem e recuassem repetidamente — um ciclo de eras glaciais.

Os cientistas determinaram duas causas principais para a ciclicidade das eras do gelo: mudanças na posição dos continentes na superfície da Terra e mudanças na posição da Terra em relação ao Sol.

Mudando para regiões mais frias

Quando as placas continentais se movem pela superfície da Terra, às vezes se aproximam do Polo Norte ou do Polo Sul. (Explico o movimento das placas continentais no Capítulo 9.) À medida que se aproximam de um polo, as paisagens passam por invernos mais úmidos e frios mais extremos — condições que levam à criação de geleiras e de mantos de gelo.

A presença de gelo na terra e na superfície do oceano nos polos torna-se um espelho que reflete o calor do Sol em vez de absorvê-lo. Esse reflexo, ou *albedo*, faz com que todo o clima da Terra fique mais frio e intensifica o frio do inverno, criando camadas de gelo maiores e mais extensas.

Orbitando, girando e inclinando-se em torno do Sol

A outra causa dos ciclos de eras do gelo é a posição da Terra em relação ao Sol. Como um planeta orbitando o Sol, a Terra experimenta três ciclos diferentes, cada um ocorrendo ao longo de milhares de anos. São eles: *excentricidade*, *obliquidade* e *precessão*. Juntos, são a variação orbital, ou os *Ciclos de Milankovitch*, em homenagem ao astrônomo Milutin Milankovitch, que os calculou pela primeira vez, há cerca de cem anos. Eles são ilustrados na Figura 13-6, e os descrevo aqui:

- **Excentricidade:** Como a Terra orbita o Sol, nem sempre segue uma rota perfeitamente circular. Às vezes, sua rota é mais oval, o que significa que, nos pontos mais distantes da volta orbital, ela fica mais distante do Sol. Essa mudança ocorre em um intervalo de 100 mil anos.
- **Obliquidade:** Conforme a Terra gira em seu eixo e se move em torno do Sol, também se inclina ligeiramente. O grau de inclinação muda cerca de 2o em um intervalo de 40 mil anos. Quando a Terra está mais inclinada, o hemisfério norte do planeta fica mais inclinado para longe do Sol.
- **Precessão:** Junto com a inclinação, a Terra também oscila em seu eixo. O eixo (no Polo Norte) aponta em diferentes direções no céu ao longo de um intervalo de cerca de 26 mil anos.

Cada um desses três ciclos ocorre de forma independente e ao mesmo tempo durante milhares de anos. Quando o extremo de cada ciclo coincide — a excentricidade leva a Terra para longe do Sol, a inclinação é máxima, e a precessão aponta o eixo para longe do Sol —, o hemisfério norte experimenta condições muito frias, e o gelo se acumula. Da mesma forma, quando a Terra está mais próxima do Sol, apenas ligeiramente inclinada, e o eixo é apontado em direção ao Sol, o hemisfério norte fica muito quente e não tem gelo presente.

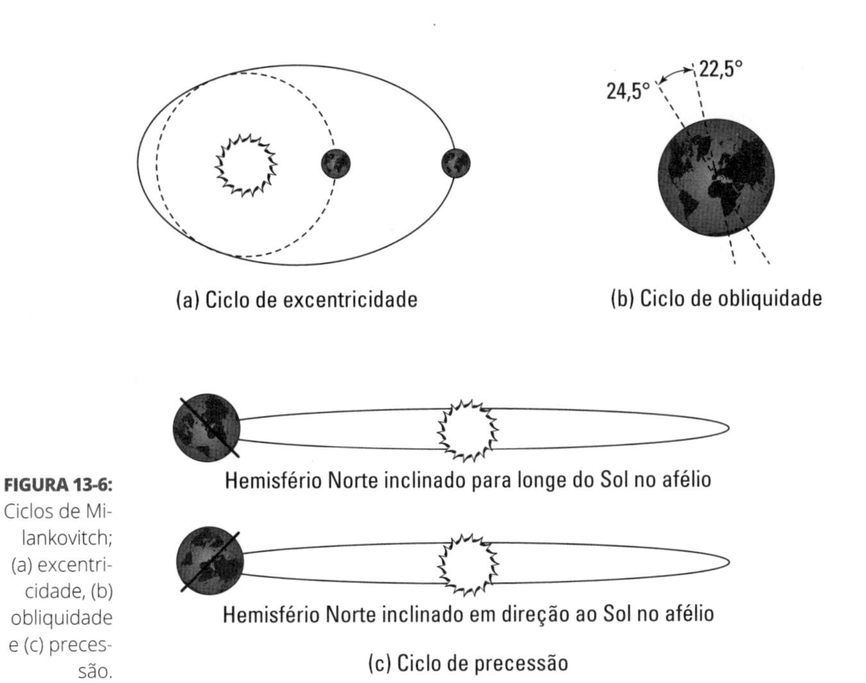

FIGURA 13-6: Ciclos de Milankovitch; (a) excentricidade, (b) obliquidade e (c) precessão.

Milankovitch cunhou a sua hipótese com base em cálculos matemáticos e na compreensão astronômica. Desde então, os cientistas reuniram outras evidências e confirmaram os ciclos de temperaturas oceânicas mais frias, que ocorrem em sincronia com as previsões de Milankovitch.

Recuperando-se isostaticamente

Cada vez que um manto de gelo avança através de um continente, todo o peso adicional do gelo faz com que a crosta continental se afunde um pouco mais no manto. (Veja no Capítulo 9 uma descrição de como a crosta e o manto interagem.) O resultado de todo aquele gelo empurrando partes do continente muda o nível relativo do mar ao longo das costas.

DICA

Os cientistas usam a palavra *relativo* porque não existe nenhum ponto imutável com o qual comparar as mudanças no nível do mar ou no nível do continente. Qualquer mudança no nível do mar é descrita em relação à localização do continente.

Há tanta água contida no gelo que é esperado que o nível do mar seja mais baixo e, de fato, há menos água líquida no oceano quando grande parte dela está congelada. Mas, ao mesmo tempo, o continente afunda sob o peso do gelo, então a mudança no nível do mar em relação à posição do continente ao longo de alguns litorais não é tão drástica quanto se espera.

Quando o manto de gelo se derrete, o nível do mar sobe em relação ao continente — no início. Nos anos que se seguiram ao desaparecimento do manto de gelo, o continente, empurrado para baixo pelo peso do gelo, começa a se recuperar lentamente (porque o peso é removido). Essa mudança está acontecendo agora em resposta ao fim da última Era do Gelo, há 14 mil anos. Os continentes do hemisfério norte estão lentamente se ajustando alguns milímetros por ano, "flutuando" no manto — como um cubo de gelo que é jogado em um copo de água e flutua até o topo. Esse movimento em resposta à remoção do peso do manto de gelo é denominado de *ajuste pós-glacial*.

Ao jogar um cubo de gelo em um copo de água, ele não apenas afunda e depois fica flutuando. Ele passa alguns segundos em um movimento oscilante, e talvez haja um pouco de inclinação e de mudança antes de se equilibrar e flutuar corretamente. À medida que os continentes sofrem o ajuste pós-glacial, passam por um intervalo de ajuste semelhante, mas muito mais longo. Por esse motivo, algumas regiões parecem se mover para cima, enquanto outras se movem ligeiramente para baixo ou ficam estáticas.

A razão pela qual os continentes se recuperam quando o manto de gelo recua se relaciona à densidade da crosta continental e à do manto terrestre. (Explico densidade nos Capítulos 9 e 10). A rocha de que os continentes são feitos é menos densa que a do manto, abaixo, então a crosta flutua no manto como um cubo de gelo flutua no copo de água. Se adicionar peso ao cubo de gelo (por exemplo, empurrando-o para baixo com o dedo), ele se afundará mais na água. Se remover o peso, o cubo de gelo saltará para cima — ou se ajustará.

NESTE CAPÍTULO

» Descrevendo a relevância do vento

» Movendo sedimentos com correntes de vento

» Identificando a erosão eólica

» Depositando sedimentos como dunas e loesses

» Formando os desertos

Capítulo 14

Palavras ao Vento: Movendo sem Água

Grande parte da superfície da Terra está sujeita a mudanças pelas forças da água (veja os Capítulos 12, 13 e 15). Mas, em regiões sem água, como desertos, o vento é a força geológica mais importante; ele cria feições geológicas removendo partículas de rocha (***erosão***) e adiciona novos sedimentos (***deposição***). O termo ***eólico*** descreve os processos e os recursos decorrentes do vento.

Neste capítulo, explico como o vento molda a superfície da Terra e as feições geológicas associadas aos processos de erosão e de deposição pelo vento.

Falta de Água: Regiões Áridas da Terra

O vento cria feições geológicas proeminentes em áreas da Terra que não têm muita água. Essas regiões relativamente secas, ou *áridas*, existem em qualquer parte do planeta em que a quantidade de *precipitação* (chuva e neve) é menor do que a de água perdida na *evaporação* (a transformação da água líquida em vapor de água pelo calor). Quando os sedimentos são secos, são suscetíveis ao transporte pelo vento.

Diferentemente do que passa nos filmes e na televisão, as regiões áridas da Terra não são todas extensões quentes, ensolaradas e cobertas de areia. Pelo contrário, apenas algumas regiões áridas atendem a essa descrição, como o deserto da Arábia Saudita. Outras paisagens áridas fazem parte de climas frios (como a Antártica), do litoral (como o deserto do Atacama, na costa oeste da América do Sul) e de interiores continentais montanhosos (como o Himalaia, na Ásia, e as Montanhas Rochosas, na América do Norte).

Quando a água está presente em regiões áridas, seu movimento nas drenagens cria características geológicas, mas o vento ainda é, de longe, o motor mais comum dos materiais terrestres.

Transporte Aéreo de Partículas

O vento carrega partículas de rocha, ou *sedimentos*, da mesma forma que a água. (Descrevo o movimento de sedimentos pela água no Capítulo 12.) Tanto o vento quanto a água fluem em correntes e carregam partículas maiores à medida que seu fluxo aumenta. A maior diferença entre os dois é o tamanho das partículas que transportam.

O ar é muito menos *denso* do que a água, o que significa que há mais espaço entre as moléculas em um determinado volume de ar do que entre as moléculas no mesmo volume de água. (Veja no Capítulo 10 mais detalhes sobre densidade.) O resultado desse espaço extra (e, portanto, da menor densidade) é que o vento precisa se mover muito mais rápido para carregar partículas do mesmo tamanho que a água carrega em velocidades mais baixas.

Como a água, o vento flui de duas maneiras:

- **Fluxo laminar:** As linhas de fluxo eólico, ou *de corrente,* não se misturam e seguem retas.
- **Fluxo turbulento:** As linhas de correntes se misturam.

Falo de fluxos laminares e turbulentos no Capítulo 12.

Os métodos de movimento de partículas, ou *transporte*, pelo vento são os mesmos que alguns dos descritos para o movimento de partículas pela água no Capítulo 12. Eu os defino aqui brevemente.

Pulando direto: Carga de fundo e saltação

As partículas transportadas pelo vento que se movem muito perto do solo são chamadas *carga de fundo* do vento. A maioria dos sedimentos transportados pelo vento se move junto com a carga de fundo, perto e, em algum momento, em contato com a superfície. Esse fato se deve à baixa densidade do ar, que limita sua capacidade de levantar grandes partículas, mesmo em altas velocidades.

Para mover partículas do tamanho de areia, primeiro o vento as empurra ao longo da superfície. Se a partícula for muito pesada para ser levantada, ela se move para a frente pelo solo no movimento chamado de *rastejo*.

Sedimentos menores ou mais leves são carregados pelo fluxo de vento quando a sua *velocidade* é grande o suficiente para levantá-los. Mas, mesmo depois de serem levantadas, as partículas ainda estão sujeitas à força da gravidade, portanto, após um curto intervalo de suspensão, elas voltam à superfície.

LEMBRE-SE

Este tipo de movimento de partículas é a *saltação*: a partícula salta ao longo da superfície, sendo levantada e largada repetidamente à medida que se move em resposta à força do fluxo do vento.

À medida que as partículas pousam, saltam mais adiante e batem em outros grãos, que podem começar a *saltar* ou avançar da mesma forma. Assim, a carga de fundo de uma corrente de vento é preenchida com sedimentos do tamanho de areia que saltam na direção do fluxo do vento. Se a superfície for muito dura, a carga de leito se estende até 2m acima da superfície, porque os objetos ricocheteiam mais alto em uma superfície mais compacta. (Por exemplo, se deixar uma bola de gude cair na grama, ela não vai quicar ou se mover para muito longe. Mas se jogá-la no chão pavimentado, ela vai quicar e se mover para muito mais longe.)

A carga de leito de uma corrente de vento é ilustrada na Figura 14-1.

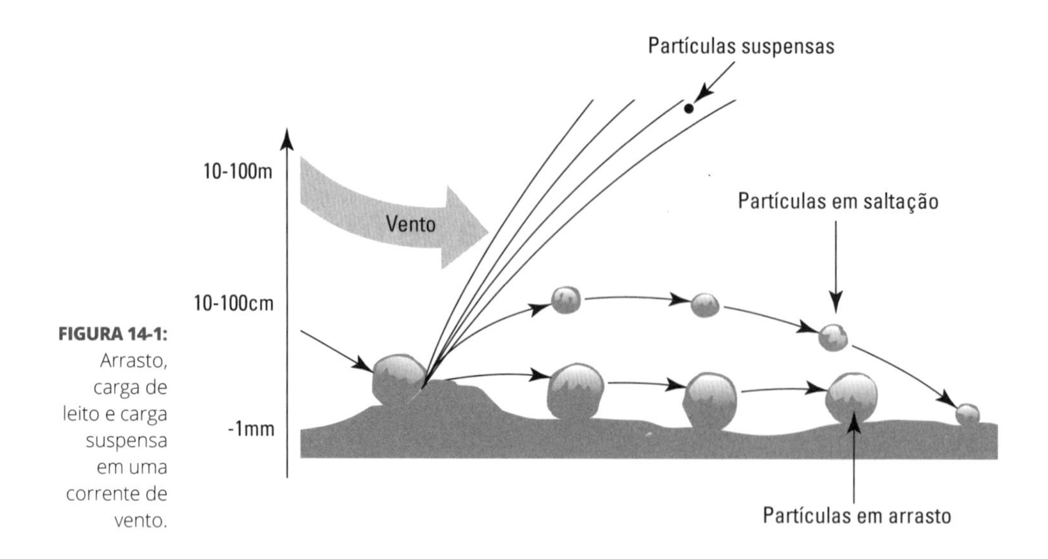

FIGURA 14-1: Arrasto, carga de leito e carga suspensa em uma corrente de vento.

Suspendendo partículas no ar

As partículas que são levantadas completamente para longe da superfície e transportadas pelo fluxo da corrente do vento são a *carga suspensa*. As partículas suspensas pelo vento são geralmente partículas de silte ou argila, medindo menos de 0,15mm. Essas pequenas partículas (poeira) podem ser recolhidas e levantadas para a atmosfera pelo fluxo turbulento do vento e podem permanecer suspensas por anos, viajando por grandes distâncias (milhares de quilômetros) antes de voltarem à superfície da Terra.

Uma corrente de vento não teria uma carga suspensa de partículas sem uma carga de leito. A velocidade do vento perto da superfície é muito baixa — tanto que mesmo as pequenas partículas de poeira não podem ser coletadas sem alguma outra força instigando seu movimento. A saltação de partículas maiores fornece essa força: o salto dos grãos maiores desestabiliza os menores, empurrando-os para o fluxo de ar onde são levantados e suspensos no vento. Isso também é ilustrado na Figura 14-1.

Deflação e Abrasão: Erosão Eólica

Conforme o vento pega e carrega partículas de sedimento para longe, cria feições morfológicas de erosão eólica. Diferentemente da água ou do gelo, o vento não remove grãos de sedimento da rocha sólida. Mas, em regiões áridas, há menos umidade e vegetação para ancorar ou manter as partículas soltas na superfície. Isso significa que as partículas que foram removidas das rochas por um processo anterior de erosão ou intemperismo (veja o Capítulo 7) estão disponíveis para serem movidas pelo vento.

Removendo sedimentos

A *deflação* de uma superfície ocorre à medida que o vento remove os sedimentos. Esse é um processo de erosão eólica.

LEMBRE-SE

As feições geológicas mais comuns da deflação são as *cavas de deflação*. Muitas cavas de deflação são áreas pequenas e rasas, às vezes com poucos metros de largura e menos de 1m de profundidade, onde ocorreu a deflação. No entanto, outras cavas, as *bacias de deflação*, são muito maiores — às vezes com um diâmetro de quilômetros.

As cavas de deflação ocorrem nas áreas em que a vegetação foi removida, deixando sedimentos soltos, suscetíveis à erosão eólica. Como as partículas devem estar secas para o transporte do vento, os limites das cavas de deflação são definidos pela água subterrânea circundante. Quando sofrem deflação suficiente para que os sedimentos sejam umedecidos pela água subterrânea, a deflação para, porque as partículas não podem mais ser removidas facilmente pelo vento.

Arranhando a superfície

Depois que uma corrente de vento levanta algumas partículas de sedimento, ela as empurra contra outros objetos. Você vivenciou esse processo se já sentiu a areia picando suas pernas na praia. A sensação de ferroada se deve ao atrito de partículas de sedimento suspensas saltando contra as suas pernas.

Sedimentos soprados contra outro objeto pelo vento criam feições de *abrasão pelo vento*. Essa abrasão parece polir algumas superfícies, tornando-as levemente brilhantes e muito lisas.

Rochas sujeitas à abrasão do vento têm características reconhecíveis e são chamadas de *ventifatos*. Ventifatos têm várias superfícies erodidas pela abrasão do vento. A Figura 14-2 ilustra a formação de um ventifato.

Primeiro, o vento esbarra em um lado da rocha, criando uma superfície lisa e plana na direção do fluxo do vento. Se a posição da rocha ou a direção do fluxo do vento muda, outra superfície plana e lisa é criada por abrasão.

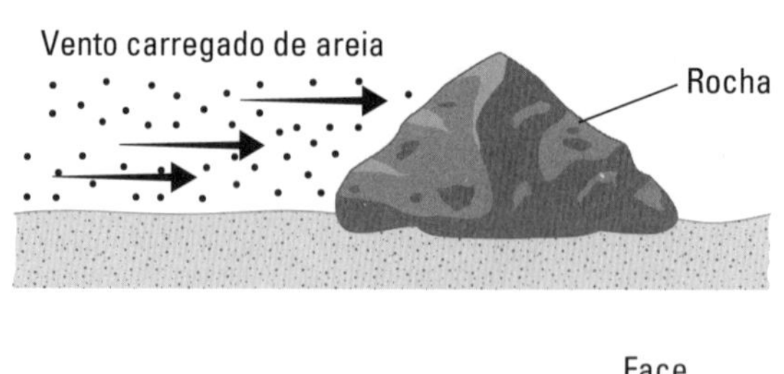

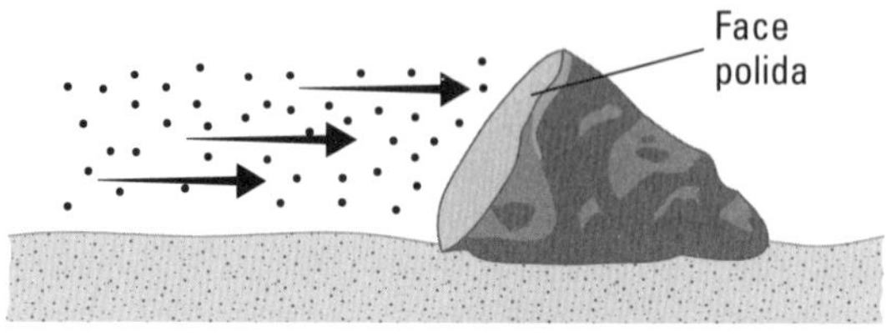

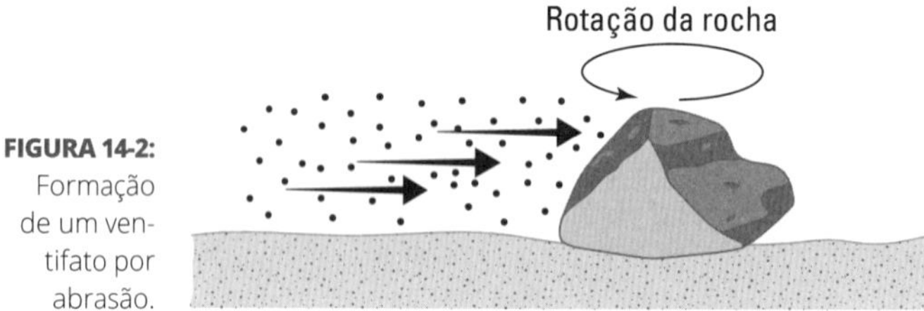

FIGURA 14-2: Formação de um ventifato por abrasão.

É Só Ventar: Dunas e Outros Depósitos

As feições geológicas criadas pelos depósitos eólicos (quando o vento deixa sedimentos para trás) são de dois tipos: *dunas* e *loesses*. O que os distingue é o tamanho das partículas que os formam. Devido à capacidade limitada do vento de manter as partículas levantadas em seu fluxo, a *ordenação* de sedimentos por tamanho ocorre à medida que ele transporta partículas. A ordenação significa que sedimentos de tamanho semelhante são agrupados quando depositados.

Partículas de areia são os maiores sedimentos que o vento move. Assim que o fluxo do vento diminui, as partículas de areia caem na superfície, enquanto as menores, de argila e silte, permanecem como carga suspensa na corrente de vento. O resultado é que algumas feições deposicionais, as *dunas*, são formadas quase inteiramente de partículas do tamanho de areia. As partículas menores de silte são depositadas quando o vento para de se mover completamente, formando camadas de *loesses*.

Nesta seção, descrevo essas feições e explico como são formadas pela deposição eólica ou pelo vento.

Migrando pilhas de areia: Dunas

As dunas se formam em áreas nas quais o vento sopra quase constantemente e há uma grande quantidade de areia que não é mantida no lugar por vegetação nem umidade (como desertos e costas arenosas). Quando o fluxo do vento diminui, a areia da carga de leito é depositada em pilhas, criando dunas.

As dunas geralmente são assimétricas, com um lado tendo um declive mais íngreme do que o outro. A Figura 14-3 ilustra as diferentes partes de uma típica duna.

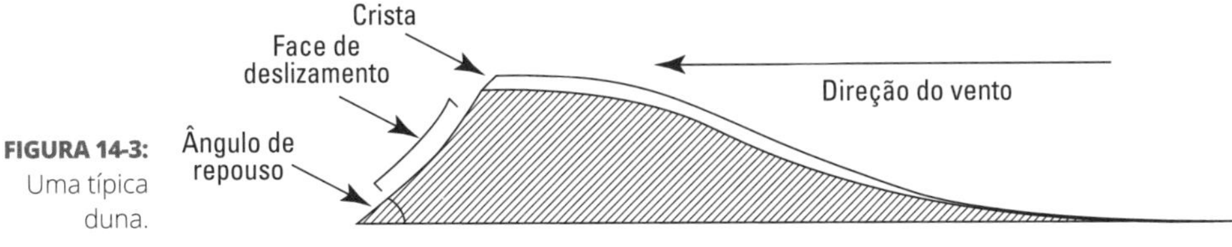

FIGURA 14-3: Uma típica duna.

Conforme o vento move a areia para o *barlavento* de uma duna, a maior parte da areia é depositada na sua *crista*, ou topo. Quando esse monte de areia é muito pesado para ser suportado pelo ângulo mais íngreme, o *sotavento*, os sedimentos escorregam para baixo em resposta à atração da gravidade, criando uma *face de deslizamento*. Os sedimentos repousam ao longo da face de deslizamento no *ângulo de repouso* (que detalho no Capítulo 12).

O deslizamento de sedimentos pela face de deslizamento de uma duna cria estratos, conforme ilustrado à esquerda na Figura 14-4. Com o tempo, várias dunas são depositadas acima, criando uma série de *estratos cruzados*, tal como ilustrado à direita na Figura 14-4. Esses estratos cruzados são preservados nas rochas formadas por esses sedimentos e são reflexos das dunas que existiam quando os primeiros sedimentos foram depositados.

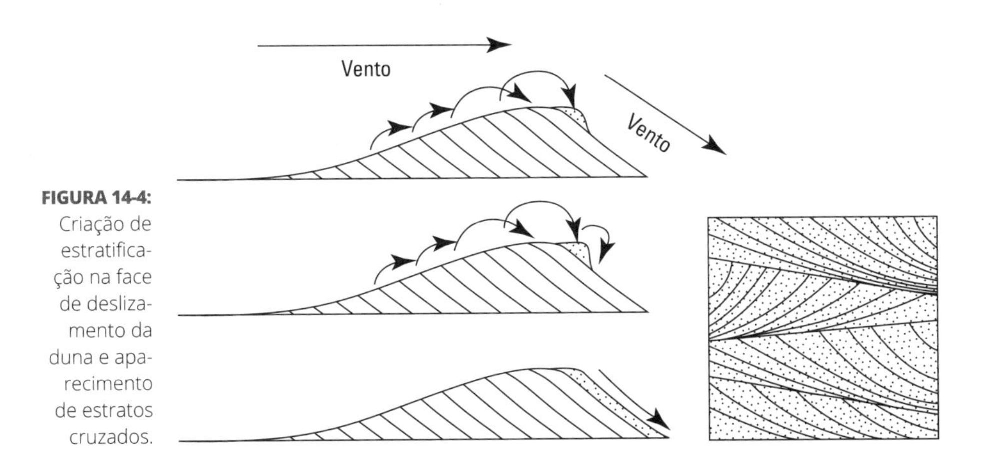

FIGURA 14-4: Criação de estratificação na face de deslizamento da duna e aparecimento de estratos cruzados.

O processo contínuo do movimento de sedimentos para cima no barlavento de uma duna por saltação e para baixo no sotavento por deslizamento faz com que a duna se mova pela superfície na direção em que o vento sopra. Esse movimento é a *migração de dunas*.

Moldando areia

Você pode pensar que a formação de dunas pelo vento cria uma infinidade de formas diferentes. No entanto, apenas algumas formas ou tipos principais são criados pelo vento. Eu os descrevo e eles são ilustrados na Figura 14-5.

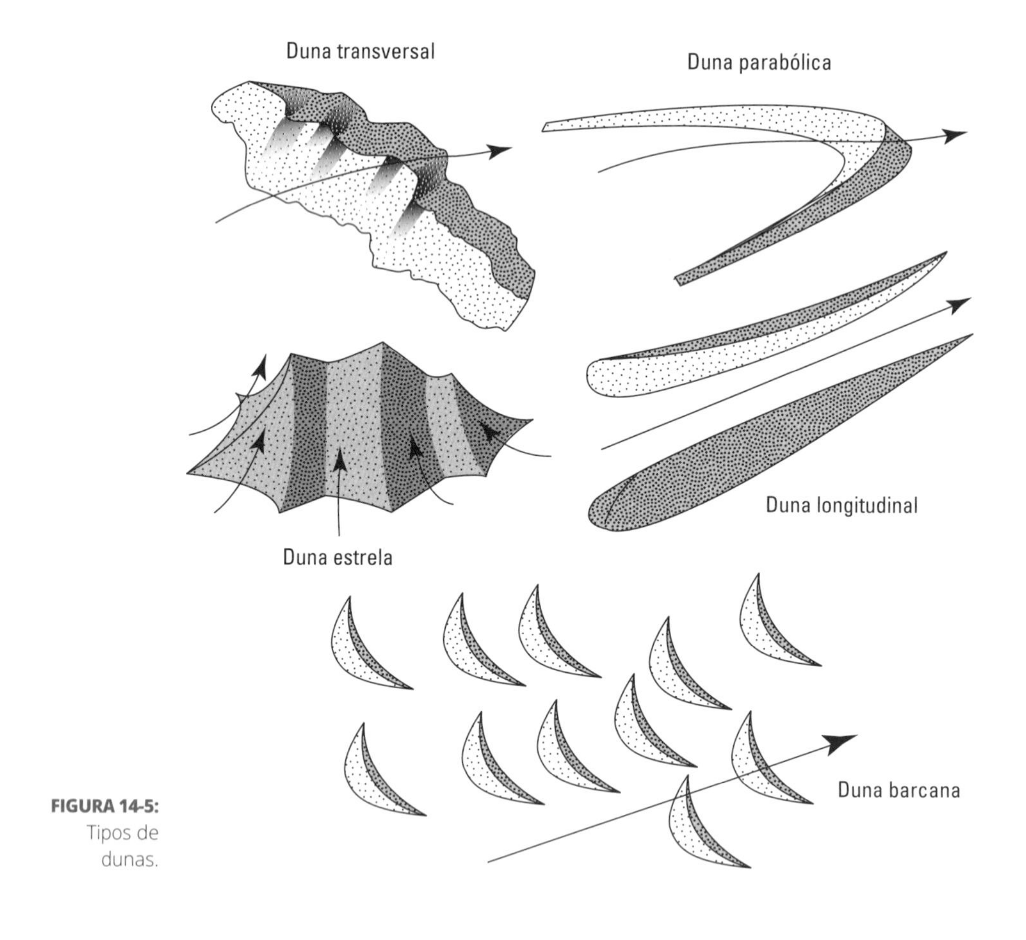

FIGURA 14-5: Tipos de dunas.

Dunas barcanas

As dunas barcanas são criadas quando o suprimento de areia é limitado e a superfície da terra é plana. Elas têm forma de meia-lua, com duas pontas, ou *chifres*, *a favor do vento*, ou na direção em que ele sopra. Os chifres costumam ter o mesmo comprimento, mas às vezes um é mais longo do que o outro.

Dunas parabólicas

As dunas parabólicas são semelhantes às dunas barcanas, mas suas pontas ficam *contra o vento*, na direção oposta de para onde ele flui. As dunas parabólicas são mais comuns na costa, onde a areia é parcialmente ancorada por vegetação. O resultado é que a areia é movida para a frente em áreas sem vegetação (na curva) e permanece no local onde ela está presente (nas pontas).

Dunas transversais

Em uma região com grande quantidade de areia, as dunas transversais criam o aspecto de ondas em um mar de areia. Dunas transversais são cristas de dunas alinhadas perpendicularmente ou cruzando a direção do fluxo do vento. Esse tipo de duna é comumente encontrado na costa, em praias onde o vento sopra de forma constante em direção à terra e há abundância de areia.

Dunas longitudinais

As dunas longitudinais também se formam em linhas, semelhantes às dunas transversais, mas as linhas das dunas longitudinais são paralelas (na mesma direção) ao fluxo do vento. Elas são comuns em locais em que a direção do vento muda ligeiramente dentro de uma faixa estreita.

Dunas estrela

Dunas estrela são formas complexas de dunas, geralmente confinadas a grandes desertos arenosos, como o Saara, no norte da África. Elas resultam do vento soprando de muitas direções diferentes (pelo menos três) ou mudando sua direção constantemente. Uma duna estrela apresenta um ponto central alto e numerosas cristas de areia saindo dela, criando uma forma de estrela.

Colocando camadas de loesses

Se as dunas resultam de o vento depositar suas partículas de carga de leito, o que acontece com todos os sedimentos menores carregados como carga suspensa pelo vento? As partículas de silte e de argila suspensas nas correntes de vento são depositadas como *loesses*.

COMO POEIRA AO VENTO: A AMEAÇA ECOLÓGICA DA DESERTIFICAÇÃO

A *desertificação* é o processo de transformar uma fazenda produtiva ou pastagem em um deserto árido. A transformação de terras férteis em deserto (desertificação) é uma das principais ameaças das mudanças climáticas. Essa mudança é devastadora para agricultores, pecuaristas e comunidades que dependem da terra para subsistir.

A causa mais comum de desertificação é o *sobrepastoreio*, deixar que os animais comam toda a vegetação de uma área confinada. Quando a vegetação desaparece, a camada superficial do solo — o sedimento rico em nutrientes — se seca e é levada como poeira pelo vento. A presença de vegetação é uma âncora física; as raízes mantêm os sedimentos no lugar. A vegetação também fornece maior umidade ao solo. Quando a vegetação e a camada superficial do solo são removidas, a terra torna-se quase inútil: nenhuma safra cresce e nenhuma planta fica disponível para os animais pastarem. Os seres humanos que dependem dessa terra para se alimentarem precisam se deslocar para outro lugar onde possam reiniciar o processo, espalhando a desertificação pela região.

A propagação da desertificação ameaça particularmente regiões que já são áridas e dependem do pasto de animais de rebanho para sobreviver, como o sul da África e o norte da China. Mas a desertificação também ocorre em regiões semiáridas, incluindo o Mediterrâneo e as Grandes Planícies americanas. Muitos países começaram a atacar esse problema criando estratégias para o uso inteligente da terra, incluindo pastagem rotativa, bem como trabalhando para reduzir os efeitos do aquecimento climático dos gases de efeito estufa.

Este é o processo: sedimentos de pequeno porte são coletados pelo vento em ambientes glaciais ou desérticos, carregados para longe e depositados como loesses quando e onde o vento para de se mover, geralmente cobrindo regiões inteiras. Grande parte do Meio-oeste dos Estados Unidos e porções significativas do noroeste do Pacífico são cobertas por loesses que foram depositados há milhares de anos, quando grandes partes da América do Norte estavam cobertas por mantos de gelo (veja o Capítulo 13).

Os sedimentos loesses têm alguns aspectos particulares que os tornam desejáveis como terras agrícolas:

» **Partículas de loesses não foram alteradas por intemperismo químico.** O fato de que os sedimentos de loesses se originam em ambientes secos (incluindo depósitos glaciais) significa que não foram submetidos a um forte intemperismo químico (veja o Capítulo 7), que remove elementos importantes dos minerais. Isso significa que esses elementos estão disponíveis nos depósitos de loesses como nutrientes para a vegetação.

- **Partículas de loesses são sopradas pelo vento e angulares.** Partículas suspensas transportadas pelo vento não são arredondadas como as transportadas pela água. (Pense em como as rochas do rio são arredondadas.) Em vez disso, o transporte do vento e a abrasão criam bordas afiadas e angulares (semelhantes ao ventifato, ilustrado na Figura 14-2). Por causa das formas angulares, quando as partículas são depositadas, não se compactam muito, o que significa que há espaço entre elas para que a água se acumule. O resultado é que a água está disponível para umidificar as raízes das plantas.

Pavimentando o Deserto: Deposição ou Erosão?

Uma característica particular de ambientes áridos, que estão sujeitos a processos de erosão e de deposição pelo vento, é o *pavimento desértico*. O pavimento desértico é uma fina camada de seixos e de rochas na superfície da terra.

Por muito tempo, os geólogos pensavam que o pavimento desértico resultava da erosão — o resultado do vento remover partículas menores da superfície, deixando para trás uma camada de seixos e de cascalhos maiores. Essa camada é o *depósito de lag*, ou *estrutura de lag*. O processo de formação do pavimento desértico pela erosão é mostrado na Figura 14-6.

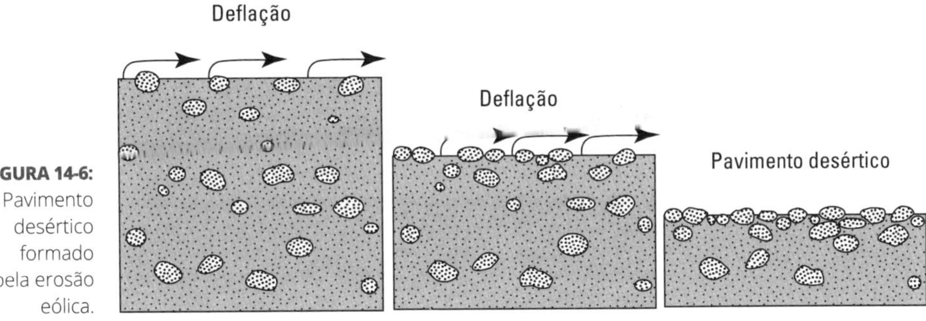

FIGURA 14-6: Pavimento desértico formado pela erosão eólica.

No entanto, algumas evidências sugerem que o pavimento desértico é criado pela deposição de sedimentos tamanho argila, em vez de sua erosão. Por esse processo (mostrado na Figura 14-7), partículas de argila e de silte são depositadas entre os materiais da superfície rochosa e se acumulam com o tempo, criando uma camada abaixo das rochas superficiais.

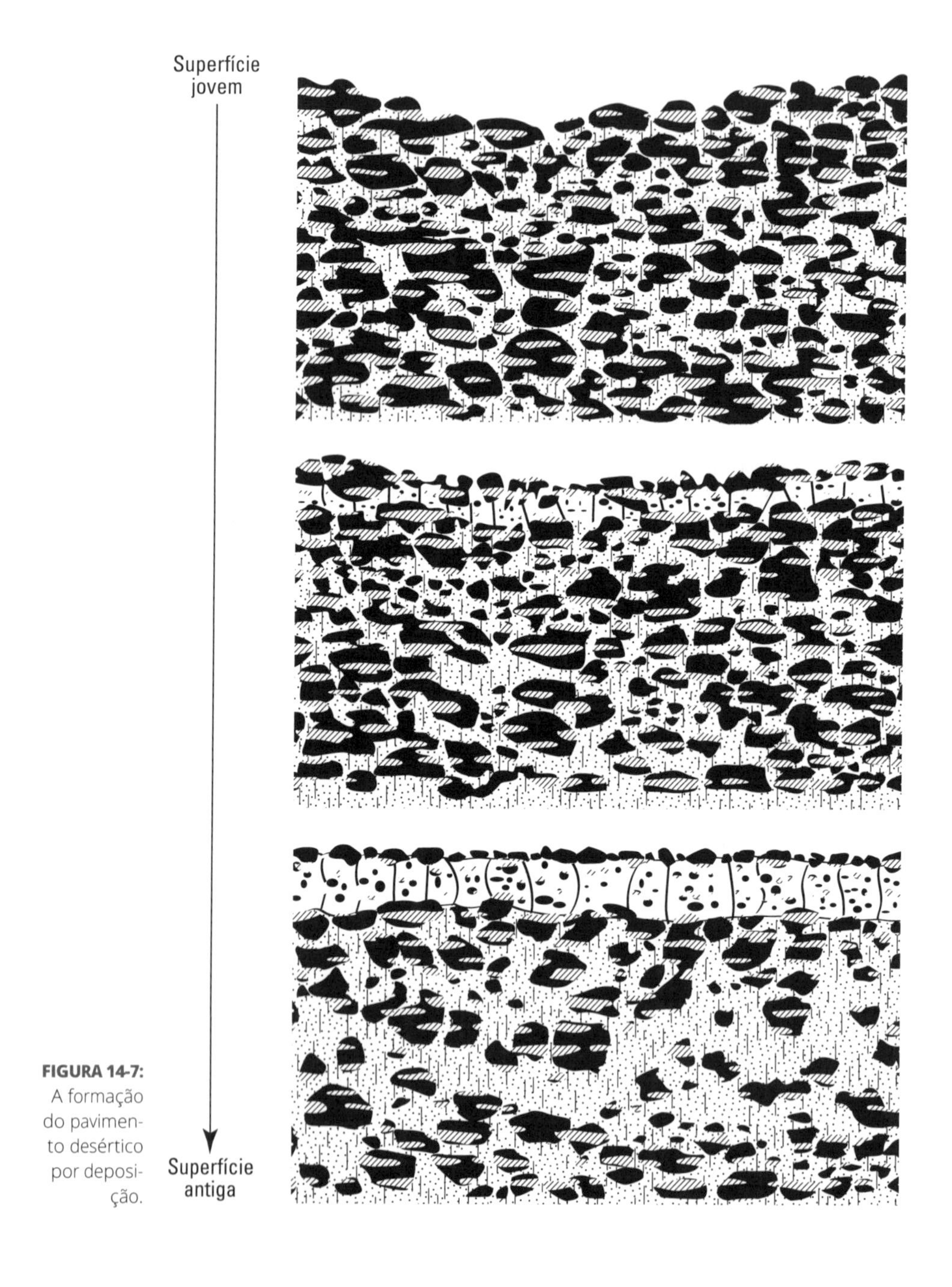

FIGURA 14-7: A formação do pavimento desértico por deposição.

NESTE CAPÍTULO

» Aprendendo a linguagem das ondas

» Observando a água moldar a costa

» Distinguindo litorais primários e secundários

Capítulo 15

Como uma Onda no Mar

Ao longo das bordas dos continentes, as rochas encontram a água. Na maioria desses lugares, chamados *costas*, a água do oceano se move e, por meio desse movimento, muda a forma e as características da costa.

Neste capítulo, descrevo as ondas, seu movimento e as feições criadas pela erosão e pela deposição de sedimentos ao longo da costa continental.

Libertando-se: Ondas e Movimento Ondulatório

Para descrever, registrar e estudar com precisão as ondas dos oceanos, os cientistas definiram e nomearam diferentes partes de uma onda de água. Nesta seção, explico suas partes e descrevo como as ondas rolam pelo oceano em direção à costa.

Dissecando a anatomia das ondas

As ondas são criadas quando o vento sopra na superfície da água, empurrando a água para cima em *cristas*. A Figura 15-1 ilustra as cristas de uma onda, bem como as *calhas*, as partes baixas entre as cristas. Esses aspectos são usados para medir a altura e o comprimento da onda e para calcular seu período e sua velocidade. Eles são definidos aqui e ilustrados na Figura 15-1.

- **Altura:** A *altura* da onda é a distância do topo da crista ao fundo do cavado.
- **Comprimento:** O *comprimento* é a distância de uma crista a outra ou de um cavado a outro.
- **Período:** O *período* é o tempo que a onda leva para passar de um certo ponto.
- **Velocidade:** É a *velocidade* com que uma onda viaja.

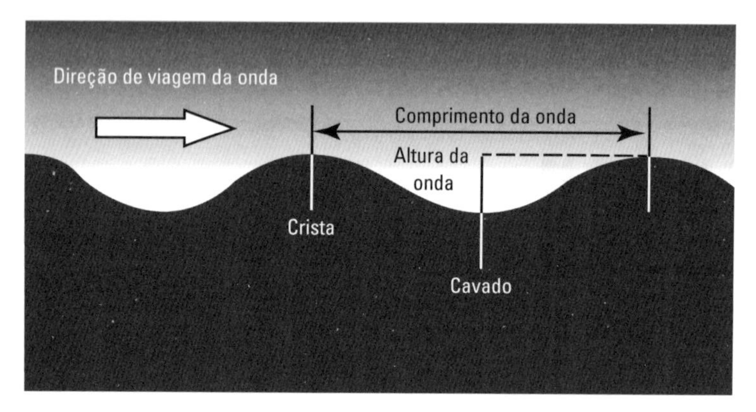

FIGURA 15-1: Partes de uma onda.

Quatro características do vento definem esses aspectos de uma onda:

- Velocidade.
- Por quanto tempo o vento sopra na superfície da água, ou sua *duração*.
- A direção do vento e se ele sopra de uma ou de várias direções.
- A distância que o vento se move na superfície da água, ou seu *alcance*.

Começando a rolar

A força com que o vento sopra faz com que a água se mova em um padrão ondulado, o *movimento oscilatório*. No meio do oceano, quando a água se move em movimento oscilatório, a própria água se move uma pequena distância enquanto a energia da onda continua se movendo. Esse processo é ilustrado na Figura 15-2.

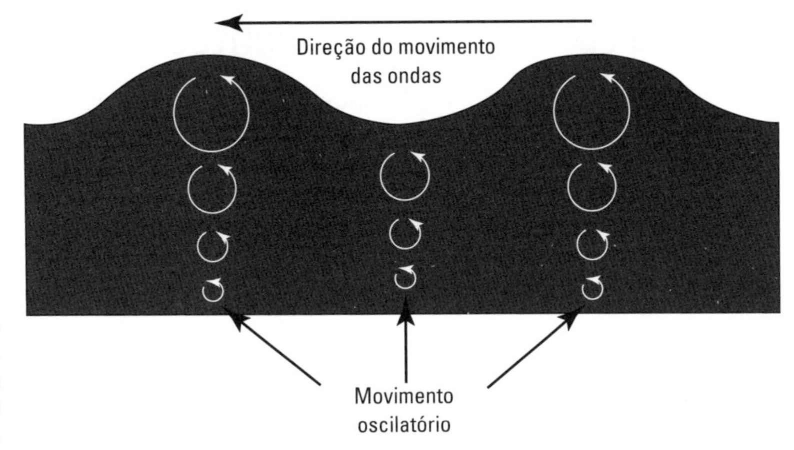

FIGURA 15-2: O movimento oscilatório das ondas.

LEMBRE-SE

É o movimento oscilatório que faz com que os barcos balancem para cima e para baixo no oceano, movendo-se apenas ligeiramente na direção das ondas. O movimento circular da água em ondas oscilatórias continua a circular abaixo da superfície a uma profundidade aproximadamente igual à metade da distância do comprimento da onda.

Quando as ondas oscilatórias se movem em águas rasas, como perto da costa, o movimento abaixo da superfície é interrompido quando atinge o fundo. Em resposta a esse atrito, a onda desacelera. Outras ondas que chegam a alcançam e se amontoam em um congestionamento de ondas se aproximando da costa. A água combinada de várias ondas cria uma onda mais alta, que fica muito alta para se sustentar e colapsa, ou quebra, quando atinge a costa; veja a Figura 15-3.

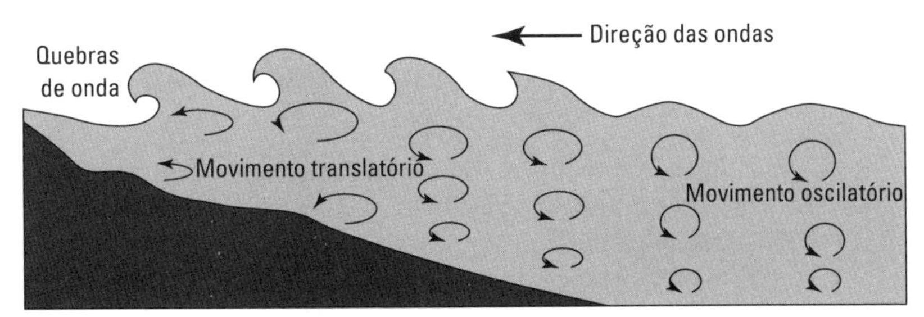

FIGURA 15-3: Transição de ondas do movimento oscilatório para o translatório em águas rasas.

Essas *quebras*, ou ondas que entram em colapso e atingem a costa, são ondas de translação, ou *ondas translatórias*. Diferentemente das ondas oscilatórias do mar aberto, as translatórias movem a água a certa distância até a praia. A água que chega à praia é o *fluxo*, e a que volta em direção ao mar, o *refluxo*.

Indo com o fluxo: Correntes e marés

Governadas por forças mais distantes do que o vento, as *marés* movem a água do oceano para perto e para longe da terra em resposta à atração da gravidade da Lua. Enquanto a Lua orbita a Terra, sua gravidade atrai a água na superfície da Terra apenas ligeiramente. A atração da Lua faz com que a água da Terra se projete em direção à Lua, conforme ilustrado na Figura 15-4.

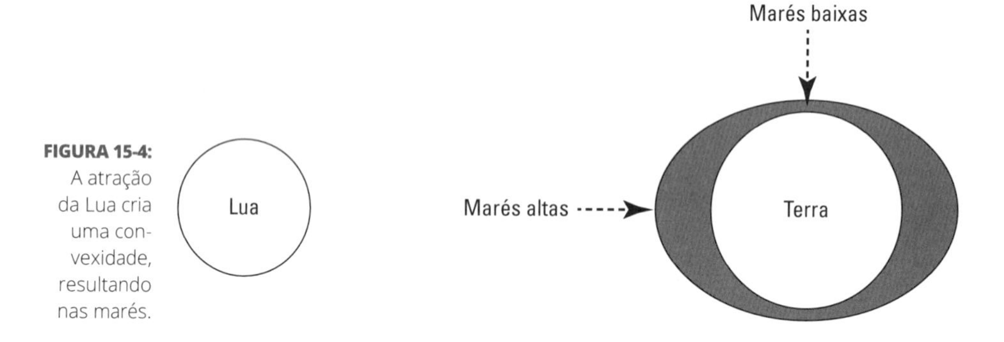

FIGURA 15-4: A atração da Lua cria uma convexidade, resultando nas marés.

LEMBRE-SE

A Terra continua a girar enquanto a água é atraída, resultando em duas marés altas e duas marés baixas todos os dias. As *marés altas* ocorrem nos lugares mais próximos e nos mais distantes da Lua, onde o volume da água é maior.

Em pé na praia, a experiência das marés é menos abstrata: a *maré baixa* ocorre quando a água está se afastando da terra, e a *maré alta*, quando se move em direção à terra. O fluxo da água com as marés cria *correntes de marés*. Quando as marés passam da baixa para a alta, a maré está "subindo" e a corrente da maré é chamada *maré enchente*. Quando está "baixando", ou mudando para a baixa, o movimento da água para longe da costa é chamado de *maré vazante*. As áreas ao longo da costa que são cobertas e descobertas pelo ciclo das correntes de maré são as *planícies de marés*.

Enquanto as correntes de marés entram e saem com as marés, outros tipos de correntes movem a água ao longo da costa com as ondas. Quando as ondas atingem a praia em um ângulo, seu movimento cria *correntes costeiras*. As correntes costeiras movem água (e sedimentos) paralelamente à costa. Uma corrente costeira é gerada pela energia das ondas quebrando movendo-se de volta para fora e atingindo as ondas que chegam. A água é então forçada a se mover paralelamente à costa. Esse processo é ilustrado na Figura 15-5.

Se você já nadou no oceano e percebeu que depois de um tempo se afastou da direção da praia de onde deixou sua toalha, você se moveu com as correntes costeiras. Esse movimento que você experimenta é a *deriva litorânea*.

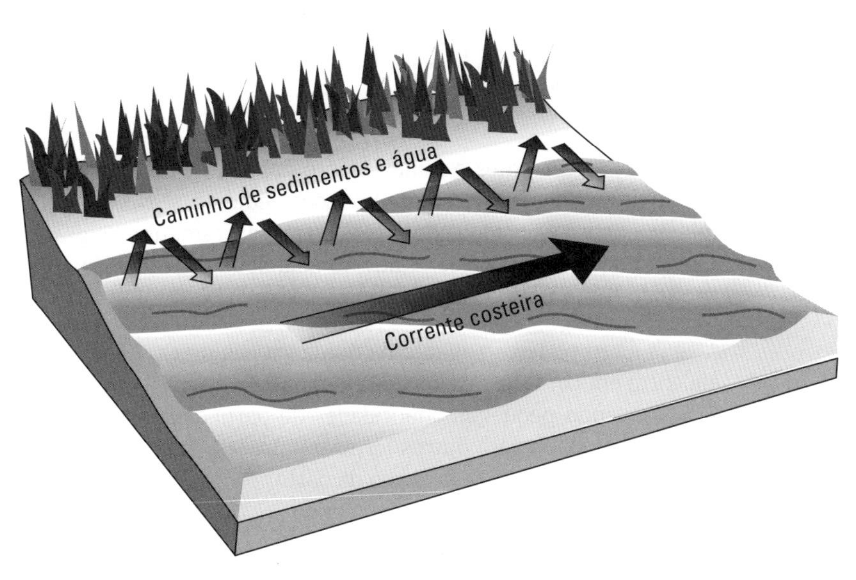

FIGURA 15-5: Gerando uma corrente costeira.

Outro tipo de corrente do oceano é a *corrente de retorno*. As correntes de retorno ocorrem quando a energia das ondas atinge a costa diretamente, e a água retorna para águas mais profundas em vez de ser movida ao longo da costa. Esse movimento é ilustrado na Figura 15-6.

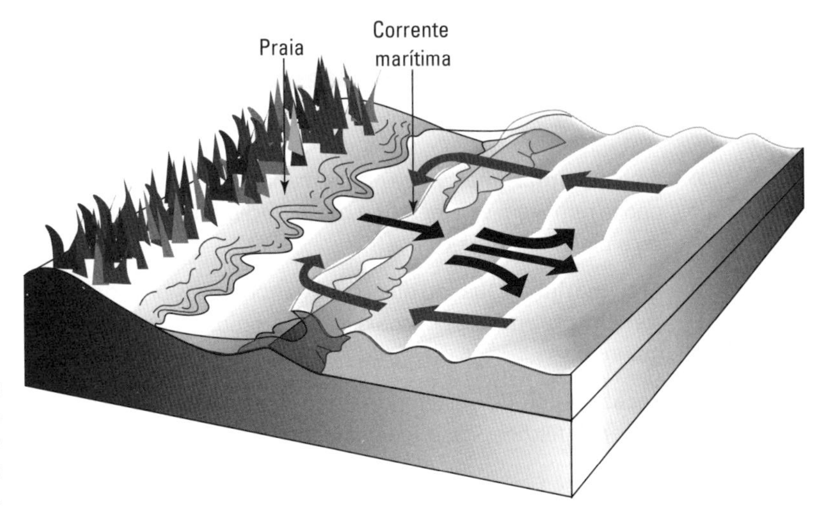

FIGURA 15-6: Movimento de uma corrente de retorno.

CUIDADO

As correntes marítimas são informalmente chamadas de "ressaca" e, quando são especialmente fortes, as praias públicas podem ser fechadas para evitar que os nadadores sejam puxados para águas perigosas, mais distantes da costa.

Moldando a Costa

DICA

As ondas, as correntes e o movimento das marés mudam a forma das linhas costeiras criando (e destruindo) feições geológicas. No Capítulo 12, explico a relação entre a velocidade do fluxo da água e o tamanho do grão do sedimento, o que determina como ele é movido pela água. As mesmas regras se aplicam ao modo como a água carrega sedimentos nos oceanos.

A água é um poderoso agente de mudança geológica. Ao longo da costa, onde ela entra em contato com rochas e penhascos, causa a erosão desses materiais — removendo pequenas quantidades de partículas de sedimentos por vez e transportando-os para outros locais. Os processos de erosão e deposição produzem feições distintas ao longo da costa.

Escultura de penhascos e outras características

No ponto em que as ondas encontram as costas rochosas e íngremes, elas esculpem sedimentos, criando *falésias*. Os materiais são removidos da falésia pela força da água, deixando para trás uma área plana abaixo dela, a *plataforma de falésia*. Uma costa rochosa sendo erodida geralmente tem falésias que se estendem para a água, os *promontórios*. Esses promontórios são feitos de rochas ou sedimentos que resistem à erosão pelas ondas. Outras características encontradas nas falésias costeiras rochosas são ilustradas na Figura 15-7 e incluem:

- **Cavernas marinhas:** As cavernas marinhas são criadas à medida que as ondas removem sedimentos e rochas facilmente erodidos das falésias, esculpindo uma caverna.
- **Arco marinho:** Quando duas cavernas próximas uma da outra se conectam (geralmente em lados opostos de um promontório), formam um arco marinho.
- **Rocas:** Depois de um tempo, o topo do arco marinho se enfraquece e cai, deixando feições altas e independentes no mar.

Balanceando bancos de areia

Todos os materiais removidos de uma área costeira precisam ir para outro lugar. Ondas e correntes transportam os sedimentos e os depositam, criando feições deposicionais na linha costeira. As características desse tipo de depósito dependem em grande parte da quantidade de sedimentos disponíveis para serem transportados e depositados, ou do *balanço do aporte sedimentar*.

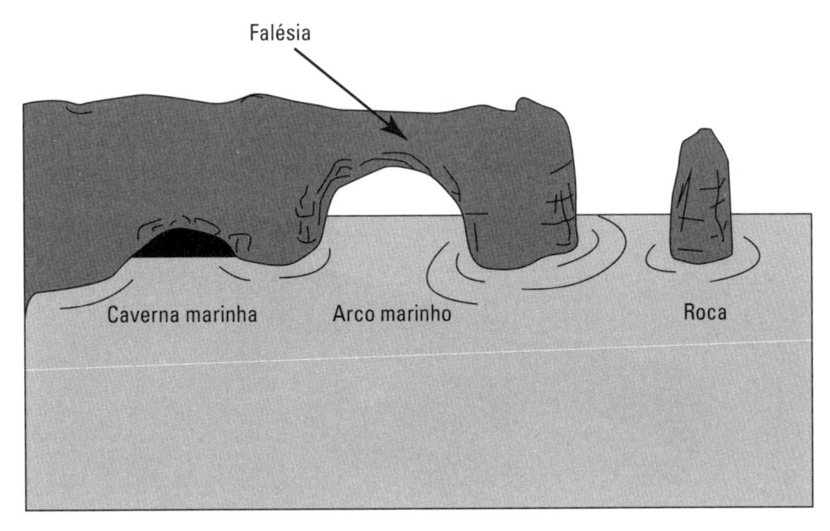

FIGURA 15-7: Feições costeiras erosivas.

LEMBRE-SE

Se uma linha costeira tem um aporte sedimentar equilibrado, a quantidade de sedimento erodida e carregada é reabastecida pela entrada de sedimentos, de forma que a quantidade deles no ambiente costeiro permanece quase constante. As fontes de entrada de sedimentos incluem a erosão costeira de promontórios, bem como deltas de rios que podem levar sedimentos do interior do continente.

As praias são a característica mais comum da deposição costeira. Uma *praia* é um pedaço de terra relativamente estreito no qual o movimento das correntes, marés e ondas move as partículas de sedimentos. Algumas praias são cheias de areia branca, mas uma praia pode ter rochas maiores, ou rochas e areia de cores diferentes, dependendo da origem do sedimento. Por exemplo, nas ilhas havaianas, a maioria das rochas erodidas pelas ondas é basáltica, formada a partir da erupção dos vulcões havaianos (veja o Capítulo 7). Esse processo resulta em praias de areia escura (às vezes até preta).

Outras características deposicionais de processos costeiros são ilustradas na Figura 15-8 e incluem:

- **Esporões:** Os *esporões ou pontais arenosos* são longas fendas de areia que se projetam na água, geralmente em forma de gancho. Eles se formam paralelos à costa.
- **Barra de boca de baía ou restinga:** Um esporão que continua a crescer até fechar uma baía do oceano é um *baymouth bar*, ou uma barreira de boca de baía.
- **Tômbolo:** Um *tômbolo* é uma crista rasa de areia que conecta uma pequena ilha ou pilha marítima ao continente ao longo da costa.

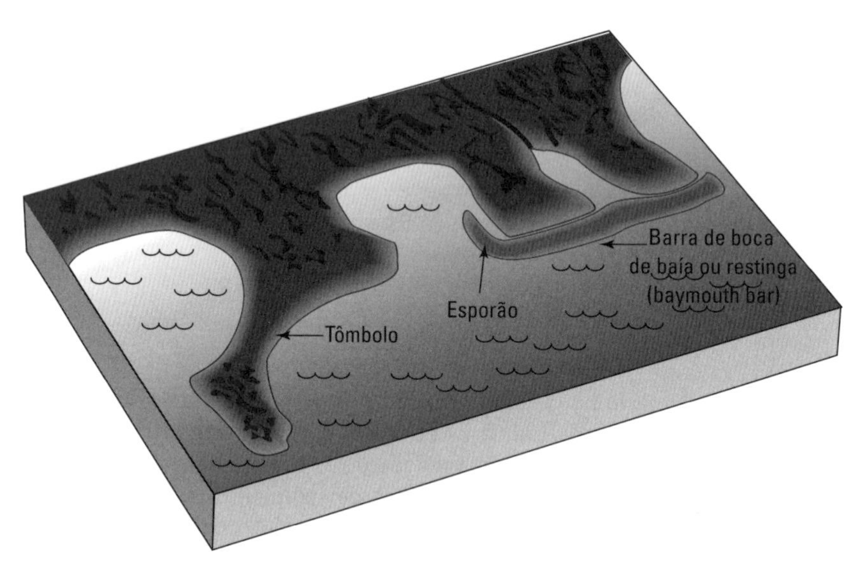

FIGURA 15-8: Feições da deposição costeira.

Categorizando os Litorais

As linhas costeiras moldadas pelos processos de erosão das ondas e transporte são *linhas costeiras secundárias*. Por exemplo, grande parte da costa leste dos Estados Unidos é uma costa secundária, moldada por processos marinhos.

Outras linhas costeiras, as *linhas costeiras primárias*, têm características predominantemente moldadas por diferentes processos de superfície (como aqueles discutidos nos Capítulos 12 e 13). Um exemplo de costa primária é uma região na qual as geleiras encontram o oceano, como a costa oeste do Canadá e o sudeste do Alasca. O entalhe da paisagem pelo gelo glacial (descrevo a erosão glacial no Capítulo 13) cria as feições morfológicas desses litorais.

RUMO A TERRENOS MAIS ALTOS: TSUNAMIS

Um *tsunami* é uma série de ondas muito grandes que viajam através do oceano após um evento geológico submarino, como um terremoto, uma erupção vulcânica ou um deslizamento de terra. Na maioria das vezes, os tsunamis resultam de terremotos submarinos. Como ilustrado na primeira figura deste box, quando ocorre um terremoto, o movimento do fundo do mar desloca uma grande quantidade de água. Essa água se move pelo mar como uma grande onda.

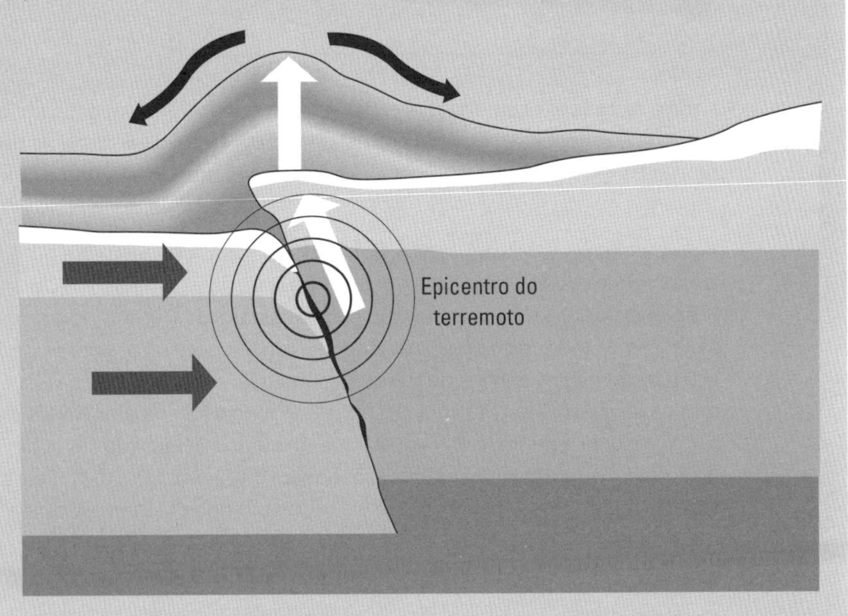

O perigo das ondas do tsunami é que elas não são visíveis como as ondas oceânicas normais e resultam em muito mais destruição quando chegam à costa. No fundo do oceano, a onda de um tsunami pode ter centenas de quilômetros de comprimento e poucos metros de altura, o que significa que um barco flutuando no oceano nem perceberia quando o tsunami passasse por ele. A onda viaja centenas de quilômetros por hora, cruzando todo o Oceano Pacífico em questão de horas. Isso é comparável à velocidade de um avião comercial. Em 1960, um terremoto na costa do Chile, no oeste da América do Sul, gerou um tsunami que atingiu a costa leste do Japão menos de 24 horas depois.

A água nas ondas do tsunami não faz o movimento oscilatório circular das ondas regulares do oceano, então, quando alcançam a costa, elas não se quebram, mas continuam, como ilustrado na segunda figura deste box. À medida que a água fica mais rasa perto da costa, a altura da onda aumenta; uma onda que tem poucos metros de altura em mar aberto pode formar uma parede de água com mais de 6m à medida que se move para a praia.

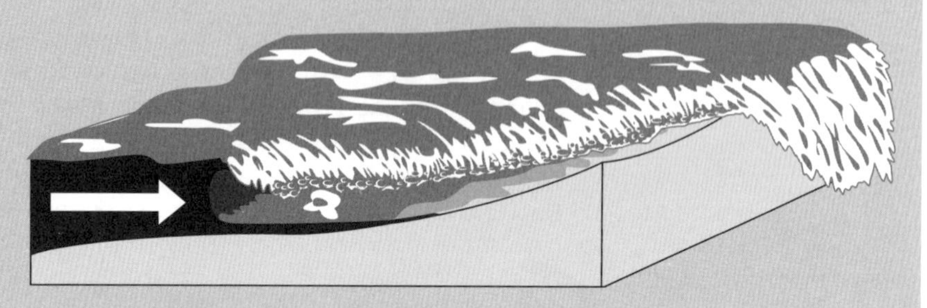

A força de toda essa energia das ondas empurra uma grande quantidade de água para a costa, bem além do nível normal do mar. (A altura da água acima do nível normal do mar é o *runup ou enchente.*) A água pode prosseguir por quilômetros para o interior, fluindo até por mais trinta minutos antes de ir perdendo energia.

Após o tsunami no Oceano Índico, em 2004, a pesquisa e o interesse público em compreender essas ondas destrutivas atingiram o auge. Enquanto o Oceano Pacífico já havia experimentado tsunamis, o tsunami do Oceano Índico chamou a atenção de todo o mundo. O resultado foi um financiamento para os cientistas estudarem mais evidências de tsunamis passados, na tentativa de desenvolver formas de prever futuros tsunamis. A melhor aposta foi preparar alertas por toda a comunidade mundial, como aquela que constitui o Sistema de Alerta de Tsunami no Pacífico, centralizado operacionalmente em Ewa Beach, no Havaí. Esse sistema espalha mensagens e informações pela região quando ocorrem eventos geológicos que podem desencadear um tsunami.

Infelizmente, os sistemas de alerta são mais úteis para regiões distantes da origem do tsunami. No tsunami de 2011 que atingiu o norte do Japão, houve pouco tempo para alertar as pessoas nas regiões que ele atingiu primeiro (e de forma mais catastrófica). Regiões do Oceano Pacífico, incluindo Havaí, Califórnia e América do Sul, tiveram muito tempo para se preparar e não experimentaram a violência e a destruição das primeiras ondas que atingiram as ilhas do norte do Japão.

Nem todas as regiões costeiras são suscetíveis a tsunamis — apenas as que estão próximas a regiões de atividade sísmica regular a intensa. Alguns sinais de alerta o ajudam a reconhecer se um tsunami pode estar vindo em sua direção. Se estiver perto da costa e sentir um terremoto, vir a água mover-se rapidamente para longe da costa como uma maré extrabaixa (geralmente isso ocorre antes que a onda do tsunami atinja a costa) e ouvir um barulho alto, como o de um trem, a melhor coisa a fazer é buscar um terreno elevado.

Da mesma forma, as feições costeiras do nordeste dos Estados Unidos (como o Cabo Cod, Massachusetts) resultam da deposição glacial durante a Era do Gelo do Pleistoceno. (Veja no Capítulo 21 informações sobre as últimas eras glaciais.) As feições glaciais, incluindo as morainas (ver Capítulo 13), ainda são as feições dominantes que moldam a costa.

Outro tipo de costa primária ocorre quando grandes rios deságuam no mar. Os processos de erosão e deposição associados ao fluxo de água (eu os explico no Capítulo 12) moldam a linha costeira nessas regiões, como a saída do rio Mississippi no Golfo do México, na Louisiana, Estados Unidos.

5

Era uma Vez, Bem Aqui

NESTA PARTE...

Descubra como os cientistas determinam a idade das rochas usando radioatividade e relações estratigráficas (as relações entre as várias camadas de rocha).

Descubra como a história da Terra se organiza em éons, eras e períodos usando a escala de tempo geológico.

Conheça a história da Terra camada por camada, descrevendo os eventos geológicos e a evolução dos organismos de células únicas a dinossauros, a você e eu.

NESTE CAPÍTULO

» Ordenando as datas relativas com a estratigrafia

» Atribuindo datas absolutas aos eventos da Terra

» Distinguindo éons, eras, períodos e épocas

» Combinando métodos para detalhar a escala de tempo

Capítulo **16**

Manjando o Tempo Geológico

Cada vez que uma rocha se forma, preserva uma parte dos processos terrestres que a criaram. Isso significa que dentro das rochas da crosta terrestre está a história de todos os eventos geológicos passados na Terra. No entanto, com o movimento constante das placas (conforme descrito no Capítulo 9) e as mudanças na superfície da Terra (descritas na Parte 4), a história dos eventos se confunde. O desafio dos geólogos é ordená-los e interpretar as histórias contadas nas rochas.

Os geólogos criaram uma sequência precisa dos eventos geológicos combinando métodos de datação relativa com técnicas modernas de datação absoluta. Ao combinar ambos, construíram — e continuam revisando — a escala de tempo geológico da Terra. A escala de tempo geológico da história da Terra documenta os últimos 4,5 bilhões de anos, começando com a formação da Terra (veja o Capítulo 3). Conforme novas informações são descobertas, a escala é revisada, atualizada e melhorada, e se torna mais precisa.

Neste capítulo, descrevo métodos de datação relativa e absoluta, explico como são usados para interpretar o passado da Terra e discuto como novas pesquisas continuam a refinar e a revisar os detalhes da história da Terra.

As Camadas de Bolo do Tempo: Estratigrafia e Datação Relativa

Organizar as camadas de rochas na ordem de sua formação é o primeiro passo na construção de uma história geológica. Quando os eventos estão na ordem adequada, a história nas camadas rochosas é lida. O desafio é descobrir a ordem original das camadas de rochas que foram inclinadas, deformadas, erodidas e alteradas.

Nesta seção, descrevo como o estudo das camadas de rochas, a *estratigrafia*, é usado para desemaranhar sequências de formação rochosa e construir uma escala de tempo relativa para esses eventos.

Falando relativamente

Uma forma de descrever a história é descobrir a ordem correta dos eventos em relação uns aos outros. Essa abordagem é a *datação relativa*. A datação relativa não fornece idades ou datas para eventos. As técnicas de datação relativa descrevem apenas quando eles aconteceram em relação a outros eventos.

Por exemplo, se descrever a idade dos membros da sua família em relação a você, pode dizer que sua irmã é mais nova e seu irmão, mais velho. Você descreve o nascimento de cada pessoa em relação ao seu: seu irmão nasceu, depois você, então sua irmã. Dessa forma, você constrói uma sequência relativa de eventos mesmo sem ter a idade de cada familiar.

Essa mesma abordagem é usada por geólogos para construir uma história relativa da Terra, afirmando que um período ou uma sequência de eventos ocorreu antes ou depois de outro.

Classificando os estratos

Há muito tempo, os geólogos perceberam que as camadas de rocha podiam ser organizadas de forma cronológica umas em relação às outras. Essa sequência relativa de camadas de rocha foi o contexto para interpretar a história da Terra. Por isso, o estudo de rochas em camadas é a base da datação relativa na geologia.

O estudo e a interpretação das camadas rochosas (ou *estratos*) é a *estratigrafia*. Os *estratígrafos* são os cientistas que compilam as informações das camadas rochosas de todo o mundo e as comparam para entender a sequência de formação das camadas rochosas e detalhes sobre a história da superfície da Terra.

Os estratígrafos estão interessados tanto na história das camadas rochosas quanto na sua formação, ou origem. Portanto, eles têm várias maneiras de descrever as camadas de rochas, ou *unidades*:

- **Unidades litoestratigráficas:** Quando os estratígrafos descrevem as camadas de rocha apenas por suas características físicas, como o tipo de rocha, usam unidades litoestratigráficas. A unidade litoestratigráfica básica é a *formação*, que se divide em unidades menores, os *membros*, e se agrupa em unidades maiores, os *grupos*, ou *supergrupos*.
- **Unidades bioestratigráficas:** As *unidades bioestratigráficas* são camadas de rocha descritas pelos fósseis que contêm, sem considerar o tipo dela.
- **Unidades cronoestratigráficas:** As *unidades cronoestratigráficas*, ou unidades estratigráficas de tempo, são camadas de rocha formadas em um intervalo específico de tempo. As rochas de uma unidade cronoestratigráfica são de diferentes tipos e contêm diferentes tipos de fósseis.

Colocando na ordem certa

Conforme descrevo no Capítulo 7, as rochas sedimentares são formadas em camadas à medida que as partículas de sedimento são depositadas umas sobre as outras. Como essas rochas e camadas estão sujeitas às leis físicas da gravidade, é possível fazer certas suposições sobre como foram criadas.

As primeiras leis, ou princípios, da estratigrafia foram descritas pelo pai da estratigrafia moderna, Nicholas Steno (veja o Capítulo 3). Os princípios da estratigrafia são a base para os geólogos ordenarem os estratos rochosos conforme a sua formação. Fazer isso é especialmente útil ao observar rochas que foram dobradas, têm falhas (veja o Capítulo 9) ou que mudaram de posição desde que se formaram. No Capítulo 3, explico os quatro princípios de correlação estratigráfica de Steno. Aqui está um breve resumo:

- **Princípio da superposição:** Em rochas que não foram perturbadas desde a formação, as camadas de baixo são mais antigas do que as de cima.
- **Princípio da horizontalidade original:** Todas as camadas de rochas sedimentares são originalmente criadas na posição horizontal. Se estiverem verticais, foram deslocadas após serem formadas.
- **Princípio da continuidade lateral:** À medida que as camadas de rocha se formam, elas continuam horizontalmente pela superfície até que outro objeto ou feição geológica a pare.
- **Princípio das relações de corte:** Quando um tipo de rocha corta outro, a rocha que corta é mais jovem do que a cortada.

Os três primeiros princípios aplicam-se apenas às rochas sedimentares, enquanto o quarto determina a idade das rochas ígneas em relação às camadas sedimentares que cortam, como diques e soleiras (veja o Capítulo 7).

Dois outros princípios também são usados na estratigrafia moderna:

» **Princípio de sucessão faunística:** *Fósseis* (restos de organismos) têm uma ordem determinável, e se reconhece qualquer intervalo de tempo pelos fósseis presentes nas rochas formadas durante ele. Esse princípio se aplica apenas a rochas sedimentares porque são as únicas que contêm fósseis.

» **Princípio da inclusão:** Se uma rocha contém pedaços de uma rocha diferente (chamados *enclaves*), esses pedaços são de uma rocha mais antiga. Esse princípio é especialmente útil para classificar uma sequência de eventos que inclui rochas ígneas ou metamórficas, junto com as sedimentares.

Perdendo tempo nas camadas

Juntos, os seis princípios da estratigrafia fornecem aos cientistas as regras básicas para ordenar as camadas de rocha e, assim, interpretar o passado. No entanto, cada princípio é baseado na suposição de que as rochas examinadas têm um registro imperturbado e completo — que a sequência de camadas de rocha é *concordante*.

Muitas vezes, faltam páginas no registro geológico. Essas quebras no registro das rochas são as *discordâncias*. Uma discordância ocorre quando as camadas de rocha foram erodidas, movidas ou alteradas de outra forma e, em seguida, mais camadas de rocha foram adicionadas. Esse processo resulta na ausência do registro para determinado intervalo de tempo.

Felizmente, quando faltam registros das camadas rochosas, certas pistas indicam o intervalo de tempo ao estratígrafo. Existem três tipos de discordâncias e cada uma dá suas próprias pistas:

» **Discordância angular:** Essa discordância ocorre quando as camadas de rocha são inclinadas em um ângulo por soerguimento, falha ou dobramento (veja o Capítulo 9); as camadas estão erodidas; e então novas camadas horizontais são criadas acima delas. Esse processo é ilustrado na Figura 16-1.

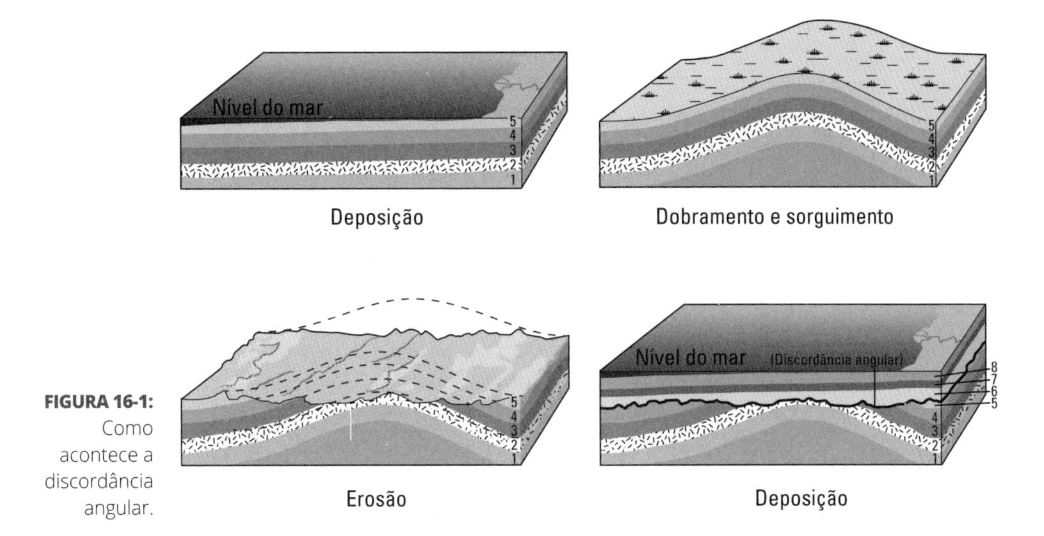

FIGURA 16-1: Como acontece a discordância angular.

» **Discordância paralela:** A discordância paralela é a mais difícil de reconhecer. Isso porque ambas as camadas são rochas sedimentares, e ambas ainda são horizontais, mas se separam por uma superfície que foi erodida, removendo parte do registro rochoso. As camadas de rocha mais antigas ainda estão posicionadas horizontalmente quando as novas se formam acima delas, conforme ilustrado na Figura 16-2. Um estratígrafo pode não reconhecer a discordância paralela na sequência da rocha até que tenha aplicado outros princípios estratigráficos (como o princípio de sucessão faunística) que indiquem o intervalo faltante.

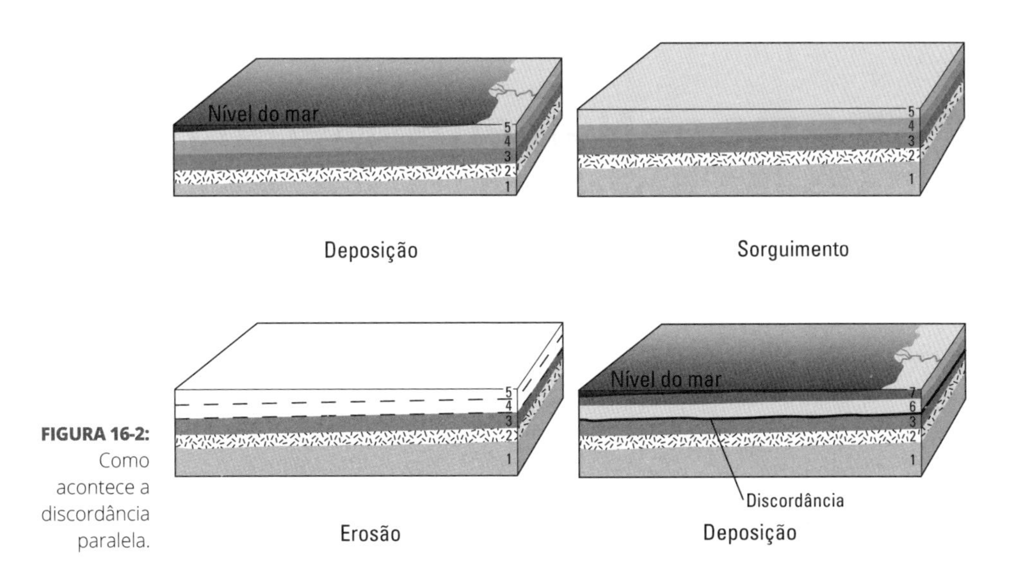

FIGURA 16-2: Como acontece a discordância paralela.

- **Discordância litológica:** Uma *discordância litológica* é uma pausa no tempo entre uma rocha ígnea intrusiva ou uma rocha metamórfica (veja o Capítulo 7) e as camadas de rochas sedimentares criadas acima dela. Ela é criada quando as rochas mais profundas (metamórficas ou ígneas) são levadas para a superfície e erodidas, e então os sedimentos são depositados no topo delas, que eventualmente se tornam rochas sedimentares. A discordância litológica também ocorre quando o magma adentra as camadas de rochas sedimentares preexistentes e forma uma rocha ígnea intrusiva.

O Grand Canyon, no Arizona, é um excelente exemplo de estratigrafia que exibe esses diferentes tipos de discordâncias. A Figura 16-3 é um esboço da estratigrafia do Grand Canyon com os diferentes tipos de discordâncias etiquetados.

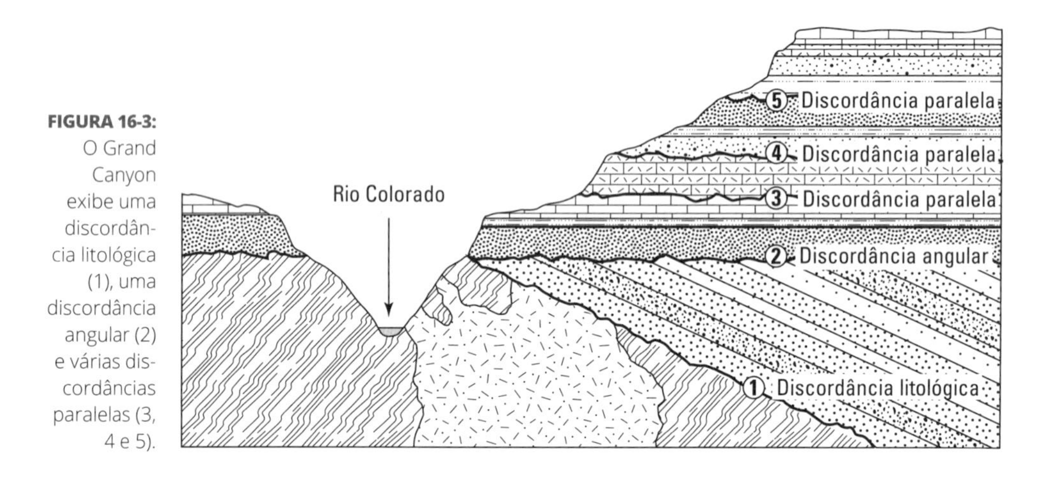

FIGURA 16-3: O Grand Canyon exibe uma discordância litológica (1), uma discordância angular (2) e várias discordâncias paralelas (3, 4 e 5).

Mostre-me os Números: Métodos de Datação Absoluta

Os princípios da estratigrafia e da datação relativa apresentam uma sequência de eventos para a história geológica, mas são incapazes de definir idades. Para responder a essa questão, os cientistas usam as técnicas de datação absoluta.

A *datação absoluta* é a idade numérica de algo. Novamente, pense nas idades dos seus familiares. Desta vez, dê datas absolutas em vez de relativas. Você pode dizer que sua irmã tem 15 anos e seu irmão, 27. Essas são suas idades absolutas e numéricas — nada de relativo por aqui!

Medindo o decaimento radioativo

O método mais comum para determinar a idade, em números, das rochas é a *datação radiométrica*. Esse método mede o *decaimento*, as mudanças atômicas, em certos átomos. Para entender o decaimento radioativo, preciso revisar brevemente algumas informações do Capítulo 5, sobre os átomos.

Cada átomo tem um núcleo com prótons e nêutrons e é cercado por elétrons. O número de prótons e nêutrons no núcleo determina o *número de massa atômica*. O número de prótons é o *número atômico*.

Alguns elementos, como o carbono, podem ter átomos com diferentes números de nêutrons em seu núcleo. Esse desvio muda o número da massa atômica, mas não o número atômico. Os átomos que contêm o mesmo número de prótons, mas diferentes números de nêutrons, são os *isótopos*.

Os nomes dos isótopos são escritos com o elemento e o número da massa atômica. Por exemplo, existem isótopos de carbono-13 e carbono-14, assim como o carbono normal não radioativo — carbono-12 —, que tem número de massa atômica 12. (Às vezes, escreve-se esses isótopos como ^{12}C, ^{13}C e ^{14}C.) Cada tipo de carbono tem o mesmo número de prótons (6), mas números diferentes de nêutrons (6 nêutrons no carbono-12, 7 no carbono-13 e 8 no carbono-14).

LEMBRE-SE

Alguns isótopos são instáveis, ou *radioativos*, o que significa que ocorrem mudanças automaticamente dentro do seu núcleo, que os transformam em um elemento completamente diferente, mudando seu número atômico. Como explicarei, esse decaimento radioativo de certos isótopos é uma ferramenta útil para a datação absoluta.

LEMBRE-SE

Se o número de nêutrons em um átomo de um elemento muda, o número da massa atômica muda, o que cria um isótopo. Se o número de prótons em um átomo muda, tanto o número atômico quanto o da massa atômica mudam, e surge um elemento completamente diferente.

Três maneiras de decair

Os elementos radioativos se transformam de três maneiras:

» **Decaimento alfa:** O *decaimento alfa* descreve a mudança em um átomo quando dois prótons e dois nêutrons deixam o núcleo. O resultado é um átomo de um elemento diferente que possui um número de massa atômica diferente. Por exemplo, quando o isótopo de urânio (que tem 92 prótons em seu núcleo e 146 nêutrons) com um número de massa atômica de 238 (urânio-238) sofre decaimento alfa, o resultado é um átomo de tório-234. O tório-234 é um isótopo com um número de massa atômica 234 e um número atômico de 90. O decaimento alfa é ilustrado na Figura 16-4.

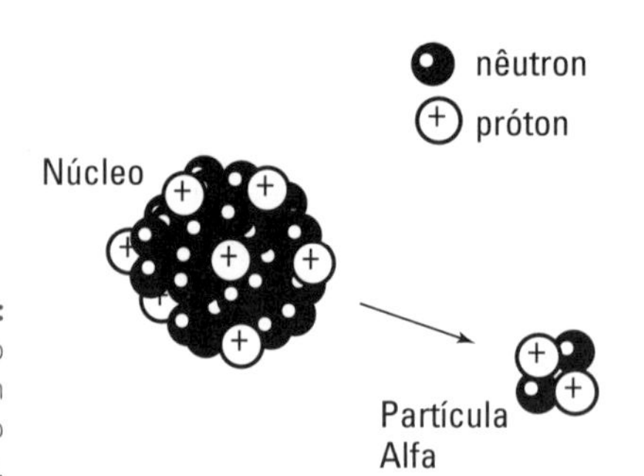

FIGURA 16-4: Decaimento alfa de um isótopo radioativo.

» **Decaimento beta:** O *decaimento beta* descreve quando um nêutron se divide em duas partículas separadas — um elétron e um próton — e o elétron deixa esse átomo. O resultado é que há um próton adicional no núcleo, que muda o número atômico e transforma o átomo em um novo elemento. Por exemplo, o isótopo potássio-40 (número atômico 19) torna-se cálcio-40 (número atômico 20). O número de massa atômica desses dois átomos é o mesmo, 40, porque um nêutron foi substituído por um próton no núcleo por decaimento beta. O decaimento beta é ilustrado na Figura 16-5.

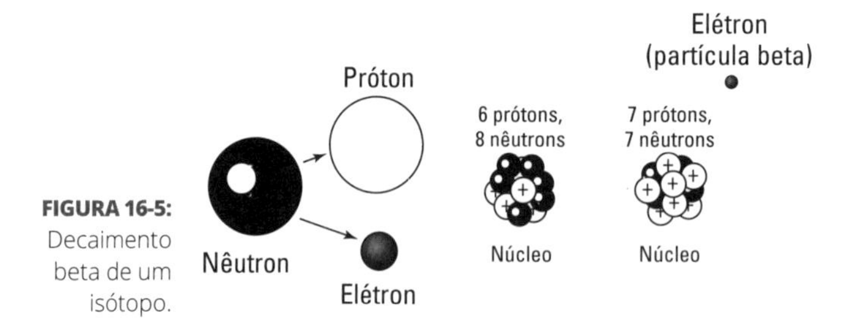

FIGURA 16-5: Decaimento beta de um isótopo.

» **Captura eletrônica:** A *captura eletrônica* é o reverso do decaimento beta. Nela, um átomo captura um elétron de outro lugar e o combina com um próton para criar um nêutron em seu núcleo. O resultado é uma mudança no número atômico, mas não no número da massa atômica. Por exemplo, quando o potássio-40 (número atômico 19) sofre captura eletrônica, torna-se argônio-40, com número atômico 18, porque um próton do núcleo do átomo de potássio-40 foi combinado com o elétron para criar o novo nêutron. A captura eletrônica é ilustrada na Figura 16-6.

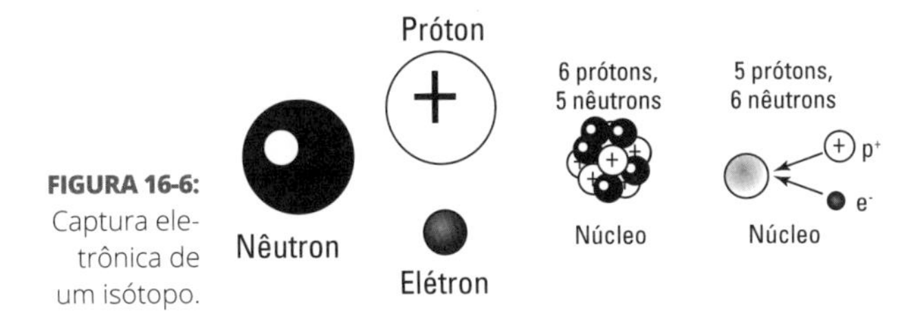

FIGURA 16-6: Captura eletrônica de um isótopo.

LEMBRE-SE

Lembre-se de que nem todos os elementos têm isótopos e nem todos os isótopos são radioativos. Apenas os isótopos instáveis são radioativos e, depois de se transformarem em isótopos estáveis de outro elemento, deixam de ser.

Felizmente para os cientistas, a transformação dos isótopos radioativos ocorre de tal forma que pode ser medida e usada para datar a formação dos minerais.

Leva meia-vida: De isótopo-pai a isótopo-filho

Os isótopos radioativos começam como um elemento e, por meio do decaimento, tornam-se outro. O elemento original é o *isótopo-pai*, e o elemento resultante é o *isótopo-filho*. Comparar o número de isótopos pais e filhos e saber quanto tempo leva para que cada elemento radioativo decaia fornece uma idade numérica para as rochas.

Quando uma rocha se forma a partir do resfriamento do magma (veja o Capítulo 7), os minerais são formados e incorporam em sua estrutura cristalina quaisquer elementos disponíveis. (Explico a estrutura cristalina dos minerais no Capítulo 5.) Por exemplo, uma biotita usará átomos de potássio em seus cristais. Se alguns isótopos radioativos de potássio estiverem no magma, alguns dos átomos de potássio que formam os cristais de biotita desse magma serão radioativos. Com o tempo, os isótopos instáveis de potássio na biotita se decompõem, transformando-se em átomos de argônio, mas permanecem como parte da estrutura do mineral de biotita.

LEMBRE-SE

O decaimento de um isótopo radioativo é medido em meias-vidas. A *meia-vida* é o tempo que leva para metade dos átomos do isótopo-pai decair em átomos do isótopo-filho.

Os cientistas descobriram que as taxas de decaimento dos isótopos radioativos são constantes: não mudam em resposta à temperatura, à pressão ou outros fatores químicos. Portanto, quando a taxa de decaimento de um isótopo radioativo é conhecida, a medição do número de átomos pais e filhos em uma rocha ou mineral determina, em anos, quantas meias-vidas ocorreram desde que o mineral (ou rocha) foi formado.

Por exemplo, se uma rocha se forma com 100 isótopos-pais radioativos, após uma meia-vida, terá 50 isótopos-pais e 50 isótopos-filhos. Depois de duas meias-vidas, terá 25 isótopos-pais e 75 isótopos-filhos.

Como metade dos isótopos-pais decai em cada intervalo de meia-vida, há uma proporção previsível da porcentagem de átomos pai-filho que diz quantas meias-vidas se passaram:

- » Quando a rocha é formada, ela sempre tem 100% do isótopo-pai.
- » Após 1 meia-vida, 50% do isótopo-pai permanece.
- » Após 2 meias-vidas, 25% do isótopo-pai permanece.
- » Após 3 meias-vidas, 12,5% do isótopo-pai permanece.

E assim por diante até que nenhum átomo-pai permaneça ou até que a quantidade seja muito pequena para ser medida.

Isótopos radioativos comuns para datação geológica

Nem todos os isótopos radioativos são úteis para a datação. Alguns têm meias-vidas muito longas ou muito curtas para serem medidas pelos seres humanos. Uma boa faixa de meia-vida para datar materiais terrestres é algo em torno de milhares de anos.

DICA

A escolha do melhor isótopo para datar uma rocha em particular depende de quantos anos se acha que a rocha tem, quais minerais (e, portanto, elementos) estão nela e que tipo de rocha se está datando. A Tabela 16-1 lista e descreve os pares de isótopos pai-filho radioativos mais comuns usados na datação de rochas.

As longas meias-vidas de muitos desses métodos permitem aos geólogos que datem algumas das rochas mais antigas da Terra (e da Lua!). Como um geólogo sabe qual método escolher se ele não sabe a idade das rochas? Primeiro, ele deve usar a datação relativa e a estratigrafia para estimar a idade das rochas, e então escolher o melhor sistema de isótopos radioativos que está presente nos minerais da rocha em questão. Mesmo assim, usar mais de uma medição de par de isótopos propicia um resultado melhor.

TABELA 16-1 **Isótopos Radioativos Usados na Datação**

Nome do Método de Datação	Pai	Filho	Meia-vida	Alcance Efetivo para a Datação (Anos)	Materiais Datados
Rubídio-estrôncio	Rb-87	Sr-87	47 bilhões de anos	10 milhões – 4,6 bilhões	Biotita, muscovita ou feldspato potássico em rochas ígneas e metamórficas muito antigas
Urânio-chumbo 206/238	U-238	Pb-206	4,5 bilhões de anos	10 milhões – 4,6 bilhões	Cristais de zircão ou uraninita em rochas ígneas e metamórficas
Urânio-chumbo 207/235	U-235	Pb-207	713 milhões de anos	10 milhões – 4,6 bilhões	Cristais de zircão ou uraninita em rochas ígneas e metamórficas
Tório-chumbo 208/232	Th-232	Pb-208	14,1 bilhões de anos	10 milhões – 4,6 bilhões	Cristais de zircão ou uraninita
Potássio-argônio	K-40	Ar-40	1,3 bilhão de anos	100 mil – 4,6 bilhões	Rochas vulcânicas, muscovita, biotita, hornblenda
Carbono-14	C-14	N-14	5.730 anos	Últimos 60 mil anos	Todo tipo de organismo

LEMBRE-SE

Quando dois pares de isótopos são medidos e resultam na mesma idade (ou muito semelhante) para uma rocha, as datas são descritas como *concordantes*, ou em acordo. Se as duas datas não forem muito semelhantes, são *discordantes*, e o cientista deve obter novas amostras e novas medições até que haja um resultado concordante o suficiente para se chegar a uma conclusão confiável.

Mais bons métodos de datação geológica

A datação radiométrica é de longe o método mais comum de atribuição de idades numéricas para rochas e suas camadas, mas outros também funcionam.

Datação por traços de fissão

A *datação por traços de fissão* é um método de contagem do número de traços de fissão em um mineral. Esses traços minúsculos são gravados em um cristal quando átomos radioativos de urânio se decompõem. Enquanto os minerais não forem expostos a altas temperaturas, os traços permanecem. Os cientistas contam os traços de fissão e calculam a idade da rocha. Mas se os minerais foram expostos a altas temperaturas, os traços serão apagados, e os cálculos de quaisquer traços visíveis fornecerão uma idade mais jovem do que a idade real da rocha.

EXPONDO A RADIAÇÃO CÓSMICA

A idade das formações rochosas e minerais é apenas uma das questões que os cientistas da Terra têm sobre os eventos geológicos passados. Muitos pesquisadores querem saber não apenas quando a rocha foi formada, mas também quando atingiu a superfície da Terra ou se expôs nela. Responder a essa pergunta viabiliza para os geólogos documentarem a idade e a sequência de eventos geológicos drásticos ocorridos, como terremotos, falhamentos e soerguimentos (veja o Capítulo 9).

A resposta é encontrada em pesquisas de ponta em raios cósmicos intergalácticos e isótopos chamados *nuclídeos cosmogênicos*. Semelhantes aos isótopos radioativos, os nuclídeos cosmogênicos (ou isótopos cosmogênicos) decaem apenas quando são expostos aos raios cósmicos. Esses "raios" são fluxos de partículas de alta energia que passam pela atmosfera da Terra e entram pelo menos nos primeiros 3m da superfície da Terra. (Você provavelmente não percebeu, mas eles estão passando por você agora mesmo!) Conforme essas partículas colidem com átomos nas rochas da crosta terrestre, empurram outras partículas para fora do caminho — criando isótopos cosmogênicos.

Diferentemente dos isótopos radioativos, que têm um número fixo de átomos-pais, os isótopos cosmogênicos estão constantemente sendo produzidos conforme as partículas de raios cósmicos atingem a superfície da Terra. Portanto, para usar esses isótopos como método de datação, os cientistas devem estudar e registrar suas taxas de produção, bem como suas meias-vidas.

Como os raios cósmicos não afetam os átomos de uma rocha até que ela esteja na superfície da Terra, a medição dos isótopos cosmogênicos fornece uma data para o momento de exposição da rocha. Essa técnica é usada por alguns geólogos para estudar as taxas de soerguimento e de erosão.

CONTANDO ANÉIS DE ÁRVORES

Outro método de datação absoluta útil para a história mais recente é a *dendrocronologia*. Ela examina os anéis de crescimento nas árvores e os usa para fazer a contagem regressiva ano após ano. Como é possível? A cada ano, uma árvore produz um novo anel de madeira ao redor de seu tronco. Se as condições ambientais forem particularmente boas, como quando ocorrem grandes quantidades de chuva, o anel será mais grosso do que nos anos em que as condições não foram tão boas.

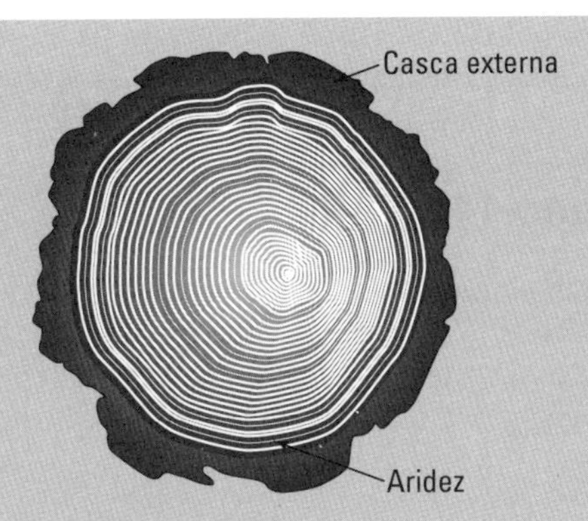

Com essas mudanças visíveis nos padrões dos anéis, os *dendrocronologistas* os comparam, em várias árvores — um método chamado de *datação cruzada* —, para fazer a ponte para o passado.

A dendrocronologia tem sido mais útil em estudos arqueológicos e climáticos do sudoeste norte-americano. Em regiões áridas, as árvores vivem muito tempo e mostram mudanças óbvias em seu padrão de anel de crescimento em anos de seca ou de chuva extra. Ao correlacionar esses padrões com registros históricos do clima, atribui-se a cada anel datas bastante precisas.

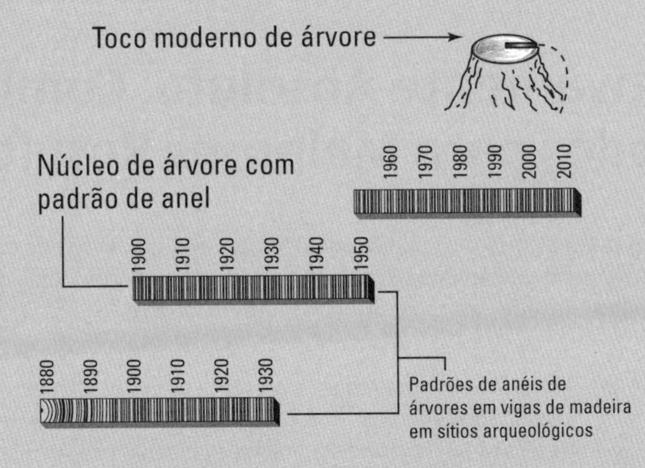

Centenas de anos atrás, sociedades antigas que viviam no sudoeste norte-americano usavam vigas de madeira para construir suas casas. Essas vigas foram preservadas, junto com outros resquícios de sua cultura e sociedade. As vigas fornecem um longo registro de anéis de árvores para datação cruzada e exame não apenas da história das pessoas no sudoeste, mas também da história da mudança climática (porque as árvores registram anos de seca e de mudanças nas chuvas).

DICA

A datação por traço de fissão é mais útil para rochas entre 50 mil e 1,5 milhão de anos, mas é usada para amostras mais jovens (algumas centenas de anos) e mais velhas (algumas centenas de milhões de anos).

Carbono-14

Outro isótopo radioativo que decai com meia-vida conhecida é o isótopo do carbono-14. Talvez você já tenha ouvido falar do *radiocarbono* ou da *datação C-14* em programas de televisão ou em filmes. Esse método, usado também por arqueólogos, é o mais comum de datação de eventos da história humana.

O carbono-14 fornece a idade de qualquer material que foi vivo e, portanto, contém carbono. Isso inclui osso, madeira, conchas e papel. Embora o carbono seja encontrado em alguns minerais, é mais comum em organismos vivos, que absorvem átomos de carbono da atmosfera enquanto vivem. Depois que o organismo morre, os isótopos de carbono-14 começam a se decompor.

DICA

A meia-vida do C-14 é de apenas 5.730 anos, o que significa que é útil para determinar idades entre 100 e 70 mil anos. (Em tempo geológico, 70 mil anos é algo muito, muito recente.) Isso significa que qualquer amostra com mais de 70 mil anos parecerá ter 70 mil anos — não mais — ou porque não há mais átomos de carbono-14 ou não há suficiente para medir com as técnicas atuais.

Relativamente Absoluto: Combinando Métodos para Melhores Resultados

Com o avanço das técnicas de datação absoluta, você pode pensar que a datação relativa não é mais necessária. No entanto, combinar métodos relativos e absolutos de datação é útil por muitos motivos:

- A datação absoluta requer a presença de certos elementos, que não são encontrados em todas as camadas de rocha que os cientistas desejam datar. Nesses casos, um cientista precisa confiar na datação relativa para porções de uma sequência de rochas que não são datadas com métodos absolutos. O resultado é que os geólogos continuam confiando na datação relativa para preencher as lacunas dos intervalos que não podem ser medidos em idades absolutas precisas.

» A datação absoluta de rochas sedimentares é difícil porque os sedimentos fornecem datas da formação do mineral a partir da rocha fundida, não da formação da rocha em que estão atualmente. Portanto, uma abordagem diferente deve ser usada para datar as camadas das rochas sedimentares. Essa abordagem é o agrupamento.

LEMBRE-SE

Agrupar significa que o geólogo obtém uma amostra de material datável (por exemplo, um mineral de uma rocha metamórfica ou ígnea) imediatamente acima e imediatamente abaixo da camada de rocha (ou da rocha) que deseja saber a idade. Ao calcular as idades nessas amostras, ele determina uma idade mínima e uma idade máxima para a camada de rocha em questão. Essa abordagem é mais específica do que os métodos de datação relativa, mas ainda não fornece a idade exata. Em vez disso, é uma noção sobre "qualquer idade possível entre tais duas definidas".

» Os métodos de datação absoluta requerem um trabalho intensivo de laboratório, muitos anos de treinamento ou dinheiro para pagar um cientista especializado para fazer a análise para você. Seria extremamente demorado e caro amostrar e datar cada rocha ou camada de rocha na superfície da Terra. Em vez disso, os geólogos optam por amostrar e estudar partes específicas do registro da rocha — camadas interessantes ou significativas de alguma forma, como indicar a fronteira entre dois intervalos de tempo quando algo drástico aconteceu (como a extinção dos dinossauros).

Com a abordagem combinada, os cientistas concentram seu tempo e dinheiro em questões específicas e importantes que exigem datas absolutas e ainda dependem de datações relativas para outras partes do registro rochoso.

Éons, Eras e Épocas (Socorro!): A Escala de Tempo Geológico

Muito antes de desenvolverem métodos de datação absoluta, os geólogos haviam composto uma escala de tempo geológico baseada na datação relativa e na estratigrafia. A escala de tempo foi primeiramente organizada em segmentos com base nas mudanças nas camadas nas quais os fósseis estavam presentes e em outros métodos de datação relativa. Quando as técnicas de datação absoluta foram descobertas, os geólogos as aplicaram para datar cada segmento da escala de tempo.

Os intervalos de tempo mais longos na escala de tempo são os *éons*. Começando com o éon Hadeano, ou Pré-arqueano, os diferentes éons marcam mudanças drásticas na Terra, como o surgimento da vida (o Arqueano), a formação de uma atmosfera rica em oxigênio (o Proterozoico) e, posteriormente, a disseminação da vida complexa (o Fanerozoico, o éon atual). Às vezes, os éons Hadeano, Arqueano e Proterozoico são coletivamente chamados de *Pré-cambriano*.

Cada éon é dividido em várias *eras*. As eras geralmente indicam uma mudança nos animais dominantes no registro fóssil. Por exemplo, a Paleozoica era governada por animais marinhos sem espinha dorsal (*invertebrados*), a Mesozoica foi a era dos dinossauros e a Cenozoica (a era atual) é a dos mamíferos.

Cada era é então dividida em vários *períodos*, e os períodos são separados em *épocas*. Cada divisão indica uma mudança importante nos organismos vivos representados pelos fósseis nas rochas. Isso porque, muito antes de os geólogos terem métodos de datação absoluta, usar os fósseis era a melhor maneira de segmentar a história da Terra. Devido à natureza do registro geológico, os geólogos coletaram muito mais detalhes sobre eventos e fósseis mais próximos da época recente. Isso fica evidente na organização da escala de tempo geológico, em que, quanto mais se aproxima da modernidade, menores são as divisões e mais detalhes os períodos e épocas têm.

A Figura 16-7 ilustra a escala de tempo geológico com os segmentos mais comumente usados por geólogos norte-americanos e datas absolutas para os limites entre eles. Lembre-se de que cada era tem muitos períodos, e cada período tem várias épocas, embora nem todas sejam ilustradas aqui.

O resultado do desenvolvimento de uma escala de tempo relativa antes de uma escala de tempo absoluta foi que os segmentos da escala de tempo geológico não são separados em intervalos iguais de tempo. Em cada nível, as separações ocorrem conforme os fósseis indicam mudanças biológicas, não ao longo de qualquer número definido de anos. Por exemplo, o éon Arqueano se estende por quase 1,5 bilhão de anos, enquanto o Fanerozoico se estende por 542 milhões de anos. Essa variação se aplica mesmo nas épocas mais recentes; por exemplo, o Mioceno abrange cerca de 18,4 milhões de anos, enquanto a época seguinte, do Plioceno, abrange apenas 3,7 milhões de anos.

Enquanto o número inconsistente de anos em cada segmento dificulta apreender os detalhes da escala de tempo geológico, a divisão entre cada segmento representa uma mudança significativa nos registros geológicos e fósseis. Essa abordagem acaba sendo muito mais informativa do que intervalos de tempo uniformemente espaçados (como cem ou mil anos), que não têm significado relevante além da uniformidade.

Escala de Tempo Geológico

ÉON	ERA	PERÍODO		ÉPOCA	
					Presente
Fanerozoico	Cenozoica	Quaternário		Holoceno	0,01
				Pleistoceno	2,6
		Terciário	Neogeno	Plioceno	5,3
				Mioceno	23
			Paleogeno	Oligoceno	33,9
				Eoceno	55,8
				Paleoceno	66,1
	Mesozoica	Cretáceo			145,5
		Jurássico			199,6
		Triássico			251
	Paleozoica	Permiano			299
		Carbonífero	Pennsylvaniano		318
			Mississippiano		359,2
		Devoniano			416
		Siluriano			443,7
		Ordoviciano			488,3
		Cambriano			542
Pré-cambriano	Proterozoico				2.500
	Arqueano				4.000
	Hadeano				

FIGURA 16-7: A escala de tempo geológico.

NESTE CAPÍTULO

» Compreendendo a evolução

» Seguindo a teoria da evolução

» Usando o registro fóssil para desafiar as previsões

» Preservando partes do corpo e comportamentos

» Pesando o viés no registro fóssil

Capítulo 17

O Registro da Vida nas Rochas

Pode parecer estranho encontrar um capítulo sobre mudança biológica e evolução no meio do seu livro de geologia. Mas faz todo o sentido se você considerar que o registro da vida nas rochas responde a questões relativas à evolução e às mudanças biológicas de longo prazo. Quando os cientistas observam o registro geológico, encontram evidências e suporte para teorias biológicas de mudança, como a evolução e as relações entre diferentes organismos.

Neste capítulo, explico brevemente a teoria atual da evolução, seu desenvolvimento nos últimos 150 anos, como o registro geológico é um laboratório para testá-la e como a preservação de organismos do passado em rochas permite aos cientistas reconstruírem uma história detalhada da evolução — da mudança biológica ao longo do tempo.

Explicando a Mudança, Não as Origens: A Teoria da Evolução

No Capítulo 2, explico exatamente o que os cientistas querem dizer quando chamam algo de teoria. Para resumir, uma teoria científica não é simplesmente uma suposição ou um bom palpite. Uma *teoria científica* foi testada repetidamente e aceita como uma explicação precisa de um fenômeno complexo, como a teoria das placas tectônicas, que explico na Parte 3. A *teoria da evolução* explica como os organismos biológicos mudam ao longo do tempo.

Um equívoco comum sobre a teoria da evolução é achar que ela explica como a vida na Terra começou. Está errado. Os cientistas não descobriram como a vida na Terra começou. O que documentaram por meio de observações e experimentos, com a ajuda do registro geológico, foi a forma como os organismos vivos fazem a transição de uma espécie para outra em longos intervalos de tempo.

LEMBRE-SE

A teoria da evolução explica o mecanismo de mudança biológica, ou *o como* essa mudança ocorre, não por que acontece. O mecanismo de mudança biológica nos organismos é o que descrevo neste capítulo.

A Evolução de uma Teoria

Como todas as teorias científicas, incluindo a das placas tectônicas, descrita no Capítulo 9, a teoria da evolução começou com ideias que desde então foram provadas erradas ou expandidas e aprimoradas. Nesta seção, descrevo brevemente o desenvolvimento da moderna teoria da evolução.

Adquirir características não adianta

Quando os cientistas começaram a explorar ideias sobre a herança das características físicas, ou *traços*, alguns sugeriram que um organismo pode mudar uma característica física durante sua vida e então passar essa característica modificada para sua descendência.

O naturalista Jean-Baptiste Lamarck observou girafas e propôs o seguinte cenário para explicar seus longos pescoços. Ele sugeriu que uma girafa que precisa alcançar as folhas do topo de uma árvore estica o pescoço. Depois de esticar o pescoço, a prole dessa girafa nascerá com pescoços mais longos e, portanto, a capacidade de alcançar as folhas nas árvores mais altas. Ele chamou essa ideia de *herança de caracteres adquiridos*. Lamarck estava correto em sua inferência de que as características são herdadas, mas estava incorreto sobre como são adquiridas.

Como exemplo, considere a ciência moderna da cirurgia ocular a laser. Talvez, por muitas gerações, todos em sua família tenham precisado usar óculos. Você decide corrigir esse problema de uma vez por todas fazendo uma cirurgia. Você não precisa mais de óculos, mas ainda é muito provável que seus filhos precisem. A cirurgia corretiva nos olhos, uma característica adquirida ao longo da vida, não se transfere para seus filhos.

Naturalmente, selecionar é sobreviver

Na primeira metade do século XIX, dois naturalistas — Alfred Wallace e Charles Darwin — estavam desenvolvendo, independentemente, a mesma ideia sobre mudança biológica e não sabiam disso. Darwin acabou publicando suas ideias no livro *A Origem das Espécies* e tornou-se conhecido pela ideia da seleção natural, embora Wallace também trabalhasse nas mesmas ideias ao mesmo tempo.

Na época de Darwin, os criadores de plantas e animais já praticavam a seleção artificial, da mesma forma que o fazem hoje. Dentro da *seleção artificial*, o criador escolhe um organismo com características desejáveis e o cria cuidadosamente para produzir um resultado específico. Exemplos de características desejáveis seriam belas cores nas flores e sabores específicos nas frutas.

Compreendendo como a seleção artificial resultou em descendentes com características particulares, Darwin propôs que um processo de seleção natural funcionava de forma similar na natureza. Ele propôs que algumas características são mais úteis para a sobrevivência de um organismo e que elas seriam naturalmente selecionadas, sendo passadas para a próxima geração.

Para usar o exemplo da girafa, considerando que uma girafa com pescoço mais longo alcança folhas em galhos mais altos do que as outras, ela, portanto, tem acesso a mais comida. Assim, Darwin propôs que o sucesso dessa girafa em encontrar comida aumenta sua chance de sobrevivência e suas oportunidades de acasalamento, reproduzindo descendentes com pescoços igualmente longos.

Darwin e Wallace não explicaram como as características são passadas do pai para a prole, mas outros cientistas da época se faziam exatamente essa pergunta.

Ervilhas de Mendel, por favor

Em meados da década de 1860, o monge Gregor Mendel fez um experimento com mudas de ervilhas e determinou que características (como a cor da flor) eram controladas por um par de fatores, um de cada pai. Mendel determinou que, se os dois fatores no par forem diferentes, um é expresso na prole enquanto o outro permanece presente nas células e pode ser expresso na prole futura. Hoje, os cientistas sabem que os "fatores" que Mendel propôs são na verdade os genes (que descreverei a seguir).

Por exemplo, considere a cor dos olhos. Talvez você tenha um avô com olhos azuis, mas seus pais tenham olhos castanhos. Ainda é possível para você (ou seus filhos) ter olhos azuis: uma expressão do gene dos olhos azuis está presente, embora talvez não seja expressa, em todas as gerações.

Porcas e parafusos genéticos

No início do século XX, os cientistas determinaram que, dentro de suas células, todos os organismos possuem moléculas de DNA (ácido desoxirribonucléico) organizadas como *cromossomos*. Cada célula do corpo de um organismo tem dois conjuntos de cromossomos necessários para criar esse organismo, com uma exceção: as células sexuais. As células sexuais, espermatozoides e óvulos têm apenas um conjunto de cromossomos cada.

LEMBRE-SE

Quando um organismo se reproduz sexualmente (combinando células sexuais de dois indivíduos separados), o único conjunto no óvulo e o único conjunto no espermatozoide são combinados para formar um novo e único par de cromossomos, resultando em uma nova (e única) combinação de características.

Genes em mutação espontânea

A recombinação e a passagem dos cromossomos dos pais para os filhos explicam como as características são herdadas, mas não explicam como novas características aparecem. Algo deve mudar dentro do DNA para criar um novo traço, e como essa mudança é possível? É possível por meio da mutação genética.

LEMBRE-SE

A *mutação genética* ocorre quando o DNA de um cromossomo muda de alguma forma. Uma mutação pode ser causada por um *mutagênico* — um produto químico que altera o cromossomo — ou pode ocorrer de forma aleatória e espontânea. Se a mutação é boa, ruim ou neutra depende de como é expressa em traço ou característica física e se essa característica é útil para a sobrevivência de um organismo:

» **Boa:** Se a mutação se expressa como uma característica que fornece ao organismo um modo de se adaptar melhor ao seu ambiente, ou uma forma de competir fortemente com outros organismos por recursos (como um pescoço mais longo entre as girafas), é uma *mutação benéfica.* Uma mutação benéfica aumenta a chance de sobrevivência e a oportunidade de reprodução do organismo e, portanto, é passada para a próxima geração como parte do código genético nos cromossomos.

» **Ruim:** Se, no entanto, a mutação produz uma característica que impede o organismo de competir com sucesso ou atrapalha sua sobrevivência, a chance de ele sobreviver para se reproduzir é improvável. Por exemplo, mutações que levam a doenças ou defeitos físicos podem encurtar a vida de um organismo, não dando chance para ele se reproduzir. Portanto, a mutação não será transmitida às gerações futuras.

» **Neutra:** Algumas mutações não são boas nem ruins; simplesmente ocorrem, não tendo nenhum efeito direto — positivo ou negativo — na sobrevivência do organismo. Isso por que a mutação não se expressa como uma característica física ou por que ela não é útil nem prejudicial para a sobrevivência do organismo. São as *mutações neutras*. Por exemplo, alguns gatos domésticos têm seis dedos, o que não ajuda nem atrapalha sua sobrevivência.

Especiação a torto e a direito

À medida que os cromossomos acumulam mutações aleatórias e as características físicas mudam em resposta a isso, o organismo sobrevive e se reproduz de acordo com o quão benéficas essas características se revelam. Por um longo tempo, esse acúmulo de características benéficas em uma população, ou grupo de indivíduos em reprodução muda as características físicas dessa população a ponto de uma nova espécie ser criada. Esse desenvolvimento de novas espécies por meio de mutação e seleção natural é a *especiação* e é a base da evolução por meio da seleção natural, ou mudança nos organismos, ao longo do tempo.

É útil lembrar os seguintes pontos-chave sobre o funcionamento da evolução por meio da seleção natural:

» Os genes sofrem mutação aleatoriamente.

» Traços físicos são expressos.

» Indivíduos são selecionados.

» As populações se reproduzem e evoluem.

DICA

Na biologia, uma *espécie* é definida como uma população de indivíduos que se reproduzem na natureza e produzem descendentes férteis. Essa definição exclui animais como os *ligres*, uma combinação de tigre e leão criada em cativeiro, mas estéril. Ligres não compõem uma nova espécie.

Existem duas explicações concorrentes para a rapidez com que novas espécies se desenvolvem por meio do processo de seleção natural:

» **Equilíbrio pontuado:** O *equilíbrio pontuado* propõe que poucas mudanças ocorrem até que uma onda repentina delas ocorra, criando novas espécies em um tempo relativamente curto, como alguns milhares de anos.

» **Gradualismo filético:** O *gradualismo filético* sugere que o acúmulo gradual de pequenas mudanças genéticas ocorre constantemente ao longo do tempo, criando lentamente novas espécies.

A compreensão moderna da evolução é moldada por cientistas de áreas diversas. Juntos, por meio de testes e experimentação, eles construíram um forte apoio para a teoria da evolução como um mecanismo de mudança biológica.

LEMBRE-SE

A combinação de informações de especialistas, incluindo geneticistas, biólogos e paleontólogos (que estudam restos fósseis de organismos) é conhecida como *síntese evolutiva moderna*, ou *evolução neodarwiniana*.

A pesquisa moderna em biologia, em particular, mostrou que, embora a vida na Terra seja muito diversa, todos os organismos vivos compartilham certas características básicas. Por exemplo, toda a vida é composta principalmente de quatro elementos: carbono, nitrogênio, hidrogênio e oxigênio. E todos os seres vivos têm DNA em cromossomos que são transmitidos durante a reprodução.

Essas semelhanças sugerem que a grande variedade de seres vivos hoje na Terra compartilha um ancestral comum muito, muito distante.

Colocando a Evolução à Prova

O registro geológico — em particular, os *fósseis*, os restos preservados de organismos que já viveram — é um laboratório ativo para fazer e responder a perguntas sobre a evolução. Com base na teoria da evolução, os cientistas fazem previsões sobre o que esperam encontrar no registro fóssil e as testam reunindo evidências nas rochas.

LEMBRE-SE

Aqui estão alguns exemplos de previsões baseadas na teoria da evolução, testadas com o registro fóssil:

» Se a evolução ocorreu, as rochas mais antigas devem ter restos de organismos muito diferentes dos organismos de hoje.

» Se os organismos de hoje descendem de organismos do passado, deve haver formas fósseis intermediárias de organismos que ligam os dois.

» Se a evolução ocorreu, os organismos que parecem relacionados hoje devem ter um ancestral comum no registro fóssil e mostrar uma diferenciação crescente desse ancestral ao longo do tempo até o presente.

Continue lendo o restante da Parte 5 para descobrir como cada uma dessas previsões foi comprovada por evidências fósseis no registro geológico.

Contra Todas as Probabilidades: A Fossilização das Formas de Vida

Para responder a perguntas sobre organismos do passado e sua relação evolutiva com as plantas e os animais modernos, os cientistas examinam os fósseis preservados no registro geológico. *Fósseis* são vestígios reais, como ossos, e também traços de comportamentos, como pegadas e rastros.

Ossos, dentes e cascas: Fósseis corporais

Fósseis corporais são partes preservadas do corpo, de diferentes maneiras. Em alguns casos, as partes do corpo permanecem inalteradas e são simplesmente preservadas como antes. São os *fósseis corporais inalterados.*

Fósseis corporais inalterados são raros e resultam de congelamento e mumificação. Em ambos os casos, a pele e os tecidos moles, bem como as partes duras do corpo (como o osso), são preservados. Outro método de preservação inalterada de fósseis corporais é aprisioná-los em um fluido espesso, como alcatrão ou seiva de árvore (que endurece em âmbar).

Mais comumente, os fósseis do registro geológico são *alterados*. Nesse caso, os restos mortais foram alterados por meio de um processo químico, preservando a forma da parte do corpo, mas não sua composição original.

Fósseis corporais alterados são preservados de três maneiras básicas:

» **Substituição:** A *substituição* ocorre quando os restos de um organismo (geralmente as partes duras, como cascas ou ossos) são enterrados em sedimentos, dissolvidos e substituídos por novos minerais.

- **Permineralização:** A preservação por *permineralização* ocorre quando os minerais penetram nos espaços abertos de restos enterrados, como ossos ou madeira, mas deixam parte do material orgânico original no local.
- **Carbonificação:** Alguns materiais orgânicos, como folhas e insetos, são preservados como *filme de carbono*, que ocorre quando tudo o que resta do organismo original é uma fina película de carbono preservando sua forma.

De longe, os tipos mais comuns de preservação fóssil são o molde e o contramolde. O *molde* se forma quando um organismo é enterrado em sedimentos, os sedimentos são endurecidos em uma rocha e os restos do organismo se decompõem ou se dissolvem. O que permanece na rocha é um molde do organismo, mas nenhuma parte real dele. O *contramolde* forma-se quando os sedimentos preenchem a cavidade de uma concha ou osso e se endurecem, preservando os detalhes internos da parte do corpo.

Apenas de passagem: Vestígios fósseis

Alguns fósseis fornecem evidências da atividade de um animal no passado distante, sem preservar nenhuma parte do próprio organismo. Esses tipos de fósseis são os *icnofósseis*, ou *vestígios fósseis*, porque o organismo deixou apenas um traço, ou um pequeno indicador, de sua vida e comportamento. Vestígios fósseis são qualquer indicação preservada da atividade de um organismo e incluem:

- **Escavações:** As *tocas* indicam como um organismo viveu. Pequenas tocas de organismos que vivem no oceano, por exemplo, são facilmente preservadas nos sedimentos moles no fundo do mar.
- **Rastros e trilhas:** Os organismos que se movem pela terra ou ao longo do fundo do oceano deixam *pegadas, rastros* e *trilhas* nos sedimentos. Eles podem ser enterrados e se tornarem vestígios fósseis, indicando movimento.
- **Coprólitos:** Os *coprólitos* são excrementos fossilizados, ou fezes, de um organismo.

A Figura 17-1 ilustra fósseis de tocas e de rastros.

O desafio dos vestígios fósseis para os cientistas é que eles não sabem, com certeza, qual animal os criou (a menos que esse animal seja preservado no ato de criação do vestígio fóssil!). Mas os vestígios fósseis ainda são importantes porque, diferentemente dos fósseis corporais de organismos, dão pistas de ações, hábitos e padrões de vida passados de organismos antigos.

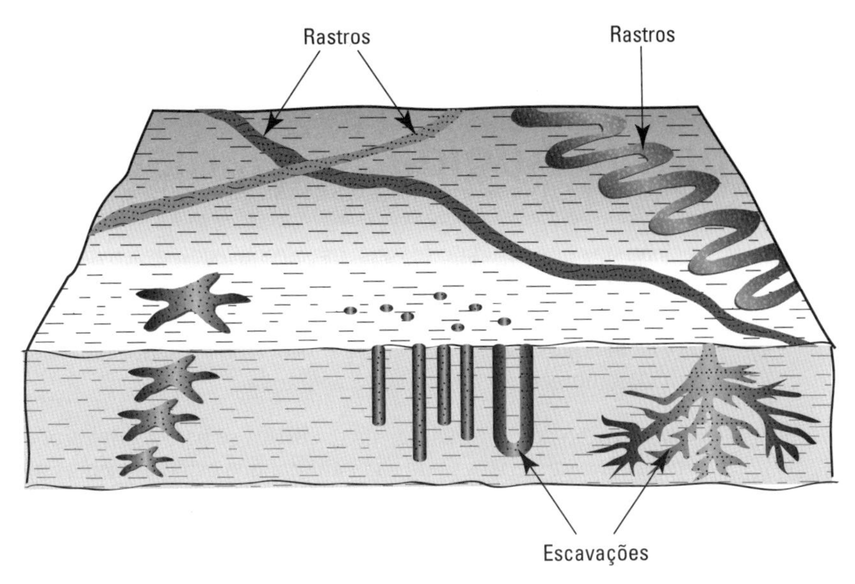

FIGURA 17-1: Vestígios fósseis incluem trilhas e tocas.

Corrigindo o Viés no Registro Fóssil

Embora restos fósseis de organismos sejam úteis para explorar hipóteses sobre o começo da vida, a evolução e outras questões sobre o passado biológico da Terra, tenha sempre em mente que o registro fóssil é incompleto ou enviesado.

Com *enviesado* quero dizer que apenas parte da história é contada, enquanto outras pates são deixadas de fora, ou negligenciadas. No caso do registro fóssil, a história contada nas rochas trata quase inteiramente de organismos com ossos, dentes e conchas. Essas partes rígidas do corpo são preservadas com mais frequência e facilidade. Isso significa que alguns organismos (como dinossauros e moluscos) estão super-representados; enquanto outros (como águas-vivas e minhocas), sub-representados ou ausentes.

LEMBRE-SE

Os fósseis preservados representam apenas uma pequena porção de todas as criaturas que existiram na Terra. A história da vida nas rochas é tendenciosa para aquelas criaturas que estavam no lugar certo na hora certa e tinham as características ideais.

Acrescente a isso os muitos eventos geológicos drásticos que deslocam, racham, esticam e elevam as rochas na superfície da Terra, expondo os fósseis a intemperismo e até sumiço. É por isso que o registro fóssil ilustra apenas uma pequena fração da extraordinária variedade de vida que habitou o planeta nos últimos 4 bilhões de anos. Os cientistas reconhecem e pesam esse desafio ao usar o registro fóssil para responder a perguntas sobre a longa história da vida na Terra.

Shippando Adoidado: Cladística

Os cientistas que estudam fósseis, os *paleontólogos*, desenvolveram um método para prever (e testar) hipóteses sobre as relações evolutivas entre diferentes organismos. Esse método é a *cladística*. Por meio da cladística, os paleontólogos e os biólogos classificam os organismos no presente e no passado por meio de uma compreensão da mudança evolutiva.

A classificação dos organismos na cladística se baseia em *traços derivados compartilhados*: características de cada animal que estão presentes agora, mas não estavam em seus ancestrais comuns distantes. Traços compartilhados e derivados também são chamados de *sinapomorfias*.

Ao classificar os animais na cladística, os cientistas fazem algumas suposições:

- Os organismos são relacionados por descendência a um ancestral comum.
- As características de uma *linhagem* (uma linha de organismos relacionados) mudam com o tempo.
- Cada vez que ocorre uma mudança, os organismos são divididos em dois grupos: um com a característica antiga e outro com a nova. (Essa divisão é o *padrão bifurcante* da linhagem.)

É importante observar que, embora essas sejam as suposições feitas pelos cladísticos, muitos cientistas também propõem hipóteses alternativas ou opostas. Por exemplo, alguns não aceitam que as linhagens se dividam em duas, exibindo um padrão bifurcado. Eles sugerem que vários grupos com características diferentes podem surgir ao mesmo tempo, caso em que a cladística não seria tão útil na classificação das relações evolutivas.

LEMBRE-SE

O poder da cladística é permitir aos cientistas proporem relações evolutivas entre as espécies. Essas propostas são hipóteses que podem então ser testadas e submetidas aos rigores do método científico, que descrevo no Capítulo 2.

O resultado da análise cladística é um gráfico que ilustra a relação evolutiva, o *cladograma*, ou *árvore filogenética*. Dois estilos de árvores filogenéticas são ilustrados na Figura 17-2.

Esses cladogramas ilustram uma versão simplificada da relação evolutiva entre alguns animais vertebrados (aqueles com espinha dorsal; veja o Capítulo 19). Cada ramo indica uma nova característica que torna os grupos descendentes diferentes uns dos outros. A primeira divisão indica que peixes com barbatanas de raios (ou espinhosos) e peixes pulmonados compartilharam um ancestral comum. (Descrevo a evolução dos peixes no Capítulo 19.) Os descendentes desse ancestral *ou* têm espinhos *ou* pulmões.

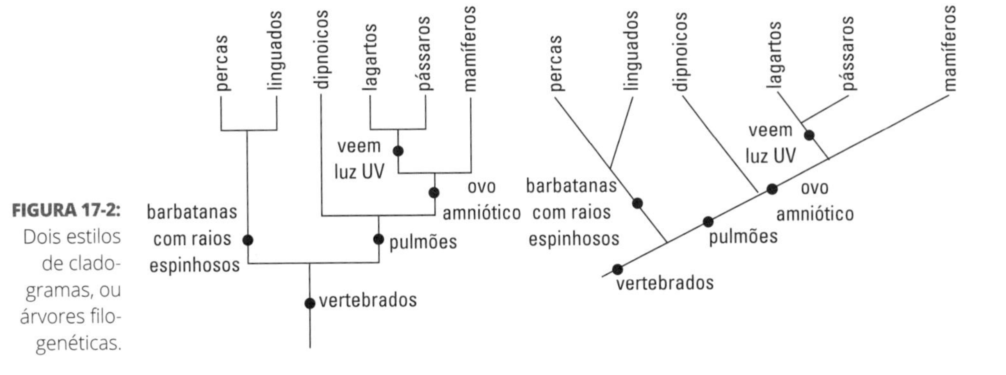

FIGURA 17-2: Dois estilos de cladogramas, ou árvores filogenéticas.

Da mesma forma, mais acima na árvore, mamíferos e peixes pulmonados compartilham um ancestral, mas, quando surge a característica dos mamíferos *ovos amnióticos*, os dois grupos se separam. (Explico a importância dos ovos amnióticos no Capítulo 19.) Os círculos mostram os pontos, nos ramos, em que essas características separam um tipo de animal de seu parente mais próximo. Os mamíferos estão mais intimamente relacionados aos peixes pulmonados do que a outros peixes. Outro exemplo é que lagartos e pássaros estão mais intimamente relacionados entre si do que qualquer um deles com os mamíferos.

Ao ler os próximos capítulos, sobre a história da Terra e a evolução dos organismos ao longo do tempo, tenha em mente que uma das razões para o registro fóssil ser tão importante é que ele permite aos cientistas testarem as hipóteses que criaram por meio da análise cladística.

NESTE CAPÍTULO

» Criando a Terra e suas camadas

» Formando granito-gnaisses e *greenstones* no Arqueano

» Construindo os primeiros supercontinentes no Proterozoico

» Evoluindo uma atmosfera por meio da fotossíntese precoce

Capítulo 18

Antes do Tempo: O Pré-cambriano

O Pré-cambriano da história da Terra é muito misterioso. Ocorreu há tanto tempo que a maioria das evidências dos processos originais foram destruídas. Poucas rochas foram deixadas, e quase nenhum fóssil restou. As poucas rochas que restam contam uma história muito interessante sobre o início da Terra como planeta.

Em tempo geológico, o Pré-cambriano cobre os primeiros 4 bilhões de anos da história da Terra. Os geólogos o separam em três éons: o Hadeano, o Arqueano e o Proterozoico. Durante esse longo intervalo de tempo, eventos muito importantes aconteceram, como a criação da primeira crosta continental, o acúmulo de água na superfície, a formação de uma atmosfera e o aparecimento das primeiras formas de vida.

Neste capítulo, descrevo as teorias e hipóteses dos cientistas sobre como a Terra (e o Sistema Solar) se formaram, como os primeiros continentes foram criados e quais processos geológicos (como placas tectônicas e o ciclo das rochas) começaram há bilhões de anos e continuam ocorrendo hoje.

No Princípio Era... A Criação da Terra a partir de uma Nebulosa

Mais de 4,5 bilhões de anos atrás, os materiais que constituem o Sol, a Terra e outros planetas do Sistema Solar eram parte de uma grande nuvem de matéria gasosa, a *nebulosa*, girando na galáxia da Via Láctea.

De acordo com a *hipótese nebular*, partes dessa matéria colapsaram umas contra as outras, tornando-se a bola gigante de luz e energia que chamamos de Sol. Depois que o Sol se formou, a matéria restante foi deixada como partículas em um disco giratório de material turvo ao redor. Pequenas partículas rochosas na nebulosa foram atraídas umas pelas outras pela força da gravidade. À medida que se chocavam, tornavam-se objetos rochosos maiores, ou *planetesimais*, voando em órbitas ao redor do Sol.

Com o tempo, esses planetesimais continuaram a atrair matéria ou a colidir uns com os outros, crescendo até formarem os planetas rochosos do nosso Sistema Solar: Mercúrio, Vênus, Terra e Marte.

Muitos cientistas acreditam que, logo após a formação da Terra, outro planetesimal, possivelmente tão grande quanto Marte, colidiu com ela, arrancando uma grande quantidade de material da superfície da Terra e colocando-a em órbita. Esse material acabou se combinando para formar a Lua, que é mantida perto da Terra pela força da gravidade. Essa é a *hipótese do grande impacto* e continua a ser testada hoje à medida que os cientistas procuram refinar sua compreensão da relação entre a Terra e a Lua.

A Terra recém-nascida era muito diferente da Terra com a qual você está familiarizado. Quase toda a matéria ou elementos que compõem a Terra moderna estavam presentes como átomos e moléculas, mas estavam todos misturados, ou *indiferenciados*.

Sob a influência da força da gravidade, os materiais mais densos (como ferro e níquel) afundaram no centro da bola de matéria giratória da Terra e formaram o seu núcleo. Em torno do núcleo, elementos um pouco menos densos se acumularam, formando o manto. Os materiais menos densos formaram a camada mais externa, a litosfera. Essas camadas são detalhadas no Capítulo 4.

LEMBRE-SE

Esse processo de separação com base na densidade e em outras características químicas é a *diferenciação*, e criou as camadas distintas de composição observadas na Terra moderna. Na verdade, a diferenciação continua hoje, movendo materiais menos densos para a superfície por meio da subducção, da fusão parcial e da erupção de materiais rochosos (como descrevo no Capítulo 9).

Os cientistas acreditam que grande parte da água da superfície da Terra hoje veio de cometas gelados que colidiram com a jovem Terra. Com o impacto, o gelo se derreteu e ficou preso na Terra devido à gravidade. Outra possível fonte de água nos primórdios é o vapor de água liberado nas erupções vulcânicas.

Falando sobre as Rochas Arqueanas

Logo após a formação e a diferenciação da Terra, a litosfera foi separada em placas que começaram a se mover ao redor da superfície (semelhante ao que os cientistas observam hoje). As rochas mais antigas da crosta continental são do éon arqueano, de aproximadamente 4 bilhões de anos atrás. Elas dão uma ideia dos processos geológicos que ocorriam naquela época. Nesta seção, descrevo algumas das formações rochosas arqueanas, a maioria criada cerca de 2,5 bilhões de anos atrás, e explico como fornecem evidências de que as placas tectônicas fazem parte do início dos tempos.

Criando continentes

À medida que o calor gerado pela formação da Terra e a decomposição radioativa de elementos em seu núcleo escapavam pelos vulcões no fundo do mar, os materiais rochosos que constituem os núcleos de nossos continentes modernos começaram a se formar. (Veja detalhes sobre o decaimento radioativo no Capítulo 16.)

As rochas mais antigas de um continente constituem seu núcleo, ou *cráton*. Um cráton é constituído de um *escudo pré-cambriano* de rochas antigas que são visíveis na superfície, ou aflorantes, e por uma plataforma *circundante* composta de rochas antigas que foram cobertas por rochas mais recentes. A Figura 18-1 ilustra a localização do cráton de cada continente.

O cráton de um continente é criado quando vários arcos vulcânicos (que descrevo no Capítulo 9) colidem para formar massas de terra cada vez maiores. A evidência desses processos tectônicos é encontrada nas rochas arqueanas dos crátons continentais.

Acelerando o ciclo das rochas

O cráton de cada continente moderno é composto de formações paralelas entre complexos granito-gnaissicos e greenstone belts. Juntas, essas rochas ilustram que todos os processos observados no ciclo das rochas hoje ocorriam há 4 bilhões de anos. Continue lendo para descobrir como os cientistas chegaram a essa conclusão.

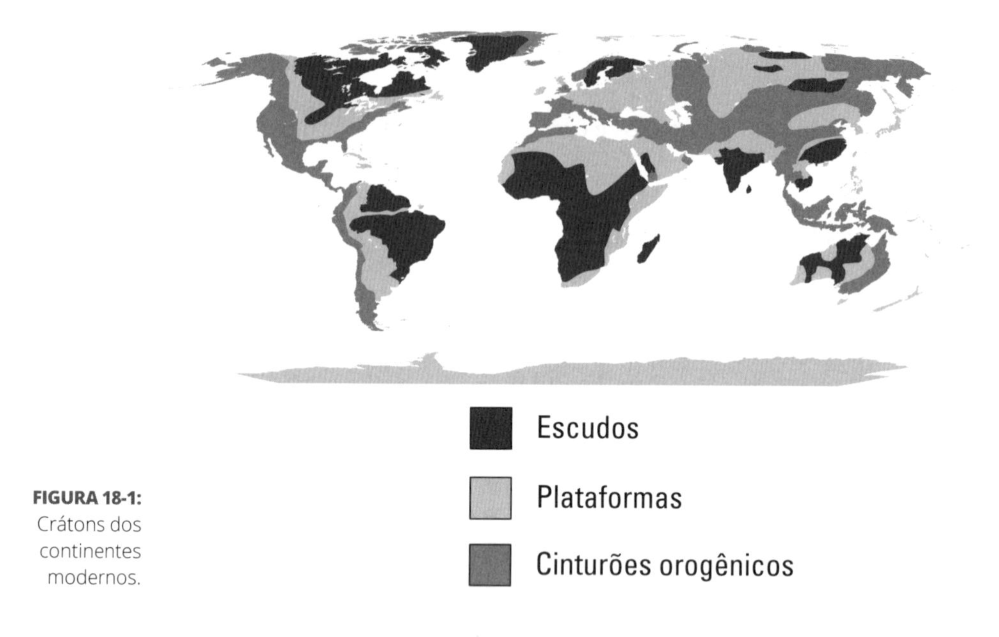

FIGURA 18-1: Crátons dos continentes modernos.

Complexos granito-gnaisse

Geólogos observaram na Terra atual como as rochas são formadas e transformadas pelos processos associados às placas tectônicas. (Descrevo esses processos nos Capítulos 7 e 10.) Os diferentes processos e limites de placas resultam em diferentes tipos e características de rochas. A ressurgência do manto nas dorsais meso-oceânicas produz rochas ígneas densas, como o basalto, e o soerguimento continental e o intemperismo das rochas resultam no transporte e no depósito de partículas de sedimento para formar rochas sedimentares.

Em alguns dos crátons continentais, geólogos descobriram *complexos granito-gnaisse* que datam de quase 4 bilhões de anos. No Capítulo 7, observo que o granito é uma rocha ígnea intrusiva, e o gnaisse é uma rocha metamórfica. Para que o granito se forme, deve haver condições de calor e/ou pressão que derretam a rocha em magma (descrevo esses processos no Capítulo 10). Essas condições são mais comumente encontradas nos limites da zona de subducção entre duas placas convergentes. O gnaisse é formado por compressão e deformação intensas de rochas, como ocorre com a subducção e a colisão continental. Assim, a presença de complexos granito-gnaisse evidencia processos tectônicos ativos, especificamente processos de limites convergentes, 4 bilhões de anos atrás. (Veja no Capítulo 10 mais informações sobre processos tectônicos e subducção.)

Greenstone belts

Outra formação rochosa arqueana, os *greenstone belts,* fornece aos geólogos evidências de que rochas crustais foram intemperizadas e formaram rochas sedimentares cerca de 2,5 bilhões de anos atrás (um processo que descrevo no Capítulo 7). Os greenstone belts são rochas ígneas máficas metamorfizadas semelhantes aos basaltos de fundo oceânico de hoje. (O verde vem da cor de alguns minerais que podem ocorrer nessas rochas, como a fluorita, que se formam quando o basalto é metamorfizado.) Associadas a essas rochas metamórficas estão camadas de rocha sedimentar. Rochas sedimentares podem se formar apenas quando uma rocha é exposta à atmosfera e transformada em partículas de sedimento. A presença de rochas sedimentares com metamórficas nas formações de rochas verdes indica que processos de soerguimento (causando metamorfismo) e erosão (produção de sedimentos) estavam ativos no Pré-cambriano.

Reunindo as observações

A partir do uniformitarismo (que descrevo no Capítulo 3), os geólogos levantam a hipótese de que os complexos granito-gnaisse e greenstone belts resultam da separação e reunião, repetidas vezes, das placas crustais. A maioria dos cinturões se localiza em arranjos lineares paralelos, separados por complexos granito-gnaisse. Uma hipótese sugere que esses arranjos resultam da atividade ao longo de um limite de placa que sofreu ciclos de rifteamento, convergência, subdução e vulcanismo. O complexo granito-gnaisse seria o resultado de rochas ígneas intrusivas (granito) e rochas transformadas por compressão e calor (gnaisse) à medida que as placas se moviam juntas, enquanto o greenstone indica a ocorrência de processos de soerguimento e erosão.

Múltiplas repetições dessa sequência de eventos parecem impossíveis, mas, durante um intervalo de *bilhões* de anos, são perfeitamente possíveis.

Mais quente que o Saara: Evidências de temperaturas extremas

Cientistas encontraram evidências nas rochas antigas que sugerem que a temperatura interna da Terra era muito maior do que hoje e tem se esfriado lentamente nos últimos 4 bilhões de anos. Quando a Terra se formou, a união de toda aquela matéria gerou uma grande quantidade de calor, que ficou preso dentro dela. No processo de resfriamento, o calor de dentro da Terra escapou para a superfície e se irradiou para fora do planeta, para o espaço. Esse processo ainda ocorre hoje, mas os níveis de calor são muito mais baixos do que eram bilhões de anos atrás. Acredita-se que muito do calor gerado pela Terra hoje resulta do decaimento radioativo de elementos no núcleo da Terra.

Nas formações de greenstones do Arqueano, os geólogos encontram rochas vulcânicas escuras, densas e ricas em ferro, os *komatiitos*. Os komatiitos possuem grandes quantidades de ferro, indicando que o magma (rocha derretida) a partir do qual foram formados foi quente o suficiente para derreter minerais ricos em ferro. (No Capítulo 7, explico como diferentes minerais derretem em diferentes temperaturas.) Isso significa que o magma era muito mais quente do que os que explodem como lava na superfície da Terra hoje. Os komatiitos devem ter se resfriado da rocha derretida que estava a pelo menos 1.600°C quando entrou em erupção na superfície da Terra. Para fins de comparação, considere que hoje a temperatura mais alta registrada do fluxo superficial de lava é de 1.350°C.

Com temperaturas tão altas logo abaixo da superfície da Terra (onde o magma se forma), o manto da Terra deve ter sido ainda mais quente. Os cientistas concluem que as temperaturas mais altas do manto podem ter levado a uma convecção do manto mais rápida (ver Capítulo 10) e a processos tectônicos mais ativos nos limites das placas. Exceto pelas formações de greenstones e granito-gnaisses, muito pouca evidência dessa tectônica inicial extremamente ativa permanece, devido à subducção e reciclagem contínuas das placas da crosta terrestre ao longo de milhões de anos desde o fim do Pré-cambriano.

Origens com Orógenos: Supercontinentes do Proterozoico

Durante o éon Proterozoico (entre 2,5 bilhões e 542 milhões de anos atrás), os jovens continentes se moviam pela Terra colidindo uns com os outros. As massas de terra cresceram, as rochas foram deformadas e as elevações se transformaram a partir de uma sequência de *orogenias*, ou episódios de formação de montanhas.

LEMBRE-SE

As formações rochosas longas e lineares que são deformadas a cada colisão continental são os *orógenos*. Mapeando orógenos, os geólogos construíram uma história de alguns dos eventos que criaram os continentes modernos.

Durante um intervalo de quase 2 bilhões de anos, os movimentos das placas continuaram, formando continentes preliminares, como a *Laurásia*, que continha partes da Groenlândia e da Escócia modernas anexadas ao cráton da América do Norte. A Laurásia foi formada pela colisão de placas (*orogenias*) e por *acreção*, a adição de material rochoso das placas crustais com as quais colidiu.

A Laurásia era uma grande massa de terra, mas não era um supercontinente. Um *supercontinente* é uma única massa de terra que consiste de pelo menos duas massas de terra preexistentes. Embora a Laurásia contivesse partes de mais de dois continentes modernos, era apenas um dos continentes pré-cambrianos.

(Inúmeras massas de terra menores, incluindo Báltica, Sibéria e outras também estavam presentes.)

Cerca de 1 bilhão de anos atrás, todos os continentes pré-cambrianos colidiram e formaram o primeiro supercontinente, o *Rodínia*. A evidência da formação do Rodínia está nas rochas do evento substancial de formação de montanhas, a *orogenia Grenviliana*, datada entre 1,3 e 1 bilhão de anos atrás. As rochas da orogenia de Grenville estão nos crátons de todos os continentes modernos (ilustrados na Figura 18-1). Ela é responsável pelo acréscimo de grandes porções de material continental na Laurásia conforme ela formou o Rodínia. Na verdade, quando a Laurásia fazia parte do Rodínia, 75% dos materiais que formam o moderno continente norte-americano já estavam presentes.

LEMBRE-SE

É possível que existissem supercontinentes antes do Rodínia, mas não existe nenhuma evidência no registro geológico.

Entre 750 e 650 milhões de anos atrás, as massas de terra do Rodínia se separaram e se reconectaram em um novo arranjo, no supercontinente *Panótia*. O Panótia durou apenas cerca de 60 milhões de anos antes de se dividir nas quatro principais massas de terra que criaram o maior supercontinente, a Pangeia, no final da era Paleozoica. (Detalho a Pangeia nos Capítulos 19 e 20.)

Células Simples, Tapetes de Algas e a Primeira Atmosfera

Como você sabe, sem plantas verdes (incluindo as algas) não haveria oxigênio para respirar. A Terra moderna é coberta por plantas que transformam o dióxido de carbono em oxigênio para que os organismos, incluindo os seres humanos, possam existir. Nem sempre foi assim. Nesta seção, explico como os cientistas acham que a primeira atmosfera se desenvolveu e qual papel as primeiras formas de vida provavelmente desempenharam na criação do tipo de atmosfera de que desfrutamos hoje.

Caça aos primeiros procariontes e eucariontes

Os cientistas não sabem como as primeiras vidas na Terra se originaram. O que sabem é que há evidências de organismos vivos em rochas de 3,5 bilhões de anos. Essas primeiras vidas eram *procariontes*, ou de células simples. Os procariontes eram (e ainda são) células pequenas sem órgãos internos que se reproduzem assexuadamente (sem recombinação de genes, como explico no Capítulo 17). As bactérias estão entre os procariontes modernos.

Também há evidências de que células um pouco mais complexas, os *eucariontes*, surgiram cerca de 2 bilhões de anos depois (cerca de 1,5 bilhão de anos atrás). Os primeiros eucariontes também eram unicelulares, mas suas células continham estruturas, incluindo um núcleo celular, e os cientistas acreditam que se reproduziam sexualmente, como os eucariontes modernos (e como os seres humanos, animais e plantas). Uma comparação da estrutura celular de procariontes e eucariontes é ilustrada na Figura 18-2.

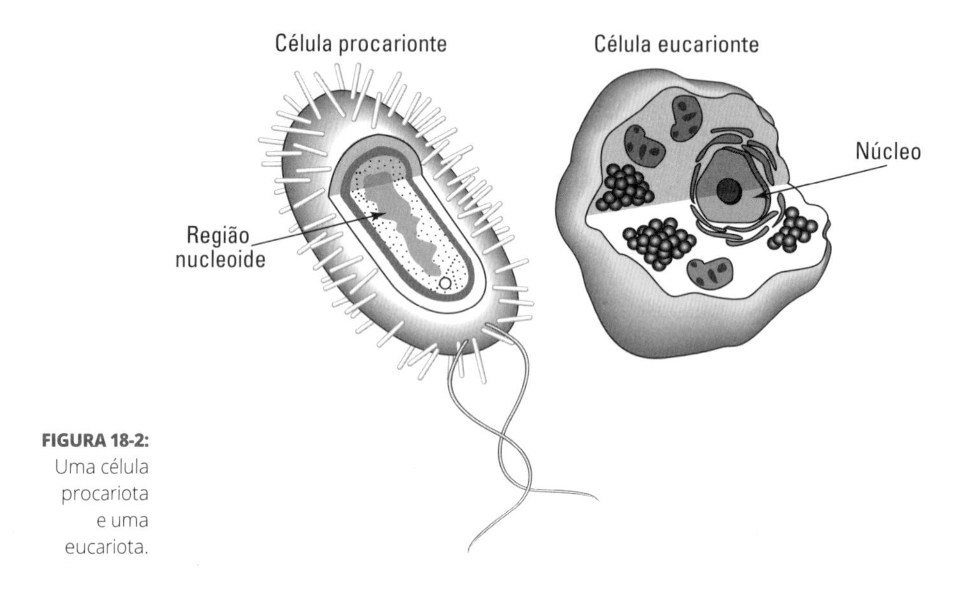

FIGURA 18-2: Uma célula procariota e uma eucariota.

Você já ouviu falar: Cianobactérias

Um organismo procariótico com o qual você deve estar familiarizado são as *cianobactérias*. A cianobactéria é um organismo unicelular que também atende pelo nome de *algas verde-azuladas*. Quando grandes colônias de cianobactérias florescem, criam uma película verde viscosa na superfície de um lago ou lagoa; assim, também são conhecidas como *espuma de lagoa*.

LEMBRE-SE

Esses organismos simples e unicelulares são extremamente poderosos. Eles são capazes de transformar luz solar e dióxido de carbono em glicose e oxigênio por meio da *fotossíntese*. Como ilustra a Figura 18-3, a fotossíntese é o processo biológico por meio do qual as plantas verdes transformam a luz solar, a água e o dióxido de carbono em oxigênio e energia. As plantas usam a energia para crescer e liberar o oxigênio de volta para a atmosfera.

Os cientistas acham que, do meio ao final do éon Arqueano, as comunidades de cianobactérias praticavam a fotossíntese. Estruturas fossilizadas chamadas *estromatólitos* fornecem evidências de que esses organismos fotossintéticos existiam no início do éon Proterozoico.

LEMBRE-SE

Os *estromatólitos* são estruturas colunares formadas por colônias de algas à medida que crescem em direção ao Sol. Os estromatólitos se formam quando minúsculos filamentos de algas prendem partículas de areia e outros sedimentos entre eles (veja a Figura 18-4A). Conforme as algas morrem, formam camadas de sedimento a partir dessas partículas (veja a Figura 18-4B). Novas algas crescem por cima, em direção à luz do Sol (veja a Figura 18-4C). Com o tempo, um monte de camadas de sedimentos e de algas se forma (veja a Figura 18-4D). Há um fóssil de estromatólito no Caderno Colorido deste livro.

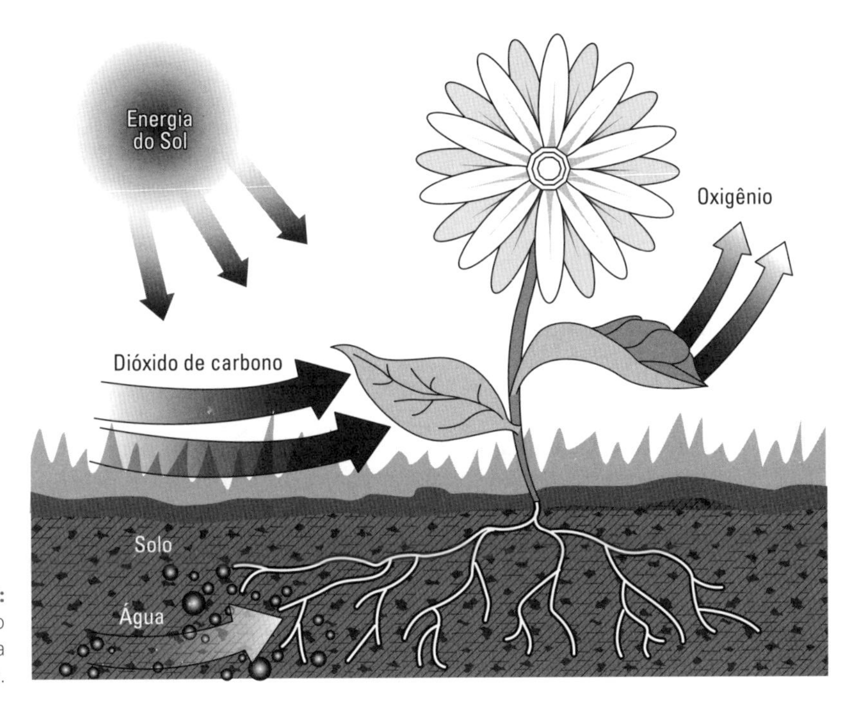

FIGURA 18-3: O processo biológico da fotossíntese.

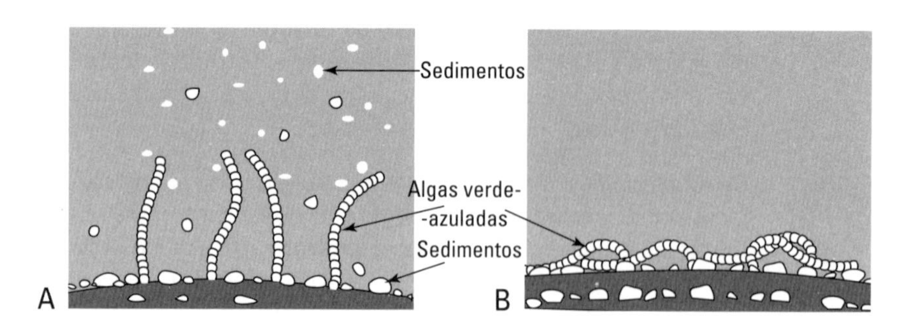

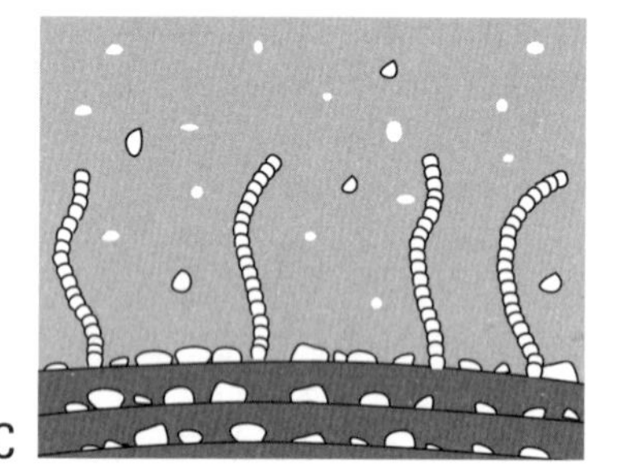

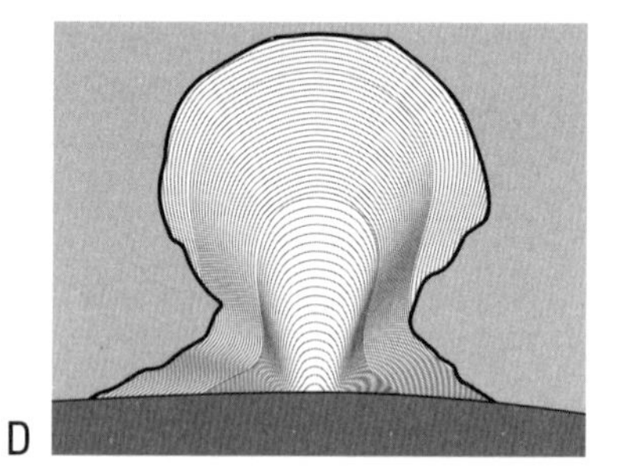

FIGURA 18-4: A formação de um estromatólito à medida que os sedimentos se prendem nas algas.

Os estromatólitos ainda existem hoje, mas são raros. Eles são encontrados nas águas oceânicas mornas, rasas e extremamente salgadas, como na Baía Shark, na Austrália Ocidental, retratada no Caderno Colorido. Esse ambiente é inóspito para criaturas que comem essas algas, então elas florescem longe de predadores.

Os cientistas acreditam que as cianobactérias que formaram os estromatólitos arqueanos e proterozoicos são as principais responsáveis pela fotossíntese que adicionou oxigênio à atmosfera há cerca de 2,3 bilhões de anos.

A COMPLEXIDADE DA CLASSIFICAÇÃO

A genética moderna abriu portas para a compreensão da relação entre a vida antiga e os seres vivos modernos. Por muito tempo, os biólogos os organizaram em seis reinos: animais, plantas, fungos, protistas, bactérias e arqueas. Destes, só bactérias e arqueias incluem organismos de células simples, ou procariontes. Os outros quatro são compostos de organismos com células eucarióticas, complexas. (Protistas são *unicelulares*, mas sua única célula é complexa; portanto, são eucariontes.)

Você é um organismo complexo e multicelular. As células que compõem seu corpo, suas plantas e os cogumelos da sua pizza são todas eucariotas. Essas células têm uma membrana celular envolvendo-as e múltiplas organelas no seu interior, incluindo um núcleo e mitocôndrias. Em contraste, bactérias e arqueas são organismos unicelulares, com células procarióticas, que são muito menores do que as células eucarióticas e não possuem uma membrana celular espessa nem organelas.

Com base apenas nessa semelhança, parece lógico que arqueas e bactérias estejam mais intimamente relacionadas umas às outras do que a quaisquer plantas, animais ou outros eucariontes. A análise genética moderna do ácido ribonucleico (RNA), entretanto, indica que arqueas e bactérias estão remotamente relacionadas e que as arqueas compartilham um ancestral comum mais recente com os eucariontes. Essa relação é ilustrada na árvore ramificada que inclui as principais famílias dentro dos três domínios: Bacteria, Archaea e Eukarya.

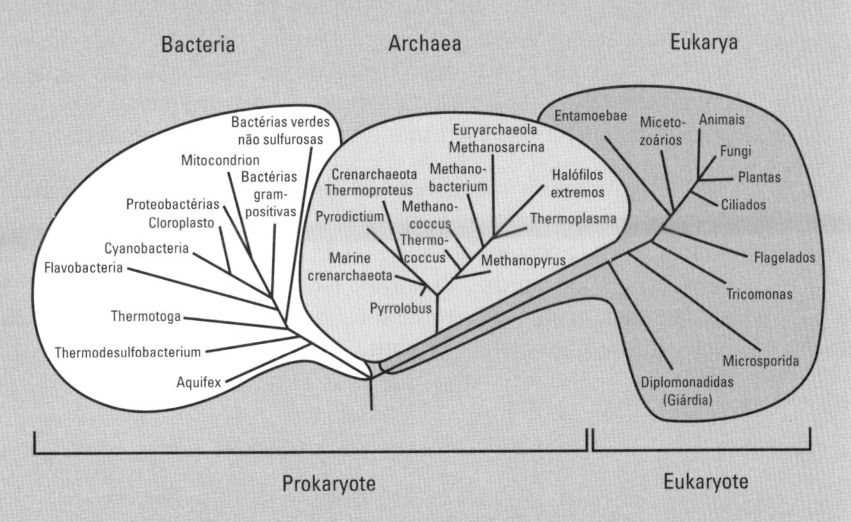

Essa descoberta ilustra uma verdade sobre a classificação biológica que os cientistas vêm percebendo: as características físicas comuns não são a evidência mais forte para tirar conclusões sobre as relações evolutivas. Atualmente, os cientistas aceitam a classificação de todos os seres vivos nos três domínios, em vez dos seis reinos.

Esperando para inalar: A formação da atmosfera da Terra

A atmosfera primitiva da Terra se originou das *emissões vulcânicas* de gás e vapor de água. Os gases que encheram a atmosfera incluíam água (H_2O) e dióxido de carbono (CO_2), com pouco oxigênio "livre" (O_2). Há duas maneiras de separar o oxigênio das moléculas de água e dióxido de carbono: fotossíntese e dissociação fotoquímica. Na seção anterior, abordo a fotossíntese (cortesia das cianobactérias).

A *dissociação fotoquímica* ocorre quando os raios de Sol atingem as moléculas de água na atmosfera e quebram as ligações moleculares. Uma vez quebrados, os átomos de oxigênio livres se ligam a outros átomos de oxigênio para criar ozônio (O_3), bem como moléculas de oxigênio livres (O_2). A camada de ozônio na atmosfera protege a Terra do intenso calor da radiação solar.

LEMBRE-SE

Embora a dissociação fotoquímica produza um pouco de oxigênio livre, depois que a camada de ozônio se acumula, ela para. Isso significa que a fotossíntese deve ter desempenhado um papel mais importante no aumento dos níveis de oxigênio na atmosfera no final do Pré-cambriano.

Você pode estar se perguntando como é possível saber quais gases estavam na atmosfera há bilhões de anos. A resposta está nas rochas!

As *formações ferríferas bandadas* (BIF), um grupo de rochas sedimentares pré-cambrianas, fornecem pistas para a evolução da atmosfera da Terra. As BIF têm camadas alternadas de minerais de ferro e *chert* (uma rocha sedimentar química feita de sílica; veja o Capítulo 7). Provavelmente, elas foram criadas pelo assentamento de partículas e precipitação de minerais da água do mar.

As BIF representam um quebra-cabeça para os cientistas que estudam a Terra primitiva porque, para se formarem, o ferro deve ter sido dissolvido na água do mar, o que acontece apenas quando quase nenhum oxigênio está presente nela. Depois que o ferro é dissolvido na água, entretanto, os níveis de oxigênio aumentam. Quando o ferro dissolvido entra em contato com o oxigênio da água, forma os minerais hematita (Fe_2O_3) e magnetita (Fe_3O_4) das camadas das BIF.

INDO A EXTREMOS

Por muitas décadas, os cientistas que buscavam compreender as origens da vida pensavam que apenas uma gama limitada de condições e ambientes eram adequados para viabilizar a vida. Eles definiram essa faixa de acordo com as necessidades da vida como a conheciam, que entendiam ser vida baseada no carbono. A vida baseada no carbono requer acesso à água, presença de carbono e de oxigênio, e uma faixa bastante estreita de temperatura e acidez. Imagine o espanto dos cientistas ao descobrirem que a vida sobrevive em todos os ambientes mais extremos do planeta!

Ambientes extremos incluem lugares que são muito quentes, como as fontes termais no Parque Nacional de Yellowstone, ou muito frios, como o manto de gelo da Antártica. Outros ambientes considerados extremos incluem aberturas profundas de água quente (*hidrotermais*) no oceano que expelem água rica em minerais dissolvidos e lagos supersaturados com sais, como o Lago Mono, na Califórnia.

Nas últimas décadas, os cientistas descobriram que a vida existe em lugares antes considerados extremos demais para viabilizá-la. Várias espécies de bactérias e arqueas prosperam nesses ambientes. Como um grupo, essas bactérias são chamadas de *extremófilos*. Não apenas os extremófilos podem existir nesses ambientes, mas também cada espécie evoluiu para se adaptar especificamente a seu ambiente extremo.

Talvez a questão mais fascinante a respeito da descoberta de extremófilos na Terra seja como redefiniu as condições necessárias para viabilizar a vida. Isso significa que os cientistas que procuram por sinais de vida fora da Terra, ou vida *extraterrestre*, podem expandir sua busca para incluir ambientes que assumiam serem incapazes de viabilizar qualquer tipo de vida.

Alguns cientistas concluem que a formação das BIF indica que os níveis de oxigênio atmosférico no final do éon Arqueano e no Proterozoico oscilavam — aumentavam e diminuíam constantemente. Quando os níveis de oxigênio na atmosfera (e, portanto, também nos oceanos) são baixos, os minerais de ferro se dissolvem na água do mar. À medida que os níveis de oxigênio aumentam (provavelmente, devido ao aumento da atividade fotossintética das algas), o ferro se combina com ele para formar minerais que se precipitam no fundo do mar, depositando camadas que em algum momento se tornarão rochas.

Outra hipótese que é explorada é a de que as fontes hidrotermais no fundo do mar, *black smokers* ou *fumarolas pretas*, contribuíram dissolvendo o ferro nos oceanos, que mais tarde se depositariam para formar as BIF. A observação moderna de fumantes negros mostra que a água aquecida proveniente deles carrega minerais de ferro dissolvidos que se depositam, criando formas semelhantes a chaminés no fundo do mar. Aberturas semelhantes podem ter contribuído para a quantidade de ferro dissolvido nos oceanos antigos e, junto com as mudanças no oxigênio atmosférico, para o ciclo de deposição das BIF. Hoje, as formações de ferro em faixas são encontradas na região de Pilbara, na Austrália, e na cordilheira Mesabi, em Minnesota.

LEMBRE-SE

As condições para formar as BIF estão limitadas entre 2 e 2,5 bilhões de anos atrás. Depois desse tempo, os níveis de oxigênio na atmosfera parecem ter aumentado constantemente. Há evidências desse aumento em formações rochosas chamadas de red beds continentais ou camadas continentais vermelhas (CRB). As *red beds* são rochas sedimentares de arenito ou xisto, de cor vermelha devido aos minerais de ferro, como a hematita (Fe_2O_3).

Como explico no Capítulo 7, as rochas sedimentares, como arenito ou folhelho, resultam de partículas de rochas dos continentes que foram intemperizadas e transportadas para o mar. Diferentemente das BIF, que são rochas sedimentares precipitadas da água do mar, as red beds indicam que as partículas de sedimento continentais foram expostas a níveis de oxigênio na atmosfera altos o suficiente para formar minerais de hematita.

As red beds apareceram depois de as BIF se tornarem raras, cerca de 1,8 bilhão de anos atrás, e são comumente encontradas em rochas fanerozoicas formadas nos 542 milhões de anos desde o final do Pré-cambriano. (Para descobrir o que ocorria com a Terra no éon Fanerozoico, leia o Capítulo 19.) A Tabela 18-1 organiza as informações importantes a serem lembradas sobre as BIF e sobre as red beds.

TABELA 18-1 **Comparando Formações Ferríferas Bandadas (BIF) e Camadas Continentais Vermelhas (CRB)**

Nome da Rocha	Tipo de Rocha	Evidência de oxigênio	Idade
BIF	Precipitado químico sedimentar	Níveis oscilantes de oxigênio nos oceanos	2,0-2,5 bilhões de anos atrás
CRB	Arenito/xisto sedimentar	Aumento do oxigênio na atmosfera	Mais de 1,8 bilhão de anos atrás

TERRA BOLA DE NEVE

Você consegue imaginar a Terra tão fria que os oceanos estão congelados e o gelo cobre todos os continentes? A hipótese relativamente recente da Terra bola de neve, proposta no início dos anos 1990, sugere que isso ocorreu mais de uma vez durante o éon Proterozoico. A hipótese afirma que toda a Terra foi coberta pelo menos uma vez, possivelmente muitas mais, por gelo e neve. Existem várias evidências geológicas sugerindo glaciações extensas, mas não são sólidas o suficiente para a comunidade científica chegar a um consenso sobre a realidade ou a extensão das condições da Terra bola de neve.

De acordo com a hipótese, depois que o gelo cobriu grandes porções da Terra, o efeito *albedo*, segundo o qual o gelo reflete a energia do Sol em vez de absorvê-la, teria resultado no rápido resfriamento da atmosfera da Terra e aumentado o crescimento de geleiras e de mantos de gelo. Quando mais gelo está presente, mais o albedo reflete energia de volta para o espaço, diminuindo ainda mais a temperatura e permitindo que ainda mais gelo se acumule. Então, depois que a Terra foi coberta por gelo, teria permanecido assim por milhões de anos até que os gases do efeito estufa emitidos pelos vulcões (graças às placas tectônicas) se acumulassem na atmosfera, levando a condições de aquecimento global que derreteram o gelo.

Atualmente, os cientistas trabalham para testar a hipótese da Terra bola de neve e estão surgindo muitas perguntas que precisam ser respondidas antes que essa hipótese seja aceita como uma teoria explicativa. Uma pergunta que muitos pesquisadores fazem é o que aconteceu com a vida durante o(s) episódio(s) da Terra bola de neve. Alguns cientistas sugerem que as fontes hidrotermais profundas no oceano, ou a água quente ao redor dos vulcões ativos, forneceram um refúgio para a vida enquanto o resto do planeta estava congelado. Outros pesquisadores chegam ao ponto de sugerir que o(s) evento(s) da Terra bola de neve desempenhou(aram) um papel importante na evolução das células complexas (eucariontes), mas ainda não encontraram no registro fóssil nenhuma evidência que respaldasse sua ideia. E ainda outros sugerem que a Terra nunca poderia ter sido completamente coberta por gelo, que as regiões próximas ao Equador provavelmente permaneceram sem ele, pelo menos durante parte dos anos.

Questionando a Vida Complexa Mais Antiga: A Biota Ediacarana

Por muitos anos, os geólogos definiram o fim do éon Proterozoico e o início do Fanerozoico (que significa vida visível) pelo aparecimento de uma ampla variedade de fósseis com conchas, que datam de 542 milhões de anos atrás. O surgimento desses fósseis foi a *Explosão Cambriana*, que documenta o quão drástica e repentinamente essas diversas formas de vida apareceram. Por muitas décadas, os cientistas lutaram para explicar como uma vida tão complexa poderia simplesmente aparecer 542 milhões de anos atrás, sem nenhum precursor mais simples no registro fóssil. No entanto, uma descoberta geológica de meados do século na Austrália fez com que os cientistas reconsiderassem esse ponto.

Em 1946, foi descoberta uma série de fósseis nas Colinas Ediacara, na Austrália. Na época, pensava-se que as marcas fósseis de organismos de corpo mole eram os restos de medusas extintas ou de plantas marinhas. Mais de trinta diferentes tipos de animais foram identificados e descritos a partir dos fósseis, compondo a *biota ediacarana*. Muitos deles têm formas corporais estranhas, que não são vistas nos animais do Paleozoico posterior (ou moderno). Desde que foram identificados, na Austrália, os fósseis da biota ediacarana foram encontrados em todos os continentes (exceto na Antártica), e os cientistas estão começando a aceitar que essas criaturas podem ter sido a vida complexa dominante nos fundos marinhos da Terra muito antes do início do Cambriano.

LEMBRE-SE

A preservação de vidas passadas no registro geológico depende de boas condições de conservação, bem como de partes preserváveis, como ossos ou conchas. Sem partes duras para fossilizar, a vida complexa inicial da biota ediacarana foi esquecida, e só quando foi reconhecida ajudou a responder a um dos maiores mistérios da paleontologia.

NESTE CAPÍTULO

- » Explorando a "Explosão Cambriana"
- » Vendo o papel dos invertebrados
- » Esboçando a história dos primeiros vertebrados
- » Seguindo a evolução da planta em terra seca
- » Lendo a história geológica de um continente nas rochas

Capítulo 19

Transbordando Vida: A Era Paleozoica

A era Paleozoica, do éon Fanerozoico, é marcada pelo surgimento de organismos com conchas. Começando aproximadamente 542 milhões de anos atrás, a biologia dos organismos vivos no planeta mudou drasticamente. Embora simples, a vida unicelular já existia há bilhões de anos; no início do Paleozoico, o registro geológico explode com a vida multicelular que constrói conchas de todas as formas e tamanhos.

Ocorreram tantas mudanças importantes durante os 300 milhões de anos do Paleozoico que muitas vezes ele é dividido em início do Paleozoico (os períodos Cambriano, Ordoviciano e Siluriano) e final do Paleozoico (os períodos Devoniano, Carbonífero e Permiano). Nessa extensão relativamente estreita de tempo (geologicamente falando), os organismos evoluíram de criaturas marinhas simples e de corpo mole para peixes, anfíbios, répteis e até mamíferos. Enquanto isso, as algas fotossintéticas deram origem às primeiras plantas e árvores que vivem na Terra. Tudo isso aconteceu conforme os continentes se chocavam e se quebravam enquanto as placas da crosta se moviam pela superfície da Terra — o que culminou na formação do principal supercontinente.

Neste capítulo, descrevo alguns dos eventos mais significativos da era Paleozoica e sumarizo amplamente as tendências evolutivas e as mudanças geológicas globais que nele ocorreram.

Explodindo de Vida: O Período Cambriano

O início do Paleozoico é marcado pelo súbito aparecimento de uma grande variedade de formas animais no registro geológico. Na verdade, os fósseis do período exibem os planos corporais animais que existem até hoje, 540 milhões de anos depois. (O *plano corporal* é a organização das partes do corpo e dos padrões de crescimento de um organismo.) Esse súbito aparecimento de vida complexa no registro geológico é a *Explosão Cambriana*, e é o foco desta seção.

LEMBRE-SE

A Explosão Cambriana há muito foi definida pela abundância de criaturas preservadas no registro fóssil no início do período Cambriano. Mas é provável que esse súbito aparecimento de vida tenha resultado da natureza incompleta de uma história contada nas rochas. Em vez de documentar a primeira aparição de vida complexa (que já estava presente, como representa a biota ediacarana, que descrevo no Capítulo 18), a Explosão Cambriana documenta uma nova adaptação importante para a vida: a construção de conchas.

Endurecer! Desenvolvendo conchas

No Cambriano, criaturas que viviam no mar desenvolveram conchas, ou *exoesqueletos*. Isso lhes deu uma vantagem tremenda, em suas vidas e pela preservação no registro geológico. Como se percebe hoje, esse estilo de vida já dura milhões de anos. As partes externas rígidas conferem os seguintes benefícios:

- **Proteção do Sol:** Durante o Paleozoico, os imensos mares rasos eram o habitat principal da vida na Terra. Criaturas de corpo mole eram expostas aos raios nocivos do Sol — os mesmos raios que você e eu evitamos com protetor solar e chapéus. O exoesqueleto impede os tecidos moles e os órgãos internos de uma criatura de serem danificados pelo Sol.
- **Retenção de umidade:** Ambientes de águas rasas e extensas sofrem baixas de água — como a praia na maré baixa. Os animais que ficam presos quando a maré baixa secam e morrem, a menos que tenham uma concha que retenha umidade suficiente para ajudá-los a sobreviver até a maré voltar.
- **Suporte muscular:** O exoesqueleto é uma estrutura para os músculos se fixarem. O seu esqueleto também tem essa função. Como um exoesqueleto

fornece estrutura para ligações musculares, permite que um organismo cresça maior do que o faria sem esse suporte.

» **Proteção contra predadores:** Possivelmente, a maior vantagem de uma concha é a proteção contra animais que podem atacar e devorar uma criatura de corpo mole.

Embora todos esses sejam bons motivos para construir um exoesqueleto, os cientistas não têm certeza de qual vantagem impulsionou a tendência evolutiva de partes externas rígidas. Evidências no registro fóssil de criaturas com conchas danificadas indicam que eram caçadas, atacadas e provavelmente comidas por predadores. Para alguns cientistas, esse fato basta para concluir que a predação motivou a evolução dos exoesqueletos no início do Paleozoico.

Artrópodes dominantes no fundo do mar: Trilobitas

A primeira *fauna de conchas*, ou animais com exoesqueletos, consistia em criaturas minúsculas; suas conchas tinham poucos milímetros de tamanho. Mas não demorou muito para que outros animais seguissem a tendência. A criatura mais famosa do Paleozoico — possivelmente, o mascote — é o *trilobita*.

Trilobitas são *artrópodes*, o que hoje inclui insetos, aranhas e crustáceos, como as lagostas. Espécies de trilobitas ocuparam todos os cantos do oceano durante o Paleozoico, mas não sobreviveram à extinção no final do Permiano. (Discuto esse e outros eventos de extinção no Capítulo 22.)

FOLHELHO BURGESS

O Folhelho Burgess é uma formação rochosa na Colúmbia Britânica com restos preservados de criaturas do Cambriano, de cerca de 540 milhões de anos atrás. Foi descoberto em 1909, mas sua importância só foi percebida na década de 1960. Mais de 60 mil fósseis foram recuperados, muitos, artrópodes (trilobitas e organismos semelhantes), mas também havia espécimes de outros grupos da Explosão Cambriana. A melhor parte do Folhelho Burgess é que os sedimentos de granulação fina do folhelho preservaram características detalhadas, bem como espécimes completos de organismos de corpo mole que não teriam sido preservados em outras condições. Os geólogos acreditam que um fluxo de lama subaquático cobriu o fundo do mar e todas as criaturas em um evento repentino, conferindo uma amostra da comunidade submarina de organismos de 540 milhões de anos atrás.

O Folhelho Burgess, agora considerado patrimônio mundial, está aberto para visitação. Ele fica no Parque Nacional de Yoho, na Colúmbia Britânica.

Os trilobitas tinham um exoesqueleto segmentado, semelhantes aos percevejos, mas com o segmento da cabeça em forma de ferradura. Eles variavam em tamanho de pequeninos (poucos milímetros) a alguns com mais de 50cm de comprimento, mas a maioria tinha entre 5cm e 10cm. Alguns eram cegos, outros tinham olhos compostos (como alguns insetos hoje), e certas espécies se enrolavam, provavelmente para se protegerem. O trilobita é retratado no Caderno Colorido deste livro e na Figura 19-1.

Enquanto os trilobitas cobriam o fundo do mar durante o Paleozoico, foram se diversificando durante o período Cambriano e começaram a ser ofuscados no registro fóssil pelo desenvolvimento de outras criaturas mais tarde no Paleozoico.

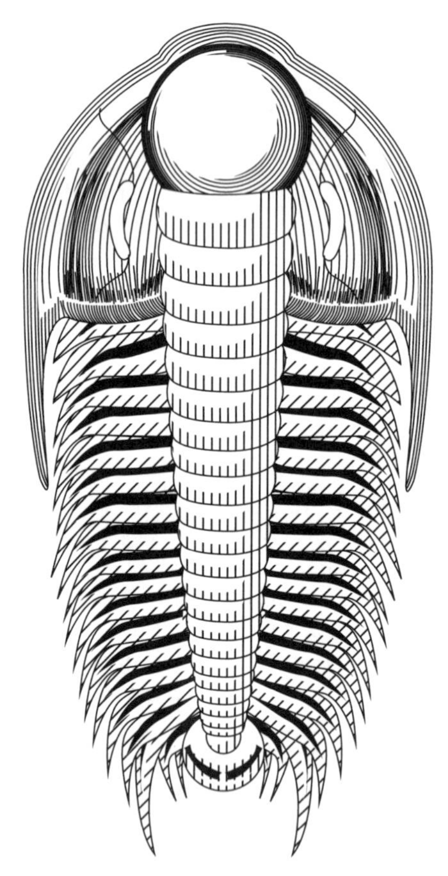

FIGURA 19-1: Um trilobita.

Recifes por Todos os Lugares

No início do Paleozoico, a vida acontecia no fundo do mar. Sem calotas polares nos polos da Terra, muitos dos grandes continentes eram ocasionalmente (ou seja, por alguns milhões de anos por vez) cobertos por mares rasos, os *epeiricos*, ou *epicontinentais*. O amplo ambiente submarino indicava que os organismos marinhos rasos e criadores de recifes dominariam a Terra por milhões de anos.

Os extensos ambientes marinhos rasos do início do Paleozoico forneciam uma variedade de nichos para os organismos se adaptarem. Embora alguns organismos tivessem exoesqueletos, nenhum havia desenvolvido ainda esqueletos internos, então todas as criaturas marinhas eram *invertebradas*.

Além dos trilobitas, outros invertebrados marinhos do início do Paleozoico incluíam criaturas construtoras de recifes semelhantes às que constroem recifes nos mares rasos e quentes de hoje. Na verdade, muitos dos grupos de invertebrados que surgiram no Cambriano têm parentes vivos hoje. Esponjas, corais, ouriços-do-mar e estrelas-do-mar, mariscos, cracas, lulas e insetos estão todos relacionados com os invertebrados cambrianos.

LEMBRE-SE

Alguns fósseis de invertebrados são usados como *fósseis-guia*, ou *fósseis-índice*: fósseis de organismos que viveram em uma grande variedade de lugares, mas apenas por um curto intervalo de tempo (geologicamente falando). Eles são úteis para determinar a idade das camadas rochosas em que são encontrados.

Por exemplo, enquanto os trilobitas eram comuns ao longo dos 300 milhões de anos do Paleozoico, outro organismo, o *arqueociatídeo*, existiu apenas durante os 60 milhões de anos do Cambriano. Os arqueociatídeos eram organismos construtores de recifes que viviam no fundo do mar e foram extintos no final do Cambriano. Encontrar um fóssil de trilobita em uma rocha indica que a camada de rocha se formou em algum momento do Paleozoico. Encontrar um fóssil de arqueociatídeo, que a camada de rocha que o contém foi formada especificamente durante o período Cambriano, da era Paleozoica.

Depois que os arqueociatídeos foram extintos, outros animais assumiram o papel de construir recifes, incluindo as primeiras formas de corais, esponjas e equinodermos (ancestrais das estrelas-do-mar e dos ouriços-do-mar). Mas os construtores de recifes não foram as únicas criaturas que habitaram os mares rasos. Embora seja impossível, dentro do escopo deste livro, descrever todos os invertebrados paleozoicos, descrevo alguns dos mais fascinantes e importantes.

Nadando livremente: Amonoides e nautiloides

Os *amonoides* são os parentes distantes, com conchas em espiral, da lula moderna, que floresceram durante o final do Paleozoico. Eles foram extintos junto com os dinossauros, no final do Mesozoico (veja o Capítulo 20). A evolução amonoide no Paleozoico é rastreada por meio da complexidade crescente das suas conchas.

As conchas amonoides tinham forma de espiral e câmaras individuais presas ao longo de suturas. Os padrões de sutura dos amonoides tornaram-se mais complexos com o tempo, conforme ilustrado na Figura 19-2. Esse recurso permite aos geólogos que datem com precisão as camadas de rocha quando encontram os fósseis amonoides. (No Capítulo 16, explico a datação relativa usando fósseis.)

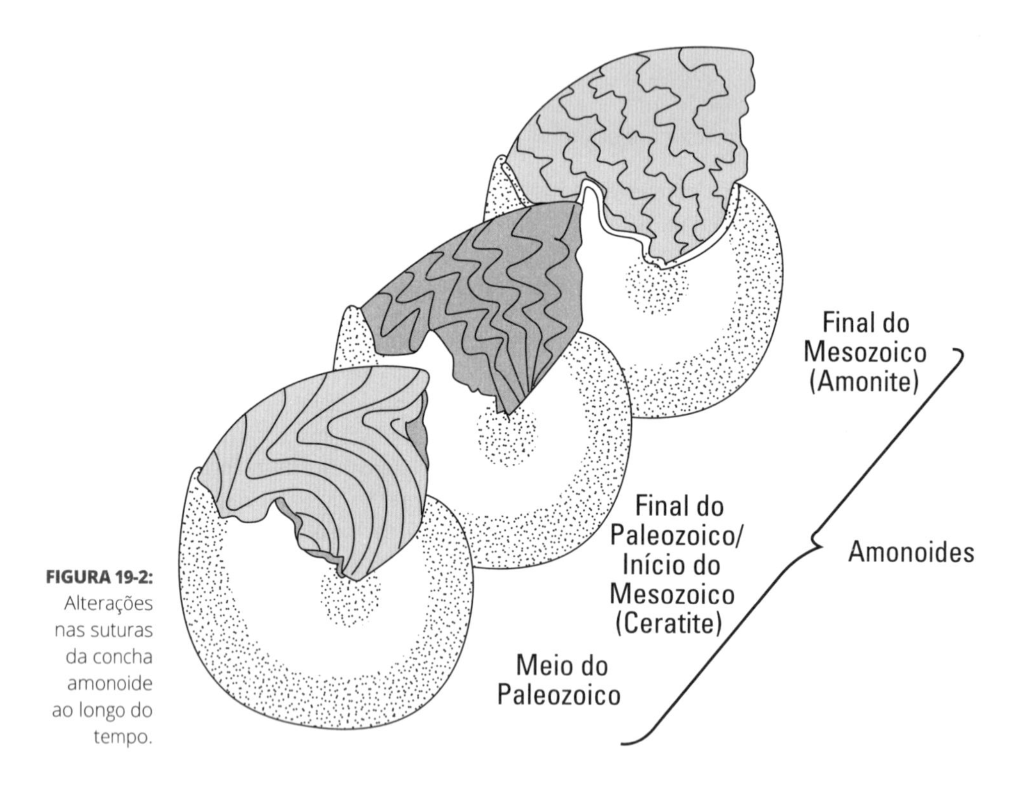

FIGURA 19-2: Alterações nas suturas da concha amonoide ao longo do tempo.

Alguns *nautiloides* se assemelham aos amonoides porque têm conchas curvas. Ambos faziam parte de um grupo maior de moluscos. Os primeiros nautiloides tinham conchas retas, enquanto os modernos possuem uma concha curva. Nenhum dos nautiloides desenvolveu as elaboradas suturas em concha vistas nos fósseis de amonoides. Um nautiloide de casca reta é ilustrado na Figura 19-3.

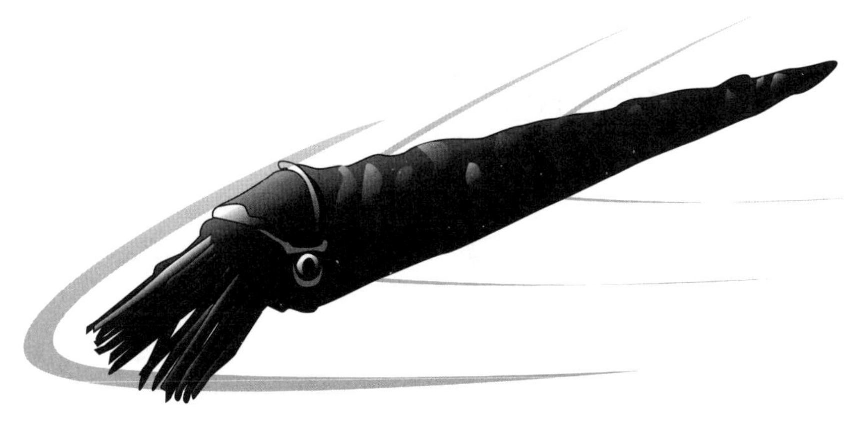

FIGURA 19-3: Um nautiloide de casca reta do Paleozoico.

Explorando a água doce: Euriptéridos

No período Siluriano, surgiu o artrópode *euriptérido* (veja a Figura 19-4). Alguns euriptéridos pareciam grandes escorpiões com pinças assustadoramente grandes, e outros eram enormes. Os euriptéridos conseguiram algo que a maioria dos invertebrados marinhos do Paleozoico não o fez: mudaram-se e adaptaram-se a habitats de água doce. Os fósseis de euriptéridos do Paleozoico tardio são encontrados em diversos habitats (água doce e salgada), e alguns têm apêndices semelhantes a pernas que poderiam tê-los ajudado a se mover por curtas distâncias em terra — semelhantes aos caranguejos hoje.

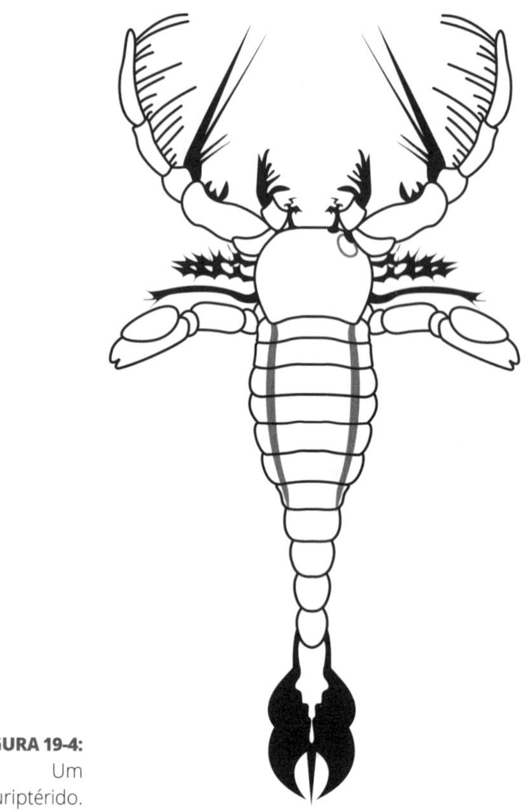

FIGURA 19-4: Um euriptérido.

Estruturando: Animais com Espinha Dorsal

Embora o início do Paleozoico fosse governado por invertebrados, o desenvolvimento de características esqueléticas também havia começado. A história evolutiva dos *cordados* — animais com uma corda nervosa (o que mais tarde incluiu animais com uma coluna vertebral, ou *vertebrados*) — não tem seus primeiros capítulos no registro fóssil porque não havia partes do esqueleto rígido para preservar.

Quando os fósseis de vertebrados aparecem no registro fóssil, já são peixes maduros com espinha dorsal. E, devido à presença de um esqueleto interno (*endoesqueleto*) e de outras partes duras (como dentes e escamas ósseas), a evolução dos peixes é uma história bem detalhada, que conto aqui.

Armadura corporal, dentes e... pernas?

Os primeiros peixes não eram muito parecidos com os de hoje. Tinham medula espinhal, mas não maxilas, e eram chamados de *ostracodermos* (que significa "pele de concha") devido às placas ósseas que os cobriam. Os ostracodermos são do grupo *Agnatha*, parentes distantes da lampreia e do peixe-bruxa: dois peixes modernos que não têm maxilas nem pele ossuda. Os ostracodermos alimentavam-se no fundo do mar, roçando por ele, sugando comida, enquanto mantinham os olhos (no topo da cabeça) atentos aos predadores. Eles floresceram no início do Paleozoico e viveram ao lado de outros grupos de peixes que evoluíram ao mesmo tempo. A Figura 19-5 é um esboço de um ostracodermo.

Os primeiros peixes com maxilas pertenciam ao extinto grupo dos *Acanthodios*. A evolução das maxilas se relaciona à estrutura das guelras dos primeiros peixes. Os cientistas acreditam que os suportes das guelras frontais, feitos de cartilagem ou osso, articularam-se para permitir que as guelras se abrissem mais, absorvendo mais oxigênio e permitindo a ingestão de mais alimentos. Essa característica provou ser vantajosa para sua sobrevivência e continuou a se desenvolver por meio da seleção natural, resultando em maxilas ósseas articuladas. Os cientistas ainda buscam os detalhes, mas acreditam que os acanthodios levaram a grupos de peixes com maxilas, como placodermos, peixes cartilaginosos e peixes ósseos. (Continue lendo para saber detalhes.)

Embora os peixes tenham começado a evoluir no início do Pré-cambriano, alcançaram sua diversidade máxima no período Devoniano (cerca de 400 milhões de anos atrás). Por isso, o Devoniano é chamado de "Idade dos Peixes". Durante os 50 milhões de anos do Devoniano, todos os principais tipos de peixes estão no registro fóssil: ostracodermos, placodermos, peixes cartilaginosos e peixes ósseos.

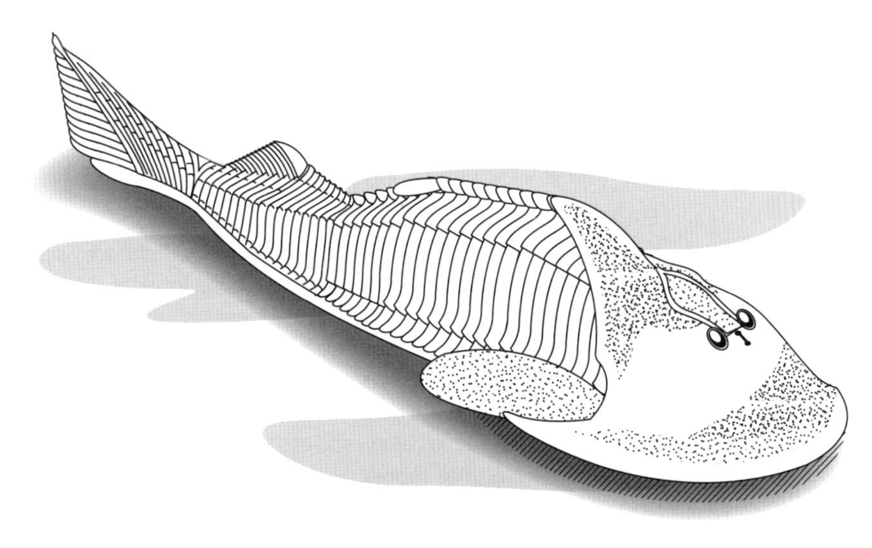

FIGURA 19-5: Um ostracodermo, o primeiro peixe.

Placodermos

Os peixes placodermos floresceram entre o meio e o final do Paleozoico, mas não têm ancestrais vivos hoje; no final do Devoniano, estavam extintos. O nome *placodermo* significa "pele de placa" e se refere à pele fortemente blindada desses peixes. Eles sobreviveram em habitats de água salgada e de água doce. Alguns deles, como o *Dunkleosteus*, eram predadores assustadores com dentes afiados e comprimentos de corpo de 10m a 12m! A cabeça fortemente blindada de um Dunkleosteus é ilustrada na Figura 19-6.

Peixes cartilaginosos

O grupo de peixes *cartilaginosos* inclui tubarões e arraias modernas. Essas criaturas têm maxilas e dentes, mas, em vez de osso, seu esqueleto interno é feito de cartilagem. A *cartilagem* é um material orgânico flexível e resistente que também é encontrado em muitos outros animais; você está mais familiarizado com ele porque é o que molda suas orelhas e seu nariz.

Peixes ósseos

Os peixes ósseos são, de longe, o maior e mais diverso grupo de peixes. Muitos dos seus subgrupos ainda existem hoje, e parece que os anfíbios evoluíram deles. Os peixes ósseos são divididos em dois grupos:

- **Peixe com barbatanas raiadas:** Esse é o tipo de peixe com o qual você está mais familiarizado. Eles têm barbatanas sustentadas por minúsculos ossos que se espalham e, quando movidos, impulsionam-nos. Esse grupo inclui os peixes modernos, como a truta, o baixo e o bagre.
- **Peixe com nadadeiras lobadas:** Esse tipo de peixe é muito mais raro hoje — e mais fascinante do ponto de vista evolucionário, porque foi o primeiro passo em direção aos animais que vivem na terra. Um tipo de peixe moderno de nadadeiras lobadas, o peixe pulmonado, vive em habitats de água doce, como riachos ou lagos, e respira pelas guelras, como outros peixes. No entanto, quando a água se seca, ele se enterra na lama e respira por um órgão do tipo pulmão até que a água volte.

  Entre os peixes de nadadeiras lobadas extintos, acredita-se que o grupo *Crossopterígio* tenha dado origem aos anfíbios, que foram os primeiros animais a viverem fora da água. As nadadeiras lobadas dos crossopterígios eram musculosas o suficiente para os cientistas julgarem que os impulsionavam por curtas distâncias em terra, um precursor das pernas totalmente desenvolvidas dos anfíbios. Outras semelhanças entre as estruturas esqueléticas e dentárias desses peixes de nadadeiras lobadas e dos primeiros anfíbios ainda são estudadas, enquanto os cientistas preenchem as lacunas sobre os primeiros animais terrestres.

FIGURA 19-6: Ossos blindados da cabeça de um Dunkleosteus.

Aventura em terra: Primeiros anfíbios

No meio do Paleozoico, enquanto os peixes dominavam os mares, os anfíbios evoluíram. Os *anfíbios* são animais que respiram ar e se movem confortavelmente fora da água, mas ainda passam dentro dela a primeira parte da vida (como ovos e larvas). No Devoniano, insetos e plantas colonizaram a terra, fornecendo alimento para os anfíbios quando se aventuravam para fora da água.

LEMBRE-SE

A descoberta do fóssil *Tiktaalik roseae* forneceu aos cientistas um elo perdido entre os animais que vivem na água e os que vivem na terra. O *Tiktaalik roseae* tinha características tanto de peixes de nadadeiras lobadas quanto de animais quadrúpedes (*tetrápodes*).

Os cientistas acreditam que os primeiros anfíbios desenvolveram membros para ajudá-los a se movimentarem nos ambientes de águas rasas e pantanosas do meio do Paleozoico. Os anfíbios tornaram-se mais diversos e abundantes no final dele, à medida que passavam mais tempo fora da água. Parece que deram origem ao próximo grande grupo animal da história da Terra: os répteis.

Adaptando-se à vida na terra: Os répteis

Os répteis só começaram a dominar a terra no Mesozoico (veja o Capítulo 20), mas evoluíram e se estabeleceram — conquistando a terra para os vertebrados — no final do Paleozoico.

Para viver na terra, os animais tiveram que desenvolver certas características que lhes permitiam ficar longe da água. Os anfíbios vivem a primeira fase da vida na água e a ela retornam para colocar os ovos. Com o aparecimento do ovo amniótico, os répteis não precisavam mais de água como os anfíbios. O *ovo amniótico* é um ovo com um saco vitelino dentro dele que fornece nutrientes ao embrião em desenvolvimento para que, quando eclodir, o animal já tenha passado da fase larval e não precise viver na água.

Os primeiros répteis incluíam o *pelicossauro*, como o fóssil dimetrodon retratado no Caderno Colorido deste livro. Esses animais tinham grandes nadadeiras ao longo das costas. Os paleontólogos acreditam que as nadadeiras regulavam a temperatura corporal. Répteis têm *sangue frio*, o que significa que não se aquecem internamente (ao contrário dos animais de sangue quente, que regulam a temperatura do corpo). Mas os pelicossauros e seus parentes posteriores, os *terápsidos*, desenvolveram métodos de regulação do calor corporal que foram precursores do que os mamíferos fazem. Apresento mais informações sobre os répteis e a evolução dos primeiros mamíferos no Capítulo 20.

Os répteis podem ter sido os primeiros animais a dominarem a terra, mas não foram as primeiras criaturas vivas nela. Muito antes de os anfíbios se aventurarem a sair da água, as plantas já haviam se estabelecido e viviam ao lado de enxames de insetos. Continue lendo para descobrir o que os registros fósseis dizem aos cientistas sobre a vida terrestre no Paleozoico.

Fincando Raízes: Evolução das Plantas

As primeiras plantas terrestres começaram como plantas *aquáticas*. Para sobreviver na terra, elas precisam de uma estrutura de apoio e de um modo de mover a água pelo seu sistema. A *celulose*, presente nas paredes das células vegetais, confere essa estrutura, e as células especializadas transportam água por toda a planta. As plantas com esse tecido especial são as *plantas vasculares*. As plantas não vasculares ainda sobrevivem hoje, como musgos, mas vivem em áreas úmidas e não crescem muito, devido a essa sua constituição.

Durante o Paleozoico, as plantas terrestres passaram por muitas mudanças importantes. No meio do Paleozoico, o tecido lenhoso (feito de *lignina*, muito mais forte do que a celulose) de algumas plantas permitia que elas crescessem muito. Os fósseis indicam que algumas eram tão grandes quanto as árvores modernas, embora não se reproduzissem usando pólen e flores. (Essas características evoluíram após o final do Paleozoico, no Mesozoico.) Essas primeiras plantas se reproduziam por *esporos*, como as espécies modernas de samambaias.

Durante o Carbonífero (de 359 a 299 milhões de anos atrás), plantas antigas similares a árvores, como *Lepidodendron*, *Sigullaria* e *Calamites*, cresciam abundantemente em ambientes pantanosos e baixos. Essas áreas densas de vegetação foram preservadas e transformadas em rochas sedimentares que fornecem recursos modernos de combustíveis fósseis, como carvão e petróleo. A Figura 19-7 ilustra algumas das plantas comuns dos pântanos do Carbonífero.

FIGURA 19-7: Plantas comuns nos pântanos carboníferos do Paleozoico: Lepidodendron, Sigullaria e Calamites.

No final do Paleozoico, os tipos modernos de plantas, incluindo as samambaias e as gimnospermas, começaram a aparecer. As gimnospermas se reproduzem com pólen e sementes, mas sem flores, e incluem as plantas modernas, como *coníferas*, ou árvores cônicas, e cicadáceas. A Tabela 19-1 resume quando ocorreram essas e outras etapas importantes na evolução das plantas.

TABELA 19-1 Principais Evoluções das Plantas Paleozoicas

Período	Característica das Plantas	Exemplo Moderno
Ordoviciano	Não vasculares	Musgos
Siluriano	Vasculares, plantas terrestres	Licopódios e selaginelas
Devoniano	Crescimento lenhoso, folhas	Equisetum (Cavalinha)
Carbonífero	Cones, sementes	Coníferas (pinheiros)

Rastreando os Eventos Geológicos do Paleozoico

É fácil se distrair com a abundância e com a diversidade de vida que surge e floresce durante o Paleozoico. Mas a vida e a evolução são influenciadas pelos processos geológicos que estão sempre moldando os ambientes da Terra. O Paleozoico viu momentos de intensa construção de montanhas, extensas glaciações, mares rasos generalizados e o contínuo acúmulo de material nos crátons continentais, formando os continentes de modo similar ao que se vê hoje.

Formando os continentes

A história de cada continente é contada em suas rochas. Partindo dos antigos crátons, que se formaram durante o Pré-cambriano (veja o Capítulo 18), os geólogos interpretam a história geológica dos continentes a partir das sequências de rochas e das histórias que elas contam.

Quando a era Paleozoica começou, havia seis continentes principais na Terra, nenhum deles tão grande quanto os continentes modernos. Aqueles continentes se moviam sob a influência das placas tectônicas (veja a Parte 3). As camadas de rocha nos continentes modernos indicam momentos intensos de construção de montanhas que ocorreram durante a era Paleozoica, quando os continentes colidiram uns com os outros. Cada continente cresceu por meio da *acreção de terrenos*, e as montanhas foram formadas ao longo das *faixas móveis*. Aqui está o que esses processos envolvem:

- **Ampliação dos continentes por meio da acreção de terrenos:** O material rochoso de um continente pode ser adicionado a outro continente em um processo chamado *acreção*. Os materiais estranhos (as novas rochas) têm uma história diferente do continente ao qual são adicionados e são chamados *terrenos*. À medida que o acúmulo de terrenos ocorre repetidamente ao longo do tempo, os continentes ficam maiores e adquirem formas diferentes.

» **Formação das montanhas ao longo das faixas móveis:** Quando dois continentes colidem, o material crustal ao longo das bordas é forçado para cima (descrevo os detalhes desse processo no Capítulo 9). O resultado são áreas elevadas de topografia — montanhas — em um padrão linear paralelo à borda das placas em colisão.

Lendo as rochas: Transgressões e regressões

As extensas rochas sedimentares formadas na era Paleozoica indicam momentos em que mares vastos e rasos cobriam os continentes, depositando arenitos, folhelhos e calcários. Essas rochas, por serem sedimentares, como descrevo no Capítulo 7, registram informações importantes sobre os ambientes em que são depositadas — principalmente quando são formadas pela sedimentação de partículas através da água. Nesses casos, as partículas de sedimento se sujeitam às leis da física e da gravidade, que ainda se aplicam hoje. Por exemplo, uma partícula maior e mais pesada se assentará fora da água mais rapidamente do que uma menor e mais leve.

Quando rios ou correntes (descritos no Capítulo 12) carregam sedimentos do continente para o mar, os sedimentos são depositados de acordo com seu tamanho, à medida que o movimento da água diminui. Isso significa que as partículas maiores e mais pesadas são depositadas próximo à costa, enquanto as menores são carregadas para muito mais longe e depositadas em águas profundas e paradas, longe dela.

O resultado é que as rochas sedimentares formadas nos oceanos têm um padrão claro de distribuição dos tamanhos de partícula, com arenito depositado mais perto da costa, em águas rasas, e calcário depositado mais longe, em águas mais profundas, conforme ilustrado na Figura 19-8.

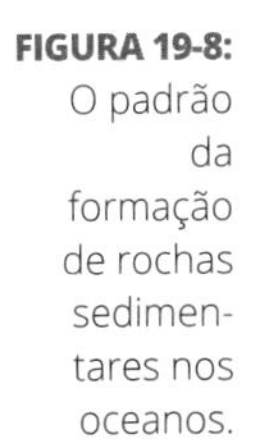

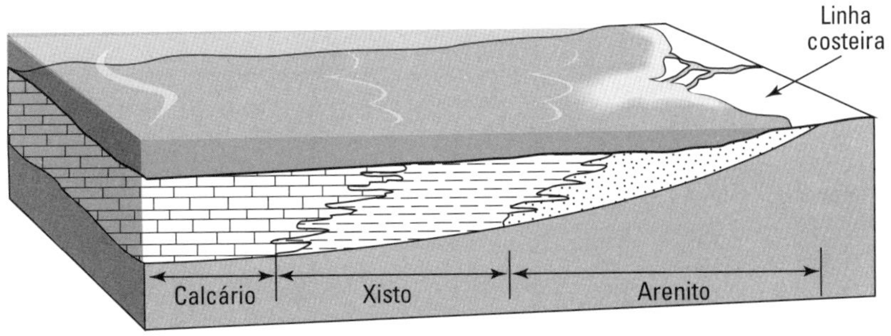

FIGURA 19-8: O padrão da formação de rochas sedimentares nos oceanos.

LEMBRE-SE

Ao compreender como a profundidade da água e a distância da costa afetam o tipo de rocha formada, os geólogos observam as rochas e leem nelas uma história sobre a mudança do nível do mar.

Quando o nível do mar sobe e cobre mais do continente, o evento geológico é chamado de *transgressão marinha*. As rochas sedimentares sendo depositadas em um local mudam de arenito para folhelho e para calcário conforme a água se torna mais profunda naquele local. Essa situação é ilustrada na Figura 19-9.

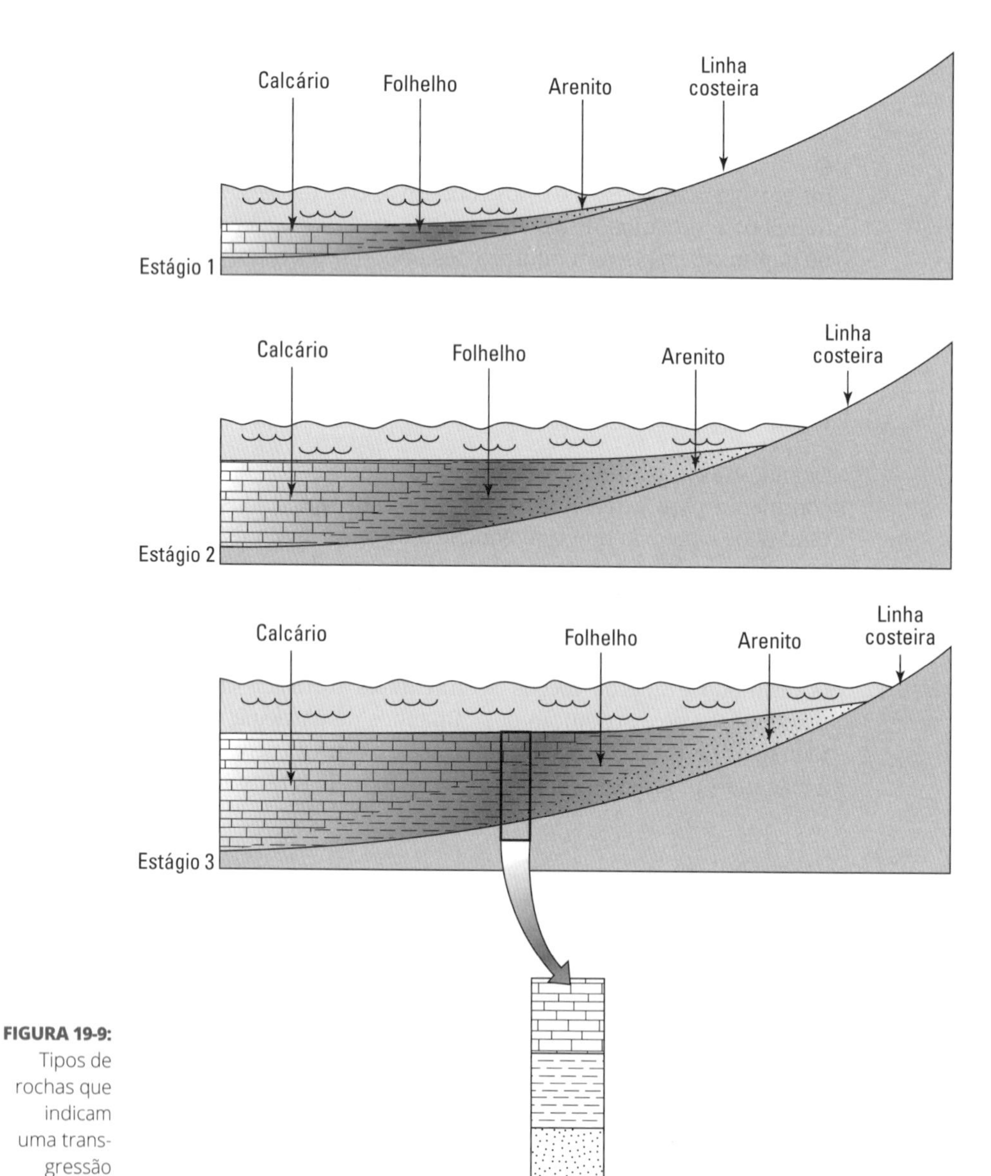

FIGURA 19-9: Tipos de rochas que indicam uma transgressão marinha.

Quando o nível do mar cai e expõe mais do continente, o evento geológico é a *regressão marinha*. Conforme ocorre, o tipo de rocha que se forma em um local muda de calcário para folhelho e para arenito conforme a água se torna mais rasa. Os tipos de rocha em uma regressão marinha são ilustrados na Figura 19-10.

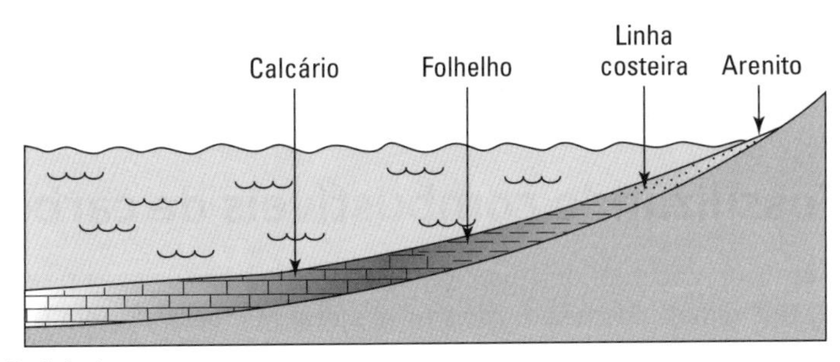

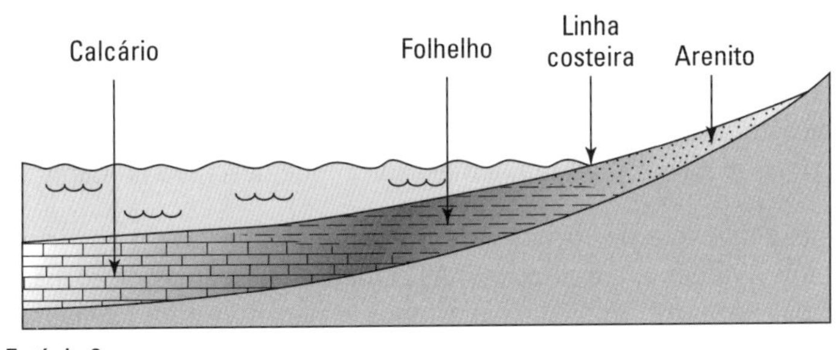

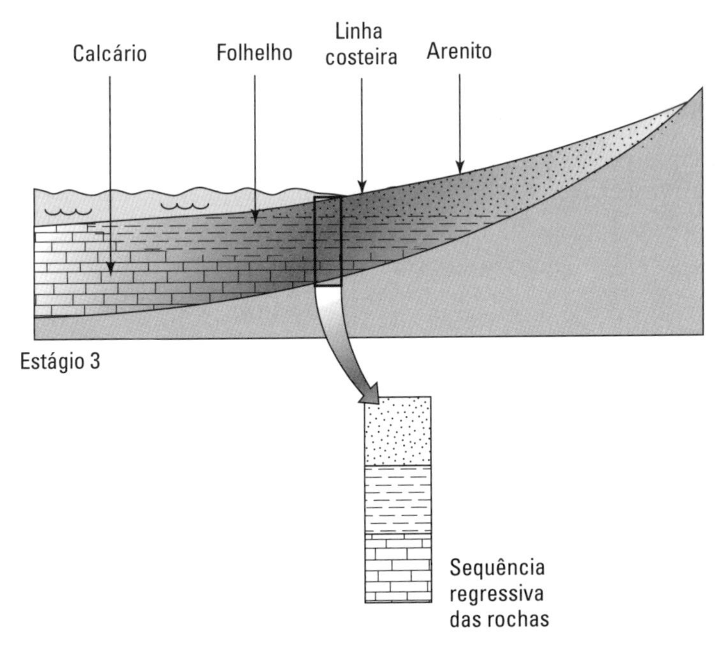

FIGURA 19-10: Tipos de rocha indicando uma regressão marinha.

LEMBRE-SE

Um aspecto da história de um continente é encontrado em sua *sequência estratigráfica cratônica*, ou registro de transgressões e de regressões marinhas. A América do Norte tem quatro sequências cratônicas datadas do Paleozoico. Em cada sequência, as rochas indicam que o cráton norte-americano foi coberto pela transgressão de um mar raso, que então regrediu.

Em algumas regiões, esses mares se tornaram tão rasos que secaram, deixando evaporitos. Os *evaporitos* são minerais que se formam à medida que a água se evapora (veja os Capítulos 6 e 7). Em outras regiões, recifes extensos foram construídos por invertebrados e se tornaram depósitos geológicos de calcário.

Fossilizando combustíveis de carbono

A preocupação com as atuais mudanças climáticas leva as pessoas a falarem sobre a redução do uso de *combustíveis fósseis* ou baseados em carbono. Ambos os termos se referem a recursos de carvão, petróleo e gás natural, muitos encontrados em camadas de rochas carboníferas criadas durante o final do Paleozoico. A abundante vida vegetal do Carbonífero deixou seus restos de carbono para formar depósitos geológicos em camadas rochosas de carvão. Na verdade, os geólogos descrevem esses ambientes do meio ao final do Paleozoico como *pântanos de carvão*. (Alguns depósitos de pântanos de carvão foram formados na era seguinte, a Mesozoica, que descrevo no Capítulo 20.)

LEMBRE-SE

Uma sequência de rochas comum do Carbonífero, em particular no período Pennsylvaniano, é o *ciclotema*. As camadas ciclotemas de rochas indicam uma transição entre ambientes marinhos e não marinhos, semelhante ao que é observado hoje em um delta de rio baixo, como o Mississippi. Essas regiões estão agora (e estavam no Carbonífero) repletas de vegetação densa e pantanosa. Conforme esses materiais vegetais morreram, foram soterrados por sedimentos e se acumularam, então se transformaram em leitos de carvão.

Os ciclotemas do Carbonífero são tão difundidos que os geólogos ainda buscam respostas para sua formação, porque parece irracional que grande parte da Terra estivesse coberta por ambientes marinhos pantanosos e transitórios.

Pangeia, o principal supercontinente

No final do Paleozoico, todos os principais continentes da Terra se uniram, formando um único supercontinente. A Pangeia é o principal supercontinente dos supercontinentes porque não há evidência de que alguma vez antes — ou desde então — todas as grandes massas de terra tenham formado um único continente. No Capítulo 8, explico que os restos do Gondwana, a massa de terra ao sul da Pangeia, levaram os primeiros geólogos a fazer as perguntas que acabaram levando à teoria das placas tectônicas.

No supercontinente da Pangeia, no início do Mesozoico, os dinossauros começaram a evoluir. Para descobrir o que acontece quando o supercontinente Pangeia se separa, na era Mesozoica, leia o Capítulo 20.

NESTE CAPÍTULO

» Movendo os continentes e mudando o clima no Mesozoico

» Provendo a vida marinha

» Focando as flores

» Seguindo os répteis

» Conhecendo os dinossauros

» Apresentando os primeiros mamíferos

Capítulo 20

Mesozoico: Parque dos Dinossauros

Aproximadamente 250 milhões de anos atrás (251 milhões, para ser exato), os répteis substituíram os anfíbios dominando os continentes. Por um intervalo de quase 200 milhões de anos — a era Mesozoica —, os répteis evoluíram e preencheram todos os habitats do planeta. Do Equador aos polos, na terra e no mar, os répteis reinavam.

A era Mesozoica se estende de 251 a 65,5 milhões de anos atrás e inclui o período Triássico (251–201 milhões de anos atrás), o Jurássico (200–145 milhões de anos atrás) e o Cretáceo (146–65,5 milhões de anos atrás). Também é chamada de *Idade dos Répteis* e de *Idade dos Dinossauros*. No início do Mesozoico, os répteis eram diversos e numerosos o suficiente para ocupar o lugar de muitos grupos de anfíbios e invertebrados que foram extintos no final da era Paleozoica, o tópico do Capítulo 19. (No Capítulo 22, descrevo os vários eventos de extinção na história da Terra.)

Neste capítulo, explico o que aconteceu com os continentes da Terra entre 251 e 65,5 milhões de anos atrás. Também explico a evolução dos répteis e apresento alguns detalhes sobre os dinossauros e outros répteis do Mesozoico que tomavam os céus e os mares. Por fim, descrevo como, durante esse tempo, os mamíferos apareceram e começaram sua jornada evolutiva para a dominação final após a extinção dos dinossauros, no final do Mesozoico.

Destacando a Pangeia no Pontilhado

Os geólogos têm um bom registro de eventos e processos de formação de rochas durante o Mesozoico em relação a eras anteriores. A história geológica da Terra fica mais detalhada nas camadas rochosas mais recentes porque elas não foram tão deformadas como as mais antigas (como as das eras Paleozoica e Pré-cambriana). As camadas de rocha mesozoica fornecem aos cientistas uma grande quantidade de informações sobre o desenvolvimento dos continentes modernos.

Um continente se torna muitos

Quando o Paleozoico terminou, há cerca de 250 milhões de anos, as massas de terra foram conectadas, virando um único supercontinente, a Pangeia (veja o Capítulo 19). Ela era cercada por uma única grande massa de água, o *Pantalassa*. Os continentes modernos foram organizados para formar a Pangeia, como ilustrado na Figura 20-1, estendendo-se de polo a polo e centralizado no Equador.

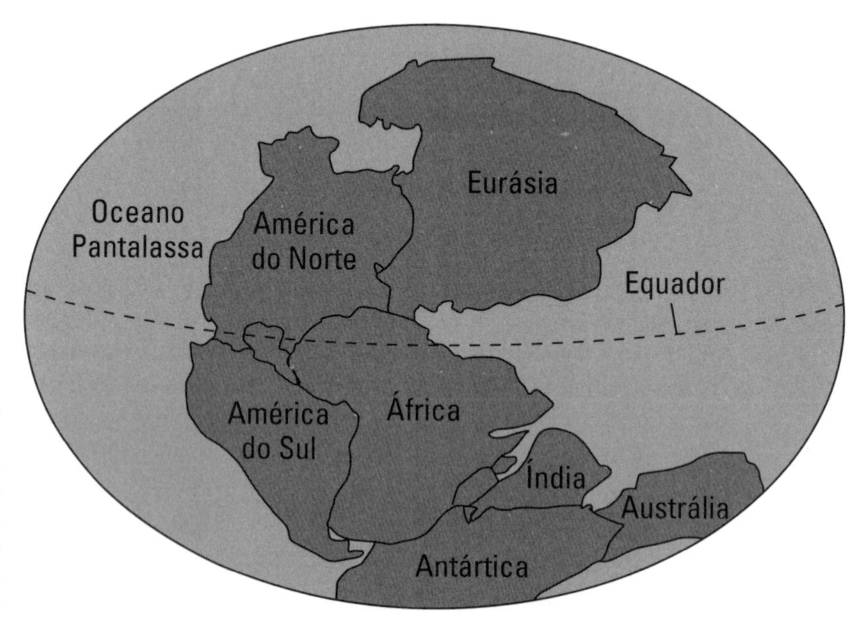

FIGURA 20-1: A disposição dos continentes modernos quando formaram a Pangeia.

No início do Mesozoico, grandes porções da parte sul da Pangeia (no Polo Sul) ainda estavam cobertas de geleiras, desenvolvidas no clima frio da era anterior.

Cinquenta milhões de anos depois, duas seções da Pangeia — a *Laurásia* e o *Gondwana* — começaram a se separar. Elas são ilustradas no Capítulo 8 (veja a Figura 8-6). Nele, explico como as evidências geológicas do Gondwana inspiraram os geólogos que desenvolveram as primeiras ideias sobre a teoria das placas tectônicas.

Outros 50 milhões de anos depois, a América do Sul e a África começaram a se espalhar, criando o que hoje é o Oceano Atlântico. No final da era Mesozoica, os continentes eram muito parecidos com os de hoje, exceto que a Índia ainda não havia se conectado à Ásia e a Groenlândia ainda estava ligada à Europa.

Influenciando o clima global

Durante toda a história humana, os continentes sempre estiveram no mesmo lugar, então talvez nunca tenha passado pela sua cabeça se perguntar como seria o clima na sua região se as montanhas do Himalaia estivessem perto da Austrália em vez de entre a Índia e a China. Mas as montanhas e outras características da superfície da Terra moldam os padrões do vento e da água que circulam o clima em todo o planeta. O tamanho de um continente e de um oceano, a distância do Equador e a elevação do continente desempenham um papel nos padrões climáticos globais hoje, assim como faziam no passado.

LEMBRE-SE

A divisão da Pangeia afetou drasticamente o clima global e os padrões meteorológicos, criando novos ambientes em toda a Terra e no fundo do mar. As mudanças no clima causadas pelo rompimento da Pangeia são registradas nas rochas mesozoicas. Os padrões de dois tipos de rocha em particular indicam mudanças nos padrões climáticos globais durante o Mesozoico.

- **Evaporitos:** Os *evaporitos* são rochas formadas quando uma área coberta por água se seca. Conforme a água se evapora, os minerais se formam, a partir dos elementos que foram dissolvidos nela. Os evaporitos do Mesozoico são encontrados em regiões próximas ao Equador, entre 250 e 65 milhões de anos atrás, sugerindo que o clima próximo era especialmente quente e seco. (Diferindo das condições próximas ao Equador hoje, quentes e úmidas.)
- **Carvão:** Explico no Capítulo 19 que o carvão é formado pelo acúmulo de matéria orgânica, como plantas, em uma região tropical quente. Antes do Mesozoico (durante o período Carbonífero, que descrevo no Capítulo 19), os depósitos de carvão foram formados em regiões próximas ao Equador. Mas, durante o Mesozoico, camadas de carvão começaram a se formar muito mais perto dos polos, sugerindo que, depois que as geleiras do Paleozoico se derreteram, as temperaturas nos Polos Norte e Sul eram bastante altas.

Em geral, os cientistas concordam que o clima mesozoico era moderado e quente. Alguns cientistas acham que o movimento das massas de terra para longe do equador em direção aos polos começou a criar um gradiente de temperatura semelhante, mas não tão extremo quanto o que existe hoje. (Um *gradiente de temperatura* descreve como as temperaturas ficam mais baixas à medida que se sai do Equador em direção aos polos.) No entanto, outros cientistas pensam que, durante o período Jurássico (a parte mais quente do Mesozoico), as temperaturas médias eram quase as mesmas em todo o globo.

As montanhas da América do Norte

Em todo o mundo, as massas continentais mudavam de tamanho e de forma à medida que os continentes da Pangeia se separavam. Concentro-me aqui apenas nas mudanças ocorridas na América do Norte.

As porções orientais da América do Norte, especificamente as Montanhas Apalaches, já haviam se formado no início da era Mesozoica. Durante o Mesozoico, a América do Norte experimentou uma série de episódios de formação de montanhas, ou *orogenias*, ao longo da sua costa ocidental. O primeiro deles foi a *orogenia alpina*, que criou a Sierra Nevada e as Montanhas Rochosas. À medida que a placa continental norte-americana e a antiga placa de Farallon se moviam uma em direção à outra, a placa de Farallon foi subduzida (processo que explico no Capítulo 9) e vulcões se formaram ao longo do limite da placa. (Apenas um pequeno pedaço da Placa Farallon agora permanece, e é chamado de *Placa Juan de Fuca*. Ele está localizado na costa noroeste dos Estados Unidos.) Esses vulcões formaram um arco de ilha que acabou *acrescido* (adicionado) à costa ocidental do continente norte-americano.

Enquanto isso, as montanhas Apalaches, formadas anteriormente, estavam se erodindo, movendo sedimentos para o oeste para se estabelecerem em todo o continente no fundo de um mar raso chamado de *Mar de Sundance*, que cobriu o que hoje é a parte central da América do Norte.

No final do Mesozoico, o Mar de Sundance era uma via navegável que cruzava o continente de norte a sul, a *via marítima intercontinental* (veja a Figura 20-2). Os sedimentos depositados no mar intercontinental foram arrastados, formando o que hoje é chamado de Golfo do México.

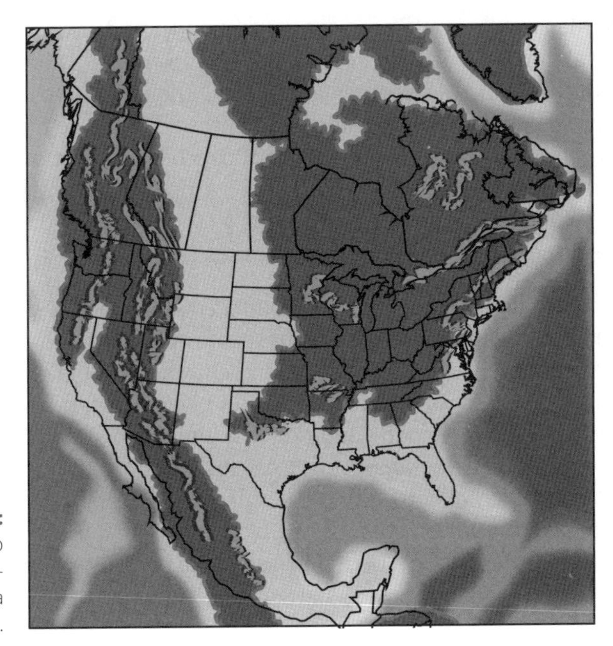

FIGURA 20-2: América do Norte durante a era Mesozoica.

Repovoando os Mares Após a Extinção

A divisão da Pangeia e as mudanças resultantes nos ambientes globais foram as forças motrizes na história evolutiva do Mesozoico. A era anterior terminou com uma extinção em massa que acabou com a maioria das populações de invertebrados marinhos. Uma *extinção em massa* ocorre quando inúmeras espécies e até grupos de espécies são mortos. A extinção do fim do Permiano, que precedeu o Mesozoico, é o maior evento de extinção em massa, mas apenas um dos muitos da história da Terra; descrevo todos eles no Capítulo 22.

No início do Mesozoico, muitas das espécies que tinham enchido os oceanos já não existiam. Massas de terra separadas e novos oceanos forneceram novos habitats a serem ocupados por criaturas com as características mais vantajosas.

LEMBRE-SE

Quando os organismos se movem para novos habitats, desenvolvem características diferentes para melhor se adequarem a eles. Os cientistas chamam esse processo de *radiação adaptativa*. O resultado é que um grupo de animais que antes pode ter sido uma espécie restrita a um ambiente ou região agora possui várias espécies preenchendo todos os ambientes e regiões, cada uma com características adequadas ao seu habitat. A radiação adaptativa leva à *diversificação* à medida que a espécie desenvolve novas características.

No início do Mesozoico, a vida nos oceanos se recuperou da extinção do fim do Permiano de algumas maneiras interessantes. Por exemplo, o número de diferentes tipos de animais escavadores aumentou. Enquanto antes apenas animais de corpo mole se enterravam nos sedimentos do fundo do mar, os fósseis indicam que, no Mesozoico, os animais com conchas também se enterravam nos sedimentos. Os cientistas acreditam que é provável que esses animais tenham desenvolvido esse novo modo de vida para se esconder dos predadores dos quais nem mesmo suas cascas eram capazes de protegê-los.

Organismos unicelulares chamados de *foraminíferos planctônicos* surgiram — e depois desenvolveram uma diversidade crescente — durante o Mesozoico. Os foraminíferos são minúsculos animais com apenas uma célula que constroem conchas minerais. Os foraminíferos *bentônicos* vivem no fundo do oceano e estão presentes desde o período Cambriano, no início do Paleozoico (aproximadamente 540 milhões de anos atrás). Os foraminíferos planctônicos flutuavam perto da superfície do oceano e surgiram no Jurássico. Eles eram tão diversos e abundantes durante o período Cretáceo, no final do Mesozoico, que são usados como fósseis-guia. (Defino fósseis-guia no Capítulo 19.) As formas dos foraminíferos planctônicos são ilustradas na Figura 20-3.

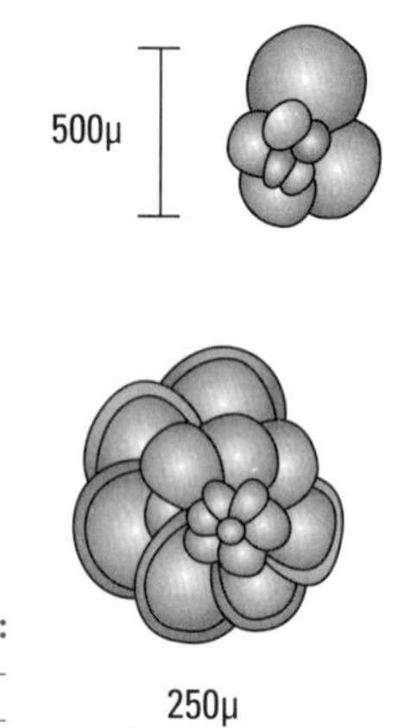

FIGURA 20-3: Foraminíferos planctônicos.

Os peixes se diversificaram e desenvolveram novas espécies em todo o Mesozoico. A evolução deles é tão detalhada e específica que é mais fácil categorizá-la como *primitiva*, *intermediária* e *avançada*. A diferença mais óbvia é que o grupo avançado tinha um esqueleto completamente ósseo, diferentemente dos grupos anteriores, cujos esqueletos eram em grande parte feitos de cartilagem, mais macia (veja o Capítulo 19). No final do Mesozoico, o grupo de peixes mais complexo era o *Teleósteo*. Os teleósteos são peixes de barbatanas raiadas com esqueletos ósseos que habitam água doce e salgada. Eles ainda são o grupo de animais vertebrados mais diversificado e abundante do planeta!

A Simbiose das Flores

As mudanças vistas no registro fóssil de plantas entre 251 e 65,5 milhões de anos atrás estabeleceram a base para a maioria das espécies de plantas na Terra hoje. À medida que os continentes da Pangeia se separaram e se moveram, novos habitats foram criados na terra e no mar. Em resposta a eles, as plantas desenvolveram duas características específicas que se mostraram muito vantajosas:

EVOLUINDO JUNTOS: FLORES E INSETOS

A evolução das plantas com flores e a dos insetos estão intimamente ligadas, tanto que os cientistas as chamam de *coevolução*. Essa relação simbiótica beneficia a ambos: as flores fornecem alimento para os insetos e, quando coletam esse alimento, sem saber carregam o pólen da planta de uma flor para outra. Dessa forma, o inseto é uma parte importante do sistema reprodutivo da planta. Essa relação começou no Mesozoico. Uma vez que estavam entrelaçados, os destinos (e as características evolutivas) de flores e insetos se moldaram por milhões de anos.

Tenho certeza de que você notou a grande diversidade de flores: elas têm diferentes formas, tamanhos, cores e aromas, e até florescem em épocas diferentes do ano. Cada uma dessas características evoluiu para atrair um inseto específico para uma dança reprodutiva com uma flor específica. Por exemplo, as abelhas não podem ver a cor vermelha, então geralmente são atraídas por flores azuis ou amarelas. Quando uma abelha pousa em uma dessas flores, o pólen, que deve ser levado para outra flor para produzir uma semente, gruda nas pernas da abelha e voa com ela para a próxima flor. Um olhar mais atento sobre a forma, o tamanho e as características de alguns grãos de pólen deixa claro que eles evoluíram para pegar uma carona com os insetos visitantes e viajar para a próxima flor.

Um exemplo mais espetacular é a *flor-cadáver*. Sim, *cadáver,* criatura morta. A flor-cadáver é um lírio grande e inodoro na maior parte do tempo. Mas, quando está pronto para se reproduzir, floresce e exala um cheiro forte — o cheiro de algo morto, em putrefação. Esse cheiro atrai moscas, que amam um cadáver em decomposição para o jantar. Quando as moscas voam para a flor, pegam seu pólen e o carregam para a próxima flor-cadáver fedorenta que encontram.

Mais recentemente, esse tipo de coevolução também foi visto em pássaros e flores — por exemplo, em beija-flores e nas grandes flores vermelhas das quais eles bebem o néctar. Diferentemente das abelhas, eles podem ver a cor vermelha, e o bico do beija-flor é longo e fino, perfeito para mergulhar na flor do hibisco vermelho brilhante, em forma de sino.

- **Sementes tegumentadas:** Sementes *anexas*, ou protegidas por uma casca, viajam distâncias mais longas e sobrevivem em condições ambientais ruins por mais tempo que as não tegumentadas (e, portanto, desprotegidas). Isso significa que esperam até as condições serem ideais para o cultivo de uma nova planta.
- **Flores:** As flores fornecem alimento para os insetos. Em troca, eles carregam o pólen de uma planta para outra, agindo como agentes fertilizantes da reprodução das plantas. Isso dá às plantas com flores uma grande vantagem, espalhando pela paisagem sua informação genética e sucesso reprodutivo.

O desenvolvimento das flores, em particular, é um ponto de inflexão não apenas na evolução das plantas, mas também na dos insetos. Na verdade, a evolução das flores e a dos insetos estão tão intimamente relacionadas que são consideradas uma *coevolução*, como vimos no box. A coevolução é um tipo de *simbiose*, ou relação, entre dois organismos. Nesse caso, tanto a planta quanto o inseto se beneficiam da relação. Hoje, algumas plantas e insetos têm características tão estreitamente coevoluídas que apenas uma determinada espécie de inseto pode polinizar uma determinada espécie de planta.

Vendo Todos os Répteis Mesozoicos

A história da primeira página da vida mesozoica na Terra, obviamente, trata dos répteis — em específico, dos dinossauros. Mas, ao contrário da crença popular, nem todos os répteis antigos eram dinossauros. Estes são apenas um ramo da árvore genealógica que inclui répteis modernos, como tartarugas, cobras e lagartos, junto com répteis antigos sobreviventes, como crocodilos (que evoluíram 200 milhões de anos atrás e ainda existem) e outros.

No final do Paleozoico, havia os *protorotirídeos*, ou *répteis de tronco filogenético*. (No Capítulo 19, explico brevemente a relação dos répteis paleozoicos.) Os cientistas os chamam de répteis de tronco filogenético porque eles formam a base ou tronco da árvore genealógica dos répteis, da qual todos os outros répteis (incluindo os dinossauros) evoluíram. No início do Mesozoico, os ancestrais de todos os répteis antigos e modernos evoluíram dos protorotirídeos. Isso inclui o *arcossauro* (ancestral dos dinossauros), os crocodilos e — muito mais tarde — os pássaros. As relações entre os répteis antigos e os modernos são ilustradas na Figura 20-4.

Como se vê no diagrama simplificado da Figura 20-4, lagartos, cobras, tuataras e tartarugas modernos estão apenas remotamente relacionados aos répteis nadadores, aos répteis voadores e aos dinossauros. Nesta seção, descrevo as características dos répteis antigos e extintos.

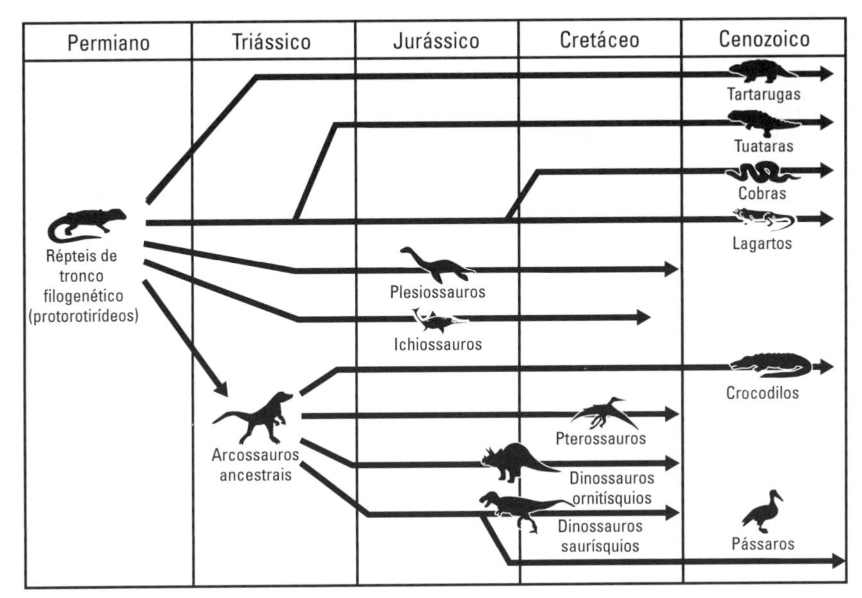

FIGURA 20-4: A árvore genealógica dos répteis.

Nadando em mares antigos

Por milhões de anos no Paleozoico, os primeiros répteis povoaram a terra. Há 251 milhões de anos, alguns deles haviam retornado aos mares. Alguns grupos de répteis evoluíram para sobreviver nos antigos mares da Terra mesozoica:

» **Ictiossauros:** Os *ictiossauros* eram grandes répteis parecidos com peixes e com os golfinhos modernos. Eles davam à luz os filhotes vivos em vez de botarem ovos como a maioria dos répteis. Eles eram predadores, no topo da cadeia alimentar marinha no Mesozoico, comendo peixes e outras criaturas marinhas, incluindo os cefalópodes (veja o Capítulo 19).

» **Plesiossauros:** Os *plesiossauros* eram répteis comedores de peixes. Alguns deles tinham pescoços curtos, e outros, muito longos, uma cauda e quatro patas semelhantes a remos. Eles variavam em tamanho de 4m a quase 15m.

» **Mosassauros:** O *mosassauro* evoluiu no final do Mesozoico, durante o período Cretáceo. Eles se assemelhavam a grandes lagartos com membros em forma de remo. Os cientistas agora acreditam que os mosassauros estão intimamente relacionados às cobras modernas, que também evoluíram dos primeiros lagartos.

Subindo aos céus: Pterossauros

LEMBRE-SE

Os primeiros animais vertebrados a voar foram os répteis mesozoicos *pterossauros*. A maioria deles era pequena, do tamanho das aves do seu quintal. (Eles não eram pássaros!) Alguns cientistas sugeriram que os maiores pterossauros, como os *pteranodontes*, ilustrados na Figura 20-5, eram provavelmente grandes demais para voar usando sua estrutura de asa relativamente pequena e fraca.

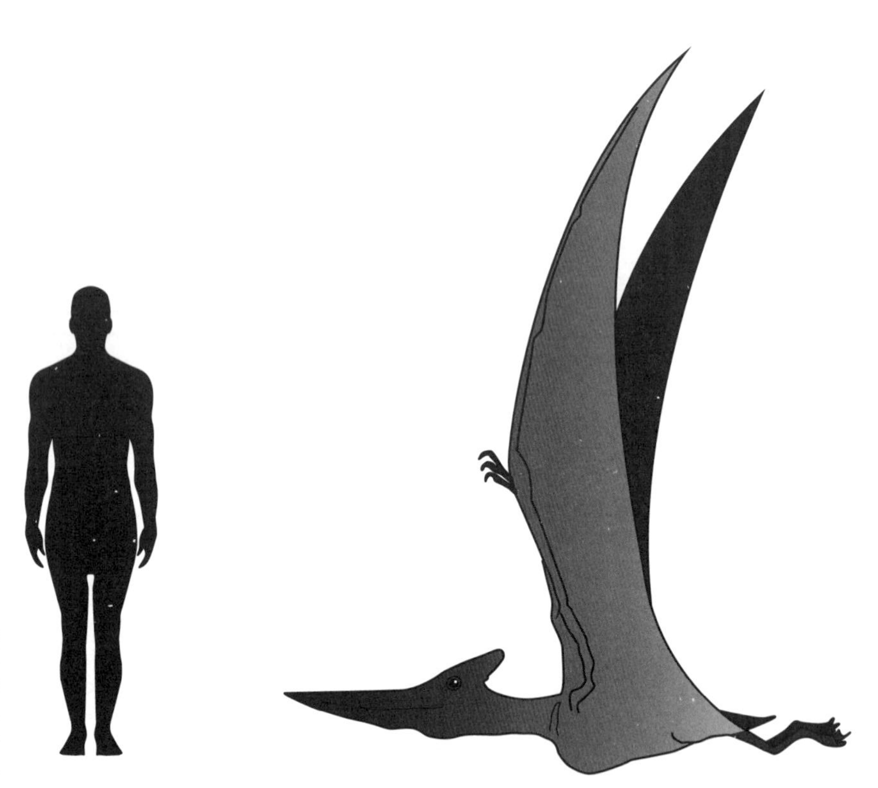

FIGURA 20-5: Um réptil voador do Mesozoico, o pteranodonte.

Os pterossauros tinham ossos ocos, como os pássaros modernos, e alguns tinham um revestimento peludo ou emplumado. Eles comiam peixe e, diferentemente da maioria dos répteis, tinham sangue quente.

Ficando juntos

Os fósseis de répteis e os primeiros animais semelhantes a pássaros da era Mesozoica fizeram os cientistas entenderem a relação entre os répteis e os pássaros. Os répteis e os pássaros modernos compartilham características comuns, como postura de ovos e certas características do esqueleto que indicam que provavelmente têm um ancestral comum. Com os achados fósseis, como o *Archaeopteryx*, as ligações entre os pássaros modernos e os répteis antigos, em particular os dinossauros, tornaram-se mais claras. Continue lendo para conhecer o caminho evolutivo dos répteis aos dinossauros e aos pássaros modernos.

A Árvore Genealógica dos Dinossauros

Claramente, as formas de vida mais dominantes na Terra mesozoica eram os grandes (e pequenos) répteis terrestres: os dinossauros. Os filmes costumam retratá-los como monstros gigantes e assustadores. Na verdade, os dinossauros eram muito variados em tamanho, hábitos alimentares e padrões de vida. Considere os mamíferos de hoje; embora um tigre seja um predador grande e feroz, o esquilo no seu quintal não é tão assustador. Durante o Mesozoico, os dinossauros desempenharam essas duas funções — e todas as intermediárias.

AQUECENDO-SE POR DENTRO: OS DINOSSAUROS TINHAM SANGUE QUENTE?

Por muito tempo, os cientistas aceitaram que os dinossauros eram répteis e presumiram que todos eram exotérmicos (de sangue frio) como os répteis modernos. Mas, conforme avaliaram os fósseis de répteis e de dinossauros antigos, perceberam que essa conclusão não é tão óbvia. Alguns dos argumentos que os cientistas usam para a endotermia dos dinossauros incluem:

- **Os pássaros são descendentes diretos dos dinossauros e são endotérmicos.**
- **Os dinossauros maiores (como o braquiossauro) precisariam de um sistema circulatório endotérmico para bombear sangue por seus longos pescoços.**
- **Fósseis de dinossauros são encontrados em todo o globo, incluindo as regiões Ártica e Antártica, sugerindo que eles tinham alguma forma de se aquecer nessas regiões mais frias.**
- **As evidências indicam que alguns dinossauros tinham penas ou pelos, características associadas aos animais endotérmicos modernos.**

Esses argumentos não são uma prova irrefutável da endotermia dos dinossauros. Cientistas opositores dessa hipótese apontam que um grande dinossauro como o braquiossauro não precisaria de sistema circulatório avançado se carregasse o pescoço paralelo ao solo em vez de para cima (como uma girafa). Outros afirmam que o clima do Mesozoico era quente, mesmo nos Polos Norte e Sul, de modo que o endotermismo não seria necessário. Com apenas ossos e esqueletos parciais para trabalhar, os cientistas continuam buscando evidências para respaldar suas múltiplas hipóteses e determinar se alguns dinossauros tinham de fato sangue quente.

LEMBRE-SE

A árvore genealógica dos dinossauros tem dois ramos principais: o dos *ornitísquios* e o dos *saurísquios*. A divisão nos ramos foi originalmente baseada na estrutura do esqueleto dos ossos pélvicos (ílio, ísquio e púbis), mas o estudo posterior dos fósseis expandiu as características definidoras desses dois grupos para incluir outras características do esqueleto. Nesta seção, descrevo as características que identificam esses dois grupos principais, bem como dinossauros específicos e onde se encaixam na árvore genealógica.

Ramificando: Ornitísquios e Saurísquios

Ossos fossilizados de dinossauros, em particular os do quadril e os da pélvis, deram aos cientistas uma forma simples de descobrir quem era parente de quem. Com estudos mais modernos, o uso da cladística (eu a explico no Capítulo 17) aumentou nossa compreensão das relações evolutivas, mas as diferenças observadas pelos primeiros paleontólogos ainda são válidas.

Chifres e armadura: Dinossauros ornitísquios

Os dinossauros do ramo dos *ornitísquios* tinham uma estrutura óssea pélvica semelhante à de um pássaro, que é ilustrada à esquerda na Figura 20-6.

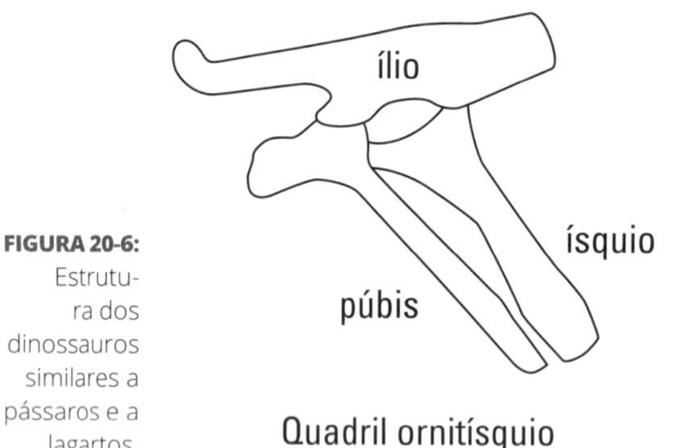

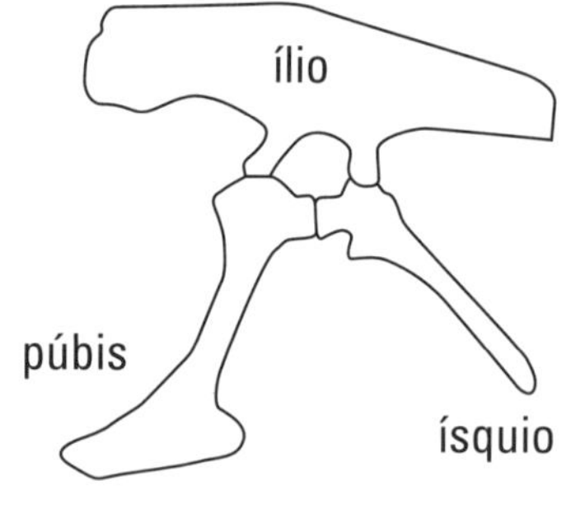

FIGURA 20-6: Estrutura dos dinossauros similares a pássaros e a lagartos.

LEMBRE-SE

Os ornitísquios incluem dinossauros *bípedes*, que andavam sobre duas patas, bem como *quadrúpedes*, sobre quatro patas. Até onde os cientistas conseguem determinar, todos os dinossauros ornitísquios eram *herbívoros*, comiam apenas plantas (essa conclusão se baseia na estrutura de dentes e mandíbula). Entre os ornitísquios, há algumas das expressões mais drásticas de adorno corporal. O Thyreophora inclui o *estegossauro* e o *anquilossauro*, bem como alguns relacionados com placas ósseas, ou *osteodermas*, nas costas. E a Marginocephalia inclui os *Ceratopsia* e os *Pachycephalosaurus*, ambos grupos de dinossauros com ornamentos de crânios grandes e grossos, bem como os ornitopódes, que tinham bico de pato. Os ornitísquios incluem os seguintes dinossauros, ilustrados na Figura 20-7:

- **Anquilossauros:** Os dinossauros mais fortemente blindados eram os *anquilossauros*. As costas, parte das pernas e o topo da cabeça eram cobertos por uma armadura espessa e protetora ossuda. Também tinham uma grande cauda que usavam como arma defensiva. Essa blindagem fazia com que os anquilossauros pesassem até cinco toneladas! Como carregavam muito peso, os cientistas estimam que viajavam apenas cerca de 5km/h a 13km/h. Intimamente relacionado ao anquilossauro, o *nodossauro* não tinha a cauda porosa, mas grandes espinhos semelhantes a chifres nos ombros.
- **Estegossauros:** Os *estegossauros* eram quadrúpedes e incluíam o estegossauro do Jurássico, aproximadamente 150 a 200 milhões de anos atrás. Os estegossauros tinham grandes espinhos em forma de placa ao longo das costas e caudas pontiagudas. Embora as caudas provavelmente tivessem função de defesa, os cientistas ainda estudam as placas das costas. As hipóteses incluem exibição para a sua e para outras espécies, proteção contra predadores e regulação da temperatura corporal.
- **Ceratópsidos:** Os *ceratópsidos* tinham dentes afiados para cortar a vegetação e grandes chifres, presumivelmente para defesa, na cabeça. O ceratópsido mais conhecido é o *triceratops*. Os fósseis de triceratops são mais comuns no final do Mesozoico, cerca de 70 milhões de anos atrás. No entanto, ceratópsidos são um grupo muito diverso, e os cientistas acreditam que as diferentes espécies exibiam diferentes tipos de ornamentos na cabeça (ou "*franjas*"). Eram quadrúpedes e viajavam em grandes rebanhos.
- **Paquicefalossauros:** Os *paquicefalossauros*, como os ceratópsidos, tinham uma cabeça grande e óssea, mas desenvolveram uma grossa calota craniana bem acima dela. Estudos sobre as fraturas por estresse em crânios fósseis de paquicefalossauros sugerem que eles colidiam entre si usando suas cabeças — talvez como carneiros modernos que lutam correndo um para o outro e enredam os chifres. Eles eram bípedes e herbívoros.
- **Ornitópodes:** Os *ornitópodes* eram bípedes, com patas dianteiras desenvolvidas para suportá-los ocasionalmente como quadrúpedes. Esse grupo inclui os dinossauros de bico de pato, ou *hadrossauros*. Os hadrossauros (como os *hipocrosauros*) tinham um crânio distinto, que, em algumas espécies, se estendia até uma crista óssea. Os cientistas ainda não descobriram a que propósito (se havia) essas elaboradas cristas ósseas serviam, mas as hipóteses incluem sinalização social ou mesmo fazer sons através da crista oca para se comunicar.

FIGURA 20-7: Dinossauros ornitísquios.

Pescoços longos e comedores de carne: Dinossauros saurísquios

Os dinossauros *saurísquios* tinham uma estrutura de quadril semelhante à de um lagarto, ilustrada na Figura 20-6 à direita. Esse grupo tinha dois ramos distintos de dinossauros, ou subordens: os *saurópodes* e os *terópodes*.

Os saurópodes eram mais comuns no início do Mesozoico. Eram criaturas enormes, possivelmente os maiores animais terrestres que já existiram, e incluíam o *braquiossauro*, o *diplodoco* e o *apatossauro*. Essas criaturas andavam sobre quatro patas, comiam plantas e se moviam em rebanhos. Os maiores fósseis de saurópodes são encontrados na América do Sul, onde também foram descobertas evidências de nidificação (construção de ninhos) extensiva por eles. Algumas evidências sugerem que as espécies de saurópodes colocavam ovos perto de fontes hidrotermais, de modo que o calor e a umidade favoreciam a eclosão dos ovos.

LEMBRE-SE

O grupo terópode inclui aquele dinossauro mais famoso: o *tiranossauro rex*, ou T-rex. Outro terópode que ficou famoso com o filme *Jurassic Park* foi o *velociraptor*. A maioria dos terópodes era bípede e carnívora. Os terópodes menores provavelmente caçavam em matilhas. No entanto, dentro do grupo existe muita diversidade! Um grupo de terópodes parece ter vivido dentro e fora da água. O *espinossauro* tinha um focinho longo e estreito; evidências fósseis mostram que ele comia peixes e tinha espinhos altos ao longo das costas. Os cientistas ainda buscam determinar se os espinhos suportavam uma estrutura fina em forma de vela (como o dimetrodonte, ilustrado no Caderno Colorido deste livro) ou talvez uma grande protuberância nas costas.

Descobertas recentes de muitos fósseis de terópodes diferentes confirmaram que penas e *protopenas* (menos desenvolvidas do que as penas modernas) estão presentes em todo o grupo dos terópodes. O que os cientistas antes consideravam uma característica de pássaros agora é uma característica de dinossauros, o que faz sentido quando se considera a relação entre eles e os pássaros. (Veja detalhes na próxima seção.) Alguns saurísquios comuns são ilustrados na Figura 20-8.

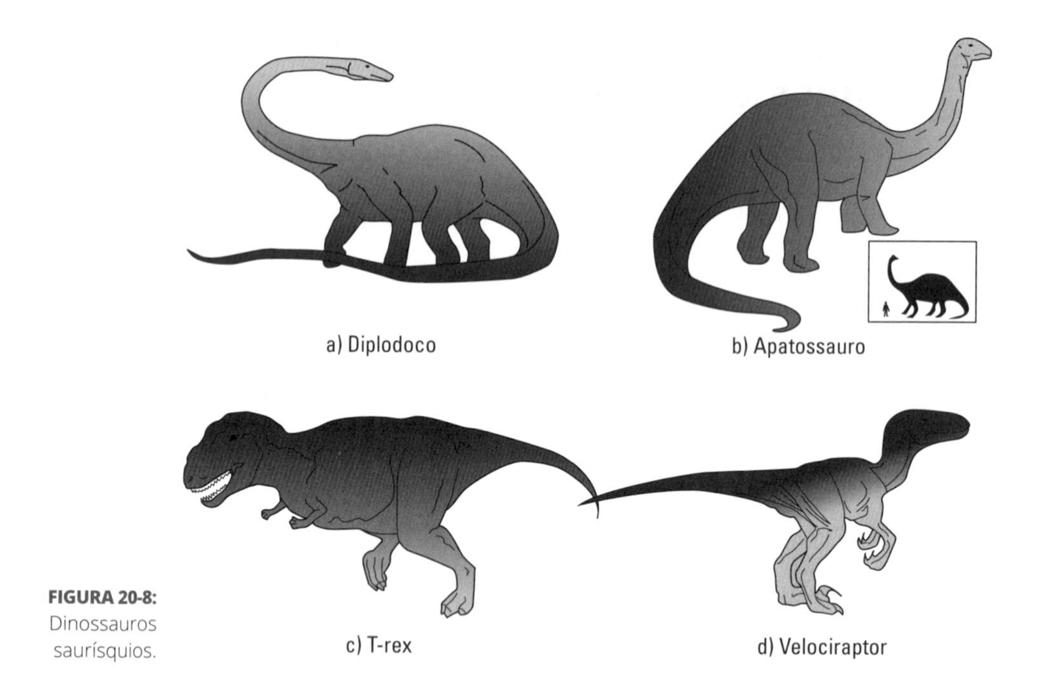

FIGURA 20-8: Dinossauros saurísquios.

A Estrada Evolutiva para os Pássaros

Um grupo de terópodes em particular foi notícia por não estar realmente extinto! Embora os cientistas por muito tempo considerassem todos os dinossauros extintos, as descobertas de fósseis nas últimas décadas reescreveram essa história. Com o *archaeopteryx*, os cientistas perceberam que os fósseis de pássaros primitivos compartilhavam muitas características do esqueleto com os dinossauros, como o tamanho e a posição dos ossos do tornozelo. Hoje é aceito que uma linhagem de dinossauros terópodes do final do Mesozoico evoluiu para pássaros — e que algumas espécies de pássaros primitivos coexistiram com dinossauros e, claro, sobreviveram após a extinção em massa que os destruiu, 65 milhões de anos atrás.

Uma das principais questões ao estudar o caminho evolutivo de dinossauro para pássaro é o que veio primeiro: as penas ou o voo? Embora os cientistas há muito concordassem que as penas foram feitas para o voo, com a presença de penas em dinossauros obviamente não voadores, e até mesmo protopenas em grupos como os ceratopsianos, tiveram que aceitar que as penas surgiram muito antes do voo. Portanto, se as penas não são para voar, para que servem? Talvez, isolamento; talvez, ferramentas sensoriais; talvez, para mostrar coloração, as questões ainda estão abertas ao debate. Mas, nos últimos anos, a compreensão dos dinossauros como lagartos gigantes de pele escamosa se transformou, e agora não é incomum ver dinossauros reconstruídos com penas coloridas e padronizadas. E nem todas essas reconstruções são imaginárias! A paleontologia molecular moderna mostrou aos cientistas que alguns terópodes de linhagem de pássaros tinham listras, salpicos de vermelho e até iridescência.

As Bases do Império: A Evolução Preliminar dos Mamíferos

Ao longo do Mesozoico, os répteis dominaram a terra e os mares. Mas foi nessa época que os primeiros mamíferos, ou pelo menos seus predecessores, começaram a aparecer. Um grupo de animais chamado de *terápsidos* parece ter preenchido a lacuna entre os répteis e os mamíferos há mais de 251 milhões de anos. Um grupo de terápsidos abriu caminho para os mamíferos.

LEMBRE-SE

Os *cinodontes* eram terápsidos que tinham muitas características em comum com os mamíferos modernos. Elas incluem algumas características esqueléticas muito específicas de cabeça, mandíbula e orelha. Outras características exibidas por cinodontes relacionadas aos mamíferos são uma cobertura externa de pele em vez de escamas e indícios de que eram capazes de regular sua temperatura corporal (eram *endotérmicos*). Muitas dessas mudanças aparentemente sutis e detalhadas são documentadas por evidências fósseis que ilustram vários estágios entre as características do terapsídeo reptiliano e as do cinodonte mamífero.

Os primeiros mamíferos evoluíram e se diversificaram durante o final do Mesozoico, mas abordo sua história evolutiva em detalhes no Capítulo 21, no qual discuto o período Cenozoico, também conhecido como a Idade dos Mamíferos.

NESTE CAPÍTULO

» **Reconhecendo os eventos geológicos recentes**

» **Descobrindo como os mamíferos floresceram**

» **Seguindo o caminho em direção à sua própria existência**

Capítulo **21**

Cenozoico: Os Mamíferos Dominam

A era Cenozoica da história geológica da Terra ainda não terminou. Começou 65,5 milhões de anos atrás e continua até hoje. Comparada com as eras geológicas anteriores, a Cenozoica (até agora) é relativamente curta. Mas, por ser a mais recente, os cientistas têm acesso a uma grande quantidade de evidências geológicas e fósseis que documentam seus eventos.

Alguns geólogos separam a era Cenozoica em dois períodos: o Terciário (de 65,5 a 2,6 milhões de anos atrás) e o Quaternário (de 2,6 milhões de anos atrás até o presente). No entanto, o Cenozoico é mais comumente dividido em três períodos: o Paleógeno (de 65,5 a 23 milhões de anos atrás), o Neógeno (de 23 a 2,6 milhões de anos atrás) e o Quaternário (de 2,6 milhões de anos atrás até o presente).

Neste capítulo, explico alguns dos principais eventos geológicos do Cenozoico na América do Norte e descrevo a história fóssil da ascensão dos mamíferos. Entrando no Cenozoico, entramos na Idade dos Mamíferos e (eventualmente) na dos seres humanos.

Colocando os Continentes em Seus Devidos (Ok, Atuais) Lugares

No início da era Cenozoica, os principais continentes estavam posicionados quase da maneira como estão hoje, com exceção de partes da Europa, da Ásia e do subcontinente indiano. As principais cadeias de montanhas do mundo moderno foram formadas durante os últimos 65 milhões de anos e ainda estão sendo formadas pelo movimento das placas da crosta terrestre na superfície da Terra. Discuto a seguir a origem de algumas dessas cadeias de montanhas.

Criando a geografia moderna

Há tantas evidências de processos geológicos Cenozoicos na superfície da Terra para os geólogos que elas encheriam vários livros. Nesta seção, descrevo apenas duas das principais regiões montanhosas: o Cinturão Alpino-Himalaia e o Cinturão Circum-Pacífico. Também explico como algumas das principais características do moderno continente norte-americano evoluíram nos últimos 60 milhões de anos.

Cinturão Alpino-Himalaia

O *Cinturão Orogênico Alpino-Himalaia* estende-se desde o Estreito de Gibraltar, no Mediterrâneo Ocidental, pelo Oriente Médio, até a Turquia e a Ásia, onde a Índia e a China se encontram, na Cordilheira do Himalaia. Esse cinturão é ilustrado na Figura 21-1.

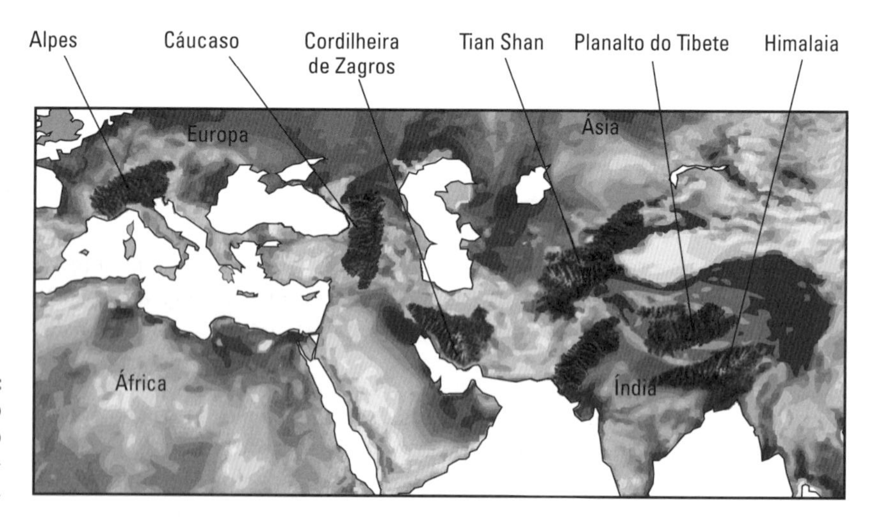

FIGURA 21-1: O Cinturão Orogênico Alpino-Himalaia.

A formação dos Alpes europeus começou na metade do Mesozoico (veja o Capítulo 20), mas se intensificou no Cenozoico. Como a placa continental africana moveu-se para o norte, esmagou placas menores no continente europeu, formando os Alpes. Esse movimento continua hoje, comprimindo e deformando as rochas ao longo da porção sul da Europa e fechando o Mar Mediterrâneo, que era um oceano muito maior entre a África e a Europa.

Mais a leste, a Placa Árabe moveu-se para o norte, na Turquia, formando as Montanhas Taurus. Hoje, a Placa Árabe continua avançando em direção à Ásia, causando terremotos na região. (Veja no Capítulo 10 detalhes sobre os movimentos das placas e os terremotos.)

O que agora é o subcontinente indiano era um pequeno continente separado no início do Cenozoico. Ao longo de 55 milhões de anos, moveu-se em direção ao norte do Equador para o continente asiático. O ponto em que a placa indiana e a asiática colidem são as montanhas do Himalaia, a porção mais elevada da crosta terrestre, atingindo 8.848 metros (e crescendo!) acima do nível do mar, no topo do Monte Everest, a montanha emersa mais alta do mundo.

O Cinturão Circum-Pacífico

O *Cinturão Orogênico Circum-Pacífico* vai do extremo sul da América do Sul, sobe sua costa ocidental, ao longo do oeste da América do Norte, atravessa o topo do Oceano Pacífico e desce pelo Japão e pelas ilhas do sudeste asiático. O Cinturão Orogênico Circum-Pacífico é ilustrado na Figura 21-2.

Essa região também se chama *Círculo de Fogo*, porque é dominada por vulcões, formados à medida que a placa do Pacífico se subduz sob outras em quase todas as bordas. O Cinturão Orogênico Circum-Pacífico é extremamente ativo hoje, criando arcos de ilhas vulcânicas e arcos continentais por meio de processos de subducção. (Detalho esses recursos e processos no Capítulo 10.)

Consumindo a Placa de Farallon

No Capítulo 20, explico que no Mesozoico a Placa Norte-americana e a Placa de Farallon se encontraram, formando montanhas rochosas por meio de compressão, deformação e soerguimento da crosta terrestre. No início do Cenozoico, a Placa de Farallon continuou a ser subductada sob a norte-americana. Mas, em vez de mergulhar abruptamente, moveu-se em um ângulo menor, deslizando sob ela. O resultado é evidente na mudança dos padrões de formação das montanhas na América do Norte. Considerando que no Mesozoico esse tipo de atividade produziu montanhas vulcânicas ao longo da costa oeste da América do Norte, as primeiras montanhas cenozoicas foram formadas mais para o interior pelo soerguimento e pela deformação da crosta, nas Montanhas Rochosas centrais, estendendo-se do Colorado, ao norte, até o Canadá. Essas e outras características da América do Norte são ilustradas na Figura 21-3.

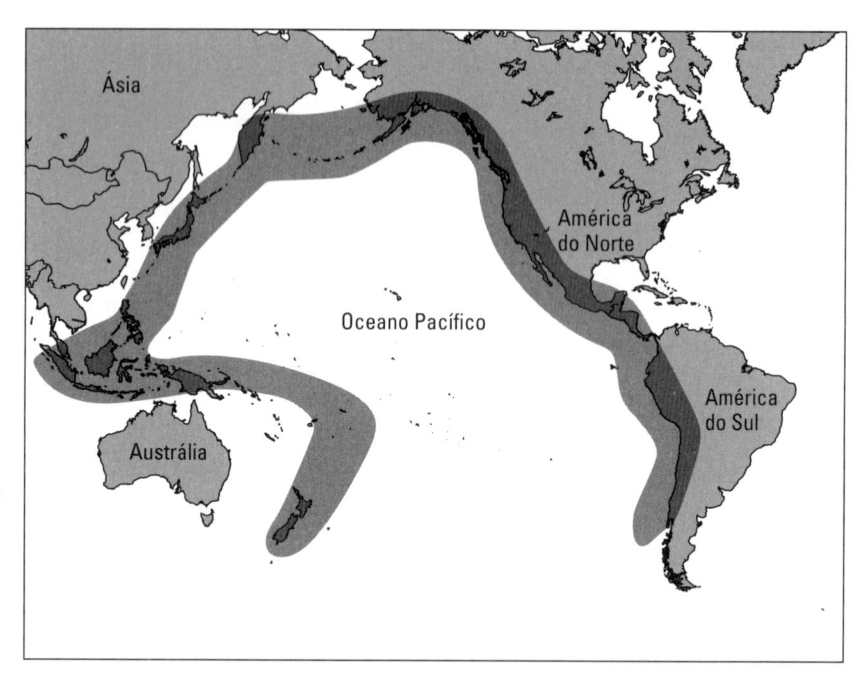

FIGURA 21-2: O Cinturão Circum--Pacífico, denominado Círculo de Fogo.

Há pouco mais de 40 milhões de anos, o padrão de formação de montanhas no oeste da América do Norte voltou à atividade vulcânica ao longo da costa. A Cordilheira das Cascatas, ilustrada na Figura 21-3, estende-se do norte do estado da Califórnia, passando pelos estados do Oregon e de Washington, nos Estados Unidos, até o sul da Colúmbia Britânica no Canadá. As Cascatas são arcos vulcânicos continentais produzidos pela subducção e pela fusão do pouco que resta da Placa de Farallon. Resta apenas uma pequena porção, chamada agora de *Placa Juan de Fuca*. Ela continua a se mover em direção e sob a Placa Norte-americana, ao longo do noroeste dos Estados Unidos, causando atividade vulcânica e terremotos ao longo da costa oeste.

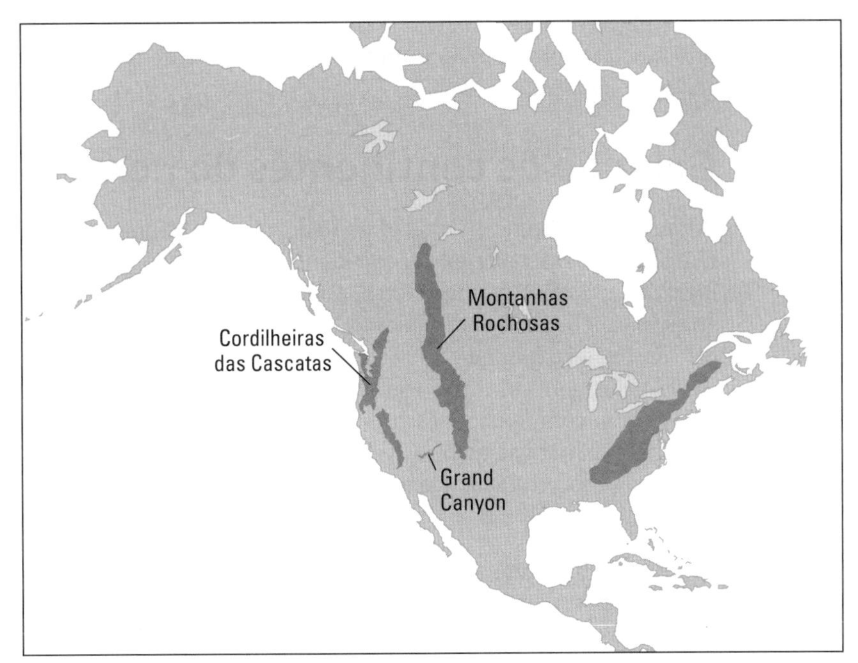

FIGURA 21-3: Caracte-rísticas geográficas da América do Norte formadas durante o Cenozoico.

Esculpindo o Grand Canyon com soerguimento

Possivelmente, a feição geológica mais famosa da América do Norte moderna é o Grand Canyon. Há uma foto dele no Caderno Colorido deste livro, e sua localização é indicada na Figura 21-3.

As camadas de rochas sedimentares do Grand Canyon foram formadas ao longo de pelo menos 550 milhões de anos (embora muitas das que deveriam datar dos últimos 250 milhões de anos estejam ausentes, provavelmente devido à erosão). O desfiladeiro em si só foi escavado muito após os sedimentos que formam as rochas serem depositados, comprimidos e *litificados* (transformados em pedra).

O modo exato como o profundo cânion se formou ainda é explorado por muitos geólogos. A maioria aceita que a remoção de sedimentos pelo Rio Colorado desempenha um papel importante. No entanto, a taxa de fluxo do rio e a remoção de sedimentos não correspondem à enorme quantidade de material erodido do cânion. Portanto, alguns cientistas se perguntam se há outro processo em jogo. Eles descobriram que essa região do sudoeste da América do Norte passa por uma elevação lenta e suave (em relação a outras do oeste norte-americano). A elevação começou durante o Neógeno, do Cenozoico, elevando a região do Platô do Colorado a mais de 1.500m acima do nível do mar. A combinação de ascensão lenta e erosão fluvial explica como esses desfiladeiros profundos se formaram em um tempo relativamente curto (do ponto de vista geológico, é claro).

Gelando os continentes do norte

Durante o Paleógeno (no início do Cenozoico), o clima global ainda era bastante quente. Mas ocorreu uma mudança drástica para condições mais frias no meio do Cenozoico, no início do período Neógeno, cerca de 23 milhões de anos atrás. Esse clima de resfriamento levou às múltiplas glaciações das eras do gelo do Quaternário, que ocorreram mais de 2,8 milhões de anos atrás. Alguns cientistas sugeriram que a elevação do planalto do Himalaia, quando a Índia se conectou com a Ásia, desempenhou um papel importante na mudança das condições climáticas globais (veja o box "Resfriando o globo"). Várias hipóteses ainda são testadas e exploradas para explicar as mudanças do início do Neógeno.

Durante o clima mais frio do Cenozoico médio, camadas de gelo começaram a cobrir os polos periodicamente. No hemisfério sul, a camada de gelo da Antártica foi estabelecida há cerca de 10 milhões de anos. No hemisfério norte, o gelo só se tornou uma característica geológica do Cenozoico no início do Quaternário, cerca de 2,8 milhões de anos atrás. Periodicamente, nos últimos 2,5 milhões de anos, grandes mantos de gelo se estenderam para o sul, passando pelos continentes da Europa e da América do Norte.

Cada *estágio glacial* (intervalos de glaciação) durante o Quaternário durou milhares de anos. Os hiatos entre as glaciações eram períodos chamados de *interglaciais*, quando a cobertura de gelo cedia. A alternância de estágios glaciais e interglaciais ao longo de centenas de milhares de anos foi associada pelos cientistas aos padrões de órbita, rotação e distância do Sol da Terra. (Descrevo esses ciclos e outras características das geleiras e da geologia glacial no Capítulo 13.)

As paisagens modernas da América do Norte e da Europa foram moldadas pelos ciclos reincidentes de crescimento e de redução das camadas de gelo. À medida que a massa de gelo cresceu, moveu-se mais para o sul, erodiu rochas e sedimentos da superfície da Terra, empurrou esses materiais terrestres para o sul e os depositou como morainas e outras feições glaciais que descrevo no Capítulo 13.

O ciclo de glaciais e interglaciais do Neógeno e do Quaternário moldou a história evolutiva recente dos mamíferos, incluindo a do homem.

Entrando na Era dos Mamíferos

Os mamíferos não apareceram repentinamente na era Cenozoica. Há 65 milhões de anos, os mamíferos viviam lado a lado com répteis e dinossauros, por quase 150 milhões de anos. No início do Cenozoico, entretanto, as condições eram adequadas para que os mamíferos assumissem o papel de animais dominantes.

Os mamíferos, como os répteis, são vertebrados, tendo uma estrutura esquelética interna. Mas os mamíferos têm certas características que os separam dos répteis. Listo algumas das mais notáveis aqui:

- **Os mamíferos têm dentes diferenciados.** Isso significa que, dentro do maxilar de um mamífero, os dentes têm formatos diferentes para realizar tarefas diferentes. Nos seres humanos, os dentes da frente (*incisivos*) são para corte, enquanto os de trás (*molares*), para moagem.
- **Os mamíferos são endotérmicos.** Ser *endotérmico* significa regular sua própria temperatura corporal, para se aquecer ou se esfriar, como necessário. Répteis não têm essa habilidade (são *exotérmicos*), por isso é comum ver cobras e lagartos tomando Sol nas rochas para se aquecer.
- **A maioria dos mamíferos dá à luz crias vivas.** Diferentemente dos répteis, que botam ovos, os mamíferos dão à luz filhotes vivos, que devem ser cuidados por um tempo antes de se defenderem sozinhos. (Em breve, explico a exceção a essa característica — os mamíferos monotremados.)
- **Os mamíferos produzem leite para alimentar os filhotes.** Os mamíferos têm *glândulas mamárias*, que produzem leite para alimentar os filhos.
- **Os mamíferos têm pelos ou cabelos cobrindo os corpos.** Os mamíferos modernos vivem em uma variedade tão grande de ambientes que você pode não perceber que todos têm algum tipo de pelo — até elefantes e baleias!

Os mamíferos são descendentes dos *terápsidos cinodontes*, um grupo de répteis mesozoicos com características de mamíferos, como pelo e dentes especializados. A transição dos cinodontes para os verdadeiros mamíferos é ilustrada em fósseis que mostram mudanças sutis na estrutura óssea do ouvido interno, mandíbula e dentes. Essas criaturas ocuparam alguns habitats durante o Mesozoico, mas começaram a surgir somente após a extinção em massa de dinossauros e outros répteis, no final do Cretáceo (cerca de 65 milhões de anos atrás).

LEMBRE-SE

Existem três tipos de mamíferos:

- **Mamíferos monotremados:** Põem ovos em vez de dar à luz filhotes vivos. Hoje, há o ornitorrinco-bico-de-pato e a equidna, da Austrália.

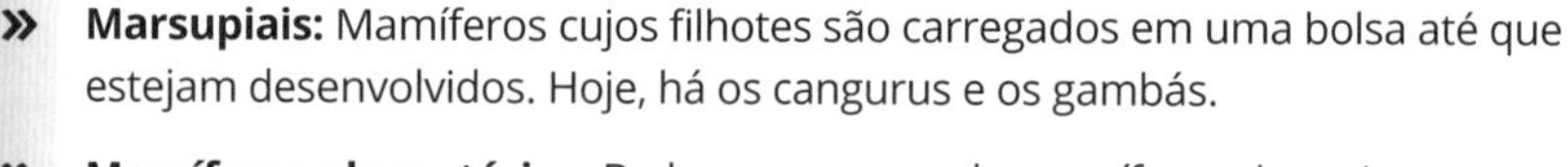

LEMBRE-SE

- **Marsupiais:** Mamíferos cujos filhotes são carregados em uma bolsa até que estejam desenvolvidos. Hoje, há os cangurus e os gambás.
- **Mamíferos placentários:** De longe, o grupo de mamíferos de maior sucesso. A maioria dos mamíferos modernos é placentária, que evoluiu durante o início do Cenozoico. Os mamíferos placentários têm um órgão chamado *placenta*, que fornece nutrição no útero para que os descendentes vivos estejam bastante desenvolvidos no momento em que nascem.

RESFRIANDO O GLOBO

Uma tendência relativamente recente entre os cientistas da Terra é ver os múltiplos sistemas da Terra como partes de um grande sistema planetário. Um exemplo é a *hipótese de soerguimento* relacionando os padrões de resfriamento do clima durante o Cenozoico com a erosão de sedimentos das montanhas do Himalaia.

Você deve saber, pelas notícias recentes sobre o aquecimento global, que adicionar gás dióxido de carbono à atmosfera aumenta as temperaturas globais ao engrossar a camada de gases do efeito estufa que envolve o planeta. No início da história da Terra, quando o clima era muito mais quente, havia níveis mais altos (do que os atuais) de dióxido de carbono e de outros gases na atmosfera. Para que as temperaturas diminuíssem de forma tão drástica, como em meados do Cenozoico, algo deve ter removido grandes quantidades de dióxido de carbono da atmosfera.

Uma forma de o dióxido de carbono ser removido da atmosfera é sendo consumido durante uma reação química com materiais rochosos expostos. O gás dióxido de carbono combina-se primeiro com a água da chuva na atmosfera. Quando a chuva cai sobre as rochas expostas, ele se liga a elementos nos minerais delas (formando minerais carbonáticos), removendo-os e, assim, intemperizando-as quimicamente. Quando esse processo ocorre, o gás dióxido de carbono não pertence mais à atmosfera; ele passa a fazer parte da litosfera da Terra. Quanto mais esse processo continua, menos gás dióxido de carbono é deixado na atmosfera.

A hipótese do soerguimento propõe que, no Cenozoico, quando as montanhas do Himalaia foram formadas, ou soerguidas pela colisão do continente indiano com o continente asiático, grandes quantidades de rocha foram expostas, e o intemperismo químico aumentou. Esse aumento removeu grandes quantidades de gás dióxido de carbono da atmosfera, reduzindo drasticamente a temperatura mundial.

Essa hipótese é convincente na forma como liga os ciclos da litosfera, atmosfera e hidrosfera da Terra, mas está longe de ser provada. Cientistas que estudam meteorização química, concentrações de gases atmosféricos e mudanças climáticas (para citar alguns temas) trabalham arduamente para testá-la, na esperança de um dia terem uma compreensão maior de como os vários sistemas da Terra interagem.

Regulando a temperatura corporal

LEMBRE-SE

Uma grande vantagem que os mamíferos têm sobre os répteis e outros animais de sangue frio, ou *exotérmicos*, é a capacidade de controlar e regular sua temperatura corporal. Essa capacidade lhes permite viver em ambientes com temperaturas flutuantes ou extremas, porque seus corpos queimam ou conservam energia conforme necessário para manter uma temperatura estável.

Essa vantagem, entretanto, tem um preço. Os animais endotérmicos devem reunir e armazenar energia para aquecê-los. Isso significa que eles precisam comer mais calorias e com mais frequência do que os animais exotérmicos. Eles também precisam ser hábeis em forragear ou caçar para atender às demandas de energia do seu sistema corporal endotérmico.

Preenchendo todos os nichos

Em ecologia, um *nicho* é definido como a posição de um organismo no ecossistema em relação aos outros. Por exemplo, alguns organismos (como as plantas) são produtores, enquanto outros são consumidores (qualquer ser que coma as plantas). As extinções em massa (que abordo no Capítulo 22) deixam muitos nichos abertos para os organismos sobreviventes preencherem. Animais bem-sucedidos evoluem e se diversificam para preenchê-los, espalhando-se por novos ambientes e adaptando-se a novos estilos de vida.

No Paleógeno, os mamíferos experimentaram uma onda de surgimento de novos tipos de espécies à medida que se diversificavam para preencher nichos abertos pela extinção dos dinossauros. Alguns eram *insetívoros* (comiam apenas insetos), enquanto outros eram *herbívoros* (comiam plantas) ou *carnívoros* (comiam outros animais). A diversidade de mamíferos no Paleógeno lançou as bases para a vasta diversidade dos mamíferos modernos.

Tamanho É Documento: Os Mamíferos Gigantes de Antes e de Agora

Durante o Eoceno, que durou de 56 a 34 milhões de anos aproximadamente, apareceram os primeiros grandes mamíferos terrestres. Esse grupo, agora extinto, são os *uintatérios*. Um exemplo é a criatura gigante parecida com um rinoceronte chamada de *uintatério*, ilustrada na Figura 21-4.

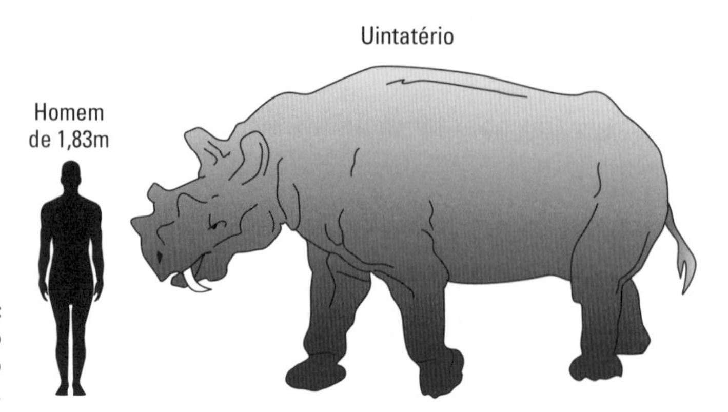

FIGURA 21-4: O mamífero *uintatério* do Eoceno.

Embora os uintatérios estejam extintos, desde que apareceram, um tipo de grande mamífero existiu na Terra. Nesta seção, apresento a história evolutiva dos dois maiores mamíferos modernos, os elefantes e as baleias, e descrevo brevemente os grandes mamíferos da época das Eras do Gelo do Pleistoceno.

Fuçando a evolução do elefante

Os elefantes modernos são atualmente os maiores mamíferos terrestres. Apenas três espécies existem hoje, mas, durante a maior parte do Cenozoico (até cerca de 2 milhões de anos atrás), muitas outras espécies prosperaram.

Os elefantes não eram tão grandes quando surgiram. Os elefantes e seus parentes são chamados de *proboscídeos*, nomeados devido a seu grande *probóscide*, ou tromba. O primeiro membro conhecido desse grupo é o *Moeritherium*, que era do tamanho de um porco. Pode ter sido aquático (como o hipopótamo) e, de outra forma, não se parecia muito com um elefante. A Figura 21-5 mostra como o moeritherium provavelmente era.

Mais acima na árvore genealógica dos elefantes, há o grupo *Gomphotherium*. Esses animais se pareciam muito mais com os elefantes modernos. Uma grande diferença era que, ao contrário deles, que têm presas apenas na mandíbula superior, o *Gomphotherium* tinha presas crescendo em ambas as mandíbulas, superior e inferior. As presas inferiores tinham o formato de uma pá, que os cientistas acreditam ser usadas para desenterrar plantas para comer.

Os ancestrais dos elefantes mais reconhecíveis são os *mamutes* (retratados no Caderno Colorido) e os *mastodontes* do Quaternário mais recente (início há 2,8 milhões de anos). O mamute está mais intimamente relacionado às espécies modernas de elefantes, enquanto o mastodonte pertence a um ramo mais distante da árvore genealógica dos proboscídeos. Tanto mamutes quanto mastodontes vagaram pela América do Norte até cerca de 13 mil anos atrás, quando eles, e muitos outros grandes mamíferos, foram extintos. (Saiba mais sobre essa extinção em massa mais recente no Capítulo 22.)

A principal diferença entre os mamutes e os mastodontes é o tamanho e a forma dos seus dentes. Os dentes achatados dos mamutes e os dentes em forma de cone dos mastodontes são ilustrados na Figura 21-6.

Essas diferenças nos dentes indicam que os mamutes foram adaptados para comer grama, enquanto os mastodontes provavelmente comiam galhos e folhas de arbustos e árvores. Os dentes das modernas espécies de elefantes são planos, para moer gramíneas, muito semelhantes aos dos mamutes.

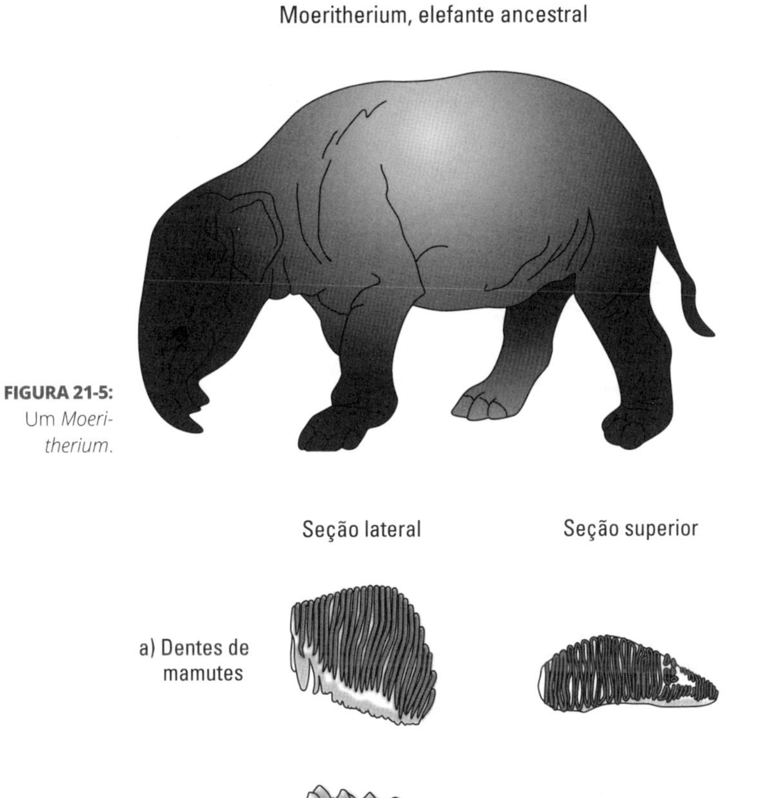

FIGURA 21-5: Um *Moeritherium*.

FIGURA 21-6: Dentes de mamutes e de mastodontes.

Voltando ao mar: Baleias

Embora os elefantes sejam os maiores animais modernos em terra, as baleias-azuis são os maiores de todos os tempos — até em relação aos dinossauros. Nem todas as baleias são tão grandes quanto a baleia-azul, mas todas compartilham uma história evolutiva. E a história da evolução das baleias não começa no oceano. Como ocorre com todos os mamíferos, a história delas começa na terra.

Cerca de 50 milhões de anos atrás, existia um mamífero terrestre que os cientistas chamam de *Pakicetus*. Ele tinha alguns traços em comum com os mamíferos terrestres e alguns em comum com fósseis de baleias posteriores. Em particular, as características de sua estrutura de orelha indicam uma transição entre outros mamíferos terrestres e, posteriormente, os aquáticos (baleias).

Os cientistas ainda trabalham para preencher os detalhes da evolução das baleias por meio de pesquisas genéticas e fósseis. Alguns dos ancestrais delas são mostrados na Figura 21-7, ilustrando os desenvolvimentos físicos na transição de mamíferos terrestres para os mamíferos marinhos modernos.

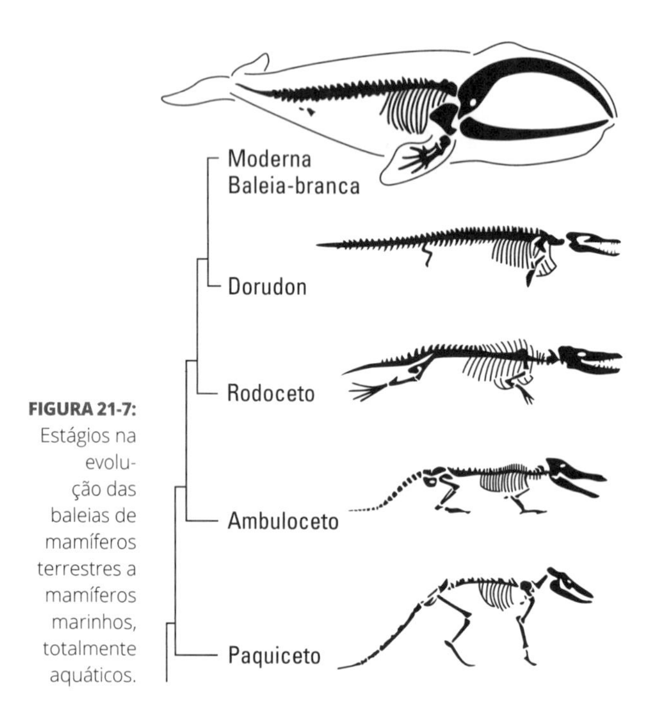

FIGURA 21-7: Estágios na evolução das baleias de mamíferos terrestres a mamíferos marinhos, totalmente aquáticos.

Maior que a vida: Os mamíferos gigantes das eras do gelo

A maioria dos mamíferos modernos tem o tamanho entre um elefante e um camundongo. Durante as primeiras eras do gelo do Quaternário, entretanto, muitas espécies de mamíferos cresceram de forma incomum. Esses grandes mamíferos integram a *megafauna*.

Com os mastodontes e os mamutes, havia espécies muito grandes de camelos, alces, bisões, preguiças terrestres, ursos, castores, rinocerontes e até mesmo cangurus. Os esqueletos de algumas dessas criaturas foram preservados em lugares como os poços de alcatrão de La Brea, na Califórnia, e congelados no *permafrost* (solo congelado) do Alasca, do Canadá e da Sibéria. Assim preservados, tecidos moles, pele e pelo, assim como os ossos, são recuperados para pesquisas.

Os cientistas especulam que o grande porte desses animais pode ter sido uma adaptação aos climas mais frios; animais maiores são capazes de se aquecer com mais facilidade do que os menores, porque geram mais calor do que perdem. Independentemente disso, o reinado dos mamíferos gigantes estava apenas começando quando foi encerrado, há cerca de 13 mil anos.

O motivo exato da extinção da megafauna da Era do Gelo ainda é explorado, mas alguns cientistas propõem que, depois que os seres humanos apareceram, as condições de existência neste planeta mudaram para sempre.

Bem Aqui, Bem Agora: O Reinado do Homo Sapiens

A era Cenozoica não terminou. Muitos geólogos consideram que agora fazemos parte do período Quaternário, que começou há cerca de 2,8 milhões de anos. Outros propuseram que um novo período começou: o *Antropoceno*, o período geológico dos seres humanos.

A classificação biológica agrupa os seres humanos, ou *Homo sapiens*, com os primatas, incluindo macacos, lêmures e símios. Dos primatas, os seres humanos são mais próximos dos gorilas e dos chimpanzés, mas são hominídeos isolados.

A história evolutiva dos hominídeos começou há quase 7 milhões de anos, no final da época do Mioceno, quando os hominídeos e os chimpanzés divergiram de um ancestral comum. Os fósseis indicam que, há 4 milhões de anos, apareceram os australopitecíneos, principalmente na África. Eles incluem cinco espécies diferentes de hominídeos, semelhantes aos seres humanos modernos por serem *bípedes* (andarem eretos sobre duas pernas), mas ainda tinham muitas características dos primatas primitivos e semelhanças com os macacos. Algumas espécies de australopitecíneos viviam lado a lado com os primeiros ancestrais dos seres humanos modernos, *Homo habilis* e *Homo erectus*, cerca de 2,8 milhões de anos atrás.

CAÇANDO RESPOSTAS PARA OS MISTÉRIOS DO PASSADO

Só de pensar no pólen, algumas pessoas espirram. Mas os grãos de pólen são uma ferramenta muito útil para os cientistas investigarem o passado. Os grãos de pólen são feitos da proteína orgânica *esporopolenina*, que dura milhões de anos, se preservada nas condições certas. E os grãos de pólen são minúsculos (microscópicos) e abundantes (milhões deles cabem na ponta do dedo mínimo). Os grãos de pólen vêm de plantas com flores, e essas plantas precisam de certas condições de temperatura, luz solar, água e nutrientes para sobreviver. Por fim, muitas espécies de plantas com flores produzem um grão de pólen tão distinto quanto suas flores — com características visíveis e identificáveis para dizer a um cientista exatamente de que planta ele veio.

Os cientistas encontram grãos de pólen preservados no fundo de lagos e em outros sedimentos, onde são depositados cronologicamente, estação após estação, ano após ano. Ao identificar as diferentes plantas de onde o pólen veio, eles respondem a perguntas sobre ambientes anteriores, como:

- **Quais plantas viviam há milhares (ou há milhões) de anos?**
- **Quais eram as condições de temperatura e de umidade?**

Ao observar os grãos de pólen preservados, também fazem e respondem a perguntas sobre como as sociedades humanas (depois que apareceram) afetaram os ambientes em que viviam. Por exemplo, encontrar uma mudança nos grãos de pólen de árvores (indicando floresta) para grama (indicando agricultura).

Da próxima vez que o pólen irritar seus olhos e nariz, lembre-se de como ele será útil para futuros cientistas em busca de entender os mistérios do passado!

O caminho do *Homo erectus* e do *Homo habilis* para os seres humanos modernos (*Homo sapiens*) não é documentado com precisão. Os cientistas propuseram e continuam a testar duas hipóteses importantes:

- **Modelo Fora da África:** Essa hipótese sugere que os primeiros seres humanos evoluíram de uma única mãe que vivia na África e cuja prole migrou da África há cerca de 100 mil anos para a Europa e para a Ásia.
- **Multirregional:** A hipótese multirregional propõe que múltiplas populações de seres humanos primitivos estavam espalhadas pela Europa e pela Ásia. O contato ocasional e o cruzamento levaram às características dos seres humanos modernos entre populações suficientemente separadas para resultar na grande diversidade das características que vemos hoje.

Após chegar à Europa e à Ásia, uma subespécie do *Homo sapiens*, os Neandertais dominaram a paisagem de cerca de 200 mil a 30 mil anos atrás. Os *Homo sapiens neanderthalensis* tinham crânios muito diferentes dos seres humanos modernos — sobrancelhas proeminentes e queixo recuado — e eram mais musculosos e mais baixos do que os seres humanos modernos. Os neandertais eram, no entanto, muito semelhantes aos seres humanos pré-históricos no modo como viviam: construindo abrigos, usando ferramentas e enterrando os mortos com itens pessoais e flores.

Existem evidências de que, há 30 mil anos, o *Homo sapiens* existia na Europa. O resto, como dizem, é história (não geologia).

Defendendo o Antropoceno

Alguns cientistas acreditam que agora vivemos uma nova época geológica, o *Antropoceno* — a idade em que as atividades humanas têm um impacto geológico na Terra. Eles propõem que os seres humanos, diferentemente dos animais anteriores, moldam e mudam a Terra de maneiras comparáveis aos processos naturais da geologia. Em particular, os seres humanos agem como formadores de superfície — deslocando rochas e sedimentos ao redor da superfície da Terra. Mas algumas atividades humanas penetram profundamente na crosta terrestre para extrair recursos, incluindo água. Os seres humanos criam mudanças que antes apenas os processos físicos naturais da Terra faziam. Talvez, de fato, a Terra esteja passando por mudanças exclusivas de um novo período geológico: o Antropoceno.

Alterando o clima

Um dos primeiros tópicos que surge quando se discute o impacto das atividades humanas na Terra são as mudanças climáticas. Os seres humanos queimam combustíveis fósseis, como carvão e petróleo, para obter energia, liberando gás dióxido de carbono na atmosfera. O dióxido de carbono e outros gases de efeito estufa isolam a Terra da radiação nociva do Sol, mas também prendem o calor, que, de outra forma, deixaria a Terra e se irradiaria para o Universo. Aqui, listo brevemente alguns dos efeitos que as mudanças climáticas modernas causam no sistema geológico da Terra:

- **Aumento da erosão química:** Adicionar gás dióxido de carbono à atmosfera por meio da queima de combustíveis fósseis (como carvão e petróleo) aumenta as taxas de intemperismo químico. A interação do dióxido de carbono com as rochas expostas e erguidas gradualmente desgasta os minerais em um processo de erosão por intemperismo químico.
- **Morte de recifes de coral:** O dióxido de carbono adicional na atmosfera também se dissolve nos oceanos, aumentando sua acidez. Quando um oceano se torna ácido, as criaturas que constroem recifes de coral sofrem. Quando as condições do oceano são muito ácidas, os recifes de coral não são construídos e os organismos que os constroem e vivem neles ficam ameaçados de extinção.
- **Derretimento de geleiras e de calotas polares:** Os níveis cada vez maiores de gases de efeito estufa na atmosfera retêm o calor da Terra, elevando as temperaturas globais. Com temperaturas mais altas, os mantos de gelo e as geleiras do mundo começam a se derreter mais rapidamente e não são reabastecidos a cada estação porque as temperaturas são muito altas.
- **Mudança de padrões climáticos:** Temperaturas mais altas na atmosfera significam temperaturas mais altas nos oceanos também. A interação entre as temperaturas do ar e a do oceano impulsiona a água para a atmosfera por meio da evaporação (formando nuvens) e produz padrões de circulação do ar (vento). Ao aumentar as temperaturas globais, os seres humanos mudam drasticamente os padrões de clima sazonal, estabelecidos há muito tempo. As regiões secas provavelmente se tornarão mais secas e sofrerão estiagens, enquanto as tropicais tendem a sofrer inundações extensas. Acima de tudo, os padrões climáticos se tornam cada vez mais tempestuosos e imprevisíveis.

Moldando a paisagem

Os seres humanos exercem grandes mudanças na superfície da Terra para torná-la um lugar mais habitável (ou lucrativo) para se viver. As mudanças feitas na paisagem serão visíveis para futuros geólogos que estudarem o Antropoceno — essas mudanças serão evidentes nas formas como os sedimentos são depositados e como os canais dos rios e as praias foram ajustados, escavados ou preenchidos, e na remoção de topos de montanhas inteiras.

Rios de represamento

Ao longo de muitos rios do mundo, os seres humanos construíram represas. As barragens usam o fluxo de água para produzir eletricidade. Para isso, o fluxo natural da água do rio é desacelerado, criando um lago no rio acima da barragem. A água é liberada através da barragem conforme necessário para produzir eletricidade. Todo o processo cria um desvio significativo do padrão natural de fluxo que ocorria antes dessa construção.

Múltiplas mudanças geológicas resultam da construção de barragens. Diminuir o fluxo de água com a construção de uma barragem também diminui (ou interrompe) o fluxo de sedimentos. Em vez de serem transportados rio abaixo até o oceano, os sedimentos são depositados no lago criado pela barragem. E, é claro, esse lago foi criado, inundando habitats e deslocando criaturas, incluindo (em muitos casos) seres humanos.

Moldando os cursos de água

A construção de represas é uma das ações dos seres humanos como agentes geológicos da água corrente. Eles ajustam e aprofundam canais de rios para fornecer acesso a cidades do interior para indústrias de navegação e turismo.

Muitos canais de rios não são naturalmente profundos para permitir a passagem de grandes navios cargueiros que transportam mercadorias ao redor do mundo. A solução, claro, é cavar mais fundo o canal do rio, removendo sedimentos. Essa *dragagem* atua como uma força erosiva massiva de curto prazo — pegando sedimentos do canal do rio e transportando-os para outro lugar.

Da mesma forma, o caminho natural de um rio pode ser alterado pela construção de um canal de concreto para direcionar a água para onde os seres humanos desejam que ela vá, em vez de para onde a forma natural da paisagem a enviaria. O rio Sena, em Paris, tem esse formato — retificado em uma curva suave pelo centro da cidade, garantindo que não haja eventuais mudanças de curso.

Alimentação de praia

As praias costeiras dependem dos rios para transportar sedimentos do continente para o mar. Conforme o rio lava os sedimentos no oceano, as ondas carregam areia para cima e para as praias próximas. Mas esse processo geológico natural de construção de praias é interrompido por mudanças rio acima.

Quando os seres humanos mudam o curso ou a carga de sedimentos de um rio, o sedimento que normalmente teria sido levado rio abaixo para o oceano e depositado ao longo das praias não está mais disponível. Para resolver esse problema, os seres humanos adicionam areia à costa, no que se chama *alimentação de praia*. Para construir praias, os sedimentos são levados de outro lugar e depositados ao longo da praia. No entanto, esses sedimentos adicionados podem não ter o tamanho certo para suportar as forças erosivas das ondas nem para sustentar o ecossistema natural.

Mudando o litoral

Outra postura de agente geológico dos seres humanos ao longo da costa é construindo paredões e *cospes* (depósitos lineares de areia) artificiais para direcionar o fluxo de água e os sedimentos de forma a minimizar a remoção da areia da praia pela ação das ondas. O objetivo é manter a orla marítima das residências e as demais estruturas construídas. No entanto, essas estruturas na verdade reduzem a deriva natural de sedimentos na praia. Em alguns casos, as estruturas feitas pelo homem também concentram e aumentam a energia das ondas — resultando no aumento da erosão dos sedimentos da praia e levando à necessidade de mais alimentação de praia, não menos.

Removendo picos de montanhas

Em regiões como as Montanhas Apalaches, da América do Norte, os depósitos de carvão são encontrados em camadas de rocha que formam a paisagem montanhosa. A indústria de mineração de carvão, com a ajuda de enormes máquinas de movimentação de terras, desenvolveu maneiras de extrair o máximo de carvão possível — em vez de minerá-lo em túneis subterrâneos, ela simplesmente remove as camadas de rocha sobrepostas. Em outras palavras, o segredo é remover o topo de uma montanha.

Esse processo de extração de carvão começa com a remoção de todas as árvores e vegetação. Então, cada camada de rocha que não contém carvão é removida. Depois que a própria camada de carvão é removida, o material que foi removido pode ser substituído ou não. Frequentemente, os materiais removidos são deixados em vales próximos, poluindo rios e mudando a forma da paisagem. Afinal, quando uma montanha de rochas e sedimentos é removida, ela precisa ser depositada em outro lugar.

Deixando evidências no registro rochoso

Talvez o argumento mais forte para uma nova era geológica marcando a forma como os seres humanos mudaram a Terra e afetaram o registro rochoso seja encontrado na observação de sedimentos do fundo do mar. Nos últimos anos, as cidades e vilas têm feito esforços para combater a poluição do plástico — mas é tarde demais. Resíduos de plástico foram encontrados nas mais profundas fossas marítimas e no topo das montanhas, desde o Equador até os polos. Muitos desses resíduos de plástico são feitos de microplásticos — pedaços de plástico muito pequenos para serem vistos a olho nu. Os microplásticos não parecem poluição óbvia da mesma forma que um saco plástico de supermercado na estrada. Mas eles são claramente evidências de que a humanidade está mudando as coisas aqui no planeta Terra. Pedaços maiores de plástico, em particular linhas de pesca e outros resíduos de pesca industrial, são encontrados flutuando nos oceanos — em todos os oceanos. Mas os microplásticos estão se juntando a outros sedimentos na Terra, no fundo do mar, nos rios e no gelo das geleiras, para se tornarem parte do registro das rochas sedimentares. O plástico, sendo um material feito pelo homem, não se biodegrada como a matéria orgânica e não se dissolve nem desagrega como os minerais nas condições certas.

Se os geólogos do futuro observarem as rochas, verão um tempo na história da Terra em que o organismo biológico dominante (seres humanos) extraiu combustíveis fósseis das profundezas da Terra e os usou para alterar o clima e criar um novo tipo de material — o plástico, que ficará para sempre evidente nas camadas das rochas.

NESTE CAPÍTULO

» **Procurando as causas das extinções em massa**

» **Descobrindo as cinco principais extinções da história da Terra**

» **Focando as extinções da história humana**

Capítulo 22

O Vazio: A Extinção na História da Terra

Mais de uma vez na longa história da Terra, eventos geológicos levaram ao desaparecimento de várias espécies. Às vezes, famílias inteiras de organismos desapareceram, pondo fim a esse caminho particular de evolução e deixando espaço para os animais sobreviventes se espalharem por novos habitats. Cada uma dessas extinções é bem documentada por mudanças nos fósseis preservadas no registro geológico.

Ser *extinto* significa não existir mais. Tecnicamente falando, no final de sua vida você será extinto, embora o mesmo não vá ocorrer com a sua espécie (*Homo sapiens*), porque muitas outras pessoas ainda estarão vivas. Quando os cientistas falam sobre extinção, falam sobre a extinção de cada membro de uma espécie inteira, ou mesmo de um *gênero* (grupo de espécies) ou *família* (grupo de gêneros).

LEMBRE-SE

A *extinção em massa* indica que um número muito grande de espécies deixou de existir. No tempo geológico, um evento de extinção em massa pode ocorrer ao longo de várias centenas de milhares — ou mesmo milhões — de anos. Embora pareça muito tempo em relação à vida humana, lembre-se de que, geologicamente falando, não é muito.

Neste capítulo, explico as teorias mais comuns sobre o que leva às extinções em massa e descrevo os cinco maiores eventos de extinção da história da Terra, bem como alguns menores.

Explicando as Extinções

Cada extinção em massa da história da Terra foi registrada pela súbita ausência de fósseis de certos organismos no registro geológico. Esses eventos, ou intervalos de extinção, afetaram todo o planeta. Os cientistas acham que, em cada caso, algum tipo de mudança no ambiente resultou em condições que inviabilizaram a vida dos organismos que se adaptaram a ele. Assim, os organismos morreram em grande número e alguns nunca reapareceram.

Os cientistas ainda não determinaram com precisão o que levou a cada extinção em massa, mas têm algumas boas ideias, expressas em teorias, que ainda são testadas pelas pesquisas científicas modernas. Apresento quatro delas aqui.

Atenção! Impactos astronômicos

A Terra é apenas um dos muitos objetos que se movem pelo Universo. Ocasionalmente, como evidenciado pelas crateras na Lua, objetos voadores no espaço se chocam uns com os outros. Isso é um *evento de impacto*, e os cientistas encontraram evidências deles na Terra, como crateras resultantes de meteoritos que atingiram a sua superfície. A extensão da história humana não registrou nenhum impacto grande o bastante para causar uma mudança drástica nas condições globais, mas há evidências de que tais eventos ocorreram.

Embora pareça óbvio que ser atingido por um meteorito devasta a vida nas áreas ao redor da zona de impacto, os efeitos colaterais contínuos reverberando em todo o mundo não são tão óbvios. A seguinte sequência de eventos explica como os ecossistemas globais são afetados por um evento de impacto:

1. **Um grande objeto atinge a Terra.** O impacto envia grandes quantidades de rocha e de outros detritos de colisão para a atmosfera, e inicia incêndios, que adicionam fumaça e cinzas à atmosfera.

2. **A atmosfera fica poluída.** As partículas de cinzas e rocha na atmosfera geram três consequências:

FÓSSEIS VIVOS

As espécies de hoje são fisicamente diferentes de seus ancestrais distantes. No entanto, alguns poucos organismos vivos hoje se parecem exatamente com seus ancestrais de milhões de anos atrás. Essas espécies são chamadas de *fósseis vivos*.

Um exemplo de fóssil vivo é a moderna árvore ginkgo. Os fósseis indicam que as primeiras árvores ginkgo, de 170 milhões de anos atrás, tinham a mesma aparência das ginkgos que vivem hoje. Certas características internas da árvore mudaram, mas, em comparação com as mudanças drásticas ocorridas em outras árvores nos últimos 170 milhões de anos, parece que a ginkgo não evoluiu muito.

Outro exemplo de fóssil vivo é o peixe celacanto. Até a década de 1930, o celacanto havia sido visto apenas no registro fóssil, e os cientistas presumiam que fora extinto com os dinossauros. Mas, em 1938, pescadores da costa leste da África do Sul pegaram um celacanto. Desde então, duas espécies desse fóssil vivo foram identificadas na região. O celacanto está intimamente relacionado aos primeiros peixes de nadadeiras lobadas que evoluíram 400 milhões de anos atrás (veja no Capítulo 19 detalhes sobre a evolução dos peixes) e não mudou muito desde então.

Exemplos adicionais de fósseis vivos incluem crocodilos, algumas espécies de tubarão e o panda gigante.

- Bloqueiam a luz do Sol, da qual a vida vegetal depende.
- Bloqueiam o calor do Sol, levando ao resfriamento global.
- Criam condições para a chuva ácida.

Essa atmosfera escura também é muito fria e dificulta a respiração — como um dia de forte poluição nas cidades modernas, mas que dura muitos anos.

3. **A vida das plantas é afetada primeiro.** A combinação de chuva ácida, temperaturas mais amenas e ausência de luz solar interrompe o processo de fotossíntese e, portanto, a vida das plantas.

4. **Os herbívoros são afetados a seguir.** Sem as plantas para sustentá-los, as espécies de animais herbívoros começam a sofrer.

5. **Todo o ecossistema entra em colapso.** À medida que as plantas e os herbívoros desaparecem, os animais que dependem deles (carnívoros) também sofrem. Em dado momento, as teias alimentares inteiras são afetadas e começam a entrar em colapso.

Lembre-se de que a extinção em massa não ocorre em um dia. A sequência de eventos após um impacto continua por muitas centenas ou milhares de anos após o próprio evento de impacto. As espécies que não conseguem se adaptar ao novo modo de vida morrem.

Lava em todo canto: Erupções vulcânicas e derrames basálticos

As rochas basálticas, formadas pelo resfriamento da lava, indicam que, às vezes, no passado da Terra, a atividade vulcânica ocorria em escala maciça. Regiões inteiras dos continentes, as *províncias*, eram cobertas por camadas de rocha basáltica com muitos quilômetros de espessura. As regiões dos continentes modernos que são cobertas por esses derrames basálticos são ilustradas na Figura 22-1.

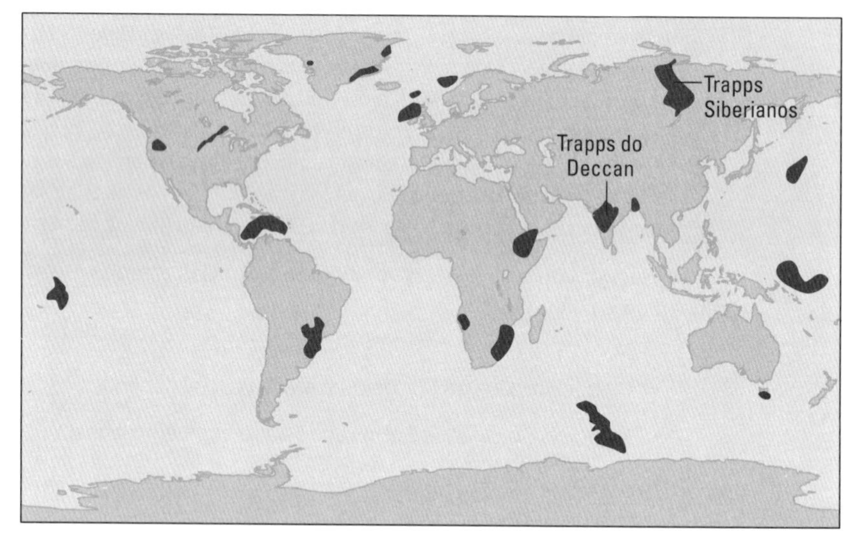

FIGURA 22-1: Regiões dos continentes modernos cobertas por camadas de rochas de derrames basálticos.

Essas províncias não são formadas pela erupção de lava de uma montanha vulcânica como o Monte Santa Helena, retratado no Caderno Colorido deste livro, mas a partir de *fissuras*: rachaduras alongadas das quais o magma abaixo irrompe na superfície sem força explosiva. Hoje, tais *erupções de fissura* são mais comuns nos flancos das montanhas vulcânicas e nas erupções vulcânicas do Arquipélago do Havaí.

Os geólogos concluem que a erupção de lava de fissuras gigantes criou os derrames basálticos e também alterou o meio ambiente global. Em particular, essas erupções massivas de lava, muito maiores do que as fissuras atuais nas erupções das ilhas havaianas, teriam sido acompanhadas pela liberação de enormes quantidades de gás vulcânico na atmosfera. O resultado teria sido o aumento das temperaturas globais e as mudanças associadas nos padrões climáticos devido ao dióxido de enxofre e ao vapor de água adicionados ao ar.

Acredita-se que alguns desses eventos de derrame basálticos tenham durado centenas de milhares de anos por vez. Embora a região afetada pela lava em si fosse confinada a um continente específico, os efeitos globais da mudança da atmosfera e do clima teriam atingido todas as partes da Terra, tanto na terra quanto nos oceanos.

Mudança do nível do mar

Durante certos momentos da história da Terra, a maior parte da vida estava nos oceanos rasos. Uma mudança no nível do mar teria efeitos drásticos nos ambientes que viabilizam a vida marinha rasa. Os níveis mais baixos do mar forçariam a vida marinha rasa em ambientes secos e sem água. Os níveis mais altos do mar os deixariam em águas mais profundas, com menos acesso à luz solar e ao oxigênio, encontrados perto da superfície do oceano.

As mudanças no nível do mar podem ter resultado de mudanças climáticas (derretimento ou crescimento de grandes calotas polares, que mudaria a quantidade de água nos oceanos) ou dos movimentos das placas (veja o Capítulo 9).

Mudança climática

A maioria dos cientistas agora considera as mudanças climáticas o fator mais importante para as extinções em massa. O clima da Terra muda em resposta a muitos fatores, incluindo impactos, movimentos de placa e erupções vulcânicas.

Ao olhar as evidências de extinções em massa nos registros geológicos, os cientistas concluem que as mudanças em escala global são explicadas de forma mais confiável por meio de mudanças em um sistema global, como o clima. Outras evidências geológicas indicam que intervalos de extinção em massa ocorrem durante o aquecimento global ou as glaciações, levando os cientistas a concluírem que as mudanças nas condições climáticas mudaram os ambientes globais de forma tão drástica que muitas espécies não se adaptaram e morreram.

Fim dos Tempos, Pelo Menos Cinco

As espécies se extinguem o tempo todo; isso faz parte da ordem natural. Taxas normais de extinção ao longo do tempo são parte do que os cientistas chamam de *taxa de extinção de background ou normal*, que se espera que ocorra na Terra. As extinções em massa descritas nesta seção, conforme indicado no registro fóssil, têm taxas de extinção muito mais drásticas e extremas do que a normal (de background).

A Figura 22-2 é um gráfico que ilustra as taxas de extinção ao longo da história da Terra, destacando os cinco principais eventos de extinção que descrevo.

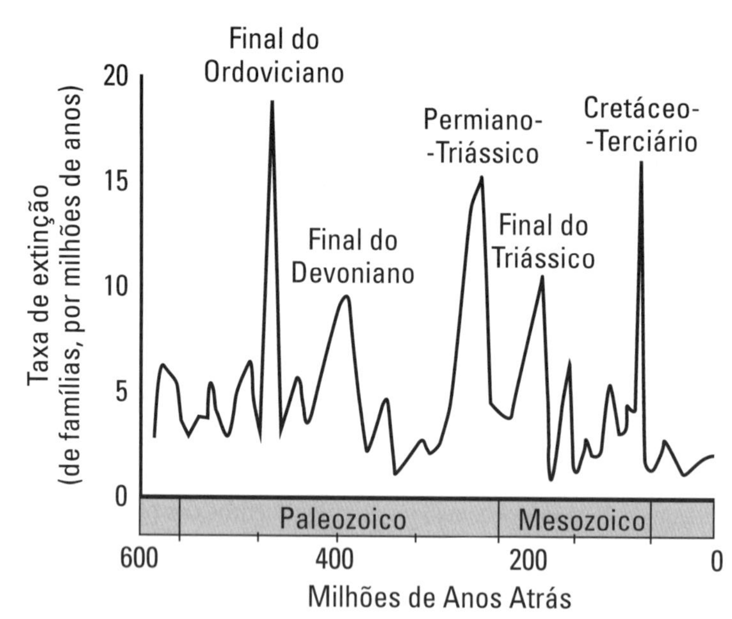

FIGURA 22-2: Taxas de extinção dos cinco principais eventos de extinção.

Resfriamento das águas tropicais

A primeira grande extinção em massa que os cientistas conhecem aconteceu aproximadamente 445 milhões de anos atrás, no final do período Ordoviciano (na era Paleozoica). Na época, a vida estava nos oceanos; nenhuma evidência indica que plantas terrestres ou animais existiam. Os cientistas acreditam que o extenso ambiente marinho foi afetado por um clima de resfriamento e de mudanças abruptas no nível do mar, à medida que geleiras extensas cresciam nos continentes do Polo Sul. Mais de cem famílias de organismos marinhos, principalmente que viviam em regiões tropicais próximas ao Equador, foram extintas. Isso totalizava mais de 50% das famílias do período.

Com as evidências da glaciação, os cientistas concluíram que o clima mais frio nos polos significava condições mais frias também nos trópicos, deixando os organismos adaptados à água quente sem terem para onde ir. A quantidade de água bloqueada na forma de gelo sobre o Polo Sul também reduziria drasticamente o nível do mar no planeta, reduzindo o habitat de organismos submarinos.

Redução do nível de dióxido de carbono

No final do período Devoniano (também na era Paleozoica), há cerca de 370 milhões de anos, outro evento de extinção afetou a vida marinha. Esse evento parece ter afetado organismos construtores de recifes que vivem em ambientes marinhos rasos, bem como alguns grupos de plantas terrestres primitivas.

Um pouco menos drástico do que o evento de extinção anterior, a extinção devoniana tardia viu quase 50% das famílias desaparecerem. O fato de organismos em águas marinhas rasas e em terra terem sido afetados levou os cientistas a suporem que as condições atmosféricas, como mudanças nos níveis de dióxido de carbono, desempenharam um grande papel nesse evento.

As próprias plantas primitivas podem ter alterado os níveis atmosféricos de dióxido de carbono por meio da fotossíntese. Menos dióxido de carbono leva a condições climáticas globais mais frias, o que afetaria a vida marinha em ecossistemas marinhos rasos e quentes.

A Grande Morte

Um evento de extinção em massa que marca a transição entre as eras Paleozoica e Mesozoica, cerca de 250 milhões de anos atrás, é *A Grande Morte, o Evento Perniano-Triássico, A Extinção Permo-Triássica ou A Extinção do Final do Perniano*. Nessa época, mais de 96% das espécies aquáticas e 70% das terrestres (incluindo algumas plantas) morreram. A extinção do final do Permiano é o único evento de extinção da história da Terra a afetar insetos, resultando na perda de 33% das espécies deles.

Os cientistas não têm certeza do que causou a extinção do fim do Permiano. Esse evento parece ter ocorrido ao longo de alguns milhões de anos, levando os cientistas a descartarem um impacto como a causa primária.

No momento dessa extinção, o supercontinente da Pangeia (veja o Capítulo 19) estava se formando, o que pode ter mudado os padrões de circulação do oceano e as temperaturas mais rapidamente do que as espécies eram capazes de se adaptar. Mas alguns cientistas argumentam que, na época das extinções, as massas de terra já haviam se movido e não deveriam ter alterado os ambientes marinhos de nenhuma maneira relevante.

Essa extinção em massa foi mais severa nos oceanos, levando alguns cientistas a concluírem que as condições globais da água devem ter experimentado uma mudança perturbadora. Uma explicação é que os oceanos se tornaram *anóxicos*: sem oxigênio dissolvido.

PAPO DE ESPECIALISTA

Os níveis de oxigênio no oceano são mantidos pela circulação das águas superficiais, que se esfriam perto dos polos, afundam (levando água rica em oxigênio para o fundo do mar) e voltam em direção ao Equador. Essa circulação de água devido às mudanças de temperatura e de salinidade (a quantidade de sal que contém) é hoje chamada de *circulação oceânica termohalina ou termossalina*.

Os cientistas propõem que, no final do Permiano (o último período da era Paleozoica), as condições climáticas eram tão quentes em todo o planeta que a circulação dos oceanos foi interrompida — como consequência, nenhum oxigênio foi levado para o mar profundo, o que basicamente sufocou a vida marinha.

Nos continentes, os *trapps siberianos* — um fluxo maciço de lava de atividade de fissura vulcânica no que hoje é o norte da Sibéria — provavelmente afetaram as condições climáticas globais. A liberação de gases associados a esse tipo de atividade vulcânica pode ter bastado para criar uma estufa global, aquecendo as temperaturas para interromper o ciclo do oxigênio nos oceanos.

Abrindo caminho para os dinossauros

No final do período Triássico (o primeiro da era Mesozoica), cerca de 200 milhões de anos atrás, aproximadamente 35% das famílias de animais foram extintas. Embora esse evento seja o menos drástico das cinco principais extinções, sua causa ainda é um mistério para os cientistas.

Esse evento de extinção provavelmente se espalhou por um longo intervalo de tempo. A *província magmática do Atlântico Central* — uma região de massivos fluxos de lava entre os continentes da América do Sul, África e Europa quando a Pangeia se separou — estava em erupção, e as evidências das condições climáticas sugerem que o clima era uma montanha-russa, de um extremo ao outro. Esse clima instável dificultaria a adaptação de algumas espécies, resultando em sua extinção.

As extinções do final do Triássico pavimentaram o caminho para o domínio dos dinossauros. À medida que outros grupos de animais morriam, os dinossauros se expandiam para preencher os nichos vazios, até cobrirem todos os ambientes da Terra.

Destruindo dinossauros: O limite K-T

Possivelmente, o evento de extinção em massa mais conhecido é aquele que encerrou o reinado dos dinossauros, no final do período Cretáceo (no final da Era Mesozoica). No registro geológico, a transição do Cretáceo para o Paleógeno é bem marcada pelo desaparecimento dos fósseis de dinossauros. Como explico no Capítulo 20, alguns dinossauros são ancestrais dos pássaros. Esses dinossauros aviários são os únicos que sobreviveram a esse evento de extinção. Todos os dinossauros répteis são encontrados em camadas de rocha abaixo da camada geológica referente a esse momento — não acima dela.

A camada geológica que marca o limite entre os períodos Cretáceo e Paleógeno é o *limite K-T*. O K significa a palavra em alemão para Cretáceo, *Kreidezeit*; o T, *Terciário*, que é o período entre o Cretáceo e o Quaternário (de 65 a 2,8 milhões de anos atrás). Os geólogos modernos que não reconhecem mais o Terciário se referem a essa transição como *limite K-Pg* (Cretáceo-Paleógeno).

Ocorreram muitos eventos que podem ter, juntos, resultado na extinção de tantos animais. O supercontinente da Pangeia estava se separando, e os Trapps do Deccan, na Índia (veja a Figura 22-1), estavam em erupção. Como expliquei neste capítulo, os movimentos das placas tectônicas, bem como a atividade vulcânica maciça, podem alterar as condições atmosféricas, climáticas e oceânicas globais, resultando em extinções de animais.

No limite K-T (ou K-Pg), no entanto, também há evidências claras de um evento de impacto. No Golfo do México, próximo ao lado norte da Península de Yucatán, os cientistas identificaram uma enorme cratera. A *Cratera de Chicxulub*, ilustrada na Figura 22-3, resulta do impacto de um corpo rochoso de pelo menos 10km de largura que atingiu a Terra há cerca de 65 milhões de anos.

FIGURA 22-3: A localização da Cratera de Chicxulub, no Golfo do México.

De acordo com a teoria do impacto (que descrevo no início deste capítulo), ele poderia ter criado um escurecimento duradouro da atmosfera, afetando primeiro as plantas e depois passando pela cadeia alimentar para devastar as maiores criaturas: os dinossauros.

A linha de evidência mais forte para essa explicação é a quantidade de irídio encontrada em camadas de sedimentos que datam do mesmo momento. O *irídio* é um elemento raro na crosta terrestre, comum em meteoritos. Sua presença mundial em camadas de argila e areia que deve ter existido na superfície da Terra durante a fronteira K-Pg indica que, de alguma forma, grandes quantidades de irídio foram introduzidas na atmosfera da Terra. Os cientistas aceitam o impacto de um grande meteorito como uma explicação óbvia.

Extinções Modernas e Biodiversidade

Nesta seção, descrevo um evento de extinção significativo na era do homem. Após os seres humanos evoluírem e se espalharem pelo globo, os grandes mamíferos da era Cenozoica (que descrevo no Capítulo 21) começaram a declinar. Nesta seção, apresento possíveis explicações para esse declínio e ideias sobre como o impacto contínuo do homem em nosso planeta afeta a biodiversidade.

Caçando a megafauna

Cerca de 14 mil anos atrás, os seres humanos chegaram às Américas, provavelmente por meio de uma ponte de terra conectando a Sibéria e o Alasca. O que encontraram foi uma terra cheia de grandes mamíferos, ou *megafauna*, como mamutes, mastodontes, bisões, cavalos, preguiças gigantes e rinocerontes, para citar alguns. Logo após a chegada dos seres humanos, o número de grandes espécies de mamíferos diminuiu drasticamente, levando alguns cientistas a concluir que eles caçaram esses animais até a extinção.

A proposta de que a caça humana resultou na extinção da megafauna é a *hipótese da matança pré-histórica*. Os defensores dessa hipótese afirmam que os animais sem exposição prévia a seres humanos não se adaptam com rapidez suficiente à habilidade predatória destes e à sua capacidade de matar um grande número de animais de uma vez.

Um exemplo recente de situação de matança é a extinção do pássaro dodô da ilha de Maurício, no Oceano Índico. No ano de 1600, os marinheiros chegaram à ilha e começaram a caçar esse grande pássaro que não voa e seus ovos para comer. O dodô, sem predadores naturais e sem experiência com seres humanos, foi completamente exterminado em 1681 — apenas oitenta anos depois que começou a coexistir com seres humanos.

Os defensores da hipótese de matança também apontam para eventos semelhantes na Austrália há mais de 40 mil anos. Quando as populações humanas chegaram à Austrália, inúmeras espécies de grandes *marsupiais* (mamíferos parecidos com canguru) foram extintas. A causa dessa extinção — como aquelas da megafauna norte-americana — ainda é debatida. Alguns cientistas pensam que foi um resultado direto da migração humana para o continente e da caça excessiva aos animais. Outros sugerem que as mudanças humanas no meio ambiente (como o uso do fogo para limpar a vegetação) foram um fator mais importante na causa das extinções.

No entanto, outras hipóteses têm sido propostas para explicar o desaparecimento desses grandes mamíferos:

» **Impacto de asteroide:** Recentemente, os cientistas apresentaram evidências de um possível evento de impacto que pode ter levado à extinção da megafauna norte-americana. Os pesquisadores ainda debatem essa possibilidade calorosamente e procuram evidências (como onde tal impacto pode ter ocorrido) para respaldar as suas hipóteses.

» **Mudanças climáticas:** Outros cientistas afirmam que as mudanças climáticas que ocorrem ao mesmo tempo, como o derretimento das geleiras da Era do Gelo e o aquecimento global, foram significativas o suficiente para levar algumas espécies à extinção. No entanto, a hipótese da mudança climática deixa os céticos se perguntando por que as espécies de grandes mamíferos não migraram para novos habitats quando os ambientes mudaram. E outros sugerem que o clima não mudou tão rápida ou drasticamente para resultar em extinções.

Reduzindo a biodiversidade

O efeito humano na megafauna, ou grandes mamíferos, está longe de acabar. Hoje, muitos dos animais listados como ameaçados ou em perigo por causa dos seres humanos são os maiores mamíferos existentes, incluindo bisão-americano, elefantes asiáticos, gorilas da montanha, várias espécies de baleias e muitas espécies de urso. À medida que os seres humanos continuam dominando a Terra, seu padrão de movimento para novas regiões, que leva as espécies à extinção, continua.

O crescimento e a expansão da população humana em novos ecossistemas ameaçam muitas espécies de extinção. Embora uma taxa de extinção de fundo seja normal e esperada, alguns *ecólogos* (cientistas que estudam os ecossistemas) sugerem que os seres humanos aumentaram a taxa de extinção em até 10 mil vezes a taxa normal.

A existência de múltiplas espécies é a *diversidade biológica*, ou *biodiversidade*. Os cientistas percebem que a biodiversidade é muito importante porque os ecossistemas nos quais ela é alta são mais propensos a se adaptarem em resposta a distúrbios (como incêndios florestais). Regiões ricas em biodiversidade, como as florestas tropicais da América do Sul, também abrigam espécies de plantas, insetos e animais que podem ter propriedades medicinais importantes e desconhecidas.

O efeito mais prejudicial que os seres humanos têm sobre a biodiversidade é a destruição, a fragmentação e a poluição dos ecossistemas. Muitas das regiões de maior biodiversidade também são as mais frágeis e são facilmente danificadas pela construção de estradas, pela introdução de espécies não nativas (animais de fazenda), pela poluição industrial e pelo desmatamento. Se essas espécies se extinguirem, devido à mudança climática causada pelo homem ou ao desenvolvimento e ao uso da terra, os seres humanos perderão algo de grande valor, que nem sabiam que tinham!

A Parte dos Dez

NESTA PARTE...

Descubra dez maneiras de usar recursos geológicos em seu cotidiano, desde as pedras preciosas nas joias, o gesso nas paredes e os metais preciosos usados para construir seu smartphone.

Descubra dez perigos geológicos dos quais você deve estar ciente, as maneiras mais comuns como a geologia destrói os esforços humanos e às vezes tira vidas.

NESTE CAPÍTULO

» Brincando com plástico

» Usando minerais como joias

» Mantendo água potável em rochas

» Fertilizando safras

Capítulo 23
Dez Meios de Usar a Geologia Todo Dia

Ao longo deste livro, você aprendeu sobre as rochas encontradas na Terra e os processos que as formam. Talvez você ainda pense na geologia como algo apartado da sua realidade, longe de onde está confortavelmente sentado lendo este livro. Nesta seção, destaco algumas das maneiras mais comuns de usar a geologia. Isso inclui sua casa, bairro e até seu computador!

Queimando Combustível Fóssil

Uma das maneiras mais conhecidas e difundidas de os seres humanos usarem os recursos geológicos é por meio do uso de combustíveis fósseis para gerar energia: carvão, petróleo e gás natural. Os hidrocarbonetos extraídos das profundezas da terra são os restos de organismos que já viveram (não, não são dinossauros; a maioria, mais provável, são de algas de um passado remoto). Como o material orgânico antigo fica preso sob camadas de argila e areia, ele se decompõe lentamente, mas, sem acesso ao oxigênio, não se decompõe totalmente. Em vez disso, as moléculas de hidrocarbonetos simplesmente ficam por ali. Dependendo das condições de soterramento e da localização, elas formam diferentes tipos de combustível fóssil, que os seres humanos podem coletar. Parte da matéria orgânica é triturada com o tempo, transformando-se de um pântano de turfa em carvão betuminoso, que pode ser minerado, como o que é extraído nas montanhas Apalaches da América do Norte. Outra situação é quando a matéria orgânica fica presa nos sedimentos do fundo do mar e, ao longo de milhões de anos, forma um líquido que pode ser extraído como óleo, como o encontrado no fundo do mar do Golfo do México. As areias betuminosas, como as encontradas no Canadá, são sedimentos arenosos com piche de hidrocarbonetos preenchendo todos os espaços entre os grãos de areia. E os gases naturais que são capturados pelo fraturamento hidráulico são simplesmente hidrocarbonetos gasosos presos nos pequenos espaços entre os sedimentos em rochas de argila, xisto e arenito.

Todos esses diferentes tipos de "combustíveis fósseis" liberam dióxido de carbono quando queimados para fornecer energia, e, com a compreensão recente dos efeitos do CO_2 nas mudanças climáticas, houve um impulso para nos afastarmos da dependência global desses recursos.

Brincando com Plástico

O plástico é um produto feito pelo ser humano a partir das moléculas que sobraram do processamento de combustíveis fósseis, como óleo líquido e petróleo. Desde sua invenção, no início dos anos 1900, o plástico se tornou o material mais comum para fazer quase tudo! Infelizmente, como é feito pelo ser humano, não se recicla de volta para o ecossistema da mesma forma que os produtos que se desenvolvem naturalmente, como papel (de fibra de madeira) ou metais. Olhe ao redor da sua casa e conte todos os itens de plástico. Ele também é um recurso geológico, porque, sem combustíveis fósseis, não existiria.

Coletando Pedras Preciosas

Por milênios, os seres humanos usaram lindos minerais, as gemas, como joias para se adornarem. Muitas das pedras preciosas comuns, como aquelas atribuídas como pedras de nascimento a cada mês do ano, são simplesmente minerais comuns com cores atraentes ou características intrigantes de dureza. Por exemplo, alguns cristais de quartzo possuem pequenas quantidades de outros elementos presos em sua estrutura cristalina. Quando isso acontece, há uma pedra preciosa! Quando o quartzo contém ferro preso dentro dele, fica roxo, e o chamamos de ametista. Quando uma ametista é aquecida, sua cor muda para amarelo, e a chamamos de citrino. Da mesma forma, a safira e o rubi são o mineral coríndon, mas as safiras têm pequenas quantidades de titânio e os rubis, de cromo. Outros minerais de gemas incluem esmeraldas, águas-marinhas e opalas.

Água Potável

Talvez você nunca tenha pensado na água como um recurso geológico, mas, sem camadas de rocha para filtrar a água subterrânea, a água do seu poço não seria tão doce! Assim como a água se move pela superfície terrestre, também se move por baixo dela (veja o Capítulo 12). O movimento da água através dos minúsculos poros da rocha permeável ajuda a filtrá-la e limpá-la. Quando atinge um aquífero no qual possa ser armazenada e facilmente acessada, pode já estar limpa o suficiente para que se beba direto do poço. No entanto, a água doce subterrânea é um recurso ameaçado. A elevação do nível do mar ameaça se infiltrar nos aquíferos de água doce das regiões costeiras, que, uma vez contaminados por água salgada, ficarão impróprios para o consumo humano. Outro perigo para os recursos hídricos subterrâneos de muitas partes do mundo é o fraturamento hidráulico em busca de gás natural. Mesmo que não contamine diretamente as águas subterrâneas, libera gases, como o metano, que foram retidos nas rochas junto com outros gases naturais. Uma vez que esses gases são liberados, durante o fraturamento hidráulico, não podem ser contidos e impedidos de se moverem através das rochas para os aquíferos de água doce nos arredores.

Tornando Concreto

Talvez você tenha pensado que o concreto usado para construir calçadas, edifícios, pontes e outras estruturas da sua cidade fosse outro tipo de rocha. Ou talvez nem tenha pensado nisso. A verdade é que o concreto é um material semelhante a uma rocha, só que feito pelo ser humano. Para fazer concreto, várias rochas diferentes são usadas. Em primeiro lugar, é preciso esmagar algumas rochas e pedras em um pouco de água. Mas, para uni-las, é preciso cimento — ou cola mineral. Na natureza, as rochas sedimentares são coladas ou cimentadas com minerais, como calcita ou quartzo, que se precipitam entre os grãos de sedimento e os colam em um grande pedaço. Para fazer cimento, os seres humanos imitaram esse processo combinando calcário, argila e gesso (outro mineral precipitante). Uma vez que tiver as pedras trituradas, água e mistura para cimento, mexa e deixe descansar até secar. Agora, você tem concreto!

O concreto é o material básico das construções humanas. É usado para criar a fundação de casas e de prédios, bem como para moldar a paisagem urbana, com calçadas, rodovias, barreiras de concreto e outras estruturas.

Pavimentando as Estradas

Hoje as estradas cruzam quase todas as paisagens, um sinal claro da Época dos Humanos, ou Antropoceno (veja o Capítulo 21). Os seres humanos dependem de vários recursos geológicos diferentes para construí-las e para criar asfalto, aquela coisa preta de que as estradas são feitas. O asfalto é uma combinação de piche, chamado de betume, ou carvão betuminoso. O asfalto pode ser minerado, aquele que se formou naturalmente nas camadas das rochas, ou refinado a partir de outros combustíveis fósseis extraídos. Combinado com cascalho, areia e uma mistura de concreto, é a cola pegajosa que junta esses materiais, quando são comprimidos para criar uma estrada.

Suando o Calor Geotérmico

À medida que nossa compreensão das mudanças climáticas e do efeito do carbono adicional na atmosfera cresceu, muitas regiões buscaram fontes alternativas de energia. Uma delas é o calor geotérmico. Ao cavar mais fundo na terra, você experimentará o aumento de calor que os cientistas chamam de gradiente geotérmico. A profundidade na qual o calor de dentro da terra é acessível varia com a localização. As regiões próximas a atividades vulcânicas, em particular, têm acesso a uma grande quantidade de calor geotérmico em uma profundidade relativamente rasa, abaixo da superfície.

Para acessar esse aquecimento, por exemplo, para aquecer sua casa, você precisa de um sistema de canos construído que se estenda no subsolo abaixo da casa. Ao enviar água através desses tubos, ela é aquecida nas seções profundas simplesmente porque os tubos estão rodeados por rochas aquecidas. Depois de aquecida, a água circula de volta pela sua casa, onde pode ser usada como fonte de calor em vez de usar gás, óleo ou outros combustíveis fósseis para gerar calor.

Fertilizando com Fosfato

Fosfatos são minerais importantes para viabilizar a vida e são encontrados nas rochas da superfície da Terra. Os processos naturais levam os fosfatos para os ambientes superficiais por meio da erosão das rochas à medida que são erguidas na superfície da Terra. Os fosfatos também são extraídos e refinados em fertilizantes para o uso agrícola. A expansão dos negócios agrícolas do século passado acelerou a mineração e a aplicação de fosfatos — o mineral ajuda as plantas a crescerem e, quando aplicado às plantações, aumenta drasticamente os rendimentos. No entanto, muito do fosfato usado não é absorvido pelas plantas e acaba indo para cursos d'água próximos, que se sobrecarregam com o mineral, acarretando efeitos colaterais negativos, como o surgimento excessivo de algas.

Construindo Computadores

Os computadores e a tecnologia de dispositivos portáteis dependem muito dos recursos geológicos. Examine o plástico da carcaça ou do invólucro do dispositivo, mas saiba que a verdadeira história está por dentro. Os computadores são construídos com uma grande variedade de elementos extraídos de minerais encontrados em todo o mundo. Aqui estão alguns dos elementos encontrados em certas partes do seu computador e do seu smartphone:

- **Tela de exibição:** Os displays são feitos de materiais que contêm chumbo e estanho, bem como quartzo e potássio ou chumbo para o vidro. O chumbo que fortalece as telas de vidro é extraído do mineral galena.
- **Placa de circuito:** O funcionamento de um computador ou dispositivo inteligente depende de uma longa lista de metais e de outros elementos extraídos deles, incluindo (mas não se limitando a) silício do quartzo, cobre da calcopirita e alumínio da bauxita.
- **Função:** Certas funções do seu smartphone dependem dos ímãs internos alimentados pelo neodímio de terras raras. Sem esse recurso vital, seu telefone não seria capaz de executar a vibração que indica as notificações.

Edifício com Pedras Bonitas

As rochas que vemos na Terra são lindas com sua ampla variedade de minerais, texturas e cores. E, embora a base da sua casa possa ser o concreto feito pelo homem, os muitos realces atraentes ou o acabamento externo podem ser adornados com rochas selecionadas não pela resistência, mas simplesmente pela beleza.

O uso de pedras atraentes para a construção e para a decoração começou na antiguidade em muitas sociedades, e a tradição continua até hoje. Embora a fachada de muitas casas e edifícios tenha características de pedra natural, ou adornos, nas últimas décadas houve um grande uso de granitos polidos, mármores, quartzitos e outros tipos de rochas para decoração de interiores. As bancadas de pedra lapidada são populares e, se procurar, encontrará placas de pedra interessantes e bonitas em muitas cores diferentes para escolher. Da mesma forma, pedras exuberantes são usadas como ladrilhos até mesmo em chuveiros e banheiros.

NESTE CAPÍTULO

» Conhecendo os perigos geológicos mais comuns

» Identificando cada um deles

Capítulo 24

Dez Riscos Geológicos

Viver na Terra pode ser perigoso. A Terra é um planeta dinâmico, os processos geológicos estão sempre em movimento, e, enquanto alguns processos levam milhões de anos (como a formação de uma rocha sedimentar), outros acontecem muito rápido (como uma erupção vulcânica). Todos esses processos são naturais, mas se tornam arriscados quando afetam a vida humana e a infraestrutura da sociedade moderna. Neste capítulo, descrevo alguns riscos geológicos comuns e outros não tão comuns.

Mudança de Curso: Inundação Fluvial

Em todo o mundo, a água flui de elevações mais altas para mais baixas, como afluentes e fluxos de um rio. O movimento da água através de uma região durante um longo intervalo cria leitos de rios e canais de córregos. Mas os rios nem sempre ficam no mesmo lugar. Sob as condições certas, mudam de curso ou transbordam das suas margens, resultando em uma inundação.

As inundações são causadas por muitos fatores, mas o resultado final é haver muita água em um lugar ao mesmo tempo e o fluxo do rio não conseguir movê-la rio abaixo com rapidez suficiente. Esse evento é muito comum na primavera de regiões mais frias, pois a chuva derrete a neve e sobrecarrega os canais das drenagens com água. Conforme a água transborda das margens dos canais dos rios, cidades inteiras podem ficar inundadas.

Vidas perdidas por inundações são o resultado de *enchentes* — quando as chuvas ocorrem tão rápida e intensamente que não há nenhum aviso antes que a água passe pelas estradas e destrua pontes. Os motoristas e seus veículos podem ser arrastados por uma enchente. Outra situação perigosa durante as enchentes é quando as pessoas tentam dirigir em poças de água parada, sem perceber a profundidade real, até que seja tarde demais.

Desmoronando: Dolinas

As dolinas ocorrem quando a água subterrânea erode a rocha subterrânea, removendo o material rochoso que sustenta a superfície da terra, de modo que o solo, os sedimentos e quaisquer estruturas construídas sobre ele entram em colapso. As dolinas podem ocorrer em qualquer lugar no qual as rochas subjacentes contenham minerais solúveis em água e são mais comuns em regiões com topografia cárstica (o que descrevo no Capítulo 12). Nessas regiões, a erosão subterrânea cria cavernas e cavidades abaixo da superfície, então não há material suficiente para sustentar a superfície da terra acima.

As dolinas muitas vezes desmoronam logo após uma forte chuva; o peso adicional da água no solo é mais intenso do que o teto da cavidade subterrânea suporta, e ele desaba. Quando uma dolina se forma, desmoronando, deixa uma depressão em forma de funil na superfície do solo. Qualquer coisa naquela superfície afunda na dolina, incluindo estradas, pontes, prédios e casas.

Ladeira Abaixo: Deslizamento de Terra

Os deslizamentos de terra são um tipo de movimento de massa (veja o Capítulo 11) no qual grandes quantidades de rocha e solo se movem rapidamente para baixo. Eles são mais perigosos em regiões populosas e desenvolvidas, nas quais tendem a destruir casas e a bloquear estradas.

As condições para os deslizamentos de terra são criadas sob uma série de circunstâncias diferentes que resultam em encostas instáveis — que não suportam os materiais em cima delas, e tudo desliza para baixo. O potencial para um deslizamento de terra aumenta quando fortes tempestades geram chuva que adiciona mais peso à superfície da terra ou quando ocorrem eventos que sacodem a terra, como terremotos e vulcões. As condições para os deslizamentos de terra também são criadas pela erosão (tópico que discuto mais adiante neste capítulo).

Segredos de Liquidificador: Terremoto

Terremotos ocorrem em todo o planeta o tempo todo. Mas se tornam riscos geológicos quando ocorrem perto da superfície, são particularmente fortes ou acontecem em regiões densamente povoadas. A combinação desses fatores é o que determina os danos e o número de mortos decorrentes.

LEMBRE-SE

A quantidade de danos resultantes de um terremoto está relacionada não apenas à sua força e à sua localização, mas também ao tipo de estruturas que ele afeta. Em algumas regiões, como o estado da Califórnia, foram tomadas medidas para se construírem edifícios que suportem a atividade ocasional de terremotos. Conforme visto nos terremotos de 2010 que afetaram o Haiti e o Paquistão, regiões menos modernizadas são facilmente devastadas.

Quando ocorrem terremotos, eles podem iniciar um fenômeno chamado *liquefação*. A liquefação ocorre quando o tremor do terremoto faz com que os sedimentos saturados (comumente, areia) fluam como se fossem líquidos. A liquefação de sedimentos por terremotos resulta em todos os danos associados aos deslizamentos de terra.

Os esforços para registrar e estudar os terremotos têm o objetivo de predizê-los, na esperança de evitar a destruição das propriedades e a perda das vidas humanas que geralmente resultam da atividade sísmica.

Lavando a Roupa Suja: Tsunamis

Outro perigo, um tsunami, está intimamente relacionado a terremotos e a deslizamentos de terra. Quando qualquer um desses dois eventos ocorre debaixo da água, cria uma grande onda que pode viajar centenas de quilômetros por hora no mar aberto, chegando à costa como uma parede de água e avançando quilômetros para o interior. Incorretamente chamadas de *maremotos* (não têm nada a ver com as marés), essas ondas gigantes já foram registradas na América do Sul como resultado de terremotos que ocorreram no Japão.

Da mesma forma, deslizamentos de terra em alto-mar e submarinos deslocam grandes quantidades de água e as enviam para a costa com resultados devastadores. Cidades costeiras afetadas por tsunamis gerados por deslizamentos de terra geralmente têm pouco ou nenhum aviso.

Os terremotos dão alguns avisos de que há tsunamis a caminho. Se você estiver perto da costa e sentir um terremoto, ou se vir a água recuar para o alto-mar, vá para um terreno mais alto imediatamente. (A água frequentemente se move como uma maré baixa muito rápida antes que as grandes ondas do tsunami cheguem à costa.)

Danos de tsunamis incluem a destruição de propriedades e vegetação das águas das enchentes de fluxo rápido, bem como o fluxo de água no interior ou a *inundação* em áreas relativamente distantes da costa. Desde o tsunami no Oceano Índico, em 2004, muitas pesquisas sobre tsunamis (e sua relação com terremotos) têm se concentrado na previsão desses eventos e na construção de sistemas de alerta para notificar as comunidades que podem estar em perigo quando um deles ocorrer. Infelizmente, como o tsunami de 2011 no Japão mostrou, os sistemas de alerta são mais eficazes para regiões que estão distantes o suficiente para responder aos avisos antes de serem atingidas pelas ondas descomunais.

Subiu a Serra: Erosão

Comparada a uma erupção vulcânica, a um tsunami ou a um terremoto, a erosão parece não ser um motivo de preocupação. A verdade é que você tem mais probabilidade de ser afetado em seu cotidiano pela erosão do solo do que por qualquer um dos perigos geológicos mais drásticos.

A *erosão* é o movimento de sedimentos e do solo devido ao vento, à água ou a algum outro processo. A erosão do solo é mais comum em áreas sem vegetação (porque as plantas mantêm o solo no lugar), como o sobrepastoreio de animais de rebanho ou o desmatamento. Depois que o solo é removido, a terra não propicia mais o surgimento de vegetação — ou de plantações — e se torna inútil.

Essa situação é particularmente perigosa em regiões quentes e secas, nas quais terras agrícolas, alimentos e água já são escassos. A erosão dos solos superficiais em tais regiões aumentou com o aquecimento das temperaturas globais no último século: as temperaturas mais altas reduzem as chuvas, deixando os sedimentos superficiais mais suscetíveis à remoção pelo vento e tornando a vida muito mais difícil para as pessoas que lá moram.

A erosão da água em movimento, como ao longo de rios, leitos de córregos e linhas costeiras, também é um perigo e pode levar a deslizamentos de terra diminuindo o ângulo de repouso (veja o Capítulo 12). À medida que os penhascos ao longo dos rios ou da costa sofrem erosão, quaisquer edifícios neles situados correm o risco de desabar na água abaixo.

Fogo sem Paixão: Erupções Vulcânicas

No que diz respeito aos perigos geológicos, as erupções vulcânicas são boas para fotos, com lava vermelha e grandes nuvens de cinzas fluindo do topo das montanhas. A natureza de uma erupção vulcânica e, portanto, os perigos que apresenta variam dependendo do tipo de vulcão e da composição da rocha derretida em seu interior. Algumas erupções vulcânicas incluem a lava fluindo lentamente, enquanto outras são explosivas, enviando grandes quantidades de gás, cinzas e materiais rochosos quebrados para o ar e descendo as encostas das montanhas.

LEMBRE-SE

Embora a lava que flui dos vulcões seja extremamente quente e perigosa, ela se move lentamente e não representa um perigo imediato para as cidades próximas. Os perigos reais das erupções vulcânicas estão nas nuvens de cinzas e nos fluxos piroclásticos. Nuvens de cinzas de vulcões podem viajar por quilômetros no ar. As cinzas podem bloquear o Sol, reduzir a visibilidade dos motoristas e danificar os motores dos aviões. Os *fluxos piroclásticos* são fluxos de detritos de rocha intensamente aquecida e cinzas que se movem montanha abaixo através dos vales. Diferentemente do fluxo de lava, os fluxos piroclásticos movem-se muito rapidamente (quase a 450m/s) e destroem tudo em seu caminho.

E, por fim, as erupções vulcânicas liberam grandes quantidades de gases tóxicos na atmosfera, o que põe em risco a saúde das pessoas nas comunidades próximas.

Gelo e Fogo: Enxurradas Glaciais

O termo islandês *jokulhlaup* (às vezes pronunciado *yer-kul-hyolp*) refere-se às enxurradas glaciais, uma inundação causada pelo derretimento repentino de uma geleira. Na Islândia, onde as geleiras cobrem uma paisagem vulcânica, pequenas enxurradas glaciais ocorrem quando o gelo é aquecido pela atividade vulcânica, derrete e corre para o mar. Essas "inundações de explosão glacial" causam todos os danos associados a inundações massivas e ocorrem com a imprevisibilidade das erupções vulcânicas.

As enxurradas glaciais, embora nomeadas na Islândia, não se restringem ao país. Qualquer região onde se formam geleiras corre o risco de sofrer com elas. Elas ocorrem quando uma geleira que represa um lago encolhe o suficiente para que a água do lago vaze repentinamente. A erupção de vulcões cobertos por geleiras, como o Monte Rainier, em Washington, resultaria em inundações a nível das enxurradas glaciais, bem como em fluxos de detritos da combinação de água derretida e dos detritos vulcânicos produzidos durante a erupção.

Lamas Nada Medicinais: Lahars

Quando grandes quantidades de água se misturam a sedimentos, produzem um rio de lama corrente, o *lahar*. Lahars costumam ocorrer com outros perigos cobertos neste capítulo, incluindo enxurradas glaciais e vulcões. No caso de lahars de atividade vulcânica, a erupção vulcânica de rocha aquecida e lava pode derreter geleiras e neve, resultando em lahars. As enxurradas glaciais, da mesma forma, podem resultar em lahars quando a água glacial derretida se mistura com sedimentos lodosos soltos.

Conforme os lahars se movem pelas cidades, fluem como água, mas com muito mais força. Quando param de se mover, tudo o que inundaram fica cimentado na lama seca.

Atração Fatal: Geomagnetismo

O campo magnético da Terra não parece muito perigoso. Pelo contrário, é bastante útil se você se perder na mata com uma boa bússola. No entanto, às vezes a força do campo magnético da Terra muda, deixando-o mais forte ou mais ativo. Essas situações são as *tempestades magnéticas*, e, durante elas, o campo magnético da Terra afeta os sistemas tecnológicos dos quais os seres humanos dependem. Os sistemas GPS e outros satélites são interrompidos. As mudanças na atividade magnética também causam apagões quando afetam as redes elétricas. Para se preparar para os riscos potenciais do geomagnetismo, o US Geological Survey (USGS) trabalha com a NASA e o Departamento de Defesa dos EUA para monitorar a atividade do campo magnético da Terra.

Índice

D

E

F

G

H

I

J

L

M

N

O

P

R

S

T

O Monte Santa Helena é uma montanha vulcânica no sudoeste do estado de Washington que entrou em erupção explosiva em 1980, criando um raio de destruição de 13km.

Andesito porfirítico, uma rocha vulcânica com grandes cristais de feldspato plagioclásio (branco) e hornblenda (preto) em uma matriz de cristais minerais menores (cinza); veja o Capítulo 7.

Basalto vesicular, uma rocha vulcânica que se esfria com gases aprisionados em seu interior. Esses gases escapam posteriormente, deixando buracos ou vesículas na rocha (veja o Capítulo 7).

Um pedaço de obsidiana, uma rocha vulcânica com textura vítrea e fratura concoidal. A parte externa da rocha foi desgastada, resultando em uma cor vermelha acastanhada (veja o Capítulo 7).

Uma seleção de minerais (veja o Capítulo 6): canto superior esquerdo, cobre nativo; canto superior direito, azurita; meio à esquerda, duas formas de pirita; meio à direita, calcita; embaixo à esquerda, cristal de quartzo; canto inferior direito, fluorita roxa.

Amostra de migmatito, uma rocha metamórfica com bandas claras e escuras de minerais e dobramento devido à exposição a altas temperaturas e à pressão intensa nas profundezas da crosta terrestre (veja o Capítulo 7).

Uma ampliação de um pedaço polido de granito, uma rocha ígnea (plutônica) com muitos cristais de tamanho semelhante de ortoclásio (rosa), biotita (preto), albita (branco) e quartzo (cinza); veja o Capítulo 7.

Amostra de micaxisto, uma rocha metamórfica composta do mineral biotita (veja o Capítulo 7).

Camadas de arenito dobrado em Brown Canyon, Montanhas Huachuca, Cochise County, Arizona (veja os Capítulos 7 e 9).

Uma amostra de arenito com estrutura de estratificação cruzada (veja o Capítulo 7), indicando deposição de vento (Capítulo 14) ou por fluxo de água (Capítulo 12).

Impressões de gotas de chuva preservadas em uma rocha sedimentar, no caso, um argilito (veja o Capítulo 7).

Uma vista da margem sul do Grand Canyon, no Arizona. As camadas de rocha no Grand Canyon registram mais de 2 bilhões de anos de história geológica em sua estratigrafia (veja o Capítulo 16).

Uma falha normal deslocando camadas de folhelho e de arenito. A capa está à esquerda, e a lapa, à direita da linha de falha (veja o Capítulo 9).

Uma discordância angular exposta em um corte de estrada (veja o Capítulo 16).

Uma caverna nas Cavernas Carlsbad, Novo México, com estalagmites muito grandes (veja o Capítulo 12).

Um vale em forma de U esculpido glacialmente no Parque Nacional das Montanhas Rochosas, Colorado (veja o Capítulo 13).

A vista para o sudoeste através de uma fenda no Parque Nacional Þingvellir, na Islândia. Essa feição geológica é uma continuação da Cadeia Dorsal Mesoatlântica (veja o Capítulo 9).

A Falha de San Andreas, na Califórnia — uma falha transformante na qual a placa norte-americana e a placa do Pacífico passam uma por cima da outra (veja o Capítulo 9).

Estromatólito fóssil (veja o Capítulo 18) das Montanhas Whetstone, Condado de Cochise, Arizona.

Estromatólitos modernos crescendo na Baía Shark, Austrália.

Vários fósseis de trilobita em uma rocha do Marrocos (veja o Capítulo 19).

Fósseis do cefalópode extinto amonita, relacionado aos náutilos e às lulas modernos (veja o Capítulo 19).

Um pedaço de calcário contendo muitos fósseis do fundo do mar do final do Paleozoico (veja o Capítulo 19), incluindo um braquiópode (a grande concha), briozoários, caules de crinoides e espinhos de ouriço-do-mar.

O esqueleto de um dimetrodon, um pelicossauro com dorso de vela comum durante o período Permiano, cerca de 275 milhões de anos atrás (veja o Capítulo 19).

O esqueleto fossilizado de confuciusornis sanctus, uma espécie de ave antiga encontrada na China (veja o Capítulo 20).

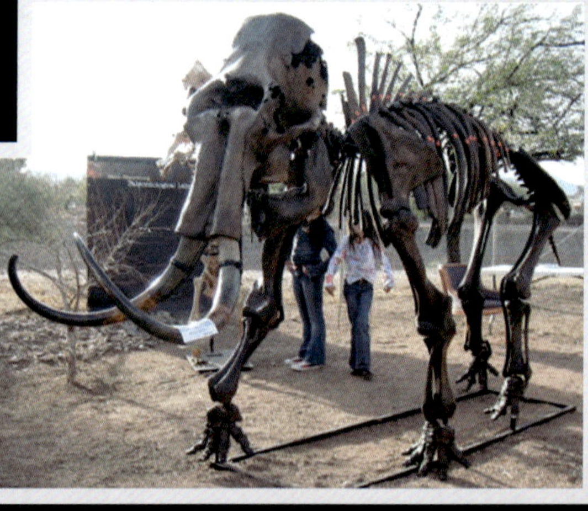

Um esqueleto de mamute da Sibéria. Os mamutes e outros grandes mamíferos vagaram pelos continentes durante o Cenozoico (veja o Capítulo 21), até sua extinção, há cerca de 13 mil anos.